中国科学院科学出版基金资助出版

“十三五”国家重点出版物出版规划项目

大气污染控制技术与策略丛书

挥发性有机污染物排放控制过程、材料与技术

郝郑平 等 编著

科学出版社

北京

内 容 简 介

本书主要针对挥发性有机污染物控制的过程、材料与技术进行研究与总结，主要包括挥发性有机污染物催化氧化过程与技术、挥发性有机物的吸脱附过程与技术、挥发性有机污染物生物处理过程与技术、挥发性有机污染物等离子体降解过程与技术、其他挥发性有机污染物净化过程与协同控制技术等内容。

本书主要适用于环境科学与工程及相关领域的研究人员、技术人员、工程师、研究生和大专院校的学生等。

图书在版编目（CIP）数据

挥发性有机污染物排放控制过程、材料与技术/郝郑平等编著. —北京：科学出版社，2016.9

（大气污染控制技术与策略丛书）

“十三五”国家重点出版物出版规划项目

ISBN 978-7-03-050066-3

Ⅰ. ①挥… Ⅱ. ①郝… Ⅲ. ①挥发物–有机污染物–污染防治–研究–中国 Ⅳ. ①X7

中国版本图书馆 CIP 数据核字（2016）第 229612 号

责任编辑：李明楠 宁 倩 / 责任校对：贾伟娟
责任印制：吴兆东 / 封面设计：黄华斌

科 学 出 版 社 出版
北京东黄城根北街 16 号
邮政编码：100717
http://www.sciencep.com
北京凌奇印刷有限责任公司 印刷
科学出版社发行 各地新华书店经销
*
2016 年 9 月第 一 版 开本：720×1000 1/16
2022 年 1 月第五次印刷 印张：16 1/2
字数：330 000

定价：98.00 元

（如有印装质量问题，我社负责调换）

丛书编委会

丛书序

当前，我国大气污染形势严峻，灰霾天气频繁发生。以可吸入颗粒物（PM_{10}）、细颗粒物（$PM_{2.5}$）为特征污染物的区域性大气环境问题日益突出，大气污染已呈现出多污染源多污染物叠加、城市与区域污染复合、污染与气候变化交叉等显著特征。

发达国家在近百年不同发展阶段出现的大气环境问题，我国却在近20年间集中爆发，使问题的严重性和复杂性不仅在于排污总量的增加和生态破坏范围的扩大，还表现为生态与环境问题的耦合交互影响，其威胁和风险也更加巨大。可以说，我国大气环境保护的复杂性和严峻性是历史上任何国家工业化过程中所不曾遇到过的。

为改善空气质量和保护公众健康，2013年9月，国务院正式发布了《大气污染防治行动计划》，简称为“大气十条”。该计划由国务院牵头，环境保护部、国家发展和改革委员会等多部委参与，被誉为我国有史以来力度最大的空气清洁行动。“大气十条”明确提出了2017年全国与重点区域空气质量改善目标，以及配套的十条 35 项具体措施。从国家层面上对城市与区域大气污染防制进行了全方位、分层次的战略布局。

中国大气污染控制技术与对策研究始于20世纪80年代。2000年以后科技部首先启动“北京市大气污染控制对策研究”，之后在863计划和科技支撑计划中加大了投入，研究范围也从“两控区”（酸雨区和二氧化硫控制区）扩展至京津冀、珠江三角洲、长江三角洲等重点地区；各级政府不断加大大气污染控制的力度，从达标战略研究到区域污染联防联治研究；国家自然科学基金委员会近年来从面上项目、重点项目到重大项目、重大研究计划各个层次上给予立项支持。这些研究取得丰硕成果，使我国的大气污染成因与控制研究取得了长足进步，有力支撑了我国大气污染的综合防治。

在学科内容上，由硫氧化物、氮氧化物、挥发性有机物及氨等气态污染物的污染特征扩展到气溶胶科学，从酸沉降控制延伸至区域性复合大气污染的联防联控，由固定污染源治理技术推广到机动车污染物的控制技术研究，逐步深化和开拓了研究的领域，使大气污染控制技术与策略研究的层次不断攀升。

鉴于我国大气环境污染的复杂性和严峻性，我国大气污染控制技术与策略领域研究的成果无疑也应该是世界独特的，总结和凝聚我国大气污染控制方面已有的研究成果，形成共识，已成为当前最迫切的任务。

我们希望本丛书的出版，能够大大促进大气污染控制科学技术成果、科研理论体系、研究方法与手段、基础数据的系统化归纳和总结，通过系统化的知识促进我国大气污染控制科学技术的新发展、新突破，从而推动大气污染控制科学研究进程和技术产业化的进程，为我国大气污染控制相关基础学科和技术领域的科技工作者和广大师生等，提供一套重要的参考文献。

2015 年 1 月

序　一

挥发性有机污染物（VOCs）组成十分复杂，包括许多种不同的有机物。作为$PM_{2.5}$和臭氧形成的重要前驱物，VOCs已经逐渐引起了政府和公众重视，其减排与控制刻不容缓。

郝郑平研究员主要从事有关工业污染减排控制、环境工程、催化科学、纳米孔材料、环境政策方面的研究和开发的工作。在挥发性有机污染物污染控制材料、过程工艺、反应机理、技术工程等方面取得了一些重要的研究成果。与众多的合作单位一起不断努力，逐渐形成一支有关挥发性有机污染物减排控制的研究队伍。他同时兼任中国环保产业协会废气净化委员会秘书长，组织成立了VOCs减排与控制技术创新联盟，在技术创新和工程应用等方面做了不少工作。

该书对挥发性有机物VOCs控制的过程、材料、技术和组合技术进行了比较全面和深入的总结，主要包括挥发性有机污染物催化氧化过程与技术、挥发性有机物的吸脱附过程与技术、挥发性有机污染物生物处理过程与技术、挥发性有机污染物等离子体降解过程与技术、其他挥发性有机污染物净化过程与协同控制技术等内容。该书作为挥发性有机物减排与控制领域正式出版的第一本应用型学术著作，具有较高的学术价值和应用价值，对从事本领域研究的科研人员和工程技术人员具有指导和借鉴意义。

清华大学　环境学院

2016年8月

序　二

挥发性有机化合物 VOCs 是一类重要的大气污染物，不仅会引起光化学烟雾等大气污染，同时也会严重影响到人类的身体健康，因此 VOCs 的污染控制已引起社会各界的广泛关注。在挥发性有机污染物 VOCs 的污染防治方面，和发达国家相比我国起步较晚，目前我国的科学研究还不能很好地支撑我国挥发性有机污染物的减排与控制，因此 VOCs 污染控制技术的研究开发需要进一步深入扩展。

中国科学院生态环境研究中心是国内较早系统开展 VOCs 污染控制的研究单位之一，承担完成了包括国家和部委挥发性有机物控制领域多个重要的项目课题，围绕着 VOCs 污染控制的材料、过程、技术、设备、工程等多方面，进行了比较系统的研究与开发工作，并与众多的合作单位一起不断努力，逐渐形成了一支有关挥发性有机污染物减排控制的研究队伍，取得了具有创新性和应用价值的重要研究成果，开发的相关污染控制技术已得到了实际工程应用。该书总结了作者、合作单位和国内外科学工作者多年来的研究成果，具有较高的学术水平，相信该书的出版不仅对环境科学与工程领域的研究人员有所借鉴，也会对相关领域的工程技术人员有很好的参考价值。

中国科学院化学研究所

2016 年 8 月

序　三

挥发性有机污染物 VOCs 是一类组成十分复杂的有机化合物，是导致我国高浓度 $PM_{2.5}$ 和 O_3 形成的重要前驱污染物，其污染排放复杂、涉及行业众多。挥发性有机物污染的减排控制不仅涉及标准法规、政策制度，也涉及排放特征、控制材料、工艺过程、技术设备、工程应用等多个方面。然而目前的科学研究成果尚不能很好地支撑我国挥发性有机污染物的减排和控制。

郝郑平研究员作为本领域的专家，持续在挥发性有机污染物控制方面进行了十多年的努力和探索，在 VOCs 污染控制的基础研究、过程工艺、设备集成和推广应用等多方面取得了一定的成果，也形成了一些系统的科学认识。同时，他也积极为政府、行业和组织做了不少技术咨询和支撑服务；组织制定了国家挥发性有机污染物防治的技术政策和工程技术规范；参与国家发展改革委员会和财政部有关挥发性有机物排污收费政策的制定；组织召开过五届全国挥发性有机污染物减排与控制会议，在行业内有一定的影响力，为推动重点行业排放治理、促进挥发性有机污染物 VOCs 的减排与控制做了一些努力和贡献。

郝郑平研究员酝酿此书已久，书中主要学术内容建立在其团队十几年的大量研究工作基础之上，根基深厚，同时参考大量国内外文献，并邀请行业内专家共同编撰，具有较高的学术价值和应用价值。该书对相关科研人员、大专院校学生的学习有一定的借鉴意义，对从地方和企业综合考虑选择适宜的治理技术有一定指导意义。

北京大学 环境科学与工程学院

2016 年 8 月

前　言

$PM_{2.5}$ 与臭氧是我国现阶段大气污染最突出的问题，挥发性有机物（VOCs）是导致大气环境恶化的关键，我国挥发性有机物污染控制面临着严峻的挑战。

中国科学院生态环境研究中心是国内较早系统开展 VOCs 污染控制的研究单位之一，在过去的二十多年间，特别是在近十多年来，先后组织承担完成了多个挥发性有机物控制领域重要的项目课题（如十五 863、十一五 863、十二五 863 项目课题），在挥发性有机物污染减排控制方面进行了比较系统的研究开发工作，形成了一支有关挥发性有机污染物减排控制的研究队伍，取得了具有创新性和应用价值的研究成果。本书主要作者就是来自这支研究队伍，本书内容是他们对国内外挥发性有机污染物控制过程材料与技术领域多年来的研究结果与成果的总结。本书力图涵盖挥发性有机污染物控制过程、材料与技术的各个方面，主要包括挥发性有机污染物催化氧化过程与技术、挥发性有机物的吸脱附过程与技术、挥发性有机污染物生物处理过程与技术、挥发性有机污染物等离子体降解过程与技术、其他挥发性有机污染物净化过程与协同控制技术等内容。本书的作者主要是来自中国科学院生态环境研究中心、西安交通大学、浙江工业大学、北京化工大学等单位的一线科研人员，对相关的领域有一定的研究经验积累和较为深入的理解。第 1 章由郝郑平编写，第 2 章由何炽、郝郑平编写，第 3 章由王刚、郝郑平编写，第 4 章由王家德、张丽丽编写，第 5 章由豆宝娟、竹涛编写，第 6 章由郝郑平编写。相信本书的出版不仅对环境科学与工程领域的研究人员、技术人员、研究生有所借鉴，也会对相关领域的科研、技术和工程人员有参考的价值。

由于本书所涉及的领域较宽，难免有挂一漏万和重复赘述之处。尽管我们试图涵盖挥发性有机污染物控制过程、材料与技术的诸多方面，但由于作者的专业水平和认知有限，书中观点存在的不完全成熟、疏漏甚至错误之处，还请读者批评指正。

本书的顺利出版，特别是书中观点和认识的形成与深化，得益于国家和部委项目课题的连续支持，这些项目课题的实施，在很大程度上凝聚了挥发性有机污染物减排控制的研究队伍，奠定了相关科学与技术的发展基础，提升了本领域的研究水平和国际影响力。

科学出版社编辑为本书付出了辛勤劳动，相关学者和研究生在本书的写作过程中给予了很大的帮助，在此一并表示感谢。

郝郑平

中国科学院生态环境研究中心

2016年8月

目　录

第1章　绪　论

1.1　挥发性有机物简介

挥发性有机化合物，英文名称为 volatile organic compounds，简称 VOCs，是一类具有挥发性的有机化合物的统称。目前，国际上的一些国家、国际组织和机构对 VOCs 的定义不尽相同，例如，欧盟将 VOCs 定义为标准压力 101.325kPa 下，沸点不大于 250℃的所有有机化合物[1]；国际标准化组织将 VOCs 定义为常温常压条件下，能够自主挥发的有机液体和/或固体[2]；美国国家环境保护局则是从光化学反应的角度将 VOCs 定义为参与大气光化学反应的所有含碳化合物。而我国则通常采用的是世界卫生组织的定义，即 VOCs 是指沸点为 50～260℃的一系列易挥发性化合物。

按照挥发性有机物结构的不同，可将 VOCs 分为以下几类：烷类、芳烃类、烯类、卤烃类、酯类、醛类、酮类和其他化合物。表 1-1 列出了一些常见的 VOCs 种类。

表 1-1　一些常见的挥发性有机物（VOCs）

分类	挥发性有机物（VOCs）
烷烃	戊烷（pentane）、正己烷（*n*-hexane）、环己烷（cyclohexane）
烯烃	丙烯（propylene）、丁烯（butene）、环己烯（cyclohexene）
芳烃类	苯（benzene）、甲苯（toluene）、乙苯（ethyl benzene）、二甲苯（xylene）
卤烃类	二氯甲烷（dichloromethane）、四氯化碳（carbon tetrachloride）、二氯乙烯（dichloroethylene）
酯类	乙酸乙酯（ethyl acetate）、乙酸丁酯（butyl acetate）
醛类	甲醛（formaldehyde）、乙醛（acetaldehyde）
酮类	丙酮（acetone）、甲基乙基甲酮（methyl ethyl ketone）、丁酮（butanone）、环己酮（cyclohexanone）
其他化合物	乙醚（diethyl ether）、四氢呋喃（tetrahydrofuran）

除了按照结构分类外，世界卫生组织也按照沸点的不同，将 VOCs 分为易挥发性有机物（very volatile organic compounds，VVOCs）、挥发性有机物和半挥发性有机物（semi volatile organic compounds，SVOCs），其分类依据及示例污染物见表 1-2。实际中，一般还是统称为 VOCs。

表 1-2 挥发性有机物的分类

分类	温度范围/℃	示例化合物
VVOCs	<0 至 50～100	丙烷、丁烷、氯甲烷
VOCs	50～100 至 240～260	甲醛、甲苯、丙酮
SVOCs	240～260 至 380～400	多氯联苯、氯丹、DDT

按照来源的不同进行分类，VOCs 可分为自然源和人为源，自然源包括植被排放、野生动物排放、森林火灾、沼泽的厌氧过程排放等，其中以植被排放为主；人为源则比较复杂，包括机动车尾气排放、油气挥发、有机溶剂使用、各种工艺过程、石油冶炼、油气储存和运输、垃圾填埋等。工业源 VOCs 具有排放强度大、浓度高、种类多、持续时间长、波动大等特点，对环境的影响也更大。

1.2 我国挥发性有机物的污染现状及特征

VOCs 的来源十分广泛，国外的研究针对各类污染源的调查总体来说比较细致、全面，且研究比较多[3-7]。相对来说，我国的研究较少，但近几年已引起广大研究者的重视，研究内容包括自然源、工业源等各个方面，研究结果也逐渐增多[8, 9]。

总的来说，我国 VOCs 的排放源中人为源与自然源的排放量是在同一个数量级上，2002 年我国人为源 VOCs 的排放总量为 1584 万吨，2005 年为 1940 万吨，预计到 2020 年，人为源 VOCs 的年排放总量将达到 2652 万吨。就工业源 VOCs 而言，2002 年包括工艺过程、溶剂使用、储存和运输在内的 VOCs 年排放总量为 585 万吨，2005 年溶剂使用所导致的 VOCs 排放量达 349 万吨，其排放特征以烷烃、不饱和烃、苯系物、醇、酮、酯、醛以及卤代烃为主，其中苯系物所占的比例最大，为 20%左右。虽然不少研究单位估算的排放量有一定的差别，但是总体上讲，近年来我国人为源 VOCs 的排放量是逐年增加的。整体来看，VOCs 排放量高的地区主要集中在长江三角洲、珠江三角洲、京津地区和东南沿海地区。人为源 VOCs 排放以机动车尾气、溶剂使用、工业过程废气为主[10-12]。同时，这些 VOCs 高排放量区域也具有各自的特点。Guo 等[13]对特殊天气状况下（雾霾）北京城区污染物的种类和浓度进行了实际测量，结果表明机动车尾气、油气挥发以及有机溶剂的使用是城区 VOCs 的主要来源。An 等[14]以长江三角洲地区的南京市为例，研究了 2011 年间南京市全年 VOCs 的浓度及种类变化，研究结果表明，VOCs 污染物的种类及浓度会随着季节的变化而变化，总的来说，夏季 VOCs 含量最高，以烯烃为主；冬季 VOCs 最低，以烷烃和炔烃为主；同时源排放分析表明，工业源排放占到 VOCs 总排放量的 45%～63%，机动车尾气排放量占总量的

34%～50%。Louie 等[15]对珠江三角洲区域的 VOCs 分布进行了研究，结果表明芳烃及一些小分子的烷烃、烯烃占到 VOCs 排放总量的 80%以上，这些污染物主要来自机动车尾气的排放及工业过程。

同时需要注意的是，虽然人们意识到挥发性有机物 VOCs 具有一定的危害性，但对其认识了解不足，与二氧化硫、氮氧化物、颗粒物相比，VOCs 尚未纳入日常监测体系。现有的排放与监测数据大多基于个人或机构研究结果，所采用的监测方法不同，数据之间存在着差异。对于大气环境中的 VOCs 来说，常用的监测方法包括在线法和离线法，在线法多采用自动在线监测系统，该系统存在一定的污染交叉，仪器的环境适用性和稳定性仍是亟待解决的问题。离线法一般为 SUMMA 罐或吸附管采样，色-质联用分析，分析时间长，具有一定的滞后性。对于工业源排放的挥发性有机物 VOCs 来说，其具有排放温度高、湿度大、组分复杂、浓度波动范围宽等特点，目前尚无较好的监测仪器与方法，一般采用总烃监测仪，以监测总挥发性有机物（total volatile organic compounds，TVOCs）为主，不能准确地反映污染排放的真实情况。相关的便携式色谱、离子质谱正在研究与试用之中，还不能及时、准确地监测工业 VOCs 排放的情形。

1.3 挥发性有机物的危害及影响

挥发性有机物 VOCs 是大气中气态的有机物，其组分十分复杂，包括许多种不同的有机物质。大气中 VOCs 相当于大气氧化过程的燃料，是大气氧化性增强的关键因素。

1940 年美国洛杉矶发生人类历史上首次光化学烟雾事件，确定了该地区汽车尾气排放的 VOCs 和 NO_x 是重要的臭氧前体物，进而引发了针对 VOCs 的大量研究，关注 VOCs 在臭氧生成中的作用是很多大气挥发性有机物研究的主要出发点[16]。在世界许多城市和地区，大气臭氧的生成都是受 VOCs 控制的化学过程。20 世纪 80 年代，美国南加州、英国、德国等地开展了针对 VOCs 控制的长期的研究工作。我国城市群地区也开展了不少相关方面的研究，基本的结论是在北京、广州等城市 VOCs 是光化学烟雾生成的主控因子。

更为重要的是，VOCs 转化及其对二次气溶胶生成的贡献是认识大气 $PM_{2.5}$ 浓度、化学组成和变化规律的核心科学问题。VOCs 转化生成的二次有机气溶胶（secondary organic aerosol，SOA）在细颗粒有机物质量浓度中占 20%～50%。虽然对于二次有机气溶胶的前体物还没有确切的结论，但普遍认为高碳的 VOCs 对气溶胶的生成作用较大，芳香烃类化合物是生成二次气溶胶的主要物种[17]。值得注意的是，大气中重污染的发生往往伴随着空气中 $PM_{2.5}$ 有机组分的大幅度增加[18-22]。除此之外，也有一些含卤素的 VOCs，在进入大气平流层后，在紫外线的照射下，会引发一系列链式化学反应，消耗大气层中的臭氧，造成臭氧层空洞[23]。

VOCs不但对环境具有重大的危害，同时对人体健康也具有严重的危害[24]。短时间、低暴露量的VOCs接触会引起呼吸道和皮肤刺激，使人产生头痛、乏力和昏昏欲睡的症状；且更具危害性的是大多数VOCs分子具有毒性和致癌性，长期接触会诱导人体罹患癌症及发生突变等，短时间接触高浓度的有机废气甚至会危及生命[25]。国际癌症研究机构（International Agency for Research on Cancer，IARC）将污染物致癌等级共分为四类，其中，苯为一类致癌物，即确定对人体致癌；乙苯、甲苯和二甲苯均为可能致癌物[26]。Rachna等[27]以乙醇、丙酮、苯和1，2-二氯乙烷作为代表性的VOCs研究了人的皮肤对其吸收性能，研究结果表明，即使是很少量的接触，VOCs组分也会明显地改变人皮肤的渗透性。Lan等的研究表明当人体暴露在苯环境下时，白细胞、淋巴细胞、B细胞和血小板数量均会下降，即使当空气中苯的浓度仅为1ppm（parts per million，10^{-6}量级）时，这种下降也比较明显[28]。总的来说，较多的研究人员在挥发性有机物VOCs对人体健康的影响方面做了探索性研究，这些研究初步揭露了VOCs对人体的危害作用，同时也应注意到人们对VOCs的危害机理等还有较多不明确的地方，相关的研究还需要进一步深入。

在对环境和人体健康具有危害的同时，由于所有的VOCs基本上均属于有机物，因此具有易燃、易爆的特性，这也对工业生产造成了较大的安全隐患，在工业应用中需要倍加注意，尤其是在高温高压的环境中。

1.4 挥发性有机物排放控制相关标准

由于挥发性有机污染物VOCs易发生光化学反应且易生成二次有机气溶胶等，进而对环境造成危害，不少的VOCs对人体还具有一定的毒性，我国越来越重视VOCs的减排与控制。在2010年5月11日，国务院办公厅转发环境保护部等部门》关于推进大气污染联防联控工作改善区域空气质量指导意见的通知》（国办发[2010]33号）首次正式从国家层面上提出了开展挥发性有机物（VOCs）污染防治工作，并将VOCs作为防控重点。2011年将VOCs的污染防治列入“十二五”环保规划。2012年在《重点区域大气污染防治“十二五”规划》中提出全面开展挥发性有机物污染防治工作。2013年9月，国务院发布了《大气污染防治行动计划》。

在挥发性有机物VOCs相关的排放标准方面，发达国家起步较早。美国早在40多年前就制订了大气净化法（CAA），美国国家环境保护局在1990年又进行了修改，在原来限制VOCs的基础上强化增加了对有害大气污染物质的限制，在CAA法中为适应各区的环境基准又规定了相应的基准值RACT，BACT，LAER。对污染源（包括原有和新增源）排放VOCs提出了明确限制。

欧盟在1996年公布了关于完整的防止和控制污染的指令1996/61/EC，对包括石油冶炼、有机化学品、精细化工、储运销、涂装、皮革加工等6大类33个行业制定了VOCs的排放标准，对有机溶剂行业则详细规定了关于VOCs排放限制的指令1999/13/EC，随后的2004/42/EC指令对建筑和汽车等特定用途的涂料设定了VOCs排放的限值。此外，欧盟还根据VOCs毒害作用的大小，提出了分级控制要求，其中高毒害VOCs排放不得超过5mg/m^3，中等毒害不超过20mg/m^3，低毒害不超过100mg/m^3。

日本为控制VOCs排放，于2006年4月正式实施了《大气污染防治法》，2007年3月实施了《生活环境保护条例》，明确提出2010年VOCs的排放量要比2000年减少30%。

与欧美等发达国家或地区相比，我国有关控制挥发性有机物VOCs法规的颁布要滞后。《中华人民共和国大气污染防治法》是大气环境管理的根本依据，但2000年发布的大气污染防治法没有明确的VOCs控制要求，只有如有机烃类尾气、恶臭气体、有毒有害气体、油烟等一些类似概念，这些需要在修订时重点考虑。原有的《大气污染物综合排放标准》(GB 16297—1996)，仅对苯、甲苯、二甲苯以及酚类和甲醛的排放浓度进行限制，后又颁布的“GB 16171—2012”、“GB/T 18413—2001”、“GB 20950—2007”、“GB 20951—2007”、“GB 20952—2007”及“GB 21902—2008”，增加了对苯并芘、油烟VOCs、油气VOCs、合成革与人造革工业VOCs排放的限制。

为了进一步满足新的环境保护形势要求，“十二五”环保部已着手抓紧制订相关行业VOCs排放标准，以及配套的监测方法、技术政策、工程技术规范等文件，为“十三五”全面铺开VOCs污染控制工作打下基础。一些经济较为发达的城市及地区如北京、上海、广东、天津等，已先期开展了一些工作，发布了部分行业性或综合性VOCs地方排放标准（表1-3）。

表1-3 2000年以后已经发布的与VOCs排放相关的国家标准

标准编号	标准名称
GB 18483—2001	饮食业油烟排放标准（试行）
GB 20950—2007	储油库大气污染物排放标准
GB 20951—2007	汽油运输大气污染物排放标准
GB 20952—2007	加油站大气污染物排放标准
GB 21902—2008	合成革与人造革工业污染物排放标准
GB 27632—2011	橡胶制品工业污染物排放标准
GB 16171—2012	炼焦化学工业污染物排放标准

续表

标准编号	标准名称
GB 28665—2012	轧钢工业大气污染物排放标准
GB 30484—2013	电池工业污染物排放标准
GB 31570—2015	石油炼制工业污染物排放标准
GB 31571—2015	石油化学工业污染物排放标准
GB 31572—2015	合成树脂工业污染物排放标准

北京市制订地方标准起步很早，数量也较多，已形成较为完善的排放标准体系。其中涉及 VOCs 控制的标准有大气污染物综合排放标准（含汽车涂装等 10 个典型 VOCs 排放行业）、炼油与石油化学工业大气污染物排放标准、油品储运销油气排放控制系列标准、铸锻工业大气污染物排放标准、防水卷材行业大气污染物排放标准。北京的大气污染现象较为严重，为了能够较好地改善空气质量，这些标准中污染物排放控制水平也较为严格，部分标准甚至达到了国际先进水平。在前期相关标准制定的基础上，今后北京市还将进一步加大标准制修订力度，专门制订汽车制造、工业涂装、家具制造、包装印刷、餐饮等北京市重点 VOCs 排放行业的地方标准，以及建筑涂料挥发性有机物含量限值标准。

除了北京，其他一些地方的 VOCs 排放标准的制订工作也取得了一定进展。上海市也较早开展了地方 VOCs 排放标准的制订工作，2006 年发布了生物制药和半导体行业污染物排放标准，2010 年对生物制药标准进行了修订，目前正在制订汽车表面涂装、印刷等相关行业 VOCs 排放标准。广东省 2010 年集中发布了家具制造、包装印刷、汽车涂装、制鞋四个行业的 VOCs 排放标准，对涂料、油墨、胶黏剂等 VOCs 的工业使用环节进行控制。天津市 2014 年发布了工业企业 VOCs 综合控制标准，涵盖了炼油与石化、医药制造、橡胶制品、涂料与油墨、塑料制品、电子工业、汽车制造与维修、印刷与包装印刷、家具制造、表面涂装、黑色冶金以及其他行业共 12 类污染源，控制的项目包括 VOCs 和“三苯”（苯、甲苯、二甲苯）物质（表 1-4）。

表 1-4　一些已经发布的与 VOCs 排放相关的地方标准

地区	标准编号	标准名称
北京	DB 11/ 206—2010	储油库油气排放控制和限值
北京	DB 11/ 207—2010	油罐车油气排放控制和限值
北京	DB 11/ 208—2010	加油站油气排放控制和限值
北京	DB 11/ 914—2012	铸锻工业大气污染物排放标准
北京	DB 11/ 1055—2013	防水卷材行业大气污染物排放标准
上海	DB 31/ 373—2010	生物制药行业污染物排放标准

续表

地区	标准编号	标准名称
上海	DB 31/ 859—2014	汽车制造业（涂装）大气污染物排放标准
上海	DB 31/ 872—2015	印刷业大气污染物排放标准
上海	DB 31/ 881—2015	涂料、油墨及其类似产品制造工业大气污染物排放标准
广东	DB 44/ 814—2010	家具制造行业挥发性有机化合物排放标准
广东	DB 44/ 815—2010	印刷行业挥发性有机化合物排放标准
广东	DB 44/ 816—2010	表面涂装（汽车制造业）挥发性有机化合物排放标准
广东	DB 44/ 817—2010	制鞋行业挥发性有机化合物排放标准
天津	DB 12/ 524—2014	工业企业挥发性有机物排放控制标准

总体而言，由于 VOCs 控制问题近年来才得到重视，VOCs 控制标准也存在一些欠缺，尚不能适应当前的环境管理需要，主要表现为系统性不强、针对的行业有限、控制不够全面、有些标准的排放控制水平需要提高。目前我国涉及 VOCs 的排放控制标准共计有 8 项（大气综合、恶臭、炼焦炉、饮食业油烟、储油库、油罐车、加油站、合成革与人造革），还有相当一部分标准正在制订中。

1.5 挥发性有机物控制的政策、材料与技术

由于 VOCs 污染物的种类繁多、来源复杂，目前针对挥发性有机物 VOCs 的科学研究还远不能满足国家大气环境质量改善的管理和决策需求，严重阻碍了我国挥发性有机物 VOCs 污染的减排与控制，存在的不足主要集中体现在以下几个方面：

（1）挥发性有机物 VOCs 排放特征不明。挥发性有机物 VOCs 排放总量及其所在地区和行业的分布是减排控制、科学决策亟需的基本信息。但是，我国 VOCs 排放源清单、排放特征是目前 VOCs 控制管理的主要障碍。目前，虽然有一些相关的研究工作，但是相对初始、零散，缺乏宏观上的总体把握，且我国源清单建立所需的排放因子依赖国外的格局没有改变；另外，VOCs 来源量大面广、影响因素复杂，国家组织的污染源普查和环境统计不能适应 VOCs 源清单构建的要求。

（2）缺乏国家的 VOCs 源成分谱库。VOCs 的种类与其对大气环境的影响具有密切的关系，因此，需要构建反映不同来源的 VOCs 组成特征的成分谱库。然而，目前我国在这一方面的工作基础薄弱，有关的研究刚刚起步，亟需建立源成分谱测试规范和国家的源成分谱数据平台及其评估方法。

（3）缺乏基于环境目标的 VOCs 总量控制和评估技术方法。作为大气中臭氧和 $PM_{2.5}$ 的关键前驱物，对 VOCs 实施总量控制的目的是科学地实现国家和

地区的环境质量目标。但是，VOCs 排放与臭氧生成之间是非常复杂的非线性关系，而 VOCs 转化对 $PM_{2.5}$ 中二次有机颗粒物（SOA）贡献的准确量化也是一个世界性的难题。国家亟需在上述领域进行创新和突破，建立适合我国基于环境目标（$PM_{2.5}$，O_3）的 VOCs 总量确定的技术方法，以及 VOCs 控制措施的环境改善效果评估方法，特别是在重污染条件下 VOCs 的应急控制方案及快速评估技术。

（4）缺乏适应行业特点的 VOCs 控制技术和管理方法体系。按照行业的工艺特征和排放特征开展挥发性有机物从生产到使用的全过程控制和管理，是防控 VOCs 污染的主要途径。然而，我国针对不同行业的 VOCs 控制的技术水平与先进国家尚有较大差距，还没有形成针对我国主要行业的 VOCs 控制技术体系，相应的排放标准、空气质量标准，VOCs 排放收费和环境税，VOCs 总量控制的核算与监管，以及总量控制措施的环境质量效应评估方法等管理技术方法。

我们需要从政策、技术和管理多个方面，针对我国 VOCs 减排控制与组织管理上存在的问题，全方位、多角度地改进及提升，为我国的 VOCs 减排、控制、治理提供政策支撑及技术支持。

在政策层面，由于我国的 VOCs 排放控制法规及标准制订工作较为滞后，目前的排放控制要求及管理水平较低，为此需要明确污染控制思路，借鉴国外成熟的管理经验，配套政策、法规、标准，提升我国的 VOCs 管理能力和水平；在技术层面，由于法规、标准要求不甚明确，VOCs 污染治理工作起步比较晚，技术手段落后，与发达国家差距较大，为此需开发、引进、推广技术有效及经济合理的 VOCs 控制技术，为我国的 VOCs 污染防治工作提供技术支撑。

我国的 VOCs 控制需要从政策层面和技术层面双管齐下，在政策上有要求、有引导，在技术上有支撑、有保障，才能有效解决 VOCs 污染问题。针对现阶段 VOCs 的减排与控制，应该走从行业到城市、区域之路，针对重点污染物、重点行业，分阶段、有步骤地实施。在重视有毒有机化学物质管理、挥发性有机污染物检测、污染源调查与源解析、环境政策与管理研究的基础上，开展针对有关重点行业重点污染物控制技术、材料、设备的研发和工程应用的推广。在未来 10～15 年内逐步完成针对重点行业 VOCs 的排放控制。

在政策层次上，确定 VOCs 环境政策的总体目标和思路，健全 VOCs 排放标准体系，确定有毒挥发性有机污染物、重点污染物和重点污染行业，提高控制效率、实现减排效果。针对石油、有机化工、涂料与涂装、印刷包装、制药、电子等重点 VOCs 排放行业，制订有针对性的行业大气污染物排放标准和 VOCs 排放标准。特别是应针对行业的 VOCs 排放特性，制订符合行业监管需要的排放标准，尤其是对人体健康有危害的 VOCs，要进行 VOCs 的分类分级控制，对毒性较大的 VOCs 排放按照危险化学品实行登记制度。以环境质量为目标，以控制重点行业和实施区域管理为手段，根据设定目标与局部区域实际排放情况来量化污染物总体减排量；再根据区域内污染来源（污染排放清单）来确定总体目标及在具体地区、具体行业的减排目标。在控制指标上，除排放浓度指标外，还有总量控制指标（基于物料衡算）、削减效率指标等其他有效的监控方法。

技术层次上，开展有关工业 VOCs 排放源监测技术和控制技术的研究开发和工程应用工作。按 VOCs 的健康毒性或其他环境危害大小，实施分级管理与控制，兼顾 VOCs 物质复杂多样的特点，保证标准监控体系的严密。针对重要行业，如涂装、包装印刷、制药、电子行业等展开污染调查与综合控制工作，进行关键技术的研发与示范，源头、过程和末端治理相结合。加大研发力度，大力支持与发展有关 VOCs 控制的新材料、新设备，进行技术集成与工程推广，加强对相关 VOCs 的回收利用，借鉴发达国家的经验，形成 VOCs 的二次回收、环境的保护、再生资源的产业化。从宏观层面上看，技术层次多数情况下针对的是 VOCs 的末端排放，对于不同的区域、不同的行业可选择不同的技术来达到排放的要求。在挥发性有机污染物控制技术政策的基础上，逐步建立不同行业挥发性有机物控制的技术指南，完善主流技术的工程技术规范。

管理层次上，建立较为完善的 VOCs 污染防治体系与长效监管制度，加强标准体系的建设，制定动态的污染源清单，完善重点污染源监测体系和危险易挥发有机化学物质管理体系。编制 VOCs 中有毒有害物质优先控制目录以及重点行业与重点区域 VOCs 污染防治规划。在国家层次重点区域和重点行业进行污染减排与控制的基础上，加大对 VOCs 治理的扶持力度，充分调动治理企业、污染企业和地方政府管理部门的积极性。组成产学研用联合攻关、一体化的研究队伍。政府主管部门设立国家专项基金支持进行针对重点行业关键技术的研发和工程应用推广，建立 VOCs 减排控制产业联盟，并对采用新技术进行污染控制的工程，核对 VOCs 的减排量，给予经济补贴或者在税收上给予优惠政策。在企业项目审批上，要合理规划布局，有序发展，针对行业特点，应根据资源分布，结合市场与环境敏感性等因素，进行合理布局与宏观调控，制定行业分阶段的发展规划，成立重点行业 VOCs 污染控制试点园区，建立园区 VOCs 排放控制管理体系，积累 VOCs 防治经验。

参 考 文 献

[1] Union E. Directive 2004/42/CE of the European Parliame. Official Journal of the European Union，2004，L143：87-96.

[2] ISO. Paints and varnishes-Terms and definitions. International Standard，2006，4618：1-65.

[3] Warneke C，Geiger F，Edwards P M，et al. Volatile organic compound emissions from the oil and natural gas industry in the Uintah Basin，Utah：oil and gas well pad emissions compared to ambient air composition. Atmos Chem Phys，2014，14（20）：10977-10988.

[4] Zavala-Araiza D，Sullivan D W，Allen D T. Atmospheric hydrocarbon emissions and concentrations in the barnett shale natural gas production region. Environ Sci Technol，2014，48（9）：5314-5321.

[5] Helmig D，Thompson C R，Evans J，et al. Highly elevated atmospheric levels of volatile organic compounds in the uintah basin，Utah Environ Sci Technol，2014，48（9）：4707-4715.

[6] Doucette W，Klein H，Chard J，et al. Volatilization of trichloroethylene from trees and soil：measurement and scaling approaches. Environ Sci Technol，2013，47（11）：5813-5820.

[7] Vargas V，Chalbot M C，O'Brien R，et al. The effect of anthropogenic volatile organic compound sources on ozone in Boise，Idaho Environ Chem，2014，11（4）：445-458.

[8] Li L Y，Xie S D. Historical variations of biogenic volatile organic compound emission inventories in China，1981-2003. Atmos Environ，2014，95：185-196.

[9] Liu Y，Shao M，Lu S H，et al. Volatile organic compound（VOC）measurements in the pearl river delta（PRD）region，China Atmos Chem Phys，2008，8（6）：1531-1545.

[10] 栾志强，郝郑平，王喜芹. 工业固定源 VOCs 治理技术分析评估. 环境科学 2011，32（12）：3476-3486.

[11] Wu Y，Wang R J，Zhou Y，et al. On-road vehicle emission control in beijing：past，present，and future. Environ Sci Technol，2011，45（1）：147-153.

[12] 李广超. 大气污染控制技术. 北京：化学工业出版社，2008.

[13] Guo S J，Tan J H，Duan J C，et al. Characteristics of atmospheric non-methane hydrocarbons during haze episode in Beijing，China. Environ Monit Assess，2012，184（12）：7235-7246.

[14] An J，Zhu B，Wang H，et al. Characteristics and source apportionment of VOCs measured in an industrial area of Nanjing，Yangtze River Delta，China Atmos Environ，2014，97：206-214.

[15] Louie P K K，Ho J W K，Tsang R C W，et al. VOCs and OVOCs distribution and control policy implications in Pearl River Delta region，China Atmos Environ，2013，76：125-135.

[16] Kim S Y，Jiang X，Lee M，et al. Impact of biogenic volatile organic compounds on ozone production at the Taehwa Research Forest near Seoul，South Korea Atmos Environ，2013，70：447-453.

[17] Rollins A W，Browne E C，Min K E，et al. Evidence for NOx control over nighttime SOA formation. Science，2012，337（6099）：1210-1212.

[18] 王海林，张国宁，聂磊，等. 我国工业 VOCs 减排控制与管理对策研究. 环境科学，2011，32（12）：3462-3468.

[19] Wang Q G，Han Z W，Wang T J，et al. Impacts of biogenic emissions of VOC and NOx on tropospheric ozone during summertime in eastern China. Sci Total Environ，2008，395（1）：41-49.

[20] Chameides W L，Lindsay R W，Richardson J，et al. The role of biogenic hydrocarbons in urban photochemical smog-Atlanta as a case-study. Science，1988，241（4872）：1473-1475.

[21] Mentel T F，Kleist E，Andres S，et al. Secondary aerosol formation from stress-induced biogenic emissions and possible climate feedbacks. Atmos Chem Phys，2013，13（17）：8755-8770.

[22] Scott C E，Rap A，Spracklen D V，et al. The direct and indirect radiative effects of biogenic secondary organic aerosol. Atmos Chem Phys，2014，14（1）：447-470.

[23] Hernandez M A，Velasco J A，Asomoza M，et al. Alkane adsorption on microporous SiO_2 substrata. 1. Textural characterization and equilibrium. Energ Fuel，2003，17（2）：262-270.

[24] Charbotel B，Fervers B，Droz J P. Occupational exposures in rare cancers：A critical review of the literature. Crit Rev Oncol Hemat，2014，90（2）：99-134.

[25] Parmar G R，Rao N N. Emerging control technologies for volatile organic compounds. Crit Rev Env Sci Tec，2009，39（1）：41-78.

[26] Lim S K，Shin H S，Yoon K S，et al. Risk assessment of volatile organic compounds benzene，toluene，ethylbenzene，and xylene（BTEX）in consumer products. J Toxicol Env Heal A，2014，77（22-24）：1502-1521.

[27] Gajjar R M，Kasting G B. Absorption of ethanol，acetone，benzene and 1，2-dichloroethane through human skin in vitro：a test of diffusion model predictions. Toxicol Appl Pharmacol，2014，281（1）：109-117.

[28] Lan Q，Zhang L P，Li G L，et al. Hematotoxicity in workers exposed to low levels of benzene. Science，2004，306（5702）：1774-1776.

第2章　挥发性有机污染物催化氧化过程与技术

2.1　催化氧化技术简介

燃烧法（直接燃烧、热力燃烧和催化氧化）是挥发性有机化合物最常用的净化技术，其中直接燃烧和热力燃烧所需操作温度高，燃烧反应中往往需要较多的辅助燃料，同时易产生燃烧副产物，在实际应用中（尤其针对中、低浓度有机废气）受到一定的限制。催化氧化法始于20世纪40年代，主要用于工业恶臭废气处理和装置的能量回收。由于催化氧化技术具有高效、节能、环保、产物易于控制等优点，目前已成为净化可燃性含碳氢化合物和恶臭气体的有效手段。催化氧化技术已成功应用于化工喷涂、漆包线、印刷、炼焦、绝缘材料等众多行业的挥发性有机污染物废气净化。催化氧化技术是典型的气-固相催化过程，反应中挥发性有机废气在催化剂的作用下发生完全氧化反应。催化剂的作用是降低反应的活化能，同时使反应物分子富集于催化剂表面，提高反应速率，借助催化剂可以使有机废气在较低的起燃温度下发生无火焰燃烧，并氧化为CO_2和H_2O，同时放出大量的热。催化氧化法的净化效率通常在95%以上，其主要工艺流程如图2-1所示。当有机废气量较大时，工程上一般将换热器、燃烧室和催化床分别设计成独立设备（分建式），相互间用管路连接；当有机废气量较小时，预热器、燃烧室和催化床安装在同一个设备中（组合式）。

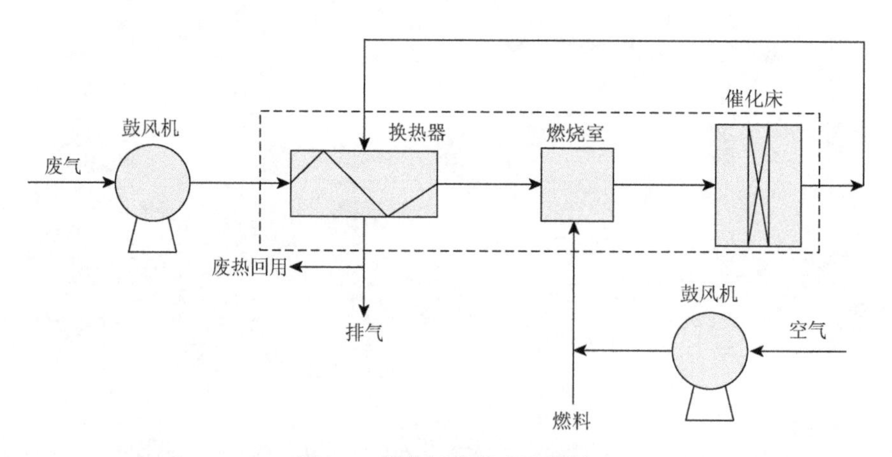

图2-1　催化氧化技术示意图

待处理废气一般借助催化燃烧后的净化气预热，当有机废气温度较低，且经过预热后仍不能达到催化燃烧温度时，多数情况下是利用辅助燃料燃烧产生高温燃气与废气均匀混合升温，大部分碳氢化合物可在 500℃以内通过催化剂床层迅速氧化［式（2-1）］。催化氧化的实质是活性氧参与的剧烈氧化反应，催化剂活性组分将空气氧活化，当与反应物分子接触时发生能量传递，反应物分子被活化，从而加速氧化反应的进行。根据不同氧化阶段的氧化温度不同，催化氧化大致可以分为以下三个阶段[1]：①低温阶段，反应为内表面反应动力学控制；②中间阶段，反应速率受到扩散过程控制；③高温阶段，催化活性对整个反应过程的控制变得尤为明显。

$$C_mH_n + \left(m+\frac{n}{4}\right)O_2 \xrightarrow[\triangle]{\text{催化剂}} mCO_2 + \frac{n}{2}H_2O + Q \tag{2-1}$$

无火焰催化氧化技术是 VOCs 治理行业中应用最为广泛的方法之一，其具有以下优点：①起燃温度低，能量消耗少。催化氧化起燃温度通常为 250～500℃，能耗较少。由于反应温度降低，允许使用标准材料来代替昂贵的特殊材料，大大降低了设备费用和操作成本。②应用范围广。催化氧化适用于浓度范围广、成分复杂的各种有机废气处理。目前催化氧化技术已成功地应用于金属漆包线、绝缘材料、印刷等生产过程中排放的有机废气处理，由于废气温度和有机物浓度较高，催化氧化能实现自身热平衡和部分热量再利用，因此具有较好的经济效益。③设备简单，易升级改造。由于催化反应在催化剂表面进行，提高了体积燃烧速率，燃烧锅炉可以小型化。当前，大部分燃烧设备采用的都是非催化燃烧，将现有的均相燃烧改革为催化燃烧只要将现有设备进行简单升级改造即可实现，满足达标排放的要求。④净化效率高，二次污染少。用深度催化氧化法处理有机废气的净化效率一般都在 95%以上，且最终产物为无污染的 CO_2 和 H_2O，因此较少出现二次污染问题，且氧化气氛缓和，运转费用低，操作管理方便。此外，由于反应温度低，深度催化氧化能很好地控制热力型 NO_x 的生成。

2.2　催化剂种类及研究进展

催化剂的选择对于催化氧化反应来说至关重要，催化剂通常由载体、活性组分和助催化剂三部分组成。载体除了可分散活性组分，也具有调节催化性能的作用，如载体表面的酸性中心具有活化 VOCs 的作用[2]，合适的载体是保证催化剂性能的前提。VOCs 催化氧化属于强放热反应，反应中催化剂处于较高的温度条件下，理想的催化剂载体应具备良好的热稳定性、足够的机械强度、较小的气流阻力、足够的比表面积和发达的孔隙结构、适当的导热和热膨胀系数。常用的催

化剂载体有 γ-Al_2O_3、SiO_2、分子筛、TiO_2、金属氧化物、黏土、钙钛矿、堇青石、碳载体、复合载体等。催化剂的活性组分是催化剂最为重要的组成部分，直接影响催化效果。元素周期表中 d 区系列金属元素中的贵金属族和过渡金属族元素具有催化性能，它们及其氧化物常被用作催化氧化的活性组分。从大范围划分，催化氧化使用的催化剂大致可以分为贵金属催化剂、过渡金属氧化物催化剂和稀土复合氧化物催化剂三大类。

贵金属催化剂主要指以 Pd、Pt、Ru、Au、Ag 等为活性组分的负载型催化剂，这类催化剂具有起燃温度低（＜200℃）、低温活性好、催化活性高、催化氧化彻底、产物选择性高等优点。但是存在价格昂贵、活性位高温易烧结和流失，且在净化含 S、Cl、N 等杂原子的 VOCs 时易中毒等问题[3]。

过渡金属氧化物催化剂是指以 Cu、Cr、Mn、Co、Ni 等为活性组分的单金属氧化物、复合氧化物（水滑石衍生复合氧化物和尖晶石型复合氧化物）和负载型氧化物催化剂。通常情况下，复合氧化物催化剂的活性明显高于单金属氧化物催化剂，且某些复合氧化物在一定条件下能够达到贵金属催化剂的效果。作为贵金属催化剂的替代品，过渡金属氧化物催化剂目前得到了广泛的研究。

稀土复合氧化物主要有钙钛矿型（ABO_3）和类钙钛矿型（A_2BO_4）催化剂，其中 A 位通常为半径较大的稀土元素或碱土元素，B 位通常为半径较小的过渡金属元素。因其结构中容易形成表面晶格缺陷，使表面晶格氧具有高氧活化中心，从而使该类催化剂具有良好的氧化能力和低温起燃活性。

2.2.1 贵金属催化剂

贵金属催化剂通常以 Pd[4-46]、Pt[47-97]、Au[98-151]、Ru[152-158]等为活性组分，以过渡金属氧化物、分子筛、改性柱撑黏土等为载体。近年来，Ag[159-165]作为活性组分的催化剂也逐渐引起人们的关注。贵金属催化剂具有高活性和低起燃温度的特点，其对 VOCs 的氧化性能受到诸多因素的影响，如催化剂的预处理条件、活性相第二组分的引入、载体性质、助剂成分、活性相分散度、反应物分子结构等。相比其他贵金属而言，Pd 和 Pt 具有稳定性好等优点，在挥发性有机污染物催化氧化中被广泛应用。Pd 和 Pt 对不同反应物的氧化活性呈现出一定的差异，Pd 基催化剂对烯烃的氧化性能一般优于 Pt 基催化剂，而对 C_3 以上的烷烃则表现出相反的规律。

1. Pd 基催化剂

与负载型 Pt 催化剂相比，Pd 基催化剂具有优异的催化活性和水热稳定性[4]，负载型 Pd 催化剂得到了深入的研究，相关催化剂也被广泛应用于工业 VOCs 催化燃烧。载体的选择对于 Pd 基催化剂的 VOCs 催化氧化活性有着重要的影响。负载 Pd 型催化剂的常用载体包括分子筛[5-13]、硅凝胶[14]、改性柱撑黏土[15, 16]、ZrO_2[17]、γ-Al_2O_3[18-23]、TiO_2[24, 25]、CeO_2[26]、多孔氧化物[27-30]、钙钛矿[31, 32]、水滑石衍生氧化物[33, 34]等。

不同载体在 Pd 活性相的分散、催化剂表面 Pd 粒子的氧化还原性能、催化氧化反应中反应物/产物的吸脱附中起着不同的作用。分子筛具有较大的比表面积、可调的表面酸性、良好的传热传质性能，在 VOCs 催化氧化中受到了广泛关注。He 等分别采用两步晶化法和原位生长法制备了具有不同酸性的 ZSM-5/MCM-48 微孔-介孔复合分子筛载体，发现载体表面的路易斯（Lewis）酸和布朗斯特（Brønsted）酸的浓度和分布对 Pd 活性相的分散和污染物苯的吸附反应性能有显著的影响[5, 6]。Siffert 等将 Pd 负载于不同碱金属阳离子（Na^+、Cs^+）和 H^+取代后的分子筛载体（BEA、FAU），研究了此类催化剂对丙烯和甲苯的催化消除效果，发现催化剂的活性与载体和电荷补偿离子种类有密切关系。催化剂的催化活性为 Pd/CsFAU＞Pd/NaFAU＞Pd/HFAU，但 Pd/BEA 催化剂则表现出完全相反的活性顺序。研究者认为催化剂的活性与 Pd 粒子的大小、PdO 的可还原性和催化剂对 VOCs 的吸附能力有关（图 2-2）[7]。由于分子筛表面高度分散的金属 Pd 粒子在高温焙烧和反应中容易发生团聚和烧结，因此如何在确保纳米 Pd 粒子高活性的前提下提高其稳定性和抗烧结能力也是目前的研究热点之一。由于介孔分子筛拥有规整的孔道结构，研究发现可以通过嫁接法、亲疏两相溶液渗透等途径将纳米 Pd 粒子引入到分子筛的孔道内部[9-13]，利用孔道的局限作用，能够有效防止 Pd 粒子的团聚，同时还增大了反应物分子与活性相的接触概率，提高了反应速率。研究者在 SBA-15 制备过程中引入 γ-氨基丙基三甲氧基硅烷（APTMS），采用嫁接法成功制备出了 Pd 高度分散的 Pd/SBA-15 催化剂。研究发现 Pd 主要分散于 SBA-15 的孔道内部，提高了活性中心的利用率。相对于传统浸渍法制备的催化剂，嫁接法制备的催化剂具有更高的催化活性，在高空速条件下（100 000h^{-1}），能够在 190℃以下实现 1050ppm 苯的完全氧化，该温度比普通浸渍法得到的催化剂降低了约 70℃[9]。依据 SiO_2 表面羟基的亲水性，以正己烷和 $PdCl_2$ 水溶液分别为疏水相和亲水相，在充分搅拌下利用毛细作用能够将 Pd 粒子引入到载体的孔道内部，提高了催化剂的水热稳定性和抗水冲击能力[10]。虽然分子筛是一种优良的载体，但其制备耗时较长，且往往需要价格昂贵的模板剂（四丙基氢氧化铵、嵌段共聚物等）。Lambert 等以正硅酸乙酯为硅源，在乙醇、3-（2-氨基乙基氨基）丙基三甲氧基硅烷、氨水的混合体系下，一步合成了具有 SiO_2 包覆 Pd 结构（Pd@SiO_2）的催化剂。研究表明 SiO_2 包覆层在反应中能够很好地防止 Pd 粒子迁移和团聚，且该层内的微孔能够保证苯分子与 Pd 充分接触，以乙酸钯和乙酰丙酮钯为前驱体制备的催化剂均具有优异的催化氧化性能，能够在200℃实现苯的完全氧化（图2-3）[14]。

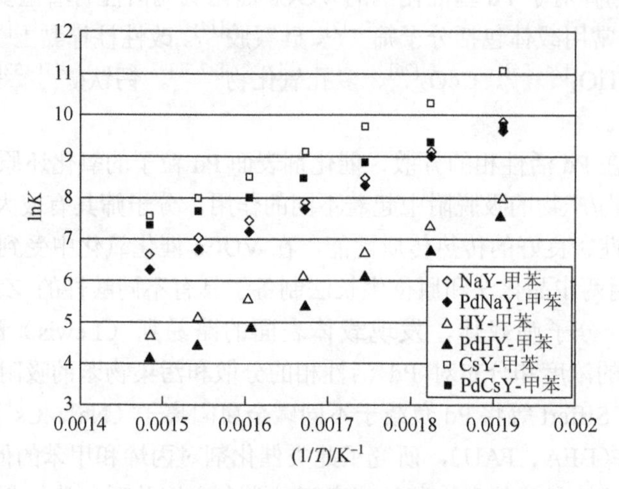

图2-2　不同催化剂上甲苯的吸附亨利常数[7]

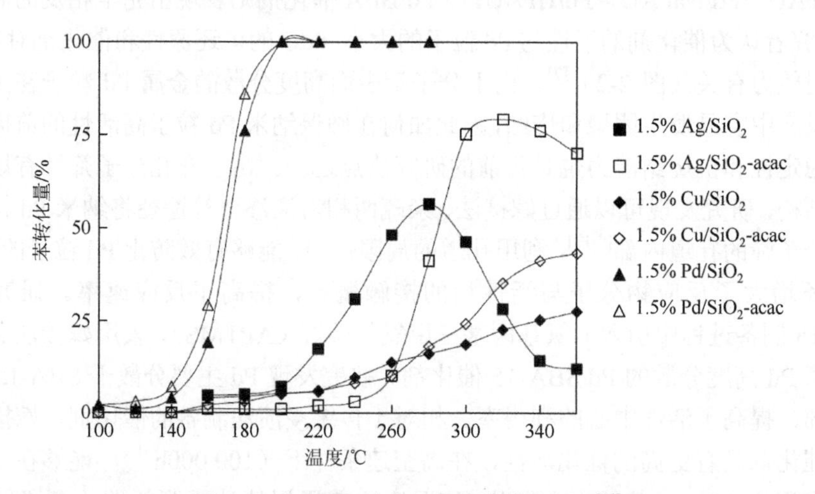

图2-3　负载Pd催化剂上苯的催化氧化[14]

柱撑黏土同样是一类具有较大比表面积和孔径、较好水热稳定性的层状多孔载体，其层间阳离子在特定条件下可以与其他金属阳离子/阳离子低聚物进行交换。通过调变金属阳离子前驱体类型（如Al_2O_3、TiO_2、Fe_2O_3、ZrO_2等），可以得到具有不同孔径尺寸和骨架组成的催化材料。近年来，改性柱撑黏土作为Pd基催化剂载体受到了一定的关注。对Laponite黏土进行Zr、Ce和Al改性，可得到比表面积超过430m^2/g、孔径大于4nm且热稳定性较天然黏土有很大提高的改性柱撑黏土载体（Zr-Lap、Ce-Lap和Al-Lap），以其为Pd的载体可合成氧化活性远高于传统的 Pd/γ-Al_2O_3 催化剂，如 0.3% Pd/Zr-Lap 能够在 210℃时将苯完全氧化为 CO_2 和 H_2O（反应空速为 20000h^{-1}；苯浓度为 1050ppm）[15]。黏土改性条件在其制备中显得至关重要。Zuo 等以蒙脱石为基体，系统研究了对其进行 Al 柱撑改性中合成条件（老化温度、老化时间和 OH/Al 物质的量比）对材料结构的影响，发现铝离子的引入能够极大地增加晶面距（d_{001}）、材料比表面积、微孔孔体积和介孔比表面积。CeO_2 能够与 Al 改性柱撑黏土（Al-PILC）相互作用（图 2-4），提高 Al-PILC 载体表面 Pd 粒子的分散度和活性位数量，从而极大地提高了 Pd/Al-PILC 的催化性能，0.2% Pd-6% Ce/Al-PILC（老化温度为 60℃；老化时间为 8h；OH/Al 物质的量比为 2.4）表现出最高的苯氧化活性，能够在 250℃完成 90%苯的完全氧化（反应空速为 20 000h^{-1}；苯浓度为 130～160ppm）[16]。

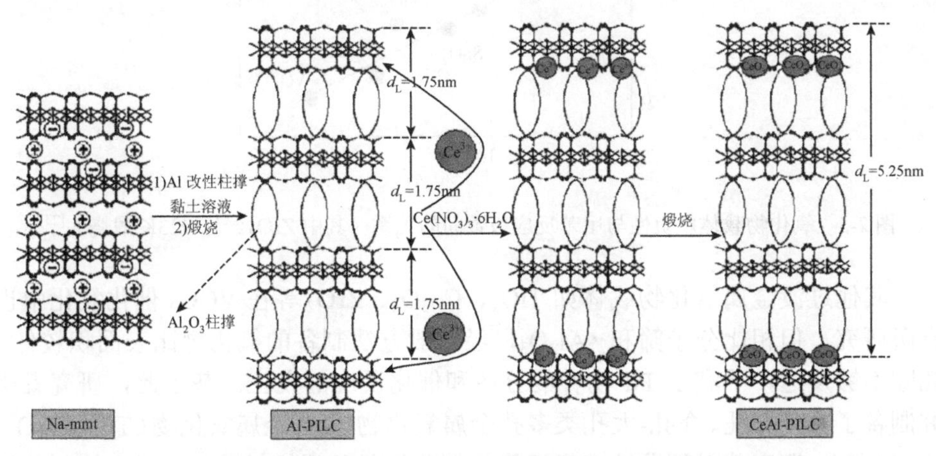

图 2-4　Ce/Al-PILC 材料的制备过程及作用机制[16]

相比惰性的氧化硅载体，过渡金属氧化物拥有可变的化合价态、丰富的晶格活性氧和一定的表面酸碱性，该类氧化物在作为载体的同时，还可能与贵金属活性相发生相互作用，从而改变反应的进程。氧化物载体能够改变 Pd 的氧化还原速率，而这对催化剂的活性起着关键性的作用。通过控制不同载体的酸碱性和载体与 Pd 活性相间的电子相互作用能够调控 Pd 基催化剂的催化活性[15]。研究发现催化剂的催化活性主要依赖于 PdO 中 Pd—O 键的强弱，Pd^0 和 Pd^{2+}间的转化速率与整个催化氧化进程成正比[17]。Schmal 等研究了 Pd/γ-Al_2O_3 催化剂上丙烷的氧化行为，发现 Pd^0/Pd^{2+}的相对含量相比其他反应影响因素（如形貌、载体效应等）显得更加重要，且反应中 Pd^{2+}比 Pd^0 更活泼[21]。然而其他研究则表明还原态 Pd^0 在碳氢化合物氧化中起着更重要的作用，尤其是在低温段（＜180℃）[22]。由于载体效应，不同金属氧化物载体负载的 Pd 催化剂一般具有不同的催化氧化性能。研究人员系统地研究了 Al_2O_3、SiO_2、SnO_2、ZrO_2、Nb_2O_5、MgO 和 WO_3 负载 Pd 催化剂对甲苯的氧化性能，发现 Pd/ZrO_2 具有最高的氧化活性，他们认为高温烧结过程能够降低 ZrO_2 载体表面的酸性，从而导致 O 原子与 Pd 原子之间的亲和力降低，致使 Pd^{2+} 更容易被还原为 Pd^0，加速了甲苯氧化反应的进行（图 2-5）[23]。

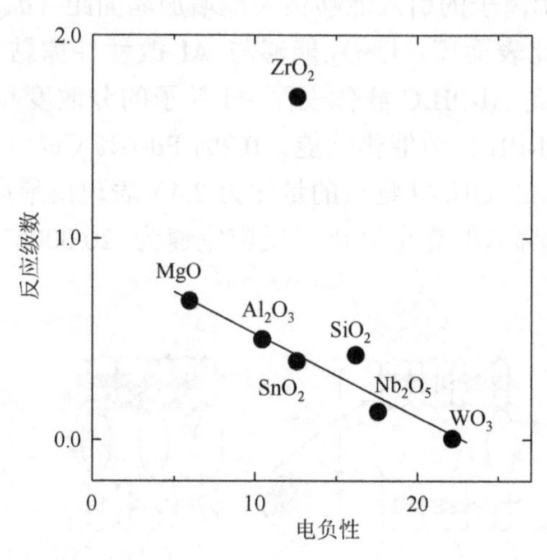

图 2-5　氧化物载体电负性与甲苯反应级数间的关系（其中 ZrO_2 经过 923K 煅烧）[23]

其他过渡金属氧化物载体如 TiO_2、Co_3O_4、ZrO_2 等在 VOCs 催化氧化中也有所研究，但相比分子筛和 γ-Al_2O_3，经一般方法制备的氧化物比表面积较低、孔隙不够发达，不利于 Pd 物种的分散和催化反应的发生。基于此，研究者研究制备了系列介孔、介孔-大孔类多孔金属氧化物/复合金属氧化物（TiO_2、ZrO_2、Co_3O_4 等），探究其对挥发性有机污染物催化氧化的反应性能。Tidahy 等制备了介孔-大孔 ZrO_2、TiO_2 和 ZrO_2-TiO_2 催化材料，研究了该类载体负载 Pd 催化剂对甲苯的催化氧化性能，结果表明，制备的介孔-大孔材料具有较大的比表面积（220～550m^2/g），TiO_2 和 ZrO_2-TiO_2 载体具有良好的热稳定性。Pd/ZrO_2 催化剂对有机物的吸附焓较低且催化剂不易积碳，具有最佳的催化性能[27]。VOCs 分子结构对催化剂活性有重要的影响，针对氯苯分子，由于 TiO_2 具有较好的低温可还原性，介孔-大孔 TiO_2 载体较 ZrO_2 载体表现出更明显的优势（图 2-6）[29]。介孔氧化钴也被证实为一类性能优异的 VOCs 氧化催化剂或载体。以 KIT-6 介孔硅为硬模板，研究者分别采用纳米浇注［Pd/Co_3O_4（3D）］和后浸渍法［Pd/Co_3O_4（3DL）］合成了负载 Pd 催化剂，研究结果表明，Pd/Co_3O_4（3D）具有更加规整的介孔孔道结构和更加分散的 PdO 活性相，能够在 196℃实现 90%邻二甲苯（150ppm）的完全氧化。XAFS 结果证明，PdO 粒子为该反应的真实活性相[30]。

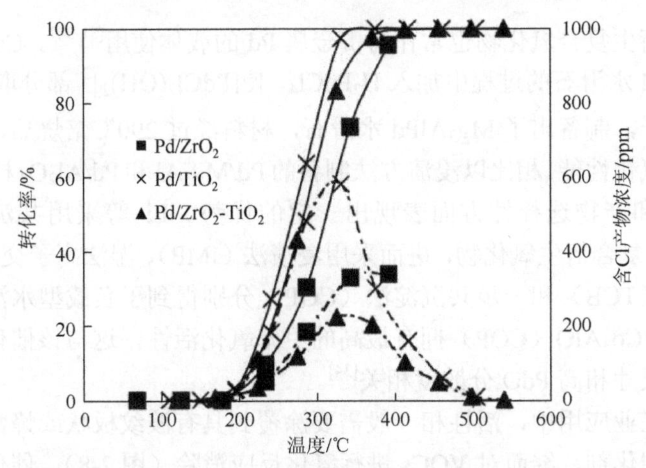

图 2-6 不同载体负载 Pd 催化剂上氯苯的氧化（虚线为含 Cl 产物浓度）[27]

钙钛矿（ABO_3）或类钙钛矿（A_2BO_4）复合氧化物材料具有优良的活性氧迁移性能和热稳定性，同时 B 位可氧化还原的过渡金属离子能够在氧化物体相内形成氧缺陷，如 $ACoO_{3-\delta}$、$AMnO_{3+\delta}$等，此类催化剂在 VOCs 催化氧化中得到了广泛关注。La 型钙钛矿在氧化反应中具有较高的活性，研究者试图将高活性的金属 Pd 与 $LaBO_3$ 结合，以期得到具有低温活性的 VOCs 氧化催化剂。Giraudon 等研究了氧化态和还原态 Pd/$LaBO_3$（B=Co、Fe、Mn、Ni）上甲苯的氧化，根据甲苯的 T_{50} 转化温度，各催化剂的催化活性由高到低顺序为 Pd/$LaFeO_3$＞Pd/$LaMnO_{3+\delta}$＞Pd/$LaCoO_3$＞Pd/$LaNiO_3$（图 2-7），结合表征结果发现，催化剂的活性与 Pd 的分散性没有联系，而与高价态的 Fe^{3+}浓度有关[31]。研究者在随后的研究中也发现 Pd/$LaFeO_3$ 在氯苯氧化中也表现出极佳的性能，在保持氯苯高氧化速率的同时能够保证较低的含氯副产物生成量[32]。

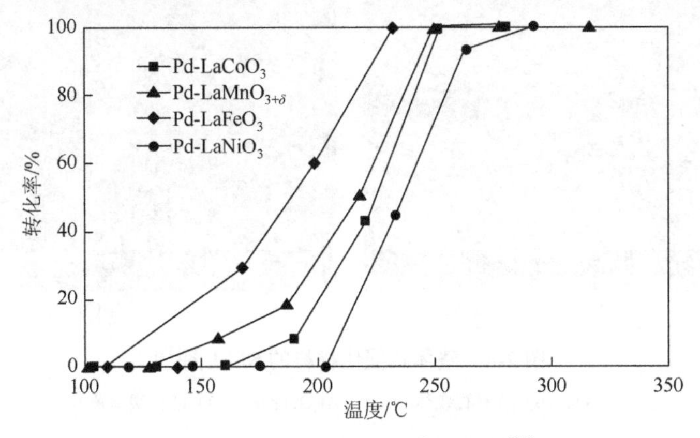

图 2-7 Pd/$LaBO_3$ 上甲苯的氧化[31]

甲苯浓度=1800ppm；B=Co、Mn、Fe、Ni；催化剂质量=0.1g；空气量=3L/h

水滑石衍生复合氧化物也常作为贵金属 Pd 的载体使用[31-34]。Carpentier 等[33]在制备 Mg/Al 水滑石的过程中加入 H_2PdCl_4，使$[PdCl_2(OH)_2]^{2-}$部分取代CO_3^{2-}作为层间平衡离子，制备出了 Mg_3AlPd 水滑石，材料经过 290℃焙烧后，考察了其对甲苯的催化氧化性能。相比以浸渍方法制备的 Pd/Mg_3Al 和 Pd/Al_2O_3 材料，Mg_3AlPd 在催化活性和产物选择性方面表现出一定的优势。Li 等采用共沉淀法得到了 Co-Al 水滑石复合衍生氧化物，进而采用浸渍法（IMP）、湿法离子交换法（WIE）、热力燃烧法（TCB）和一步共沉淀法（COP）分别得到了负载型水滑石复合催化剂，其中 Pd/Co_3AlO（COP）拥有最高的甲苯氧化活性，这与该催化剂高比表面积、小晶粒尺寸和高 PdO 分散度相关[34]。

在实际工业应用中，活性相一般需要涂覆到具有波纹板状或蜂窝状的载体表面形成整体催化剂，继而对 VOCs 进行氧化反应消除（图 2-8）。催化剂的基体一般为具有高水热稳定性的堇青石、陶瓷等惰性材料，挤压成型后在其表面涂覆分子筛或氧化铝以增加其表面积和孔隙度[35-38]。

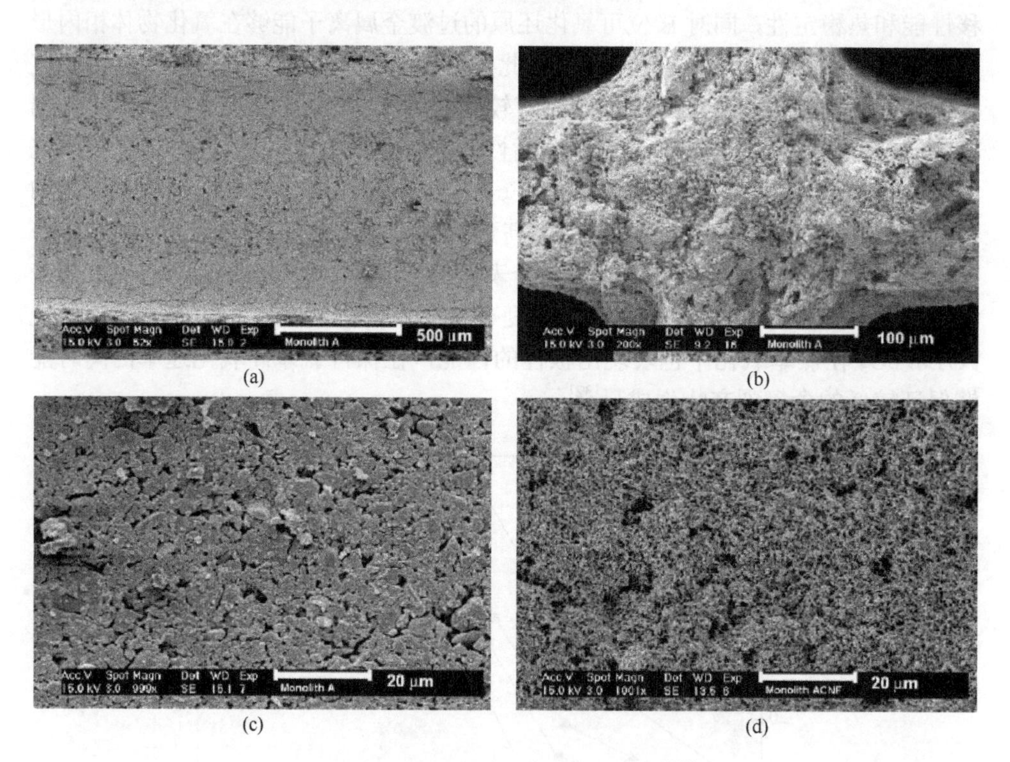

图 2-8 整体式催化材料的 SEM 图[38]

（a）、（b）堇青石载体；（c）γ-Al_2O_3 涂覆；（d）活性炭涂覆

Pd 基催化剂上 VOCs 的氧化行为和过程也得到一定的研究。Arzamendi 等[39]

研究了 Pd-Mn/Al_2O_3 和 Pd/Al_2O_3 上甲乙酮的催化氧化过程及产物选择性，发现副反应容易在 Pd-Mn/Al_2O_3 催化剂上发生，进而形成乙醛、甲基乙烯基酮和双乙酰酮。单金属 Pd/Al_2O_3 催化剂具有很高的选择性，几乎可以将甲乙酮完全转化为 CO_2 和 H_2O，研究认为反应的决速步骤是催化剂表面甲乙酮和氧的吸附，且 Mn、Pd 之间不存在协同作用。Hicks 对 Pd 系催化剂做了对比研究，发现 Pd-PdO/Al_2O_3 的催化活性要强于单一 PdO/Al_2O_3[40]。事实上，在类似反应中，催化剂体系的催化活性正是在 Pd 逐渐氧化成 PdO 的过程中不断提高的，当一个催化体系中同时含有 Pd 和 PdO 时，有机物的氧化反应不仅与 PdO 的浓度有关，还与其在反应中的不同状态有密切关系，初始阶段的氧化反应随氧化态 PdO 含量的增加而加快，但随着还原态 Pd 含量的增加，氧化活性锐减，整个过程中 Pd/PdO 的比例保持不变[1]。大量的载体和复合载体已经用于 Pd 基催化剂的催化燃烧，以期理解载体效应和优化高活性、稳定的催化燃烧系统。Pd 基催化剂的催化氧化机理一般认为同 Mars-van Krevelen（MVK）氧化还原机理。该机理表明反应的第一步为 VOCs 还原氧化态 PdO，随后还原态 Pd 在氧气气氛中被再度氧化为 PdO。Mueller 等[41]采用 ^{18}O 同位素标记实验对该机理进行了验证，在标记的催化剂上进行脉冲实验，结果发现产物中出现了 ^{18}O，计算表明至少有 20%的产物 CO_2 是通过该机理产生的。Choudhary 等[1]的脉冲实验也证实了该机理。

对于负载 Pd 催化剂的失活机理，一般认为有以下几种：载体（如 γ-Al_2O_3）烧结，形成尖晶石；Pd 或 PdO 烧结及 PdO 分解（$PdO \longrightarrow Pd+1/2O_2$）。研究者们在如何提高贵金属催化剂的热稳定性上做了多方面研究。研究表明，向 PdO 中添加稀土元素能够向 Pd 提供丰富的结构氧，从而提高 PdO 的分解温度[42]。此外，Euzen 等以改性氧化铝为载体，制备了负载型 Pd 催化剂，并以堇青石为第一载体，制备了整体式催化剂，研究了负载在氧化铝上的 Pd 催化剂的活性。研究结果表明，反应时催化剂的温度及催化剂中 Pd 的含量都对催化剂失活有影响，PdO 的烧结及分解是催化剂失活的原因，然而向催化剂中添加一些混合氧化物能有效地抑制催化剂的失活[43]。

CO_2、H_2O 和含硫化合物对于 Pd 基催化剂燃烧性能的影响亦是一个研究热点。CO_2 和 H_2O 是有机物燃烧的主要产物，研究证明，CO_2 对反应只有轻微的抑制作用，而 H_2O 对催化燃烧则有明显的抑制作用。Fujimoto 等通过实验得出了“准吸-脱附平衡”方程[44]：

$$2OH^* \rightleftharpoons H_2O(g)+O^*+\square^* \tag{2-2}$$

式中，□为表面空穴。

因此，随着体系中 H_2O 的增加使得该反应平衡向左移动，造成催化剂表面空穴被 OH 基滴定，从而抑制了反应速率。Mowery 等观察到表面 SO_x 基团进一步加剧了水的破坏效应[3]。Schmal 等[21]的研究表明，提高反应温度可以使式（2-2）中的平衡向右移动，提高活性位浓度，这就意味着 H_2O 的阻碍效应是可逆的。Nomura 等研究了添加 H_2O 对 Pd/SAPO-5 和 Pd-Pt/SAPO-5 催化剂的影响，结果表明 Pt 的引入可以降低 H_2O 对催化剂活性的影响[45]。

2. Pt 基催化剂

尽管 Pd 是 VOCs 催化氧化最常用的催化剂，但在某些条件下，Pt 基催化剂具有更佳的催化活性，且相比于 Pd 基催化剂，Pt 基催化剂在处理含氯 VOCs 时有更高的 CO_2 选择性[46]。Al_2O_3[47-59]、碳材料[60, 61]、分子筛[64-72]、TiO_2[73-75]、氧化锆[76, 77, 80, 82]、氧化锰[83]、钙钛矿[86]等已被用作 Pt 基催化剂的载体。具有大比表面积和孔结构的 γ-Al_2O_3 和分子筛载体得到了较多的研究，取得了较好的结果。

Garetto 等发现 Pt/γ-Al_2O_3 材料上苯的氧化为结构敏感型反应，随着 Pt 粒子的增大和其表面 Pt-O 物种密度的增加，苯的氧化速率有所提高。动力学研究表明苯在 Pt/γ-Al_2O_3 上的氧化行为符合 Langmuir-Hinshelwood 机理[48]。其他类型 Al_2O_3 载体如 Al_2O_3 凝胶、Al_2O_3 薄膜等也得到了一定的关注。研究者采用“溶胶-凝胶法”和“冷冻干燥技术”制得了具有大比表面积和发达孔结构的 Al_2O_3 冷冻凝胶，发现该载体能够稳定 Pt 纳米粒子，使催化剂具有很高的热稳定性[51]。Pina 等采用化学气相沉积法将 Pt 负载于 Al_2O_3 薄膜表面，结果证明，该催化剂能够在较低温度下实现丁酮和甲苯的完全氧化，且污染物进口浓度对催化剂活性无明显影响[52]。Aguero 等研究了 Pt/Al_2O_3 和 Pt-Mn/Al_2O_3 催化剂对乙醇和甲苯混合物的催化氧化，实验结果表明，催化剂 Pt 与 Al_2O_3 间产生的活性位活性较 Pt 与 Mn 氧化物间产生的活性位高，Mn 的存在能够降低乙醇对甲苯的抑制作用[53]。

Pt 基双金属系统具有更好的抗硫、抗水性能。Pt-Au 和 Pt-Pd 等双金属催化剂也在 VOCs 催化氧化中得到了广泛关注。研究人员将具有不同 Pt-Au 物质的量比的双金属负载于 ZnO/Al_2O_3 载体上制得了具有不同甲苯催化性能的催化剂，发现双金属催化剂的活性要好于单一 Pt-ZnO/Al_2O_3 和 Pd-ZnO/Al_2O_3 催化剂，且双金属催化剂的活性与 Pt-Au 物质的量比有密切联系[54]。此外，制备方法对双金属催化剂的 VOCs 氧化性能也有深远的影响[55]。

反应中多组分污染物的存在及催化剂载体的酸碱性对负载Pt催化剂的活性也有着重要的影响。Brink 等发现甲苯、2-丁烯和乙烯的引入能够加速 Pt/γ-Al_2O_3 上氯苯的氧化速率，同时大大降低多氯联苯副产物的产生[56]。Duclaux 等考察了乙醇、丁酮、乙酸甲酯和甲苯的加入对 Pt/Al_2O_3 上苯氧化的影响，结果显示，另一组分 VOCs 的加入对苯的氧化存在一定的抑制作用，含氧 VOCs 的加入有可能导致毒性更强的有机物的产生[57]。由于喷涂等行业尾气中含有高浓度的有机硅挥发相，研究发现在长时间运行后（1000h）有机硅溶剂会以 SiO_2 的形式沉积在 Pt 活性相和 Al_2O_3 载体表面，导致催化剂失活[58]。

炭和分子筛也可作为 Pt 活性相载体应用到 VOCs 催化燃烧反应中。炭负载 Pt 催化剂较γ-Al_2O_3有更高的活性，Wu 等发现炭负载 Pt 催化剂由于具有较好的有机物吸附性能，能够在温度较 Pt/γ-Al_2O_3催化剂低 130～150℃的条件下实现苯、甲苯和二甲苯的氧化，但由于 VOCs 氧化属于放热反应，温度过高（＞250℃）可能引起炭的自燃[60]。介孔-大孔复合石墨碳材料的出现很好地弥补了以上不足，研究发现该类材料具有良好的热稳定性和有机废气电热脱附性能[62]。此外，具有高化学稳定性、良好热稳定性和导热性的六方氮化硼载体材料（h-BN）也表现出较好的前景，该材料负载 Pt 催化剂能够在 170℃下完成 50%异己烷的氧化，活性远高于 Pt/γ-Al_2O_3（图 2-9），研究者将 Pt/h-BN 良好的催化性能归因于载体的高导热性、大比表面积及 h-BN 与 Pt 之间较小的相互作用[63]。

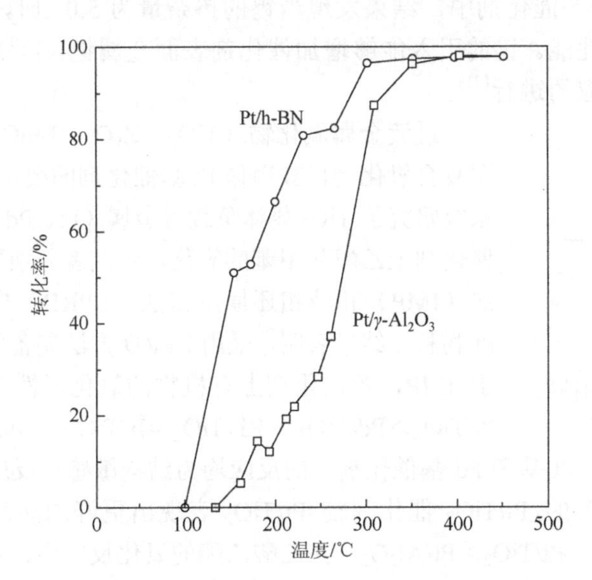

图 2-9　Pt/h-BN 和 Pt/γ-Al_2O_3上异己烷的氧化[63]

反应空速：20 000h^{-1}；异己烷浓度：600ppm

分子筛载体主要包括微孔沸石（ZSM-5、Beta、USY 等）、介孔分子筛（KIT-6、MCM-41、SBA-15 等）、大孔分子筛及多级孔复合分子筛，由于该类材料具有比较面积大、孔隙结构发达等优点，被广泛应用于 VOCs 催化燃烧研究中。微孔沸石分子筛具有良好的水热稳定性和可调的酸性，其负载 Pt 催化剂在 VOCs 催化燃烧（尤其是含氯有机物）中表现出较高的活性，但在催化氧化反应过程中催化剂容易因为表面积碳而逐渐失活。介孔和大孔分子筛具有较微孔分子筛更大的孔径和更高的表面疏水性，有利于反应物分子的吸附和产物分子（H_2O等）的脱附扩散。Xia 等研究了 ZSM-5 和具有高疏水性表面 MCM-41（在 F^-

前驱体系中合成得到）上不同芳香族化合（甲苯、苯、异丙基苯、乙基苯和 1，3，5-三甲苯）的氧化行为，发现 Pt/MCM-41 在干燥或有水蒸气存在的条件下都具有最佳的催化性能，而亲水性的 Pt/ZSM-5 催化剂拥有较差的活性（H_2O 分子易被吸附到亲水性载体表面而阻碍 Pt 活性中心与污染物分子接触）[68]。介孔分子筛具有无定向孔道结构，在催化剂制备或反应中较微孔分子筛更易受到外界因素破坏。Li 等研究了磷酸对 Pt/MCM-41 催化剂结构及催化活性的影响，磷酸分子能够与 MCM-41 表面的 Si—OH 反应，当载体于 H_2PtCl_4 浸渍时，P—OH 首先与 Pt 反应以确保不破坏 MCM-41 的孔结构（图 2-10），提高催化剂的稳定性。同时，磷酸能够向催化剂中引入 Brønsted 酸位，提高了催化剂的催化性能[70]。掺杂过渡金属能对 Pt 的表面价态产生影响。Zhu 等将一定的钨引入到 Pt/ZSM-5 催化剂中，结果发现当钨的掺杂量为 5.0%时，催化剂具有最佳的丙烷氧化性能。钨的引入能够增加催化剂表面金属钯（Pt^0）的浓度，从而促进了氧化反应的进行[71]。

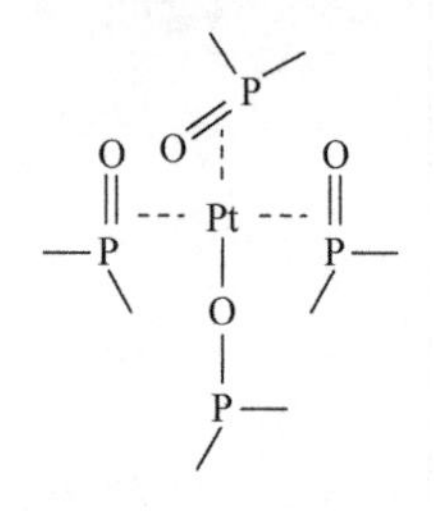

图 2-10　Pt 与磷物种的相互作用[70]

过渡金属氧化物（TiO_2、ZrO_2、MnO_2 等）和钙钛矿型复合氧化物也被用作 Pt 基催化剂的载体[73-86]。Santos 等系统研究了 TiO_2 载体负载贵金属（Pt、Pd、Ir、Rh 和 Au）催化剂上乙醇和甲苯的氧化。研究者分别采用等体积浸渍法（IMP）和液相还原沉积法（LPRD）向载体表面引入 Pt 物种，结果表明，采用 LPRD 方法制备的样品活性远高于 IMP，各催化剂上有机物的氧化活性由高到低顺序为 $Pt/TiO_2 > Pd/TiO_2 \gg Rh/TiO_2 \approx Ir/TiO_2 \gg Au/TiO_2$（表 2-1），且乙醇和甲苯在 Pt 基和 Pd 基催化剂上的反应均为结构敏感型反应[73]。Finocchio 等发现掺杂 W^{6+}的 Pt/TiO_2 催化剂较 Pt/TiO_2 表现出更好的活性，活性顺序为 Pt/TiO_2（W^{6+}）$>Pt/TiO_2>Pt/Al_2O_3$。在乙酸乙酯的氧化反应中，乙酸乙酯的氧化反应温度在 Pt/TiO_2（W^{6+}）上比在 Pt/Al_2O_3 上低约 90℃[74]。吸附-催化一体化催化剂在处理低浓度 VOCs 有机废气中较单功能催化剂表现出一定的优势。Liu 等用 2-氨基丙基三乙氧基硅烷偶联剂对常规 TiO_2 载体进行改性，将氨基嫁接至载体表面得到负载 Pt 的吸附-催化型材料，结果表明，载体表面氨基能够很好地吸附气相甲醛分子，从而导致 Pt 活性相周围的甲醛分子浓度升高，显著地提高了甲醛的氧化效率[75]。Novaković 等采用电化学法和高温喷溅法将 ZrO_2 薄膜镀至不锈钢金属薄片上，制得了 Pt 负载型催化剂，并研究了 La、Cu 和 Co 氧化物的加入对其催化氧化正己烷活性的影响，结果表明，高温喷溅法制备的催化剂具有更高的催化活性，La、Cu 和 Co 的存在对催化剂活性没有明显影响[76]。载体酸碱性对金属 Pt 粒子的分散和表面价态有重要的影响。含 CeO_2 类载体能够通过 Pt—O—Ce 键很好地稳定 Pt 粒子，随着载体表面氧电荷密度（即载体碱性）的增加，Pt 粒子的分散度升高，通过分析 Pt L_{II}-和 Pt L_{III}-X 射线吸收近边吸收谱发现酸性载体表面的 Pt 粒子较碱性载体表面更难以氧化[77, 78]。Yazawa 等研究了不同载体（Al_2O_3、ZrO_2、La_2O_3、MgO、SiO_2、SiO_2-Al_2O_3 和 SO_2-ZrO_2）负载 Pt 催化剂上丙烷的氧化，发现载体表面酸性位对丙烷氧化有一定的促进作用[79]。Haneda 等制备了拥有不同钇含量的 Y-ZrO_2 载体，NH_3-TPD 和 CO_2-TPD 结果证明载体的酸碱性随着 Y 掺杂量的改变而发生变化。Y_2O_3 本身不参加氧化反应，但是其能够起到稳定 Pt 粒子的作用，从而提高催化剂上正丁烷的氧化速率[82]。氧化物载体形貌对 Pt 活性相分散和活性相与载体间的相互作用有一定的影响。研究者通过不同的方法合成得到了呈茧状、海胆状和鸟巢状的 MnO_2 载体，催化剂评价结果显示具有鸟巢状的 Pt/MnO_2 拥有最佳的甲醛氧化性能[83]。

表 2-1　不同催化剂上乙醇和甲苯的 T_{50}、T_{90} 和 T_{100} 转化温度[73]　（单位：℃）

催化剂	乙醇			甲苯		
	T_{50}	T_{90}	T_{100}	T_{50}	T_{90}	T_{100}
Pt（IMP）	208	265	283	196	212	230
Pt（LPRD）	187	243	260	191	201	210
Pd（IMP）	245	290	300	226	242	250
Pd（LPRD）	245	279	294	221	234	240
Ir（IMP）	312	340	346	—	—	—
Ir（LPRD）	283	296	300	292	302	313
Rh（IMP）	310	332	340	—	—	—
Rh（LPRD）	283	300	316	284	300	310
Au（IMP）	341	373	380	—	—	—
Au（LPRD）	341	363	370	372	398	420
TiO_2	413	432	436	403	470	＞520

注：T_{50}、T_{90} 和 T_{100} 分别对应于 50%、90%和 100%污染物转化为 CO_2 的温度。

常规金属氧化物载体如 TiO_2、MnO_2 等比表面积较小且孔隙不够发达，致使气体分子在该类氧化物上的传质过程较分子筛材料差。近年来，研究者合成了介孔-大孔复合 TiO_2、SiO_2-TiO_2 等载体，发现有机大分子能够在大孔内首先断裂为小分子，再进入介孔/微孔内氧化为最终产物，且该类型催化剂表面和孔道内不易产生积碳[87-89]。Rooke 等通过自组装过程将具有与 Ti^{4+}近似晶体半径的 Nb^{5+}粒子引入到 TiO_2 的骨架内部得到了介孔-大孔 Nb-TiO_2 载体（图 2-11），该载体能促进正丁醇和甲苯分子的吸附及提高产物 CO_2 的选择性[87]。

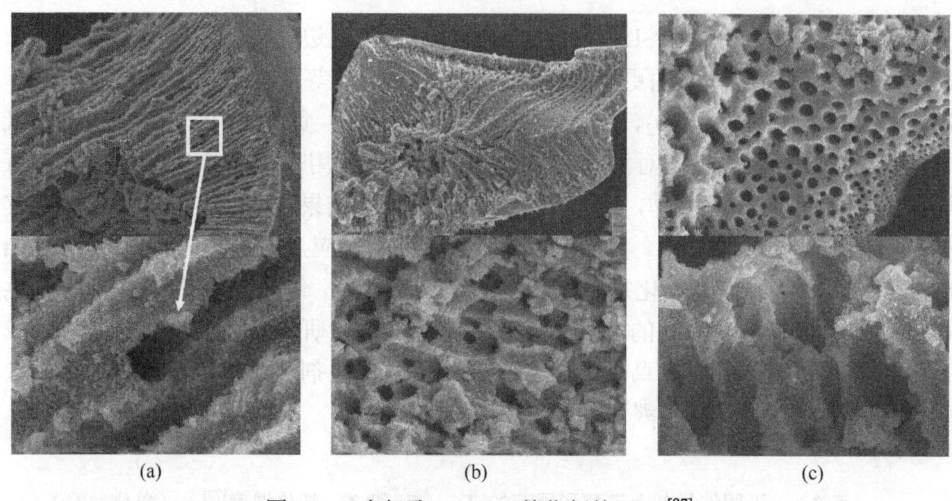

图 2-11　多级孔 Nb-TiO_2 催化剂的 SEM[87]

（a）1% Nb；（b）3% Nb；（c）5% Nb

粉体催化剂在工业反应器中一般会造成较大的压力损失，工业中一般将催化活性相涂覆于具有平行孔道结构的蜂窝载体表面，进而对废气进行处理[90-96]。但传统的蜂窝载体（以堇青石等为基体）具有一定的绝热效应，而 VOCs 燃烧为放热反应，这就导致载体孔道内温度不均匀。此外蜂窝孔道尺寸一般细长且孔径较小（0.8～4mm），在一定程度上影响了催化剂在反应过程中的传质和传热能力。Wang 等依据 Al_2O_3 具有良好导热性的特征，制备得到了具有“长直孔道”和“段弯孔道”的阳极氧化铝类载体材料，在此基础上采用电子沉积法将 Pt 负载于载体表面得到了 Pt/Al_2O_3 整体式催化剂（图 2-12）。结果表明，有机物在“段弯孔道”内具有更高的氧化效率，氧化反应不受载体内传质影响且在体内温度分布较均匀（图 2-13）[97]。

图 2-12　Pt/Al_2O_3 整体式催化剂的宏观形貌[97]

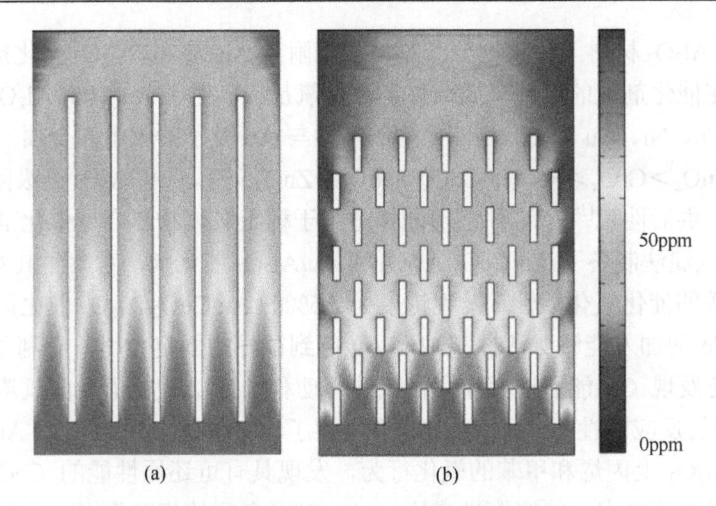

图 2-13　Pt/Al_2O_3 整体式催化剂孔道内乙醛的浓度分布[97]

（a）长孔道；（b）短孔道

3. Au 基催化剂

Au 曾经被认为是不具备催化活性的。1987～1989 年，Haruta 等[98-100]发现可以通过减小 Au 纳米粒子的大小来提高其表面反应活性。他们发现当以金属氧化物为载体，纳米 Au 颗粒的直径小于 5nm 时，其表现出极好的氧化性能，某些催化剂（如 Au/Fe_2O_3）能够在−70℃的条件下氧化 CO。相对 Pd 和 Pt 而言，Au 粒子与吸附的反应物分子间的作用力相对较弱，因此更加适合于低温氧化反应[101]。近年来，负载 Au 催化剂越来越引起研究者们的关注。研究证明，将 Au 催化剂用于 VOCs 的催化氧化，也能表现出较好的效果。负载 Au 催化剂的活性与诸多影响因素有关，如载体性质、Au 负载量、活性相分散及电子状态、催化剂制备方法、活性相前驱物、催化剂预处理条件等，反应中往往是几种因素协同对催化剂活性起作用。文献报道中，γ-Al_2O_3[102-110]、TiO_2[111-118]和 CeO_2[119-130]是最常见的 Au 基催化剂载体，其他氧化物如 Co_3O_4[131-138]、Fe_2O_3[139-144]、MnO_2[145-148]、钙钛矿[149，150]等也被用作 Au 的载体。

γ-Al_2O_3 有较高的比表面积和热稳定性，是常用的催化剂载体。Chen 等用尿素作为沉淀剂采用沉积-沉淀法得到了负载型 Au/γ-Al_2O_3 催化剂，活性评价结果表明，当 Au 的负载量为 1.0%时能够在室温下实现 80ppm 甲醛的完全氧化，活性曲线如图 2-14 所示；原位红外的结果表明，具有丰富表面羟基官能团的γ-Al_2O_3 能够将 HCHO 分子部分氧化为甲酸盐，最后甲酸盐中间体在 Au 粒子表面转化为 CO_2 和 H_2O，且反应中水蒸气的存在有利于甲醛的氧化（图 2-14）[102]。过渡金属和稀土氧化物的引入能够在一定程度上影响 Au/Al_2O_3 催化剂的性能。Grisel 等研究发现，在 Au/Al_2O_3 材料上污染物分子趋向于吸附在 Au 或 Au/Al_2O_3 催化剂界面上，再与吸附在催化剂上的活性氧或载体的晶格氧反应。对于 $Au/MO_x/Al_2O_3$（M=Cr、Mn、Fe、Co、Ni、Cu 和 Zn），催化剂的活性与 Au 粒子的大小和金属的性质有关（CuO_x＞MnO_x＞CrO_x＞FeO_x＞CoO_x＞NiO_x＞ZnO_x），反应中 MO_x 给吸附在 Au 上的污染物提供活性氧[103]，这种情形同样适用于稀土氧化物复合型催化剂。Centeno 等用沉积-沉淀法制备了 $Au/CeO_2/Al_2O_3$ 和 Au/Al_2O_3 催化剂，考察了其对正己烷、苯和 2-丙醇的催化氧化活性，发现浓度为 2.5%的 $Au/CeO_2/Al_2O_3$ 催化剂具有最佳的活性，Ce 的加入能够对活性相纳米 Au 起到很好的固定作用，有利于 Au 的分散。研究还发现 Ce 能通过增加晶格氧的移动和维持 Au 粒子表面氧浓度来提高 Au 催化剂的反应活性[104]。Ousmane 等考察了 Au/CeO_2、Au/TiO_2、Au/Al_2O_3 和 $Au/CeO_2/Al_2O_3$ 上丙烯和甲苯的氧化行为，发现具有可还原性能的 CeO_2 和 TiO_2 有相对较低的等电点，能够促进载体与 Au 粒子之间的相互作用，从而具有相对较高的氧化能力[108]。在对 Au/TiO_2、Au/Al_2O_3 和 Au/ZnO 上丙烯的氧化行为研究中也得出了类似的结论[109]。Wu 等考察了 Au/MgO、Au/Al_2O_3 和 Au/ZnO 上苯、甲苯和邻二甲苯的氧化，发现 Au/ZnO 具有最高的氧化性能，因为 Au{111}和 Zn{101}面具有非常类似的晶格参数，导致了 Au 和 Zn 之间存在更强的相互作用[110]。碱金属或碱土金属氧化物（MO_x，M=Li、Rb、Mg 和 Ba）在 Au 基催化剂中的作用与过渡金属或稀土氧化物不同，这类氧化物的主要作用不是在反应中作为活性氧的供体，而是在催化剂制备过程中抑制 Au 粒子的生长，使其保持高的分散度，同时在反应中稳定 Au 颗粒防止其受热团聚[105-108]。

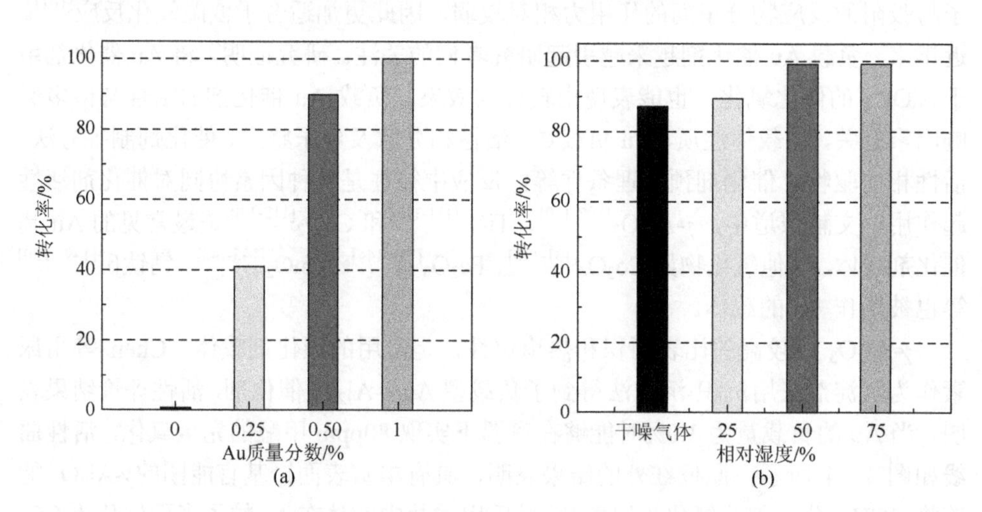

图 2-14　不同 Au 质量分数的 $Au/\gamma\text{-}Al_2O_3$ 催化剂上甲醛的氧化(a)及反应湿度对 1.0% $Au/\gamma\text{-}Al_2O_3$ 催化剂上甲醛氧化率的影响（b）[102]

TiO_2 具有较好的可还原性能且能在反应中稳定 Au 粒子[111]，TiO_2 作为 Au 活性相载体在研究中较为常见。Andreeva 等考察了 $Au/V_2O_5/TiO_2$ 和 $Au/V_2O_5/ZrO_2$ 上苯的氧化，研究发现，TiO_2 载体上 Au 与 V 之间的相互协同作用明显高于 ZrO_2 载体，Au 的存在能够让 V 氧化物以多钒酸盐（活性远高于单钒酸盐）的形式存在，同时 Au 能够使 V═O 键变长，提高电子剥离能力，研究者认为 Au 的主要作用是活化分子氧，苯分子主要在 V 氧化物表面完成氧化过程[112, 113]。Petrov 等将 Au 和 Co 同时负载于 CeO_2/TiO_2 载体上，该催化剂能够在 25℃下将 60%的 C_3H_8/C_3H_6 混合气氧化分解，活性超过了 Pt 基催化剂[114]。在 TiO_2 和氨的混合体系中，通过调变合成气的组成和空速、反应温度及加热速率等条件可以控制 TiO_xN_y 材料中 N 的含量。Centeno 等研究了 Au/TiO_xN_y 和 Au/TiO_2 上正己烷、苯和 2-丙醇的氧化，发现 N 元素的存在使催化剂活性提高的同时降低了产物中 CO_2 的选择性。XPS 结果显示在含 N 量较高的 Au/TiO_xN_y 催化剂上出现了部分氧化的 $Au^{\delta+}$物种，N 元素也有利于载体表面 Au 粒子的分散，上述原因共同决定了催化剂的高活性[116]。Hosseini 等研究了介孔 TiO_2 负载 Au-Pd 双金属催化剂上甲苯和丙烯的催化过程，发现甲苯和丙烯在不同材料上表现出类似的活性顺序：0.5%Pd-1%Au/TiO_2＞1.5%Pd/TiO_2＞0.5%Pd/TiO_2＞1%Au-0.5%Pd/TiO_2＞1%Au/TiO_2＞TiO_2（图 2-15），介孔 TiO_2 载体的催化性能要远远高于普通 TiO_2，Au 的引入能够形成 Pd@Au 的特殊核壳结构，加速了活性组分间的活性氧传递[117]。氧化含硫 VOCs（S-VOCs）需要催化剂具备良好的抗硫中毒能力，对于 Au 催化剂上 S-VOCs 氧化的研究报道较少。Kucherov 等研究了 Au/MCM-41、Au/H-ZSM-5、Au/H-Beta 和 Au/TiO_2 上二甲基二硫醚的氧化，发现 Au/TiO_2 催化剂能够在 155℃将二甲基二硫醚分解为 SO_2（≈35%）和元素 S（≈65%），而沸石载体与其相比，TiO_2 氧化能力较差，需要在 290℃才能将污染物氧化为 SO_2[118]。

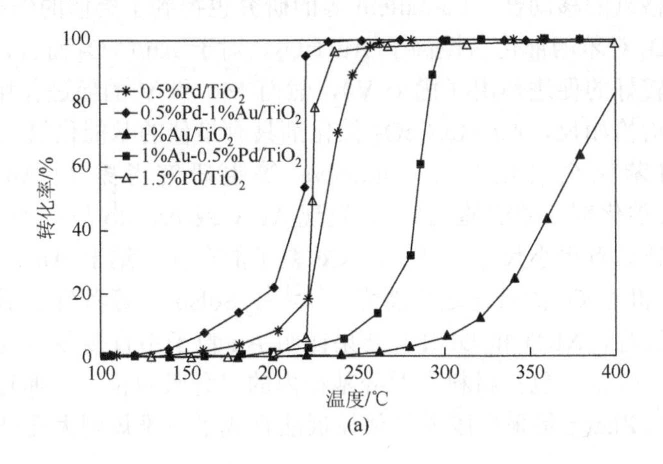

(a)

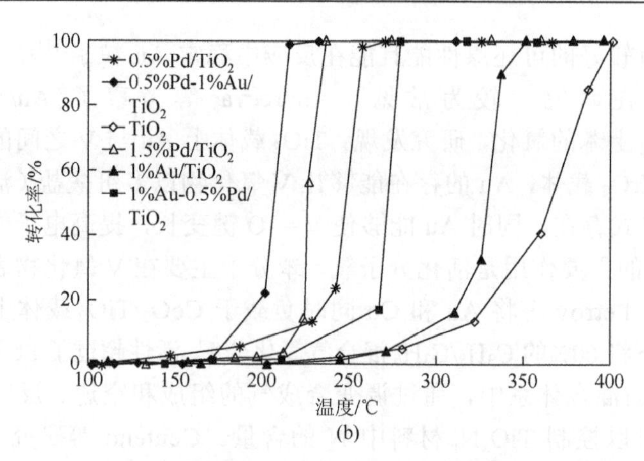

图 2-15 不同催化剂上甲苯和丙烯的氧化曲线[117]

（a）甲苯；（b）丙烯

Au/CeO_2 通常表现出很高的 VOCs 催化活性。CeO_2 还可能起到对金活性相进行稳定化并提高其分散度的作用，Scirè 等考察了 Au/CeO_2 催化剂上典型 VOCs（2-丙醇、甲醇和甲苯）的氧化行为。评价结果显示采用沉积-沉淀法合成的催化剂较共沉淀法得到的催化剂具有更高的活性，主要是由于沉积-沉淀法得到的催化剂有更高的表面 Au 含量，且 Au 粒子更小。研究表明，Au 纳米粒子能够明显地降低 CeO_2 的还原温度，削弱 Ce—O 键的强度，增强 CeO_2 的可还原性[119]。对于金催化剂，较高的金表面浓度和较小的粒径都有利于提高催化剂的活性。Gennequin 等[120]采用溶胶-凝胶法制备了不同 Ce/Ti 比的 $Ce_xTi_{1-x}O_2$（$0 \leqslant x \leqslant 0.3$）氧化物，发现 Ce 能够抑制 Ti 向金红石相转变，Ti 的存在增强了 Ce 氧化物的可还原性。将活性相纳米 Au 沉积到该载体后表现出很好的丙烯催化活性，主要原因可能是高分散的 Au 粒子能够弱化 Ce—Ti—O 键，提高晶格氧的移动性，Lamallem 等的研究也得到了类似的结果[121]。研究发现 Au/CeO_2 对苯的催化活性高于 Au/TiO_2。对于 Au/CeO_2 而言，Mo 的引入对其活性有较好的促进作用（优于 V），然而 Mo 和 V 的促进作用在 Au/TiO_2 催化剂上则恰恰相反，$Au\text{-}Mo/CeO_2$ 催化剂具有最佳的苯催化氧化活性，能够在 190℃将苯完全氧化[122]。Andreeva 等也研究考察了 $Au\text{-}Ce/V_2O_5$ 和 $Au\text{-}Ce/MnO_x$ 催化剂上苯的催化氧化，发现 Au/V 或 Au/Mo 与 CeO_2 之间有强相互作用，导致具有更小尺寸的 Au 和 Ce 粒子的存在，纳米 Au 的存在提升了 VO_x、MoO_x 和 CeO_2 的氧化还原能力[123, 214]。Solsona 等考察了不同载体上萘的催化氧化过程，XRD 和 DRIFT 结果证明 Au 粒子不直接参与氧化反应，而是污染物分子吸附在包括材料表面羟基在内的多种吸附位上，通过 MVK 机理进行氧化[126]。Zhang 等采用胶质晶体模板法合成了三维规则大孔结构（3DOM）

的 CeO_2 载体（图 2-16），并考察了以其作为 Au 载体得到的催化剂上甲醛的氧化性能，结果证明，孔径为 80nm 的 CeO_2 载体拥有最佳的甲醛氧化能力，具有合适孔道大小的载体能够促进 Au 的分散和提高载体的水热稳定性[130]。

(a)　(b)　(c)　(d)　(e)　(f)

图 2-16　具有不同大孔孔径 CeO_2 载体的 SEM[130]

（a）80nm；（b）130nm；（c），（d）240nm；（e），（f）280nm

Au/Co_3O_4 在氧化短链烷烃相比其他 Au 基催化剂有更高的活性[131，132]。不同载体上 Au 的氧化程度不一样，对 C_1 有机物而言，Au/Co_3O_4＞Au/NiO＞Au/MnO_x＞Au/Fe_2O_3 ≫ Au/CeO_x[131]。Haruta 等发现 Au/Co_3O_4 比 Au/Fe_2O_3、$Au/NiFe_2O_4$ 和 $Au/ZnFe_2O_4$ 有更高的 C_3H_8 和 C_3H_6 氧化活性。但由于氧化铁对含

氮化合物有极强的亲和性能，所以 Au/α-Fe_2O_3 和 Au/$NiFe_2O_4$ 有更高的三甲胺氧化性能[132]。Solsona 等采用不同方法［共沉淀法（CoO_x、MnO_x、CuO、Fe_2O_3 和 CeO_2）、沉积-沉淀法（TiO_2）和浸渍法（CoO_x 和 MnO_x）］合成了不同的氧化物载体，系统地研究了不同载体负载 Au 催化剂对甲烷、乙烷和丙烷的催化氧化，发现采用共沉淀法得到的 CoO_x 负载 Au 催化剂具有最佳的氧化活性（图 2-17）[133]。在此基础上，Solsona 等以 KIT-6 为硬模板，采用纳米浇注法得到了比表面积为 138m^2/g 的介孔氧化钴载体，并以其为载体得到了负载 Au 催化剂，该催化剂表现出优良的丙烷和甲苯氧化活性[134]。室温条件下 Au 催化剂上乙烯和甲醛等污染物的催化消解也得到了一定的研究[135-137]。Xue 等合成了具有不同形貌的 Au/Co_3O_4（纳米棒、纳米多面体和纳米立方体）催化剂，发现载体形貌对催化活性有重要影响，纳米棒状 Co_3O_4 主要暴露高活性的{110}晶面，而纳米多面体和纳米立方体状 Co_3O_4 则分别暴露相对较多的惰性{011}和{001}晶面，因此，纳米棒载体负载 Au 催化剂具有更高的催化性能，能够在 0℃完成 97.3%乙烯（50ppm）的氧化[136]。

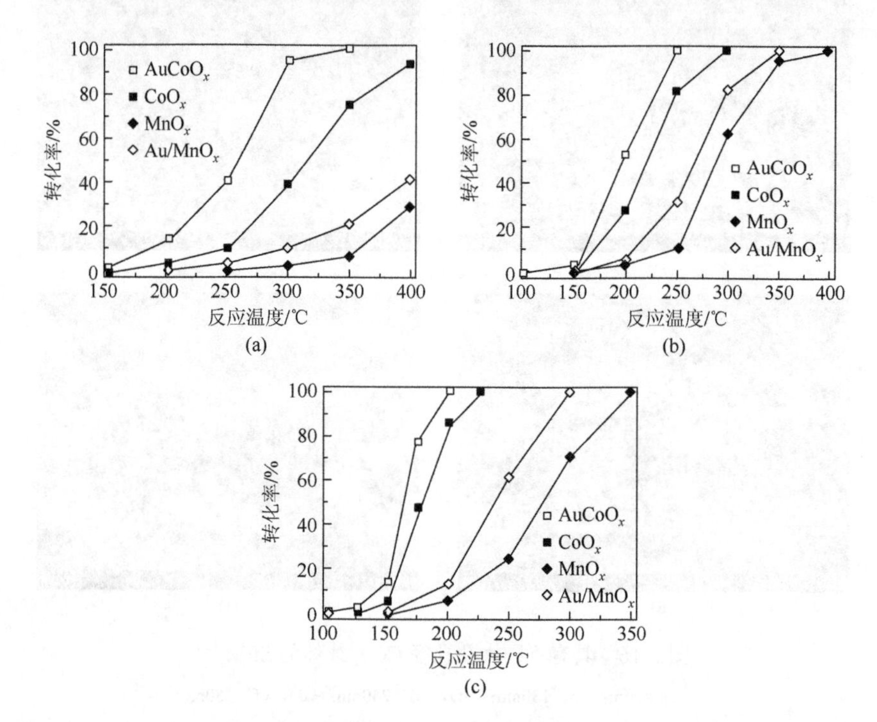

图 2-17　共沉淀法得到的不同载体负载 Au 催化剂上甲烷、乙烷和丙烷的催化氧化[133]

（a）甲烷；（b）乙烷；（c）丙烷

研究表明，Au/α-Fe_2O_3 催化剂在某些挥发性醇、醛和酸的氧化中，活性能够与 Pd/γ-Al_2O_3 或 Pt/γ-Al_2O_3 媲美。Minicò 等用共沉淀法制得了 Au/Fe_2O_3 催化

剂，研究了其对部分醇类、羰基化合物和芳香烃的催化氧化活性，发现 Au/Fe_2O_3 催化剂的高活性主要是由于高度分散的 Au 粒子能够削弱 Fe—O 键能而增加活性晶格氧的移动能力，同时催化剂的活性随着金负载量的增加而增强，对于活性最好的催化剂而言，丙酮和甲苯的起始活性温度为 180℃和 220℃，醇类的起始活性温度则低于 80℃[139]。Minicò 等进一步研究了 Au/Fe_2O_3 催化剂的前处理方法对其催化活性的影响，认为 $Au^{\delta+}$和水合氧化铁在 VOCs 氧化反应中的活性远远高于 Au^0 和赤铁矿[140]。Scirè 等将 I B 族金属元素（Au、Ag 和 Cu）负载于 Fe_2O_3 载体上，发现 Au/Fe_2O_3 有最好的活性，研究者将催化剂的活性归结为与负载金属所致 Fe 氧化物晶格变形程度成正比[141]。Okumura 等发现 Au/Fe_2O_3-Ir/La_2O_3 复合催化剂能够在 200℃下将三甲胺完全氧化，尽管 Ir 基催化剂在含氮 VOCs 氧化反应中活性较低，但是该催化剂却能够很好地促进 Au 基催化剂的活性[145]。

MnO_2 负载 Au 催化剂在饱和烷烃氧化中表现出了较高的活性。Solsona 等制备了 CuMn 氧化物纳米线，研究结果表明 Au 的引入能够增加催化剂的活性（图 2-18），但是丙烷的起燃温度和氧化曲线不随 Au 的引入而改变[146]。Cellier 等的研究结果发现用沉积-沉淀法得到的 Au/γ-MnO_2 在正己烷氧化中较 Au/TiO_2 表现出更好的活性，Au/γ-MnO_2 催化剂能在 180℃实现正己烷的完全氧化，该温度比 Au/TiO_2 降低约 170℃（图 2-19）。但研究者同时发现 Au 的引入降低了 γ-MnO_2 载体的比表面积，在一定程度上限制了 γ-MnO_2 上正己烷的氧化反应，致使其活性下降[147]。Yu 等制备了具有鸟巢形貌的 MnO_2 载体，研究了其负载 Au-Pt 双组分催化剂上甲醛的氧化[148, 149]，发现 Au 和 Pt 之间以及贵金属与载体之间的相互作用对反应活性有重要的影响，其中 $Au_{0.5}Pt_{0.5}/MnO_2$ 能够在 40℃实现 460ppm 甲醛的完全氧化[148]。

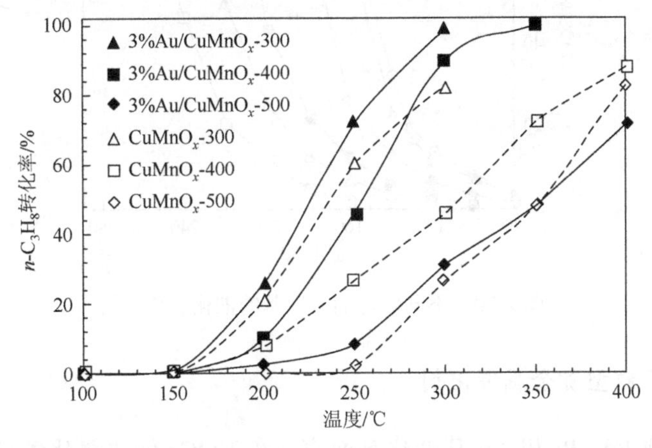

图 2-18　不同焙烧温度下得到的 $CuMnO_x$ 和 3% $Au/CuMnO_x$ 催化剂上丙烷的氧化[146]

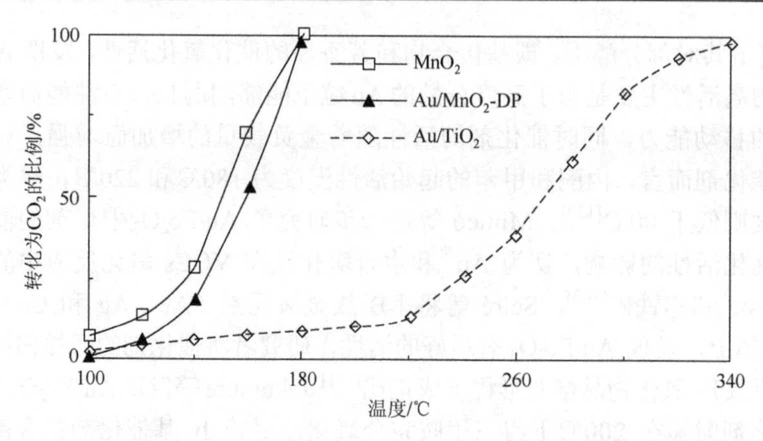

图 2-19　不同催化剂上正己烷的催化氧化[147]

多孔钙钛矿复合氧化物载体负载 Au 催化剂用于 VOCs 氧化最近也见诸报道，研究者们分别以聚甲基丙烯酸甲酯（PMMA）和聚乙烯醇（PVA）为模板剂和还原剂得到了具有三维大孔结构的 $Au/La_{0.6}Sr_{0.4}MnO_3$ 及 $Au/LaCoO_3$ 催化剂[151, 152]。其中 6.4% $Au/La_{0.6}Sr_{0.4}MnO_3$ 催化剂能够在 180℃实现甲苯（1000ppm）的完全氧化，表现出极好的氧化活性（图 2-20）[150]。

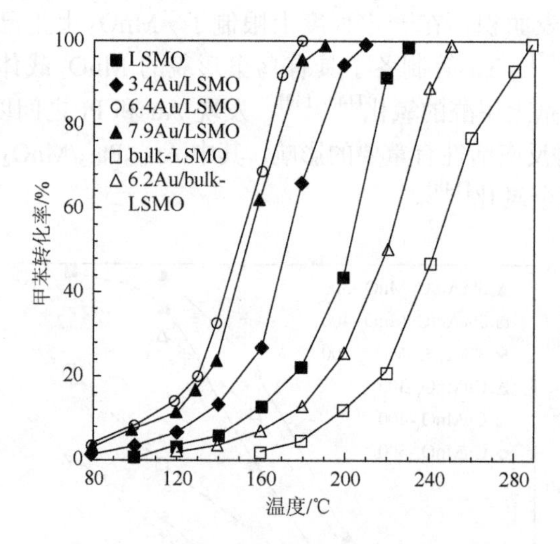

图 2-20　不同催化剂上甲苯的催化氧化[150]

4. 其他负载型贵金属催化剂

相比负载 Pd、Pt 和 Au 基催化剂而言，在 VOCs 催化氧化领域中其他负载型贵金属催化剂如 Ru 基、Ag 基、Rh 基等催化剂的研究相对较少[152-165]。RuO_2

具有良好的热和化学稳定性，被广泛应用于包括甲烷燃烧、CO 氧化、H_2 氧化、氨氧化、碳烟燃烧等多个反应中[152]。Okal 等以 $RuCl_3$ 为前驱液，采用浸渍法制备了 Ru/γ-Al_2O_3 催化剂，研究了其对正丁烷和异丁烷的氧化，发现催化剂的前处理方法（煅烧-还原和直接还原）对催化剂活性有明显影响，经过直接还原得到的催化剂拥有更高的活性，氯离子的存在对催化剂的活性有强抑制作用，催化剂的活性与其表面拥有高供氧性能的 Ru_xO_y 物种有关[152]。不同载体对 Ru 基催化剂的影响也有报道，Aouad 等发现 Ru 能够促进 CeO_2、Al_2O_3 及 CeO_2-Al_2O_3 的活性，TPR 结果显示，Ru 氧化物良好的低温可还原性能是催化活性提高的根本原因，其中 1% Ru/CeO_2 催化剂能在 190℃将丙烯完全氧化为 CO_2 和 H_2O[153]。Mitsui 等研究了不同载体（γ-Al_2O_3、ZrO_2、CeO_2 和 SnO_2）负载的 Ru 催化剂对乙酸乙酯、乙醛和甲苯的催化氧化性能，发现不同载体上 Ru 的存在形式有差异，Ru 物种能够始终在 CeO_2 表面呈现高分散状态，催化剂的 H_2 还原处理过程对 Ru/γ-Al_2O_3 和 Ru/ZrO_2 的活性有不利的影响，而在 Ru/SnO_2 表面，Ru 粒子与载体形成了 Ru@SnO_2 的核壳结构，大大降低了其催化剂活性[154]（图 2-21）。

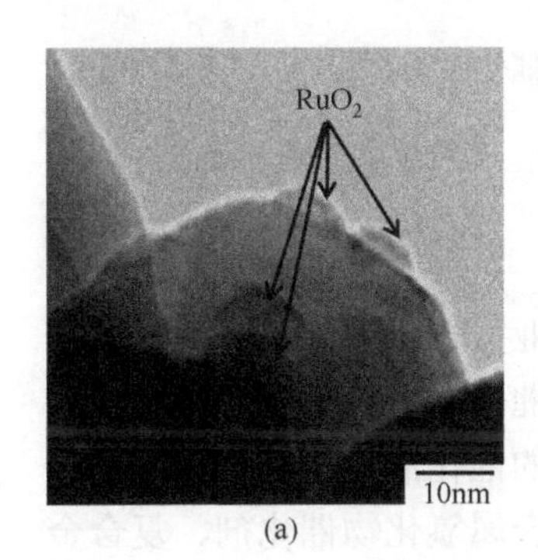

(a)

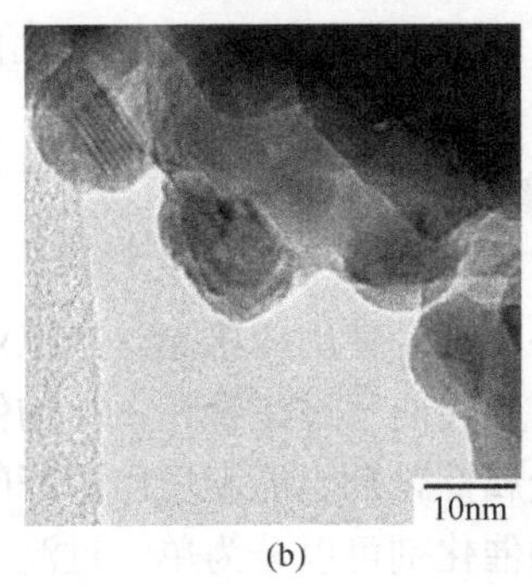

(b)

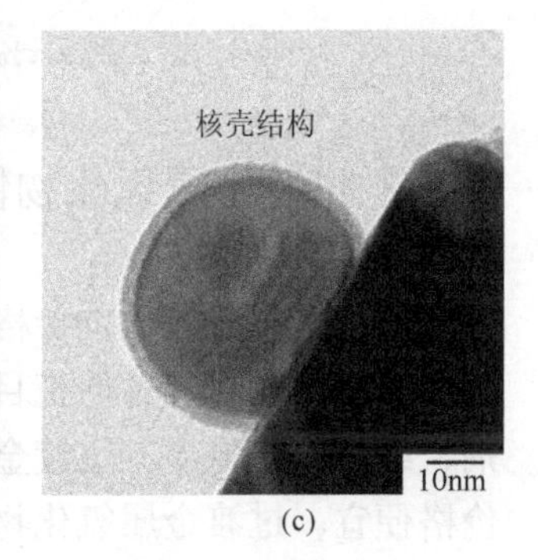

(c)

图 2-21　还原处理对 1%（质量分数）Ru/SnO_2 催化剂活性位的影响[154]

（a）未还原；（b）、（c）50% H_2/N_2 气氛下 400℃还原 15min

O_2 能在 Ag 表面解离形成 O^-，O^-被认为是最活泼的活性氧类型，其移动性比晶格氧更强，同时 Ag 吸附氧后对其他气体的吸附能力增强。Cordi 和 Falconer 研究发现，Ag/Al_2O_3 催化剂能够在较低温度下将 VOCs 氧化为 CO_2 和 H_2O，他们认为反应中气相 O_2 能够被 Ag 吸附，产生活性位[159]。Baek 等系统地研究了不同金属（Mn、Fe、Co、Ni、Cu、Zn 和 Ag）对甲苯和甲乙酮的催化氧化，结果发现，Ag 基催化剂具有最佳的催化活性，且活性随 Ag 负载量的增加而提高，TPR 和 O_2-TPD 的结果表明在金属 Ag（Ag^0）表面形成少量的氧化态 Ag 有利于反应的进行，但总体而言，Ag/HY 催化剂的甲苯氧化性能要明显低于 1% Pd/HY（图 2-22）[160]。

Wong 等[161]研究了沸石（HY 和 HZSM-5）负载 Ag 催化剂对乙酸丁酯的催化氧化，结果发现，AgY 催化剂具有较好的活性，且催化剂的活性与 Ag 分散性、载体的酸性、疏水性和孔结构有关。

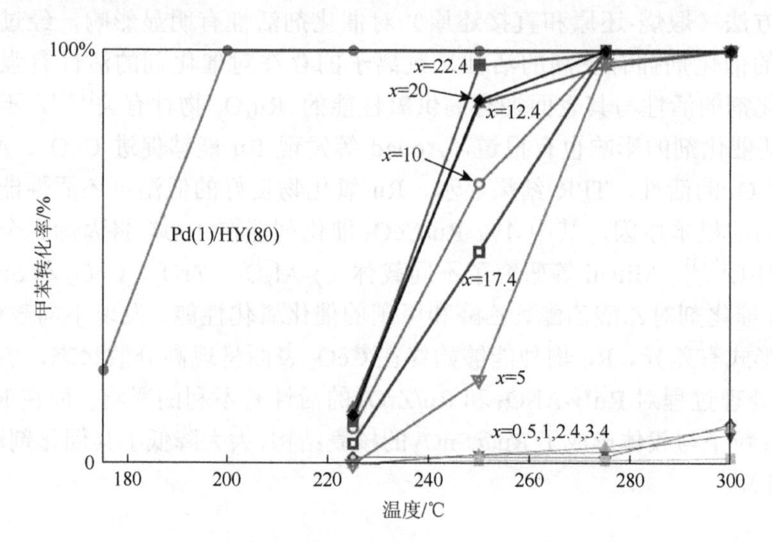

图 2-22　x% Ag/HY 和 1% Pd/HY 上甲苯的催化氧化[160]

2.2.2　过渡金属氧化物催化剂

由于贵金属催化剂价格昂贵，使用成本高，在工业大规模应用中受到一定的限制。近年来研究者们把目光转向了过渡金属氧化物催化剂，研究表明，如果助剂、载体选择得当，过渡金属催化剂也能表现出很好的催化活性，且稳定性高、价格便宜。过渡金属氧化物催化剂可以分为单一过渡金属氧化物催化剂、复合金属氧化物催化剂、钙钛矿、尖晶石、水滑石衍生复合氧化物等。

1. 单一过渡金属氧化物催化剂

单一过渡金属氧化物中研究较多的为 CoO_x[166-192]、CuO_x[193-210]、CrO_x[211-225]、MnO_x[226-242]等，其他过渡金属氧化物如 ZrO_x[243-246]、VO_x[247-252]、FeO_x[253-255]、TiO_x[256, 257]、NiO_x[258, 259]、UO_x[260]等也在 VOCs 的催化氧化中得到了一定的研究。拥有较大比表面积和孔体积的氧化钴（尤其是粒径在 1～30nm 的 Co_3O_4 纳米晶）具有较高的体相氧迁移性能和表面活性氧（O^-或 O^{2-}）数量，在 VOCs 氧化中表现出较好的氧化活性。氧化钴纳米晶可以通过多种不同方法制备得到，主要包括氢氧化铵固相反应技术、预沉淀技术、柠檬酸配位溶胶凝胶法等。氢氧化铵固相反应技术是一种制备高比表面积氧化钴纳米晶的简单方法，在 $Co(NO_3)_2$ 和 NH_4HCO_3

体系中能得到比表面积超过 160m^2/g 的氧化钴纳米晶，研究发现该材料的丙烷氧化活性要远高于 5% Pd/Al_2O_3 催化剂（图 2-23），且具有良好的稳定性[166]。氧化钴纳米晶在含氯 VOCs 的氧化过程中同样表现出非常优异的性能，通过沉淀分解途径得到的氧化钴晶粒（平均粒径≈9nm）能够在 310℃实现二氯乙烷的完全氧化（产物为 CO_2、HCl 和 Cl_2），显示了比 Pd/Pt 负载型催化剂、质子化沸石分子筛催化剂、Ce/Zr 和 Mn/Zr 更加优越的性能。同时催化剂表面的 Lewis 酸位在反应中能够充当含氯化合物的吸附位而进一步提高反应速率[168]。稀土元素 Ce 具有良好的氧化还原性能和储放氧能力，Co_3O_4-CeO_2 中 Co 和 Ce 原子之间的结合能促进活性氧的形成和加速活性氧的传递[169, 170]。

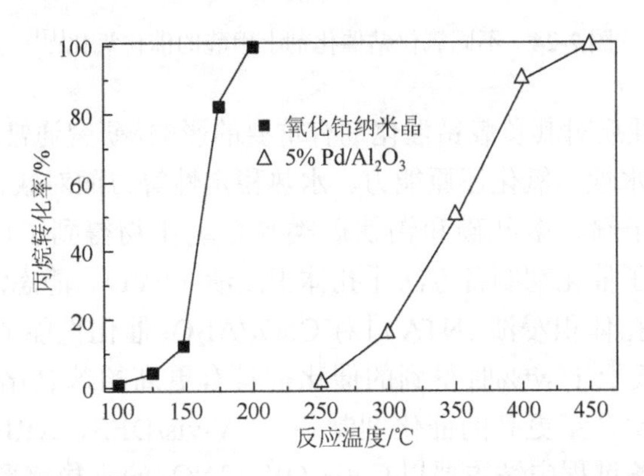

图 2-23　氧化钴纳米晶和 5% Pd/Al_2O_3 催化剂对丙烷的催化氧化[166]

介孔 Co_3O_4 和 Co_3O_4-CeO_2 上 VOCs（甲醛、甲苯、苯、甲醇等）的催化氧化行为在近几年也得到一定的研究[171-175]，该类材料的优势主要表现在具有规整的孔道结构、大的比表面积、丰富的孔隙结构和良好的传质传热性能，但介孔金属氧化物的合成往往涉及模板剂的使用，一定程度上增加了制备成本和工艺复杂度。介孔氧化钴材料的合成主要涉及目标催化剂的孔道结构控制、形貌控制、晶面控制等方面。Bai 等分别以 SBA-15 和 KIT-6 为二维（2D）和三维（3D）氧化硅硬模板，采用“纳米浇注”的方法得到了 2D-Co_3O_4 和 3D-Co_3O_4 材料，并将其用于甲醛的氧化。发现由于 3D-Co_3O_4 催化剂具有更大的比表面积、更丰富的表面活性物种和更多暴露在{220}晶面上的活性 Co^{3+}，能够在 130℃将甲醛完全氧化，如图 2-24 所示［甲醛浓度：400ppm；反应空速：30 000mL/（g·h）］[171]。2D-Co_3O_4-CeO_2 和 3D-Co_3O_4-CeO_2 上苯的催化氧化也表现出类似的活性趋势，Ce 的引入能够提高氧化物表面活性氧浓度，16Co_3O_4-CeO_2 催化剂上大量的羟基物种和表面活性氧决定了其具有最优的苯氧化性能[175]。

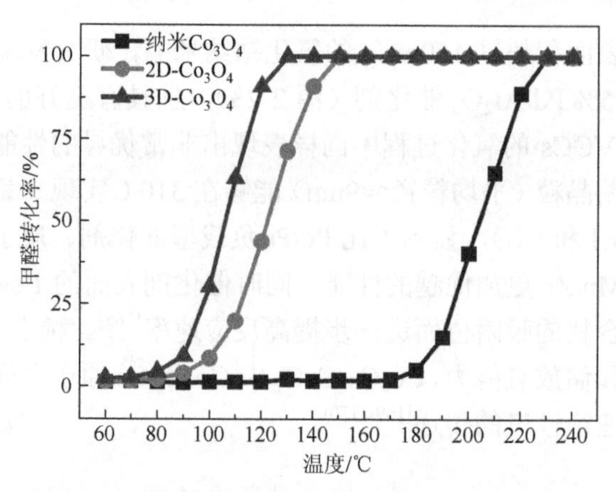

图 2-24 不同氧化钴催化剂上甲醛的催化氧化[171]

载体类型及性质对其负载钴催化剂有重要的影响，研究通常从材料比表面积、孔隙结构、亲/疏水性、氧化还原能力、水热稳定性等方面对载体进行综合考虑，其中 Al_2O_3、分子筛、多孔碳和钙钛矿类复合氧化物得到了广泛关注[176-190]。Ataloglou 等研究了催化剂制备方法［孔体积浸渍（PVI）、静态沉淀过滤（EDF）和氨三乙酸辅助孔体积浸渍（NTA）］对 CoO_x/Al_2O_3 催化性能的影响，发现 NTA 方法在 Co 含量低于 11wt%时得到的催化剂具有更高的苯氧化性能，EDF 方法则更加适合于 Co 含量更高的催化剂制备。UV-vis/DES、XRD 和 XPS 表征结果表明，PVI 制备过程中钴主要以 $Co(H_2O)_6^{2+}\cdot 2NO_3^-$ 的不稳定形态沉淀于载体表面，焙烧后易形成松散的、低分散的 Co_3O_4 微晶，不利于氧化反应的进行。相对而言，NTA-PVI-pvi 过程在载体表面主要形成$[Co(II)\text{–}nta]^-\cdot NH_4^+$（或 H^+）和$[Co(II)\text{-}2nta]^{4-}\cdot 4NH_4^+$（或 $4H^+$）复合相，经焙烧后，上述复合相能转变为与载体表面相互作用的高分散 Co_3O_4 微晶活性相[176]。该课题组的研究人员随后研究了 EDF 法合成 CoO_x/Al_2O_3 中 Co 负载量和焙烧温度的影响，发现 EDF 适用于高 Co 负载量下催化剂的制备[177]。不同氧化气氛对钴基催化剂亦有重要的影响，相比氧气而言，臭氧能够和钴形成 $O^-[Co^{4+}]$活性复合相，可大大提高催化剂的氧化能力[178]。活性炭纤维和活性炭纳米管负载 Co 催化剂在 VOCs 的催化氧化中亦表现出较好的低温活性[180, 181]。硅基介孔材料载体如 MCM-41、SBA-15、SBA-16、KIT-6、KIT-5 等负载钴催化剂在不同脂肪烃和芳香烃等氧化中得到了较多的关注[182-188]。Li 等采用不同方法制备得到了具有不同结构和表面性质的 SBA-15 材料，研究了该类材料负载 Co 后对苯的催化氧化性能，结果表明，催化剂的性能与 Co 的分散性和载体的疏水性有关，最佳的催化剂能够在 280℃以内实现苯的完全转化[184]。稀土元素 Ce 的引入能够促进氧化钴相的分散，降低其可还原温度，进而提高催化剂的氧化性能[185]。但 Mu 等的研究发现 CeO_2 的存在能够占据和堵塞 SBA-15

的孔道，不利于氧化钴的分散，导致其高温烧结，Ce的引入反而不利于苯的氧化（图2-25）[187]。大孔钙钛矿和堇青石类蜂窝载体作为氧化钴载体也有相关报道[189-192]。

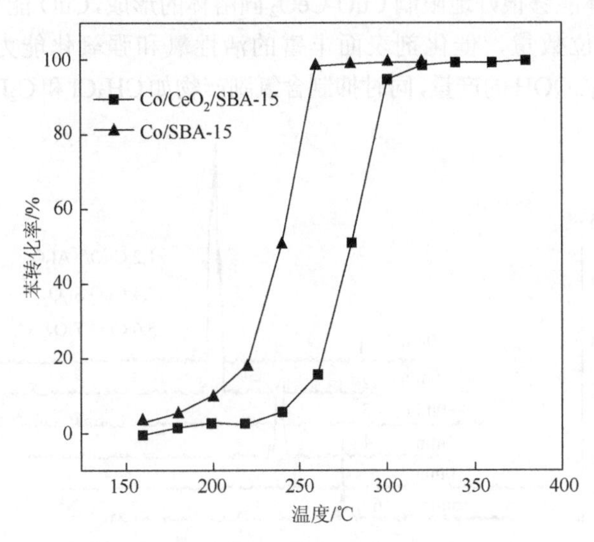

图2-25　20wt% Co/SBA-15和20wt% $Co/CeO_2/SBA-15$催化剂上苯的催化氧化[187]

Cu基催化剂在芳香族VOCs的氧化中具有优良的性能[193, 194]。Kim等考察了γ-Al_2O_3负载的Cu、Mn、Fe、V、Mo、Co、Ni和Zn氧化物催化氧化苯、甲苯和二甲苯的性能，结果表明，金属负载量为15wt%的催化剂的活性顺序由高到低为Cu＞Mn＞Fe＞V＞Mo＞Co＞Ni＞Zn[193]。Pan等系统地研究了H_2O对不同种类Cu基催化剂催化氧化苯乙烯的影响，结果发现CuO/γ-Al_2O_3材料对水有极强的亲和能力，H_2O-TPD结果表明各催化剂对H_2O的脱附能顺序由大到小为CuO/γ-Al_2O_3＞CuO/SiO_2＞CuO/TiO_2。漫反射红外光谱（DRIFTS）结果也很好地证明了这一点（图2-26）。苯乙烯的氧化结果表明H_2O的存在对Cu基催化剂活性有一定的抑制作用，催化剂的活性顺序与材料对H_2O的吸附能力成反比，即CuO/γ-Al_2O_3＜CuO/SiO_2＜CuO/TiO_2[195]。Hong等的研究结果也同样表明TiO_2是很好的Cu基催化剂载体，在苯催化氧化反应过程中，氧的吸附是催化剂活性的决速步骤[196]。Lago等发现在SiO_2上负载CuCl熔融盐体系得到的$CuCl/KCl/SiO_2$催化剂，相对于其他载体如Cr_2O_3、CuO、MnO_2等得到的催化剂对含氯VOCs有更好的去除效果，且热稳定性也较好，他们认为反应中的活性物种是氯氧铜，其促进了C—H键的断裂[197]。分子筛负载Cu催化剂也经常用于VOCs的催化氧化，Yang等将不同量的Cu负载于SBA-15和MCM-41载体上，研究了制备的催化剂对苯的催化氧化性能，结果表明，Cu/SBA-15催化剂具有较好的活性，且随着Cu含量的增加催化剂的活性也逐渐提高[203]。微孔沸石分子筛表面拥有不同的酸性位，研究者讨论了其负载 Cu 催化剂上含氯 VOCs 的氧化及其氧化产物分布特征[208, 209]。Huang 等采用浸渍法制备了 $CuO-CeO_2$/USY 催化剂，发现材料表面拥有高度分散的 CeO_2 和 CuO 相，USY 分子筛载体能够很好地限制 $CuO-CeO_2$ 固溶体的形成，CuO 能够提高催化剂表面 Lewis 酸性位数量，催化剂表面丰富的活性氧和强氧化能力能够显著提高 CH_3CHO 和 CH_3COOH 的产量，同时抑制含氯副产物如 CH_3Cl 和 C_2H_3Cl 的产生[208]。

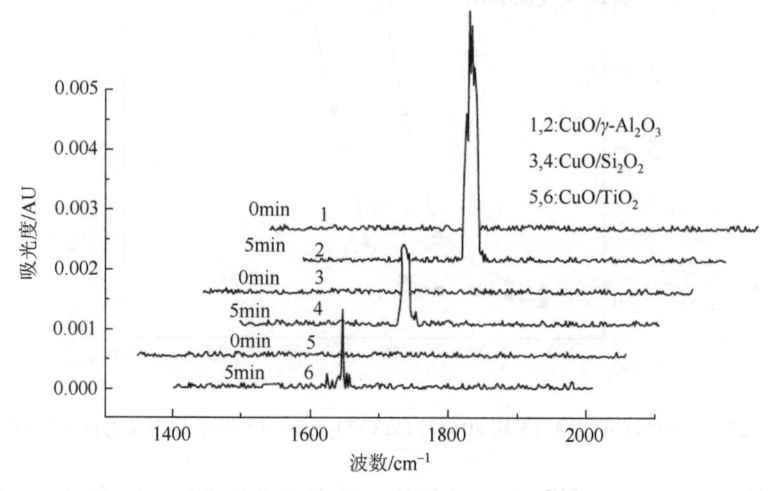

图 2-26 不同样品的 DRIFTS 结果[195]

操作温度 250℃，水含量为 2.1%

失活 Cu 基催化剂的再生问题亦引起了研究者的关注。Kim 和 Shim 对反应后 Cu 基催化剂的再生性能进行了系统的研究，考察了不同条件对催化剂再生性能的影响，如再生气氛（空气、氢气和酸洗）和再生温度。结果发现，氢气前处理能显著提高催化剂的活性，且处理温度越高活性越好（图 2-27）。酸液对 Cu 基催化剂的活性有不同的影响，处理后催化剂的活性顺序由高到低为 HNO_3＞CH_3COOH＞空白＞HCl＞H_3PO_4＞H_2SO_4（图 2-28）[210]。

氧化铬和氧化锰在 VOCs 催化氧化中的应用近年来受到研究者的广泛关注[211-225]。氧化铬在含氯挥发性有机污染物（CVOC）中表现出较高的活性和抗 Cl 中毒能力。Kawi 等在 Al-MCM-48 载体中引入 Cr_2O_3，得到了 Cr/MCM-48 催化材料（比表面达 $832m^2/g$）。XRD 表征表明，Cr 可能进入到 MCM-48 的骨架结构之中，活性评价的结果显示 Cr/MCM-48 对三氯乙烯的催化氧化表现出较好的活性和稳定性[211]。低浓度的溶液对反应活性没有明显的影响，但是高浓度的溶液却对反应活性有明显的抑制作用。Miranda 等研究了氧化铬和氧化锰对三氯乙烯（浓度为 1000～2500ppm，空速为 $55h^{-1}$）的催化氧化，发现氧化铬有较好的催化活性，而水的存在对 Cr 基催化剂的稳定性有促进作用，作者认为水能够降低产物 Cl_2 的浓

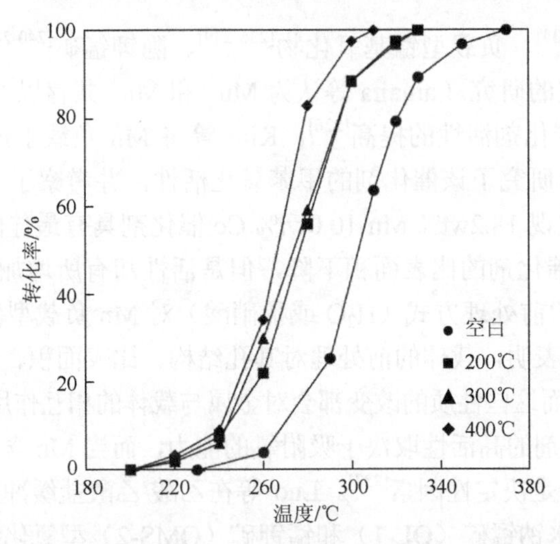

图 2-27　氢处理温度对 Cu 基催化剂氧化甲苯活性的影响[112]

催化剂用量：1.0g；甲苯浓度：1000ppm；载气流量：100mL/min

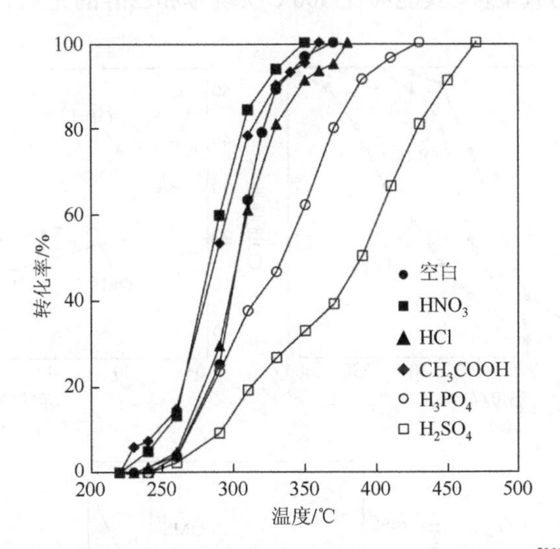

图 2-28　酸处理对 Cu 基催化剂氧化甲苯活性的影响[112]

催化剂用量：1.0g；甲苯浓度：1000ppm；载气流量：100mL/min

度，而 Cl_2 是导致催化剂失活的主要原因[212]。Xia 等利用硝酸铬熔点低的特点，在无溶液的条件下以 KIT-6 为硬模板，充分碾磨后在不同晶化温度下合成了介孔 CrO_x 催化剂，XPS 结果证明氧化物是 Cr^{3+}、Cr^{5+}和 Cr^{6+}的混合相，极大地提高了其可还原性能，其中 240℃下得到的 CrO_x 氧化物具有最高的甲苯和乙酸乙酯氧化活性[218]。具有多种价态的 MnO_x 亦在 VOCs 氧化中得到了广泛的尝试，如不同形态和形貌的 MnO_x（α-MnO_2、Mn_3O_4 纳米棒、多孔 MnO_x 等[227-229]）、Mn-Ce 复合氧化物或微球[230-235]、负载型锰基氧化物[236-239]、隐钾锰矿[240-242]等都已在 VOCs 氧化中得到了一定的研究。Lamaita 等认为 Mn^{3+}和 Mn^{4+}共存以及由 Mn^{4+}空位导致的 OH^-都有助于催化剂活性的提高[226]。Kim 等将 Mn 负载于γ-Al_2O_3载体上，在 160～400℃范围内研究了该催化剂的甲苯氧化活性，并考察了 Ce 的引入对催化剂活性的影响，发现 18.2wt% Mn-10.0wt% Ce 催化剂具有最佳的反应活性，随着 Ce 含量的增加，催化剂的比表面积下降，但是活性却有所增加[236]。Aguero 等研究了γ-Al_2O_3载体的前处理方式（H_2O 或稀硝酸）对 Mn 负载型催化剂氧化乙醇和甲苯的影响，结果表明，载体的前处理对其孔结构、比表面积、等电位点和表面酸性都有较大影响，而这些性质的改变都会对金属与载体的相互作用产生影响，在 Mn 含量较高时，催化剂的高活性取决于吸附氧的能力，而当 Mn 含量较低时，催化剂表面 Mn 的含量则是决定性因素[237]。Luo 等在乙酸/乙酸盐缓冲溶液中合成了钡镁锰矿（OMS-1）、水钠锰矿（OL-1）和锰钾矿（OMS-2）型氧化锰八面体分子筛，发现锰钾矿型氧化锰具有较强的疏水性和有机物亲和能力，能够在较低温度下释放出具有催化活性的氧空位，其能够在 300℃实现苯和乙醇的完全氧化（图 2-29）[240]。

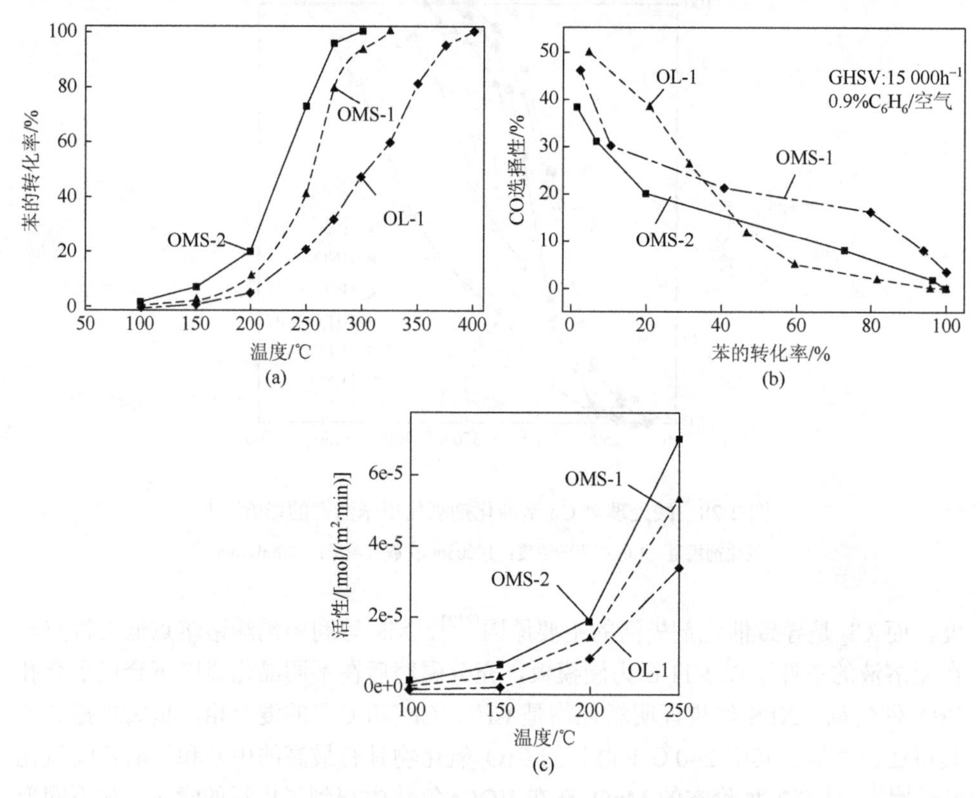

图 2-29 不同结构 MnO_x 上苯的催化氧化[240]

除上述常见的 CoO_x、CuO_x、CrO_x 和 MnO_x 外，ZrO_x、VO_x、FeO_x、TiO_x、NiO_x 和 UO_x 上 VOCs 的催化氧化行为也有所报道[243-260]。Gutiérrez-Ortiz 等研究了氧化铈、氧化锆及铈锆复合氧化物对单组分 VOCs（正已烷、1，2-二氯乙烷和三氯乙烯）及 CVOC/VOC 复合组分的催化氧化，$Ce_{0.5}Zr_{0.5}O_2$ 和 $Ce_{0.15}Zr_{0.85}O_2$ 催化剂对 CVOCs 有较好的催化活性，而 CeO_2 对正已烷有很好的氧化活性。相比纯 CeO_2 催化剂，Zr 的引入能够增加催化剂表面的氧化还原性和酸性位数量，进而提高催化剂的催化活性，而对正已烷而言，催化剂表面氧物种是决定性因素，纯 CeO_2 表面的氧物种数量较 Ce/Zr 丰富[243]。Rivas 研究了不同 Ce/Zr 氧化物（CeO_2、$Ce_{0.8}Zr_{0.2}O_2$、$Ce_{0.68}Zr_{0.32}O_2$、$Ce_{0.5}Zr_{0.5}O_2$、$Ce_{0.15}Zr_{0.85}O_2$ 和 ZrO_2）对 CVOCs 的催化氧化性能[244]，也得到了和 Gutiérrez-Ortiz 等类似的结论。该研究组近几年考察了硫酸或硝酸改性的 CeO_2、$Ce_{0.8}Zr_{0.2}O_2$、$Ce_{0.5}Zr_{0.5}O_2$、$Ce_{0.15}Zr_{0.85}O_2$ 和 ZrO_2 催化剂上 1，2-二氯乙烷的氧化，硫酸盐改性能够提高催化剂的酸性位（尤其是中/强酸位）数量，但不影响催化剂的表面积和 Ce^{4+}/Ce^{3+} 循环的氧化还原性能，硝酸盐改性对材料的酸性位几乎没有影响。硫酸盐改性的 $Ce_{0.5}Zr_{0.5}O_2$ 和 $Ce_{0.15}Zr_{0.85}O_2$ 催化剂具有最佳的活性，1, 2-二氯乙烷的 T_{50} 和 T_{90} 相比改性前样品分别降低了 80℃和 120℃[246]。类似于 CrO_x，VO_x 拥有较强的抗氯中毒能力。TiO_2 载体具有良好的防腐性、机械性能和热稳定性，同时能够促使 VO_x 活性相在其表面以高分散的单层形式分布，被广泛应用于钒基催化剂的载体[247]。Gannoun 等合成了硫酸盐化的 TiO_2 气凝胶载体，并通过溶胶-凝胶法将 VO_x 和 CeO_2 负载于载体上，DRIFTS 和 NH_3-TPD 结果证明硫酸改性能增加 TiO_2 载体表面的弱酸位数量而促进氯苯分子的吸附。H_2-TPR 和 Raman 结果显示，VO_x/CeO_2 和硫酸盐之间存在明显的相互作用，提高了 VO_x 和 CeO_2 的可还原性能[249]。MoO_x 或 WO_x 的掺杂能够增加 VO_x/TiO_2 催化剂上 Brønsted 酸性位，加速 CVOCs 的吸附，从而提高 VO_x/TiO_2 上的 CVOCs 氧化活性[250]。载体的结构也会对 VO_x 物种的存在状态产生明显的影响，具有大比表面积和发达孔隙结构的介孔硅基分子筛（HMS、SBA-15 等）作为 VO_x 的载体，能够提高载体表面 VO_x 物种的分散度，形成大量孤立的高活性 VO_x，提高材料的 CVOCs 氧化能力[252]。

具有可变价态的 TiO_2（Ti^{3+}和 Ti^{4+}）不仅是优异的催化剂载体，同时也可以作为催化剂或催化剂活性相使用，如介孔 TiO_2、负载型 TiO_2 催化剂等[256, 257]。Popova 等研究了制备方法和溶液体系对 MCM-41 负载 TiO_2 催化剂物化性质及甲苯氧化活性的影响，XRD 和 UV-vis 结果发现一步法能够有效地将四配位 Ti 引入到 MCM-41 骨架内{异丙醇溶液［Ti-MCM-41(p)］相比乙醇溶液有更大的优势［Ti-MCM-41(e)］}，而湿浸渍法得到的催化剂（Ti-MCM-41）上存在大量的锐钛矿 TiO_2 相。H_2-TPR 结果证明催化剂在 450℃下预还原［Ti-MCM-41(P)-R］能够将 Ti^{4+}部分还原为 Ti^{3+}，提高了催化剂的甲苯氧化活性（图 2-30）[257]。Bai 等以十六烷基三甲基溴化铵和十二烷基磺酸钠为模板剂，采用微乳液法制备了具有纳米棒和纳米立方体形貌的介孔 NiO 氧化物，XPS 表征结果表明，催化剂表面吸附氧量和催化剂上甲苯的氧化活性存在正相关关系，最佳的催化剂能够在 280℃实现甲苯的完全氧化［甲苯浓度：1000ppm；空速：20 000mL/（g·h）］[259]。

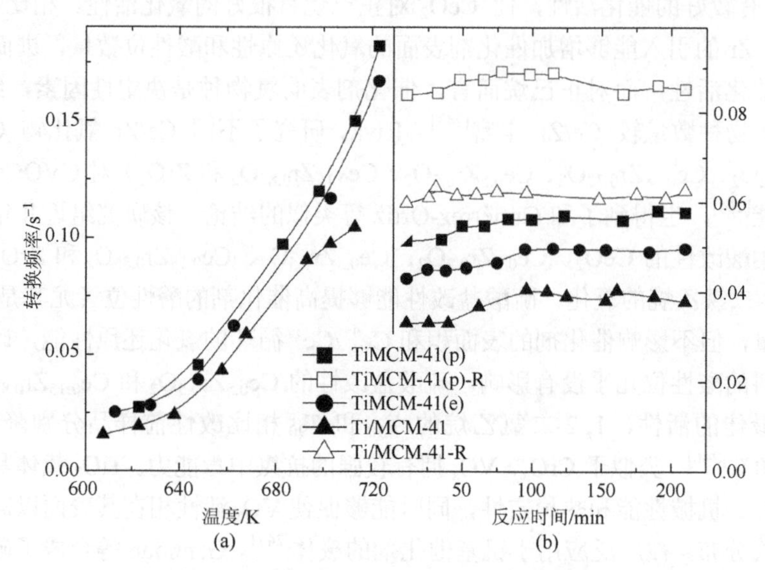

图 2-30　不同 Ti/MCM-41 催化剂上甲苯的氧化（a）和催化剂稳定性（b）（反应温度：673K）[257]

2. 复合金属氧化物催化剂

单一金属氧化物的催化活性相比贵金属催化剂而言还不是很理想，因此需要加以改进以提高其催化氧化活性。复合氧化物往往表现出与单一金属氧化物截然不同的催化行为，复合氧化物催化剂中金属之间能够形成氧负离子，使一般有机物能够更容易接近，提高催化活性。常见的复合氧化物有 $CuMnO_x$[261-270]、$CuCrO_x$[271, 272]、$CuVO_x$[273]、$FeTiO_x$[274, 275]、$FeCrO_x$[276]、$CoMnO_x$[277]、$CoTiO_x$[278]、$CoZrO_x$[279, 280]、$MnTiO_x$[281]、$MnZrO_x$[282]、$MnFeO_x$[283]、$VTiO_x$[284]、$VWTiO_x$[285]、$VMoTiO_x$[286, 287]等。复合氧化物的催化性能受催化剂活性相类型与相对含量、载体性质和制备方法等因素的影响。

Morales 等采用共沉淀法（控制材料的老化时间）制备了具有不同物化性质的 $CuMnO_x$催化剂，活性测试结果证明复合氧化物的催化活性远远高于单一的 Mn_2O_3和 CuO 相，催化剂的乙醇和丙烷氧化性能随着前驱体晶化时间延长而提高，XRD、XPS 和 TPR 表征结果发现复合氧化物的活性与 $Cu_{1.5}Mn_{1.5}O_4$ 复合相的存在和材料的可还原性能有关[261]。Tang 等考察了一定量 Cu 相（2.54%）的引入对 $MnCeO_x$

催化剂苯氧化性能的影响，发现 Cu 的加入能够极大地提高 $MnCeO_x$ 的催化活性，在 523K 下即能实现苯的完全氧化。XRD 和 H_2-TPR 结果发现 Cu 物种高度分散于 $MnCeO_x$ 复合氧化物表面，极大地提高了催化剂的氧化还原性能，同时 XPS 和 FT-IR 证明 Cu 的加入增加了催化剂表面的活性 O_β物种并引入了更多的苯分子吸附位[263]。不同 Cu 负载量对 MnO_x 活性的影响在随后的研究中得到了考察[264,265]，结果表明，少量 Cu（10wt%）的引入能够阻止 MnO_x 氧化物的晶化过程，而这种低结晶态的 MnO_x 氧化物上存在大量的氧空位，但继续提高 Cu 的负载量能够促使 Cu-Mn 固溶体的形成，导致乙醇部分氧化的副产物（乙醛）产生[265]。Li 等详细考察了 Cu-Mn/MCM-41 催化剂的前处理方法和反应条件（污染物浓度、空速和氧气浓度）对催化剂活性的影响，随着催化剂焙烧温度的提高（300～800℃），催化剂活性有所升高。催化剂的活性随着甲苯浓度（3500～20 000ppm）的升高而降低，随着氧气浓度（1.5%～18.3%）的增加而升高，但是空速对活性却呈现不同的影响，当空速在 18 000～36 000h^{-1}时，甲苯的转化率几乎不受空速影响，继续增加空速，催化剂活性开始呈现下降趋势[268]。研究者进一步考察了催化剂载体（MCM-41、Beta 和 ZSM-5）对 Cu-Mn 基催化剂活性的影响，结果表明介孔 MCM-41 作载体时有较好的催化活性，且积碳较其他载体少[269]。氧化铜在非 CVOCs 的氧化中具有很高的氧化活性，氧化铬在 CVOCs 氧化中具有较好的活性且有较高的抗氯中毒能力，因此，$CuCrO_x$氧化物复合体系用于 VOCs 催化氧化可能会表现出较好的结果。Tsoncheva 等制备了具有不同 Cu/Cr 比例的 $CuCrO_x$/SBA-15 催化剂，复合氧化物在硅基 SBA-15 上主要以高分散的 $CuCr_2O_4$ 形式存在，催化剂具有高的乙酸乙酯氧化性能[271]。CuO_x 和 CrO_x 的配位状态和存在形态会受载体结构的显著影响，研究者采用湿法浸渍法得到了具有不同 Cu/Cr 含量的 $CuCrO_x$/SBA-15 和 $CuCrO_x/SiO_2$ 催化剂，XRD、EPR、TPR-TG 和 FT-IR 的表征结果表明，SBA-15 载体上 Cu 和 Cr 物种主要以四配位形式存在，而在 SiO_2 上则主要以氧化铜和氧化铬形式存在，且氧化物在 SBA-15 上有更好的分散性。在复合氧化物中，氧化铜在甲苯的氧化中较氧化铬有更多的贡献，但是氧化铬与氧化铜之间形成了更加活泼的铜铬酸盐，提高了甲苯的氧化效率。评价结果表明 7% Cu-3% Cr/SBA-15 催化剂具有最佳的甲苯氧化活性[272]。研究者也有所涉及 $CuVO_x$复合氧化物上 VOCs 的氧化行为，Palacio 等采用水热法合成了铜钒（$NH_4[Cu_{2.5}V_2O_7(OH)_2]\cdot H_2O$）前驱体，并利用水热法（h）和机械混合法（m）得到了负载型 $CuVO_x$/ZSM-5 和 $CuVO_x/SiO_2$，研究了上述负载型催化剂上甲苯的氧化行为。催化剂的表征结果显示，$CuVO_x$/ZSM-5 和 $CuVO_x/SiO_2$ 上都存在两类金属氧化物形态（结晶态的 $Cu_2V_2O_7$ 和无定形态的 $Cu_3V_2O_8$），$CuVO_x$/ZSM-5 由于具有更好的可还原性能及更高的带隙能，其甲苯氧化活性要高于 $CuVO_x/SiO_2$ 催化剂（图 2-31）[273]。

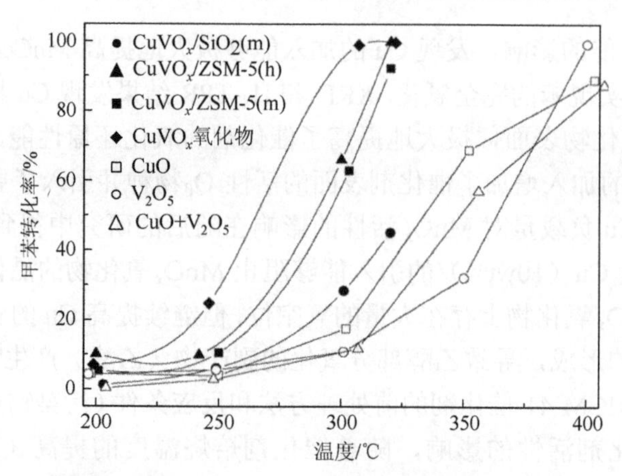

图 2-31　负载 $CuVO_x$ 催化剂上甲苯的氧化活性[273]

甲苯浓度：800ppm；气体流速：15L/h；催化剂用量：300mg

单组分氧化铁催化剂在 VOCs 氧化中存在一定的热稳定性问题。研究者通过浸渍法和溶胶-凝胶法制备了 Ti 和 Fe 修饰的 MCM-41 催化材料，溶胶-凝胶法得到的样品上金属相分别以四配位的 Fe^{3+}和 Ti^{4+}形式存在，除此之外，浸渍法得到的样品上还存在高分散的锐钛矿纳米粒子。过量 Ti 的引入会导致硅载体部分结构坍塌，利用浸渍法得到的样品具有较高的甲苯氧化能力，溶胶-凝胶法得到的样品活性相对较低，但是其水热氧化稳定性要高于浸渍法得到的样品[274]。Khaleel 等分别采用浸渍法和溶胶-凝胶法得到了 Fe_2O_3/TiO_2 负载型催化剂和 $FeTiO_x$ 复合氧化物，结果表明，$FeTiO_x$ 复合氧化物具有更高的氯苯氧化活性和反应稳定性（图 2-32），且催化剂表面的 Lewis 酸性位在氯苯吸附和氧化中起着重要的作用[275]。

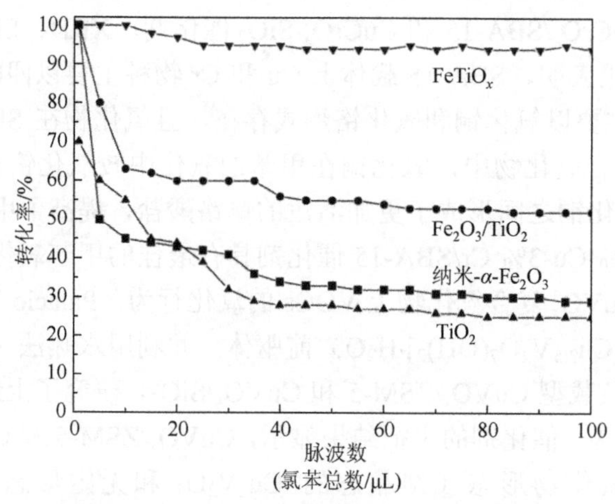

图 2-32　不同催化剂上氯苯的氧化性能[275]

氯苯：1.2%；反应温度：325℃

氧化钴和氧化锰在 VOCs 氧化中表现出很高的活性，研究者为了进一步提高其活性和稳定性，合成了 Co-Mn、Co-Ti、Co-Zr、Mn-Ti、Mn-Zr 等不同类型的复合氧化物催化剂[277-283]。Shi 等采用共沉淀法（CP）和柠檬酸法（CA）得到了不同物质的量比的 Co-Mn 催化剂，当 Co/Mn=3/1 时，$CoMnO_x$ 能在温度为 75℃、相对湿度为 50%的条件下实现甲醛的完全氧化，Mn 物种进入氧化钴晶格使催化剂表面形成了大量的吸附氧物种，加速了反应过程。DRIFTs 结果证明，甲醛分子在催化剂表面吸附，首先被氧化为活性亚甲二氧基［$\delta(CH_2)$，$1475cm^{-1}$］类中间体，其进一步与空气的氧反应生成甲酸盐［$\nu_{as}(OCO)$，$1573cm^{-1}$；$\nu_s(OCO)$，$1360cm^{-1}$；$\nu(CH)$，$2845cm^{-1}$］和碳酸氢盐［$\nu_{as}(CO_3)$，$1603cm^{-1}$；$\nu_s(CO_3)$，$1420cm^{-1}$］（图 2-33），甲酸盐和碳酸氢盐的氧化是 $CoMnO_x$ 催化剂上甲醛氧化的决速步骤[277]。Wyrwalski 等在制备 Co/ZrO_2 催化剂的同时引入乙二胺，结果发现，乙二胺的引入能够在催化剂合成体系中形成稳定的复合金属离子，从而促进 Co 在载体表面的分散，提高催化活性[130]。具有一定疏水性的 TiO_2-SiO_2 被证明是一种很有前景的 MnO_x 载体，MnO_x/TiO_2-SiO_2 催化剂能够在 573K 内将丙酮、甲醛和 2-丙醇完全氧化[281]。Mishra 等研究了 Mn-Fe 基催化剂在丙酮催化氧化中的应用，发现 Mn 含量较高的催化剂具有更好的活性，最佳的催化剂能够在 200℃以内实现丙酮的完全转化。对氯苯的催化氧化结果表明，复合催化剂的活性较单一金属催化剂好，且氯苯的氧化产物仅仅为 CO_2 和 H_2O，没有发现其他副产物，原因可能是催化剂高比表面积和 Ti^{4+} 活性位对氯苯的强吸附作用[283]。Wielgosiński 等研究了 V_2O_5-WO_3/Al_2O_3-TiO_2 催化剂对 1, 2-二氯苯的催化氧化，

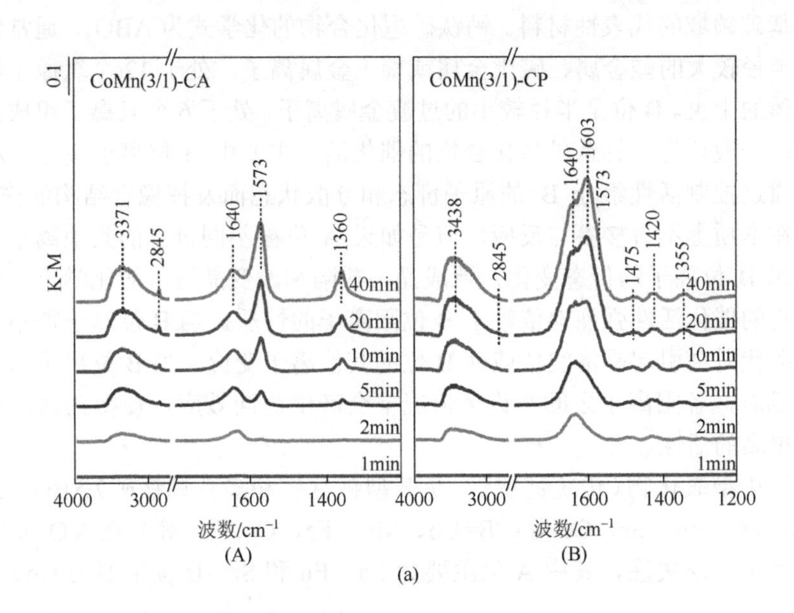

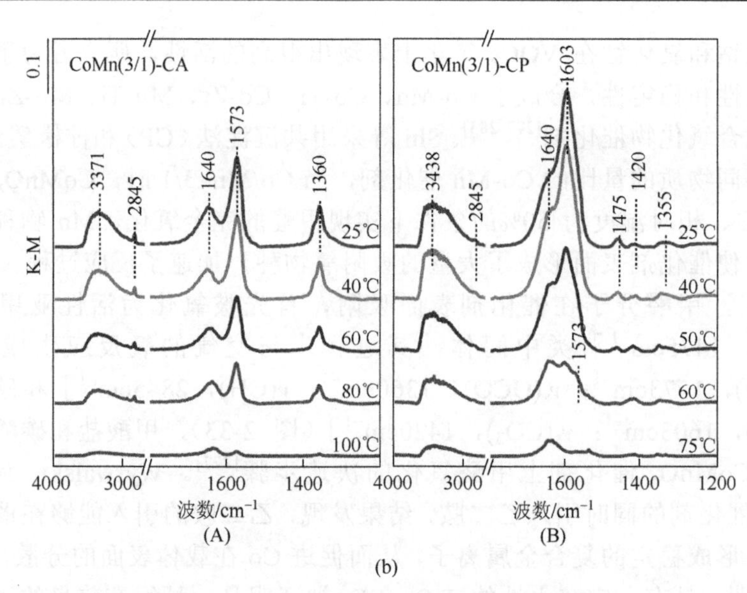

图 2-33　CoMn（3/1）-CA 和 CoMn（3/1）-CP 催化剂上 HCHO 吸附和氧化的原位红外图谱[277]

（a）吸附；（b）氧化

测试结果证明该类催化剂具有较好的催化活性，能够在 250℃以内实现 80% 1, 2-二氯苯的完全氧化[286]。

3. 钙钛矿型催化剂

钙钛矿型材料的组成和结构灵活多变，被看成是固态化学、物理学、催化科学等基础领域的代表性材料。钙钛矿型化合物的化学式为 ABO_3，通常情况下 A 位为半径较大的碱金属、碱土金属或稀土金属离子，处于 12 个氧原子组成的十四面体的中央。B 位是半径较小的过渡金属离子，处于 6 个氧离子组成的八面体中央。一般认为，钙钛矿型化合物的催化活性主要由 B 位离子决定，A 位离子主要通过控制活性组分 B 的原子价态和分散状态而发挥稳定结构的作用，A 位离子在本质上不直接参与反应，但是如果 A 位被不同价态的其他离子取代时就会引起 B 位离子的价态变化，造成晶格缺陷和改变晶格氧的化学位。钙钛矿型氧化物的催化活性强烈地依赖于 B 位阳离子的性质，当 B 位离子被不同价态的离子取代时会引起晶格空位或使 B 位的其他离子变价，当 B 位离子由多种阳离子构成时，各阳离子之间在许多情况下会产生协同效应，使得钙钛矿型催化剂具有更高的活性。

钙钛矿型氧化物（传统钙钛矿、负载型钙钛矿和多孔钙钛矿）ABO_3（A=La、Nd、Gd、Y、Eu、Sr、Ce 等；B=Co、Mn、Fe、Cr、Ni 等）在 VOCs 催化氧化中受到了广泛关注，其中 A 位主要为 La、Eu 和 Sr，B 位主要为 Co、Mn 和

Fe[288-323]。含稀土的钙钛矿（ABO_3）催化剂 $LaMO_3$（M=Co，Mn）对 VOCs 的催化氧化表现出一定的潜力，其中催化剂表面和晶格氧的可获得性是决定此类催化剂活性的最重要因素[288]。Levasseur 等制备了钙钛矿型 $La_{1-y}Ce_yCo_{1-x}Fe_xO_3$ 催化剂，研究发现 Ce 的引入能够增加钙钛矿结构中 B 位阳离子的可还原性和β氧的脱附能力，而 Fe 的引入对 B 位阳离子和β氧的影响则恰恰相反[289]。通过对部分 Mn 取代 $LaCoO_3$ 的研究发现，Mn 取代会明显影响催化剂表面的超氧离子（O_2^-）、过氧离子（O^-）和晶格氧离子（O^{2-}）[292]。在钙钛矿复合氧化物中，Sr 部分取代的 $LaCoO_3$ 和 $LaMnO_3$ 催化剂具有较出色的氧化活性，通常情况下能在 400℃内将非杂原子 VOCs 完全氧化为 CO_2 和 H_2O[294，295]。研究表明，甲苯在 $La_{0.6}Sr_{0.4}MO_{3-\delta}$（M=Co 或 Mn）催化剂上完全氧化的温度低于 240℃[294]。研究者采用水热法合成了具有较高比表面积（～$20m^2/g$）和不同微观形貌（纳米棒和纳米纤维）的 $La_{0.6}Sr_{0.4}CoO_{3-\delta}$，发现纳米棒形材料能在 245℃时实现甲苯的完全氧化（甲苯浓度：1000ppm；反应空速：$20000h^{-1}$；氧气浓度：4%），该类钙钛矿表面丰富的氧空穴和特殊的单晶结构是催化剂活性的决定性因素[295]。在臭氧存在的条件下，稀土元素 La 会对钙钛矿催化剂活性和臭氧利用效率产生负面影响，在 Fe、Co、Ni 和 Cu 中，B 位被 Co-Mn 取代的钙钛矿复合氧化物具有最佳的氧化性能和臭氧利用率[296]。钙钛矿类复合氧化物在 CVOCs 催化氧化中表现出了非常优异的活性和稳定性[297-310]。$LaMnO_3$ 在 CVOCs 氧化中表现出较高的稳定性，而 $LaCoO_3$ 在较高的温度下可以分解为 Co_3O_4 和 LaClO[297]。反应条件（湿度和氧浓度）对 $LaMnO_{3+\delta}$ 结构和 CVOCs 氧化活性有重要影响，在氧气存在情况下，$LaMnO_{3+\delta}$ 能在 500～550℃范围内将 C_2CVOCs（1, 1, 1-三氯乙烷，1, 2-二氯乙烷和三氯乙烯）氧化为 CO_x 和 HCl，水在无氧条件下能够破坏催化剂的结构，且污染物会通过连续氯化和脱氯化氢反应产生更多的含氯副产物[299]。B 位离子的过度引入会在钙钛矿结构中形成过量的化学计量氧，相比 $LaMnO_3$，$LaMn_{1.2}O_{3+\delta}$ 上三氯乙烯的 T_{50} 和 T_{90} 转化温度分别降低 150℃和 174℃[300]。贵金属离子可对钙钛矿 B 位离子进行取代而进入其晶格，从而抑制贵金属物种的表面聚结，在高温反应条件下稳定贵金属纳米粒子，同时贵金属离子修饰能够提高 B 位离子的可还原性，进而促进活性氧空位和氧离子的形成[151，152，309]。研究者对钙钛矿类材料（$La_{0.8}Cu_{0.2}MnO_3$ 和 $La_{0.8}Sr_{0.2}Mn_{0.3}O_3$）的抗硫（$SO_2$ 和十二烷基硫醇）、抗氯（三氯甲烷）中毒能力也进行了考察，两种材料的抗氯中毒能力明显优于其抗硫中毒能力，$La_{0.8}Sr_{0.2}Mn_{0.3}O_3$ 的抗硫（十二烷基硫醇）中毒能力要强于 $La_{0.8}Cu_{0.2}MnO_3$（图 2-34、图 2-35），但 SO_2 能够与氧化物反应形成 $CuSO_4$ 和 $SrSO_4$，导致催化剂都出现明显失活[311]。

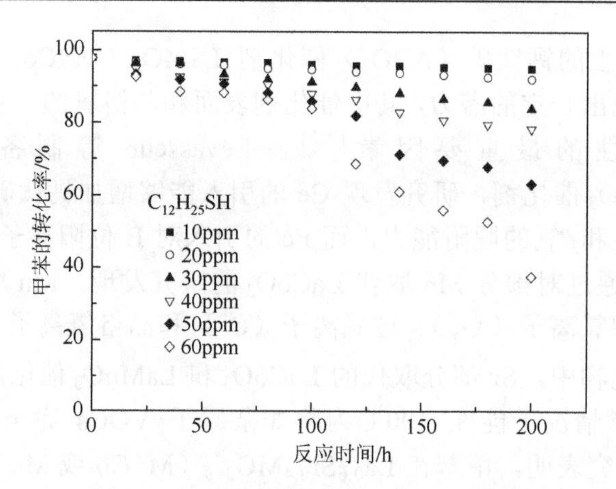

图 2-34 $C_{12}H_{25}SH$ 存在的条件下 $La_{0.8}Cu_{0.2}MnO_3$ 上甲苯的氧化[311]

甲苯浓度：6000ppm；反应空速：5000h^{-1}；反应温度：573K

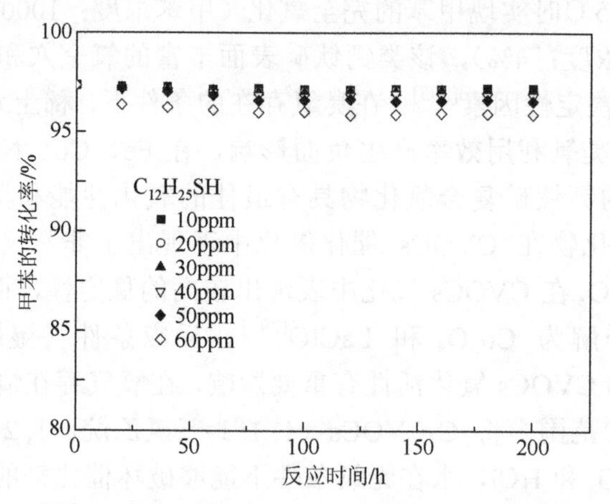

图 2-35 $C_{12}H_{25}SH$ 存在的条件下 $La_{0.8}Sr_{0.2}Mn_{0.3}O_3$ 上甲苯的氧化[311]

甲苯浓度：6000ppm；反应空速：5000h^{-1}；反应温度：573K

普通的钙钛矿氧化物比表面积和孔隙率较低，致使 VOCs 氧化反应在多数情况下可能只在其颗粒表面进行，同时孔隙率不发达也不利于反应物和产物在反应中的吸脱附和传质过程。为了弥补钙钛矿类材料的上述缺陷，研究者通常将钙钛矿氧化物负载于金属氧化物或非金属氧化物上以提高其比表面积和孔隙率[312-318]，另外研究也通过模板剂化学合成了具有多孔结构的钙钛矿氧化物催化剂[319-323]。300℃时，10% $EuCoO_3/CeZrO_2$ 上的甲苯氧化速率是纯 $EuCoO_3$ 催化剂的 9 倍，XRD 和 XPS 结果表明，$EuCoO_3$ 均匀地分散于 $CeZrO_2$ 载体表面，同时 Eu 与载体之间的强相互作用使 B 位 Co 的可还原温度相比 $EuCoO_3$ 样品降低了约 80℃[312]。研究者在 $LaCoO_3/CeZrO_2$ 催化剂对 VOCs 的氧化过程中也得出了类似的结论[313-316]。氧化铝、分子筛和堇青石也常作为钙钛矿复合氧化物的载体[317, 318]。上述负载型催化剂虽然在一定程度上提高了原有钙钛矿氧化物的比表面积和孔体积，但钙钛矿的负载量通常不能太高，以便保持其在载体上良好的分散状态，也限制了催化剂上活性相的数量。近年来，研究者利用“分子模板”等技术，合成了具有不同形貌和孔道结构的多孔钙钛矿氧化物，大大提高了其对 VOCs 的氧化性能。Nair 等以介孔硅基 KIT-6 为硬模板合成了比表面积在 110～155m^2/g 的 $LaBO_3$（B=Mn、Co 和 Fe）三维介孔钙钛矿，所有催化剂均能在 200℃内实现甲醇的完全氧化[319]。Liu 等以聚甲基丙烯酸甲酯（PMMA）为硬模板，以聚乙二醇（PEG）或 P123 三嵌段共聚物为表面活性剂制备了多种具有规则大孔结构的钙钛矿复合氧化物，该类材料具有较大的比表面积和优异的氧化性能[190, 321, 322]。随后，研究者采用产物产率较高的葡萄糖辅助水热法制备了多孔 $LaFeO_3$（LFO）钙钛矿材料，该类材料的比表面积和平均孔径分别可达 26m^2/g 和 17nm 以上，能在 280℃左右实现甲苯的完全氧化（图 2-36）[323]。

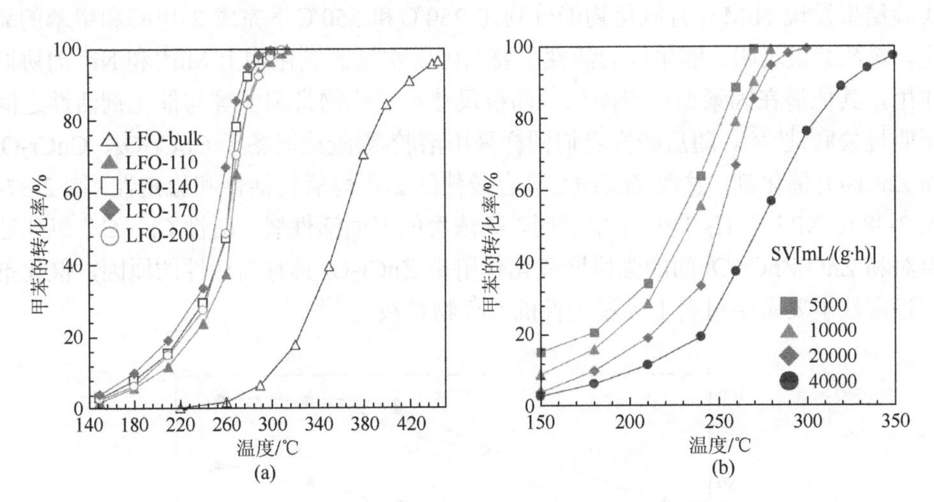

图 2-36 不同温度下合成的 LFO 催化剂上甲苯的氧化（a）及不同空速条件下 LFO-170 催化剂上甲苯的氧化（b）[323]

甲苯浓度：1000ppm；反应空速：20 000h^{-1}

4. 尖晶石型催化剂

尖晶石（spinel）型复合氧化物由于其独特的晶体结构和众多物性一直吸引着科学家的注意，这主要是由于尖晶石晶格中 A 位离子和 B 位离子可以相互替换，导致其性质多变。尖晶石型复合氧化物的通式为 AB_2O_4，A 表示占据四配位的离子，B 表示占据八配位的离子，其中 A—O 和 B—O 都是较强的离子键且静电键强度相等、结构牢固，故尖晶石类材料化学性质稳定，有良好的热稳定性。众多过渡金属阳离子可以填充到这种结构中，如 Zn^{2+}、Cd^{2+}、Ga^{2+}、In^{3+}、Fe^{2+}/Fe^{3+}、Mn^{2+}/Mn^{3+}、Cu^{2+}、Co^{2+}、Ti^{3+}、Cr^{3+}等，金属阳离子的分布对尖晶石型复合氧化物材料的性能有重大的影响。尖晶石拥有阳离子空位、表面能大的棱/角缺陷、热稳定性高等独特的结构和表面属性，作为催化剂或载体在催化领域（脱氢、NO 反应、F-T 合成、脱硫、碳氢化合物燃烧[324-333]等）中得到了广泛应用。

钴铬尖晶石氧化在 CVOCs 氧化中表现出了非常优异的活性，$CoCr_2O_4$ 的三氯乙烯氧化性能高于 6% CrO_x/Al_2O_3、6% CrO_x/MCM-41、CrO_x、Cr-Y、Co-Y、0.5% Pd/Al_2O_3 和 0.5% Pd 和 Pt/Al_2O_3 催化剂，能在 330℃将三氯乙烯完全氧化且 CO_2 的选择性接近 100%，催化剂上的 Cr^{3+}-Cr^{6+}氧化还原对及 Cr^{3+}的强水-气变换反应活性是催化剂高活性和 CO_2 选择性的原因[324]。调变尖晶石的合成条件和方法或对氧化物的 A 位和 B 位金属阳离子进行取代/部分取代能合成具有不同催化性能的材料[325-330]。Hosseini 等采用溶胶-凝胶法合成得到了 AMn_2O_4（A=Co、Ni 和 Cu）水锰矿尖晶石氧化物并考察了其对 2-丙醇和甲苯的氧化行为，实验结果发现 $NiMn_2O_4$ 氧化物能分别在 250℃和 350℃下完成 2-甲醇和甲苯的氧化。表征结果表明，催化剂的活性主要归因于水锰矿氧化物上 Mn^{3+}和 Ni^{2+}的协同作用，其他潜在因素如比表面积、晶粒尺寸、氧化物带隙能等与催化剂活性之间无明显关联性[325]。随后研究者们同样采用溶胶-凝胶法制备了 $CoCr_2O_4$、$CuCr_2O_4$ 和 $ZnCr_2O_4$ 催化剂，发现 $ZnCr_2O_4$ 具有最佳的 2-丙醇氧化活性和稳定性（图 2-37、图 2-38）。XPS 和 H_2-TPR 结果证明，高浓度的表面活性氧、活性 Cr^{3+}-Cr^{6+}氧化还原对和 ZnO-$ZnCr_2O_4$ 间的强协同氧化作用是 $ZnCr_2O_4$ 具有高活性的原因，催化剂的稳定性主要是由材料上高稳定性的 Cr^{6+}物种决定[326]。

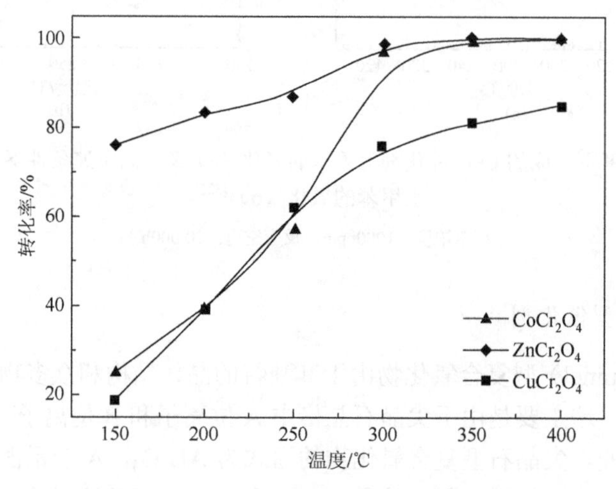

图 2-37 不同尖晶石氧化物上 2-丙醇的催化氧化（2-丙醇浓度：2000ppm）[326]

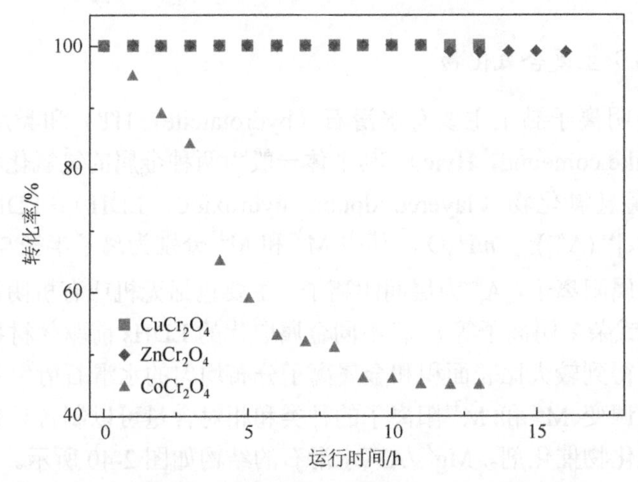

图 2-38　不同尖晶石氧化物的 2-丙醇的催化氧化稳定性（2-丙醇浓度：2000ppm）[326]

多孔 $ZnAl_2O_4$ 尖晶石氧化物的制备也得到一定的研究，如研究人员以锌纳米线和锌多面体为基底，采用物理气相沉积和原子层沉积相结合的方法合成了 $ZnAl_2O_4$ 氧化物（图 2-39）[330]。此外，尖晶石类氧化物在 CVOCs 氧化中的稳定性及外来金属离子掺杂对其氧化活性的影响也受到一定的关注[331, 333]。Jeong 等研究了 $CoCr_2O_4$ 和 $CrO_x/\gamma\text{-}Al_2O_3$ 在三氯乙烯（TCE）氧化过程中的稳定性，XANES 和 ESR 的结果表明，催化剂上 Cr^{6+}在低温下容易被其所吸附的 TCE 分子还原为 Cr^{3+}，进而导致催化剂的失活，但是随着反应温度的升高，被还原的 Cr^{3+}能够重新被氧化成 Cr^{6+}并在高温下处于稳定状态，使催化剂具有良好的高温反应稳定性[331]。Chen 等研究了 $NiCo_2O_4$ 尖晶石材料催化氧化 VOCs 的性能，在空速为 $5000h^{-1}$ 的条件下，催化剂能够在 300℃左右实现甲苯的完全转化，当加入 2.0wt% K 后催化剂的活性被大大提高，甲苯的完全转化温度为 250℃，而 Al 的加入会对催化剂活性产生负面影响[333]。

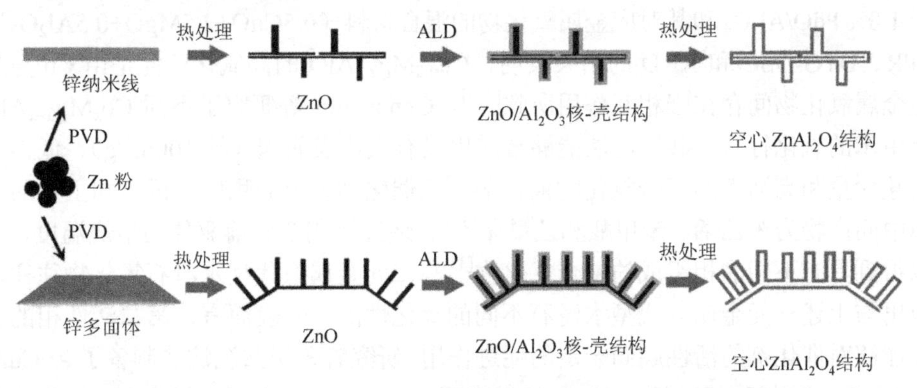

图 2-39　多孔 $ZnAl_2O_4$ 尖晶石复合氧化物的合成步骤示意图[330]

5. 水滑石衍生复合氧化物

水滑石类阴离子黏土主要有水滑石（hydrotalcite，HT）和类水滑石化合物（hydrotalcite like comound，Hylc），其主体一般由两种金属的氢氧化物构成，又称为层状双金属氢氧化物（layered double hydroxide，LDH）。LDHs 的通式为 $[M^{2+}_{1-x}M^{3+}_{x}(OH)_2]^{x+}(A^{n-})_{x/n}\cdot mH_2O$，其中 M^{2+}和 M^{3+}分别为离子半径与 Mg^{2+}接近的二价和三价金属阳离子，A^{n-}为层间阴离子（主要包括无机或有机阴离子、配合物阴离子、同多或杂多阴离子等）。将不同金属取代的 LDHs 前驱体材料在不同温度下焙烧后就可得到较大比表面积和金属离子分布均匀的水滑石衍生复合氧化物催化材料，通过调变 M^{2+}和 M^{3+}阳离子的种类和相对含量可以制备具有不同性能和结构的复合氧化物催化剂。Mg^{2+}/Al^{3+}水滑石的结构如图 2-40 所示。

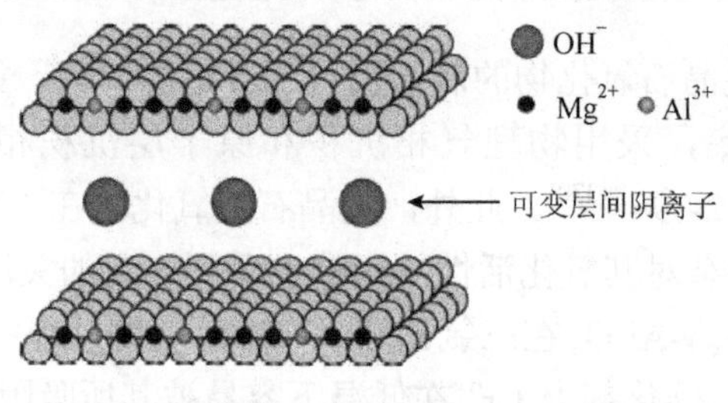

图 2-40 Mg^{2+}/Al^{3+}水滑石的结构示意图

在 VOCs 催化氧化中，$Cu_xMg_{3-x}AlO$ 和 $Co_xMg_{3-x}AlO$ 是两种常见的催化剂，其他一元和二元金属取代型氧化物也有所研究。不同金属取代的 MgAlO 催化剂具有不同的活性和选择性[334]。Cu 取代得到的 $Cu_xMg_{3-x}AlO$ 复合氧化物具有良好的氧化活性，研究发现，经 800℃焙烧后得到的 $Cu_xMg_{3-x}AlO$ 氧化物包含尖晶石、方镁石和黑铜矿的混合晶相，$Cu_{0.5}Mg_{2.5}AlO$ 能在 450℃将丙烷完全氧化，该活性远高于 1.0% PdO/Al_2O_3 和其对应金属氧化物的混合材料（$0.5CuO+2.5MgO+0.5Al_2O_3$），TPR、DTG-DSC 和 XRD 的结果表明，$Cu_{0.5}Mg_{2.5}AlO$ 的高氧化活性是由 Cu 与其他金属氧化物间存在强相互作用所致[335]。Gennequin 等研究了不同 $Co_xMg_{3-x}AlO$ 上甲苯的氧化行为。共沉淀法能够合成出具有大比表面积（约 $100m^2/g$）、低钴铝酸盐含量和高活性的复合氧化物催化剂，从催化剂表现的积碳分析可知主要的反应中间产物为苯乙烯、苯甲醛和乙酰苯[337]。通过控制金属前驱体的焙烧温度，可以得到具有不同晶相组成的复合氧化物[339]。二元金属取代型水滑石氧化物往往表现出与上述一元金属取代型水滑石不同的氧化性能，一般而言，第二活性相的存在能够对催化剂的活性起到一定的促进作用。研究者采用共沉淀法制备了 ZnCuAl 和 MnCuAl 型复合氧化物，XRD 结果表明，ZnCuMgAl 主要由氧化铜、氧化锌和氧化铝载体构成，而 MnCuMgAl 则主要由尖晶石相构成，经 450℃焙烧后得到的 MnCuAl 具有最佳的活性，能在 300℃将甲苯完全氧化[341]。在 MnMgAl 氧化物中加入一定量的 Cu 或 Co 能够对氧化的晶型、氧化还原性能及活性产生明显的影响。Cu 或 Co 的引入促进了材料低结晶结构的形成，优化了氧化物的氧化还原能力，同时提高了原有催化剂的性能和 CO_2 选择性[342]。碱金属改性能够对水滑石衍生复合氧化物表面性质和活性相的存在状态产生影响。研究表明，少量 K 的引入能改变 CoMnAl 氧化物的表面酸碱性，而较高量的 K（约 3.0%）则能使催化剂表面发生 Mn 团聚，K 的引入能够促进催化剂的氧化活性。含 1.0% K 的催化剂具有最佳的甲苯氧化性能，乙醇的转化率随着 K 含量的增加而增加，但当 K 含量超过 1.0% 时反应副产物的含量增加（图 2-41）[345]。

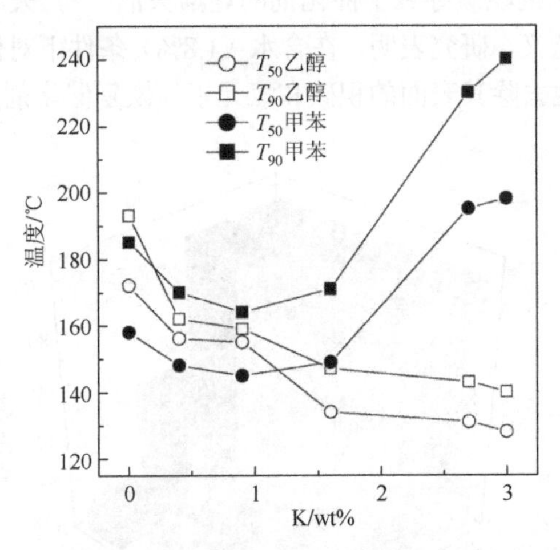

图 2-41　K 改性的 CoMnAl 催化剂上甲苯和乙醇的 T_{50} 和 T_{90} 氧化温度分布[345]

2.2.3　沸石分子筛和改性柱撑黏土催化剂

沸石分子筛含有大量的 Lewis 和 Brønsted 酸性位、规整的孔道结构、良好的水热稳定性和离子交换性能，可直接作为 CVOCs 的催化氧化剂进行酸碱催化反应，CVOCs 的氧化效率受分子筛孔道结构、表面积、酸性位分布等因素影响[347-349]。Taralunga 等研究了五种不同结构沸石分子筛（HFAU、HBEA、HMFI、HMCM-22 和 ITQ2）上 1, 2-二氯苯的氧化，发现所有分子筛材料在 350～400℃都具有 1, 2-二氯苯的氧化活性，污染物的氧化活性与催化剂的酸性成正比，同时沸石分子筛中的微孔可与污染物分子间产生局限效应，促进污染物分子的氧化过程。贵金属 Pt 的引入能够提高催化剂的氧化效率，但同时反应副产物如 $PhCl_3$ 等浓度也有所增加[347]。HZSM-5 和 HY 沸石分子筛上低浓度 1, 2-二氯乙烷和三氯乙烯（约 1000ppm）

的氧化过程表明 HZSM-5 具有更高的 CVOCs 氧化活性，氯乙烯是重要的反应中间产物，材料上的 Brønsted 酸性位对 H 型沸石分子筛的活性至关重要，反应中水的存在能够抑制氯乙烯的形成且对反应产物的分布产生影响[348, 349]。沸石分子筛的酸性主要由其骨架 Al 含量及其配位状态决定，通过对分子筛脱铝能够对其酸性量及 Lewis/Brønsted 酸性位分布进行调控。研究者以六氟硅酸铵为脱铝剂得到了具有不同 Si/Al 物质的量比的 H-Y 沸石分子筛催化剂，脱铝操作能够提高分子筛上强酸位数量，其中经过 50%骨架 Al 脱除的分子筛具有最高的氧化活性[350]。质子化沸石分子筛在 CVOCs 氧化中的失活也是研究的重点之一。Aranzabal 等研究了不同反应空速和反应温度下 H-ZSM-5、H-MOR 和 H-BEA 沸石在 1, 2-二氯乙烷氧化过程中的失活，发现在 1, 2-二氯乙烷第一步脱氯过程中产生的氯乙烯是导致催化剂表面积碳的主要原因，而催化剂积碳导致了催化剂的逐渐失活[351]。失活催化剂的活化和再生在工业上有重要意义，研究表明，在含水（1.8%）条件下对催化剂进行有氧焙烧（500℃）能够很好地去除其表面的积碳和氯元素，恢复催化剂活性（图 2-42）[352]。

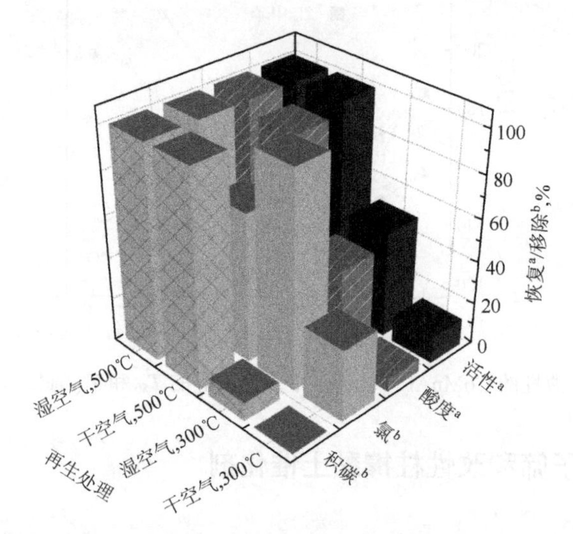

图 2-42　不同再生处理后催化剂活性及表面化学成分的变化[352]

a. 再生处理后催化剂活性和酸度恢复率；b. 再生处理后催化剂表面氯元素和积碳去除率

柱撑黏土（PILC）是一种二维多孔材料，利用黏土矿物的层间化学活性，通过离子交换等方式把相关物质引入到其层间区域，并交替形成分子级别的支撑柱，就可得到分布规整的柱撑复合多孔材料，同时通过改变黏土或柱撑剂的种类，可以对该类材料的孔径大小、固体酸性等进行调控。由于柱撑黏土具有较大的比表面积、稳定的开放型孔洞和高活性、高酸性的表面，是一类性能优良的催化材料或载体。通过离子交换可以在黏土层间插入具有活性的金属或金属氧化物进行非均相催化反应，同时具有层间 Lewis/Brønsted 酸性位、均匀孔道结构、大的比表面积和层间距的柱撑黏土材料也可以直接作为催化剂进行酸碱或择形催化反应。具有大比表面积的介孔过渡金属柱撑Laponite黏土是一类高效的VOCs氧化材料，其中经过脱铝的 Co-Laponite 催化剂能在 300℃完成苯的完全氧化，显示了极高的活性[353]。稀土元素如 Ce 能对柱撑黏土层间过渡金属离子的分布和氧化还原性能产生影响[354, 355]，研究发现，Ce 能够促进过渡金属（Cr、Mn、Fe、Co、Ni 和 Cu）离子的分散，并能与金属离子产生相互作用进而提高其氧化还原性能，Ce 的引入能够提高催化剂的氧化活性和稳定性，MnCe/Al-PILC（Mn：Ce=18：1）具有最佳的苯氧化活性（完全氧化温度约为 310℃，图 2-43）[354]。具有大比表面积和强酸性的柱撑黏土材料也可作为多孔载体使用[283，356]。Mishra 等研究了 MnFe/Al-PILC 催化剂上丙酮的催化氧化，发现 Al-PILC 是一类非常优异的载体，Mn 含量较高的催化剂具有更好的活性，最佳的催化剂能够在 200℃以内实现丙酮的完全转化[283]。

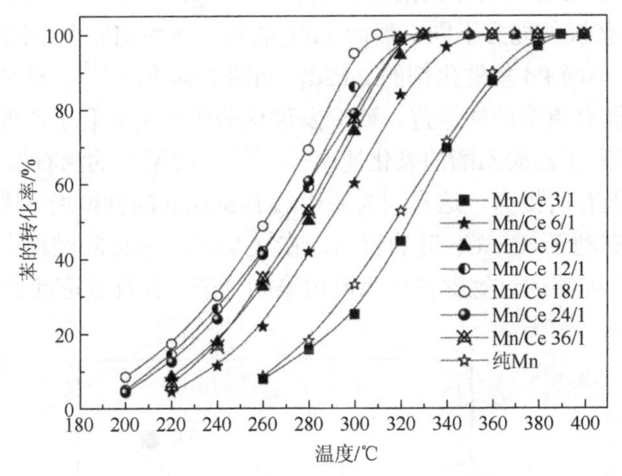

图 2-43 Mn/Ce 物质的量比对 MnCe/Al-PILC 催化剂苯氧化性能的影响[354]

2.3 VOCs 氧化效率的影响因素

2.3.1 载体的性质

催化剂载体的性质（结构[97, 205, 238, 349, 357-361]、酸性[343, 347, 350, 362-368]、疏水性[369, 370]等）与催化剂活性有密切联系。不同结构金属氧化物载体的可还原能力不同，而具有较强可还原能力的载体往往具有更高的催化活性，如 TiO_2 的可还原能力优于 ZrO_2，其在氯苯的催化氧化中表现出更好的活性[359]。Garetto 等系统地研究了 MgO、Al_2O_3、KL 沸石、HY、ZSM-5 和 β 负载 Pt 催化剂对丙烷的催化氧化，结果表明，不同结构的载体对催化剂的活性有显著的影响，载体的孔道结构对 VOCs 的催化氧化也有较大影响[360]。Wang 等采用电镀法制得了具有“长直”孔道结构的 Al_2O_3，结果发现，该载体有利于反应物和产物的扩散，从而促进了反应的进行[97]。Liu 等采用 FT-IR 光谱研究了氯苯在 Al_2O_3、TiO_2-Al_2O_3 和 MnO_x/TiO_2-Al_2O_3 载体上的氧化机理，三种载体都能在室温下吸附氯苯（表面羟基作用），然而升高反应温度后发现 Al_2O_3 上的氯苯非常稳定，而其他载体上的有机物会与晶格氧反应形成酚盐产物[238]。Wang 等研究了不同载体（γ-Al_2O_3、CeO_2、TiO_2 和 V_2O_5）负载铜催化剂对甲苯、二甲苯和苯的催化氧化，O_2-TPD 和 H_2-TPR 的结果表明 CeO_2 为最佳的催化剂载体[205]。

某些 VOCs 的催化氧化反应中，载体的酸性位起着非常重要的作用，酸性位能够吸附污染物分子，且能促使某些污染物分解为小分子产物。González-Velasco 等发现 Brønsted 酸位在 H 型沸石氧化含卤 VOCs 的反应中起着决定性作用[343]。Okumura 等发现 Pd 在具有不同酸碱性的载体（MgO、Al_2O_3、SiO_2、SnO_2、Nb_2O_5 和 WO_3）上捕获氧的能力不同，然而 ZrO_2 载体却表现出完全不同的特征（Pd 粒子非常稳定），不同 Pd 基催化剂的 Pd $3d_{5/2}$ 如图 2-44 所示[23]。掺杂 W^{6+} 后的 TiO_2 载体较纯载体拥有更多的酸性位，研究发现这些酸性位有利于乙酸乙酯水解生成乙酸和乙醇，提高了乙酸乙酯的氧化速率[362,363]。经脱铝后的沸石催化剂对 CVOCs 的催化氧化性能有所提高，这是因为脱铝后 Brønsted 酸性位增多[364, 365]。研究表明，酸性载体有利于 C—Cl 键的解离，在 CVOCs 的去除过程中，载体表面的 Brønsted 酸性位能够通过氢键作用吸附污染物分子，提高反应活性[367]。

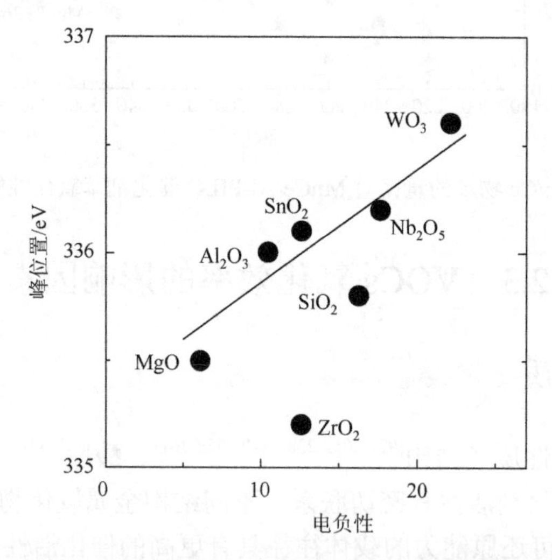

图 2-44　不同负载催化剂的 Pd $3d_{5/2}$ 峰位置和金属离子的电负性[23]

另外，对 VOCs 氧化反应而言，载体的疏水性也是考察载体性能的重要指标。由于工业废气中通常含有一定量的水分，水分子能够聚集在微孔内部，也可能吸附在载体表面阻碍污染物分子与活性位接触，从而抑制反应的进行。将 Pt 负载于高疏水性的高分子有机材料上，可以在 150℃下实现甲苯的完全氧化，但是该类有机材料热稳定性较差，因此只能用于低浓度 VOCs 的催化氧化[369]。Xia 等在含 F^-的溶液中合成了 MCM-41，相对于传统的 MCM-41 而言，该材料具有更好的热稳定性和疏水性，同时保持了原有 MCM-41 的介孔结构，该类载体对苯及其衍生物具有很好的氧化性能[370]。在增加载体疏水性的同时，也可以增加载体表面有机物的亲和性，以达到提高反应活性的目的[60，62]，如表面部分石墨化的活性炭材料含有苯环结构，对芳香烃类具有较高的亲和性。

2.3.2　催化氧化反应条件

实际工业废气成分复杂，常常包含多种有机污染物、H_2O 或 NO_x，这些成分的存在都可能会对氧化反应产生影响，且这种影响常常难以预测，因而此类研究成为近年来的研究热点[56，64，363，371-380]。

由于各 VOCs 的分子结构不同，水对不同 VOCs 的抑制作用也不尽相同，研究证明，对化学结构与水分子相近的物质，水的抑制作用会增强。在 Pt/Al_2O_3 和 Pt/TiO_2（W^{6+}）上，水对乙酸乙酯的抑制作用比其对苯大得多[363]。另外，低浓度的水对 CVOCs 的催化氧化反应有一定的促进作用。López-Fonseca 等发现水（15000ppm）能够促进 Pt/H-BETA 催化剂对氯苯的催化氧化，同时降低 Cl_2 和含氯副产物的产生量，使得完全氧化产物（HCl 和 CO_2）的选择性增强[64]。Bertinchamps 等研究了水在钒基催化剂（VO_x/TiO_2、VO_x-WO_x/TiO_2 和 VO_x-MoO_x/TiO_2）氧化氯苯过程中的影响，结果发现，水对钒基催化剂存在几种不同的作用，即有助于消除催化剂表面的氯，促进催化活性，还原活性 VO_x 物种和减少催化剂表面的酸性位（Brønsted 酸位）[371]。水对不同贵金属催化剂（Pt、Pd、Rh、Ru）的影响也不尽相同，研究表明，在对 CVOCs 的氧化过程中，水对 Pt 基催化剂有促进作用，而对其他三种贵金属催化剂的作用不是很明显[372]。水在贵金属表面能够解离成 H^+和 OH^-，而 H^+能够与金属表面的 Cl 结合产生 HCl，同时水还能增强了 Cl 的移动性，OH^-能够促使 CO 向 CO_2 转变[373]。研究发现，NO_x 的存在对 VOCs 的催化氧化过程会有所影响。Bertinchamps 等研究了 NO 在 VO_x/TiO_2、VO_x-WO_x/TiO_2 和 VO_x-MoO_x/TiO_2 催化剂氧化氯苯过程中的影响，在氧气气氛中 NO 的存在会提高催化剂的活性，这种现象在 W 或 Mo 类催化剂上表现尤为突出，反应过程如图 2-45 所示。在 WO_x 和 MoO_x 上 NO 首先被氧化为 NO_2，其后 NO_2 和 O_2 都参与氯苯的氧化还原过程，从而提高催化剂的活性[374]。研究还表明，NO_2氧化能力要远远强于O_2，能促进反应的进行[376]。

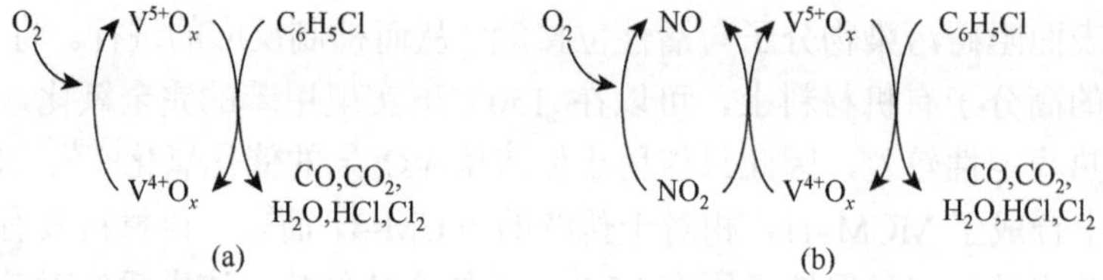

图 2-45　无 NO 和有 NO 存在下钒基催化剂上氯苯的氧化[374]

（a）无 NO；（b）有 NO

多组分 VOCs 的催化氧化过程往往表现出与单一 VOCs 不同的行为，通常表现为组分之间的相互抑制、促进或改变产物选择性等方面。由于每种 VOCs 具有不同的性质和特点，因此其氧化反应的机理可能不尽相同，它们之间的相互作用也需要通过实验测定才能确定。Barresi 等研究了芳香烃混合物在整体式 Pt 基催化剂上的氧化过程，结果表明，单组分情况下苯比苯乙烯的氧化温度要低，但在混合物体系中，苯受到的抑制作用最为明显，原因是苯在催化剂表面的吸附作用较苯乙烯弱得多。烃与氯代烃的混合体系在 Pt 基催化剂上的氧化反应中，烃往往能够促进氯代烃的氧化，同时减少副产物的产生，原因可能是烃类能够与 Pt 表面的 Cl 反应，恢复 Pt 的活性[378]。但是由于受到竞争吸附的影响，烃的氧化效率有所降低，van de Brink 等研究了 Pt/Al_2O_3 催化剂对氯苯的氧化，发现体系中加入烃类会减少甲苯、乙烯、2-丁烯等副产物的产生[56]。含有较多 Cl 原子的 CVOCs（CCl_4等），由于缺乏足够的 H 原子，其燃烧后会产生大量的 Cl_2 和 $COCl_2$，对环境产生极大的危害，此时如果向体系中加入适量的烃不仅会提高其转化率，还能减少有毒副产物的生成量[380]。

2.3.3　催化剂的制备过程

不同制备方法得到的催化剂活性会有所差别，制备方法对活性的影响主要体现在催化剂的预处理、活性组分的负载方式和催化剂的热处理等方面。

Shim 等研究了催化剂的前处理方式（预氧化、预还原）对 Pd 基催化剂催化活性和吸附性能的影响，经 H_2 预处理的催化剂拥有大量的零价 Pd，从而在 BTX（苯、甲苯、二甲苯）的吸附和催化性能方面都较预氧化的催化剂好。另外，催化剂的活性与催化剂对 VOCs 的吸附性能有直接的联系[381]。Scirè 等的研究表明，沉积-沉淀法制备的 Au/CeO_2 催化剂的活性要比共沉淀法制备的催化剂好，原因是沉积-沉淀法能够有效地避免活性物种的包埋，从而提高了活性面积[119]。Lamallem 等将 Au 负载于 Ce-Ti 氧化物表面，研究了负载方法和沉淀剂（NaOH、Na_2CO_3、尿素）对催化剂活性的影响，结果表明，采用沉积-沉淀法（DP）且采用尿素作为沉淀剂制得的催化剂具有最佳的丙烯氧化活性，结果如图 2-46 所示[382]。催化剂的热处理方式能影响活性组分的存在形态，Spivey 等认为，Pt 催化剂经较高温度焙烧后，由于能形成较大的金属晶粒而具有更好的活性，然而高温焙烧也可能造成载体比表面积下降[383]。催化剂的热处理方式对 Pd 基催化剂活性也有明显的影响，研究者发现 300℃以下制得的催化剂具有最佳的催化活性，而当焙烧温度超过 700℃后催化剂的活性会大幅下降[384]。

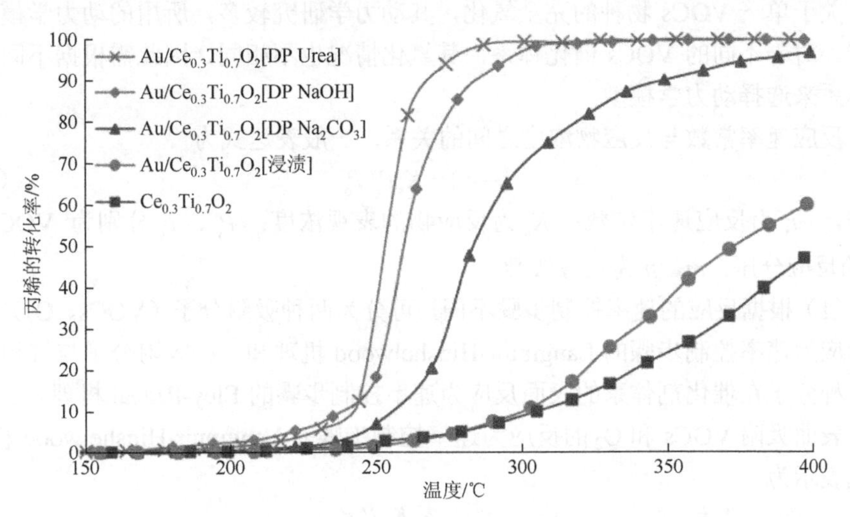

图 2-46　不同方法制备的 $Au/Ce_{0.3}Ti_{0.7}O_2$ 催化剂对丙烯的催化活性[382]

2.3.4　活性相的分散

催化剂上活性组分的分散程度对催化剂的活性有一定的影响。Ferreira 等研究了 $Pd/V_2O_5/Al_2O_3$ 催化剂对苯的完全催化氧化，Pd 的分散性是催化活性的决定性因素，催化剂的活性与 Pd 的粒径成反比[18]。Tidahy 等也得出同样的结论，Pd/BEA 和 Pd/FAU 催化剂对 VOCs 的氧化活性与 Pd 的粒径和分散性等因素有关[7]。Li 等采用不同方法制得了 SBA-15 载体材料，并将 Co 负载于所制得的材料上用于苯的催化氧化。研究结果发现，Co 的分散性与催化材料的活性呈正相关性。活性组分的负载量也是影响分散度的一个重要因素，负载量过高，可能导致金属分散度降低，且金属的负载量会影响组分的存在状态[184]。Kundakovic 等研究了 $Cu/\gamma\text{-}Al_2O_3$ 上 Cu 的存在状态，当 Cu 的负载量很低时，铜以离散的铜离子或高分散的铜簇形式存在[385]。

2.4 VOCs催化反应动力学与氧化机理

2.4.1 催化氧化反应动力学

催化氧化技术最早的文献记录可以追溯到1840年Davy首次发现甲烷在Pt、Pd等贵金属丝上的催化氧化现象，此后催化氧化理论迅速发展，应用研究也取得了显著成就。

关于单一VOCs物种的完全氧化，其动力学研究较多，所用的动力学模型也较多，对于不同的VOCs催化体系，其氧化情况也不相同，因此需根据不同的催化体系来选择动力学模型。

反应速率常数与反应物浓度之间的关系，一般表达式为

$$(-r_v)=K_sP_v^mP_o^n \tag{2-3}$$

式中，$-r_v$为反应速率常数；K_s为反应物的表观浓度；P_v、P_o分别为VOCs和O_2的反应分压；m、n为反应级数。

（1）根据反应的速率控制步骤不同，可分为两种吸附分子（VOCs、O_2）的表面反应为速率控制步骤的Langmuir-Hinshelwood机理和一种吸附分子与气相中的另一种分子在催化剂体系的表面反应为速率控制步骤的Eley-Rideal机理。

表面吸附VOCs和O_2的反应为速率控制步骤的Langmuir-Hinshelwood机理，公式表示为

$$(-r_v)=\frac{K_sK_vP_vP_o}{(1+K_oP_o+K_vP_v)^2} \tag{2-4}$$

吸附的VOCs与气相中的O_2分子的表面反应为反应速率控制步骤的Eley-Rideal机理，公式表示为

$$(-r_v)=\frac{K_sK_oK_vP_oP_v}{(1+K_vP_v)} \tag{2-5}$$

吸附的固定O_2分子与气相中的VOCs的表面反应为反应速率控制步骤的Eley-Rideal机理，公式表示为

$$(-r_v)=\frac{K_sK_oK_vP_oP_v}{(1+K_oP_o)} \tag{2-6}$$

吸附的游离O_2分子与气相中的VOCs的表面反应为反应速率控制步骤的Eley-Rideal机理，公式表示为

$$(-r_v)=\frac{K_sK_oK_vP_oP_v}{(K_oP_o+K_vP_v)} \tag{2-7}$$

式（2-4）～式（2-7）中，K_o、K_v分别为氧气和VOCs的吸附平衡常数。

（2）氧化还原两步模型（Mar-van Krevelen 模型），此模型适用于反应物分子于催化剂富氧位置的反应。催化剂体系中的氧可以是化学吸附氧，也可以是晶格氧。催化剂上某些部位进行的氧化还原反应可分为两个步骤，其一是被 VOCs 氧化的催化剂的还原反应：

$$2\text{Cat-O}+\text{VOCs}\xrightarrow{K_v}2\text{Cat}+CO_2 \tag{2-8}$$

其二是被气相中 O_2 氧化的催化剂的氧化反应：

$$2\text{Cat}+O_2\xrightarrow{K_o}2\text{Cat-O} \tag{2-9}$$

当处于平衡状态时，二者的速率应该相等。Mar-van Krevelen 模型的表达式为

$$(-r_v)=\frac{K_oK_vP_oP_v}{K_oP_o+\nu K_vP_v} \tag{2-10}$$

对多组分 VOCs 的催化氧化动力学研究报道并不多[378，385，386]。Ordóñez 等研究了 Pt/Al_2O_3 催化剂对苯、甲苯和正己烷复合组分的催化氧化，活性测试结果表明，正己烷的存在对苯和甲苯的转化率没有明显影响，然而苯或甲苯的存在却对正己烷的氧化有明显的抑制作用，芳香族化合物相互之间都有极强的抑制作用。动力学拟合结果表明，Mar-van Krevelen 模型能很好地拟合单组分污染物的氧化过程[385]。对于多组分化合物的催化氧化反应而言，研究者们采用修改后的 Mar-van Krevelen 模型（竞争吸附模型和非竞争吸附模型），发现竞争吸附模型能更好地预测多组分化合物的氧化过程。竞争吸附模型表明不同污染物组分在氧化过程中会对催化剂表面的活性位产生竞争吸附，在吸附位上的碳氢化合物分子与气相中的 O_2 反应。另外，氧与污染物分子吸附在不同活性位。式（2-10）修改为

$$(-r_i)=\frac{K_oK_iP_oP_i\theta_i}{K_oP_o+\nu K_iP_i\theta_i} \tag{2-11}$$

式中，θ_i 为催化剂表面碳氢化合物的覆盖率。由于碳氢化合物与催化剂表面的强相互作用，混合组分中的一种污染物（VOC_1）在催化剂表面的覆盖率为

$$\theta_1=\frac{b_1P_1}{b_1P_1+b_2P_2} \tag{2-12}$$

VOC_1 的反应速率方程可以由下式表示：

$$(-r_{1/2})=\frac{K_oK_1b_1P_1}{K_oP_o[1+(b_2P_2/b_1P_1)]+\nu_1K_1P_1+\nu_2K_2(b_2P_2/b_1P_1)} \tag{2-13}$$

式中，吸附参数 b_1、b_2 服从 van's Hoff 定律，当 P_2=0 时，式（2-13）即还原为式（2-10），上述方程已经被 Barresi 和 Baldi 用于对苯、甲苯、二甲苯、苯乙烯混合物的氧化反应[378]。

Abdullah 等研究了 Cr-ZSM-5 催化剂氧化乙酸乙酯和苯的过程中水对催化剂活性的影响，研究发现水的存在会抑制乙酸乙酯和苯的转化，原因是水和 VOCs 对催化剂表面活性位的竞争吸附[386]。研究者们基于 Mar-van Krevelen 模型的竞争

吸附机理对水存在的气氛中 VOCs 的催化氧化效率进行了拟合：

$$(-r_{v/w})=\frac{K_o K_v P_o P_v \theta_v}{K_o P_o + \nu K_v P_v \theta_v} \tag{2-14}$$

式中，θ_v 为催化剂表面 VOC 的覆盖率。由于 VOC 和水与催化剂表面的强相互作用，在 VOC 和水的共存体系中，VOC 在催化剂表面的覆盖率可以表示为

$$\theta_v=\frac{b_v P_v}{b_v P_v + b_w P_w} \tag{2-15}$$

式中，b_v、b_w 分别为 VOC 和水分子的吸附常数；P_w 为水的分压。水存在的气氛中，VOC 的氧化速率方程为

$$(-r_{v/w})=\frac{K_o K_v P_o}{K_o P_o[1+(b_w P_w / b_v P_v)]+\nu K_v P_v} \tag{2-16}$$

研究者利用式（2-14）拟合了不同湿度下 Cr-ZSM-5 催化剂上苯的氧化情况，得到了非常理想的结果（图 2-47）[386]。

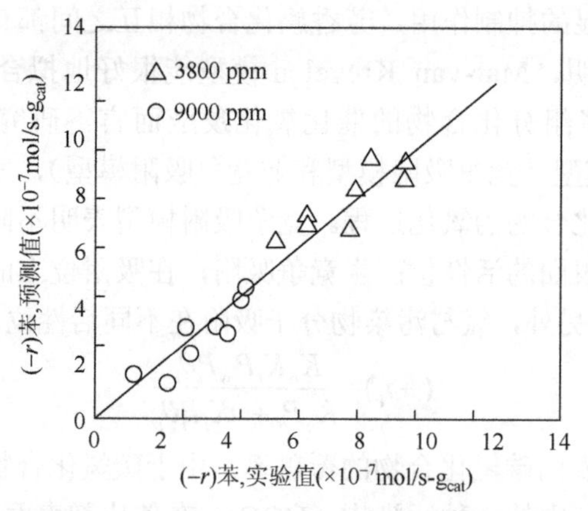

图 2-47 竞争吸附模型对水存在条件下苯氧化速率的预测结果（反应空速：78 900h^{-1}）[386]

2.4.2 VOCs 氧化过程与机理

挥发性有机化合物的催化氧化过程与机理研究对其减排与控制至关重要。目前，VOCs 的氧化机理研究主要集中在工业典型污染物如脂肪烃（甲醛、乙烯、甲乙酮等）、芳香烃（苯、二甲苯等）和 CVOCs（氯苯、二氯乙烷、二氯甲烷、二氯丙烯、三氯乙烯、四氯化碳等）上[387-406]。

Yue 等研究了具有不同 Ce 含量的 Pd-Ce/ZSM-5 催化剂上甲乙酮的氧化行为，发现 CeO_2 能够增加催化剂上的强酸位数量进而加速 Pd 的氧化还原循环，甲乙酮的氧化过程符合 Mars-van Krevelen 氧化还原机理。在 CH_3^* 活性中间体的作用下，含 Ce 样品加速了 3-羟基丁烷-2-酮的脱水过程，形成甲基乙烯基酮，其进一步氧化形成乙

酸甲酯（MA）、1-戊烯-3-酮、3-甲基-3-丁烯-2-酮等氧化中间产物（图 2-48）[387]。

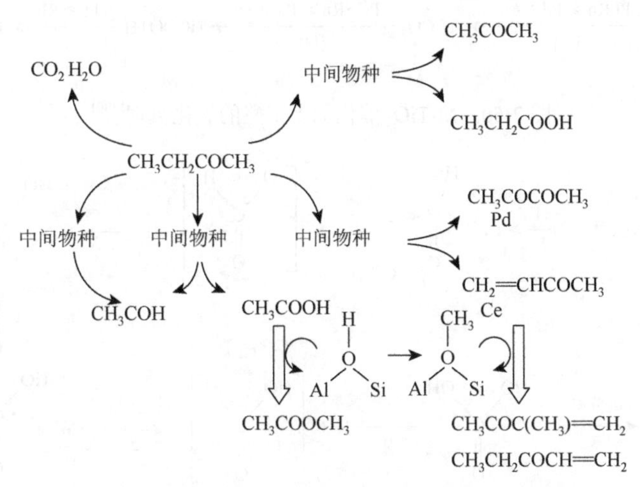

图 2-48　Pd-Ce/ZSM-5 催化剂上甲乙酮的氧化机理[387]

甲醛和乙烯是常见的环境污染物，其室温/低温氧化得到了广泛关注[110, 135-137, 391]。H_2O 对 Pd/TiO_2 催化剂上甲醛的氧化有重要影响，在 H_2O 存在的条件下，吸附在 TiO_2 缺陷位上的 O 能够与 H_2O 作用形成羟基，·OH 能够加速 Pd-TiO_2 界面间的吸附 O 传递过程，吸附的 HCHO 分子能够被·OH 和活性氧氧化为 CO_2 和 H_2O（图 2-49）[388]。

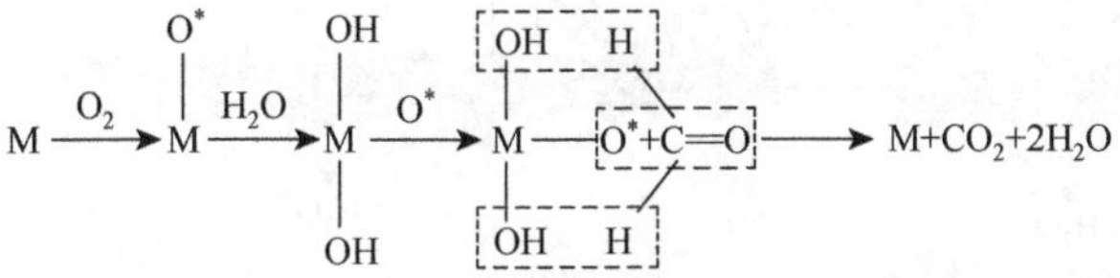

$$\mathrm{M} \xrightarrow{O_2} \mathrm{M{-}O^*} \xrightarrow{H_2O} \mathrm{M(OH)_2} \xrightarrow{O^*} \mathrm{(OH)_2M{-}O^*{+}C{=}O\ (+2H)} \longrightarrow \mathrm{M+CO_2+2H_2O}$$

图 2-49　H_2O 存在条件下 Pd/TiO_2 上的甲醛氧化机理（M：Pd/TiO_2；O^*：活性氧）[388]

Zhang 等通过 DRIFT 技术提出了 M/TiO_2（M=Pt、Pd、Rh 和 Au）上甲醛氧化的普适性机理（图 2-50），他们认为催化剂上甲酸盐物种（继续氧化为 CO）的形成过程直接决定了其反应活性，该步骤为反应的决速步骤[389]。Ma 等采用 DRIFT 技术考察了介孔 Au/Co_3O_4 和 Au/Co_3O_4-CeO_2 上甲醛的氧化行为，认为含有 Co^{3+}的 Co_3O_4 晶面是甲醛氧化的活性晶面，甲醛在该晶面上被氧化为甲酸盐，随后甲酸盐被催化剂表面活性氧物种氧化为重碳酸盐物种而被继续氧化为 CO_2（图 2-51）[137]。Liu 等采用 FT-IR、TPSR、TPD 和 TPR 手段研究了大孔 CeO_2 负载 Au 催化剂上甲醛的氧化过程，发现 Au^{3+}和 Au^0 都参与了氧化反应且前者表现出了更高的氧化活性，甲酸和甲酸盐是主要的反应中间体（图 2-52），而催化剂表面碳酸盐和碳酸氢盐的形成是导致催化剂失活的主要原因[390]。

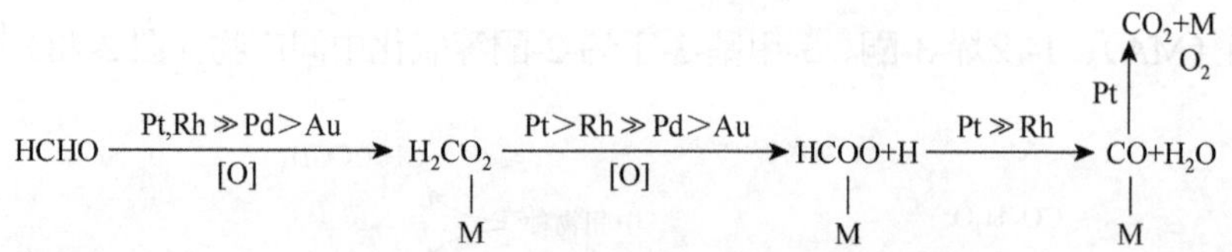

$$\mathrm{HCHO}\xrightarrow[\text{[O]}]{\text{Pt,Rh}\gg\text{Pd}>\text{Au}}\underset{\mathrm{M}}{\underset{|}{\mathrm{H_2CO_2}}}\xrightarrow[\text{[O]}]{\text{Pt}>\text{Rh}\gg\text{Pd}>\text{Au}}\underset{\mathrm{M}}{\underset{|}{\mathrm{HCOO+H}}}\xrightarrow{\text{Pt}\gg\text{Rh}}\underset{\mathrm{M}}{\underset{|}{\mathrm{CO+H_2O}}}\xrightarrow[\text{Pt}]{\mathrm{O_2}}\mathrm{CO_2+M}$$

图 2-50　M/TiO_2 催化剂上甲醛的氧化机理[389]

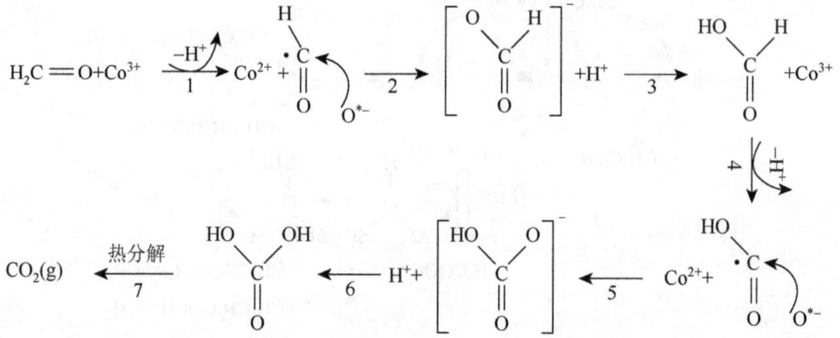

$$\mathrm{H_2C{=}O+Co^{3+}}\xrightarrow[1]{-\mathrm{H^+}}\mathrm{Co^{2+}}+\cdot\mathrm{C(H){=}O}\ (+\mathrm{O^{*-}})\xrightarrow{2}[\mathrm{HC(O)O}]^-+\mathrm{H^+}\xrightarrow{3}\mathrm{HOC(H){=}O}+\mathrm{Co^{3+}}$$

$$\xrightarrow[4]{-\mathrm{H^+}}\mathrm{Co^{2+}}+\cdot\mathrm{C(OH){=}O}\ (+\mathrm{O^{*-}})\xrightarrow{5}[\mathrm{HOC(O)O}]^-\xrightarrow[6]{+\mathrm{H^+}}\mathrm{HOC(OH){=}O}\xrightarrow[7]{\text{热分解}}\mathrm{CO_2(g)}$$

图 2-51　25℃条件下介孔 Co_3O_4、Au/Co_3O_4 和 Au/Co_3O_4-CeO_2 催化剂上甲醛的氧化机理[137]

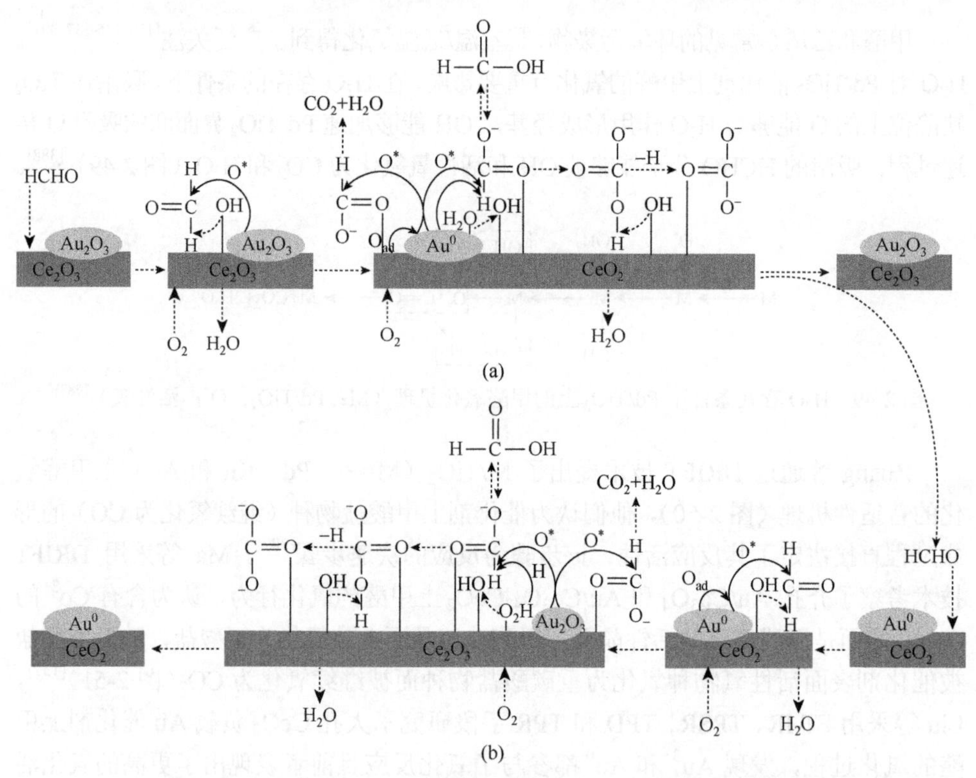

图 2-52　三维介孔 0.56% Au/CeO_2 催化剂上甲醛的氧化机理[390]

（a）机理 1：Au^{3+}对甲醛的催化氧化；（b）机理 2：Au^0对甲醛的催化氧化

Wu 等认为 Au/ZnO 催化剂上苯的氧化同样符合 MVK 机理，苯分子首先吸附在 Au 粒子表面，随后迁移至 Au-ZnO 界面，在该界面处与活性氧物种反应而被氧化[110]。该研究者同样用 MVK 机理解释了 Au/Co_3O_4 上对二甲苯的氧化，催化剂的活性由其表面高浓度的亲电氧物种和氧空穴数量决定（图 2-53）[392]。

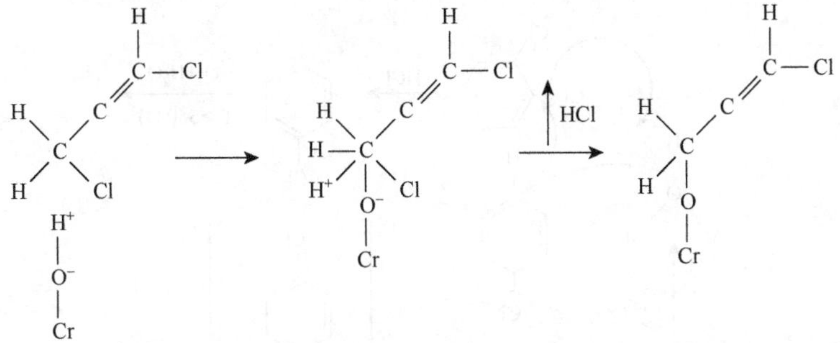

图 2-53　ZSM-5 催化剂上 1, 3-二氯丙烯的氧化机理[392]

CVOCs 的氧化行为不同于脂肪烃和芳香烃，其氧化机理受催化剂种类和 CVOCs 分子结构影响。由于 C—Cl 键的键能要小于 C—C 键，因此 C—Cl 键在反应中更容易断裂，CVOCs 氧化反应中 C—Cl 键的断裂是其氧化的关键步骤[393]。一般而言，CVOCs 在酸性催化剂上首先吸附于酸性位并发生脱氯反应，脱氯后在催化剂活性氧物种的作用下形成羰基物种，其继续与活性氧结合被氧化为羧酸类中间体，最终被氧化为 CO_x、H_2O 和 HCl[394]。Swanson 等考察了 ZSM-5 催化剂上 1, 3-二氯丙烯和三氯乙烯的氧化机理，他们认为 1，3-二氯丙烯在 ZSM-5 催化剂上氧化是污染物分子吸附在催化剂表面的羟基基团上并发生脱氯氧化的过程，反应机理如图 2-53 所示。而对于三氯乙烯而言，其吸附在 Brønsted 酸性位上会发生竞争反应，形成二氯乙醛和二氯乙酰氯，后者则进一步与催化剂表面的 Brønsted 酸性位结合发生氧化，形成光气和二氯乙醛，二氯乙醛和光气等中间产物最终经脱氯氧化形成最终产物（图 2-54）[395]。

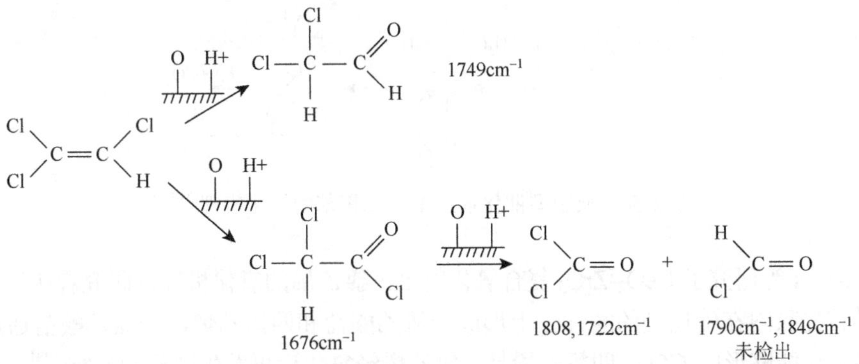

图 2-54　ZSM-5 催化剂上三氯乙烯的氧化机理[395]

Taralunga 等发现不同质子型沸石催化剂（HFAU、HBEA、HMFI、HMCM-22 和 ITQ2）上 1, 2-二氯苯的氧化都符合六中心配位机制，两个 1，2-二氯苯分子与 Brønsted 酸性位结合，第一个分子直接与酸中心反应脱除一个 HCl，第二个 1，2-二氯苯分子则与第一个 1，2-二氯苯分子反应生成氯苯，随后被氧化为 CO_x 和 HCl（图 2-55）[347]。

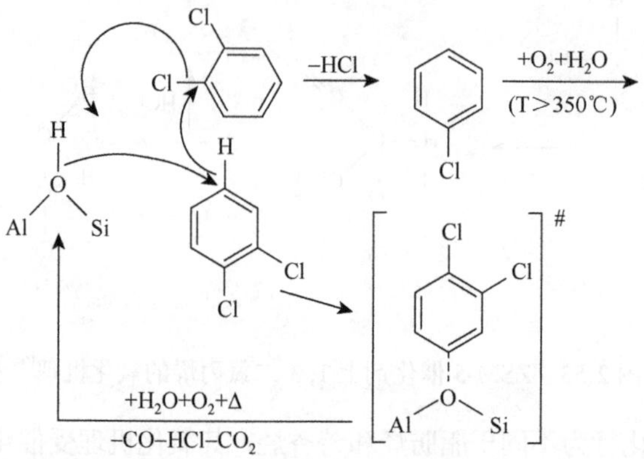

图 2-55　质子型催化剂上 1, 2-二氯苯的氧化机理[347]

研究者考察了 Al_2O_3 及 CeO_2-ZrO_2 复合氧化物上二氯乙烯的氧化过程，发现二氯乙烯首先吸附于催化剂酸性位上发生脱氯而形成氯乙烯，然后氯乙烯在羟基等活性基团的作用下形成碳正离子，碳正离子在亲核物种的攻击下使中间产物氧化为乙醛、乙酸和 CO_x，机理如图 2-56 所示[396, 397]。

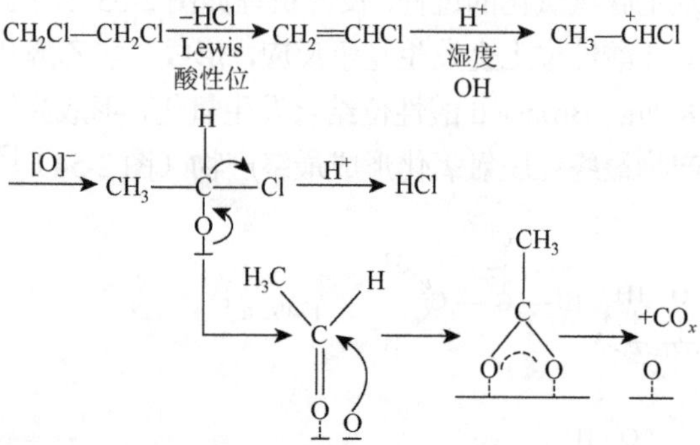

图 2-56　质子型催化剂上 1, 2-二氯苯的氧化机理[397]

Rivas 等研究了 CeO_2-ZrO_2 复合氧化物上三氯乙烯的氧化机理，研究者认为三氯乙烯首先吸附在催化剂的酸性位上形成一氯乙酸盐和四氯乙烯，一氯乙酸盐通过进一步氧化能够形成 CO_x，四氯乙烯是三氯乙烯经氯化后再发生脱氯的产物[398]。研究者对 Al_2O_3 负载催化剂上三氯乙烯的氧化行为也进行了考察，发现污染物分子首先与催化剂表面的羟基基团结合形成酰氯，随后与氧物种结合形成乙酸类产物，反应中形成的 Cl_2 能够将三氯乙烯氯化成 C_2HCl_5，该产物脱氯可形成 C_2Cl_4（图 2-57）[397]。

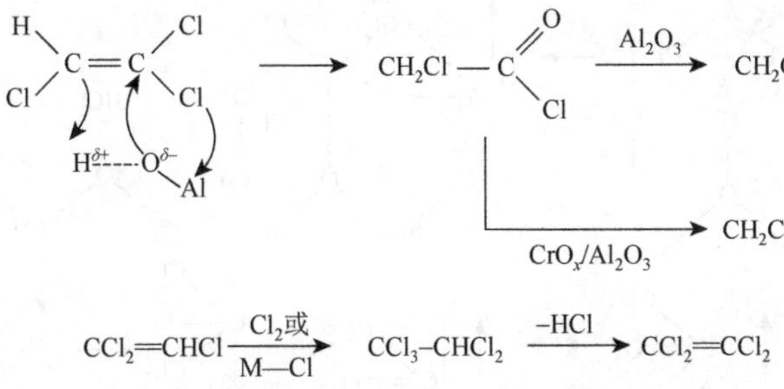

图 2-57　Al_2O_3 和 CrO_x/Al_2O_3 催化剂上三氯乙烯的氧化机理[397]

Ramachandran 等研究了 Co/Y 催化剂上二氯甲烷的氧化，发现二氯甲烷与催化剂的羟基作用而脱去 HCl，形成碳正离子，同时气相氧吸附于 Co^{2+} 上发生解离吸附形成 O^-，随后碳正离子受到 O^- 的攻击发生进一步氧化[399]。Van de Brink 等研究了 Al_2O_3 上二氯甲烷的氧化，他们认为二氯甲烷直接与载体表面的羟基基团反应，脱氯后形成吸附态的甲醛，随后甲醛通过歧化反应形成甲氧基（与 HCl 反应生成 CH_3Cl）和甲酸盐物种（图 2-58）[400]。

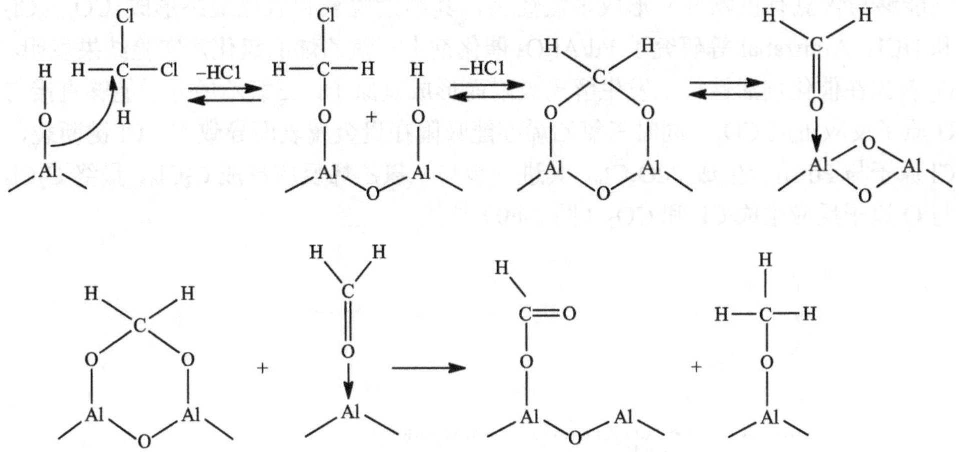

图 2-58　Co/Y 催化剂上二氯乙烷的氧化机理[400]

Co/Y 催化剂上四氯化碳的氧化机理与二氯甲烷不同，研究者认为 CCl_4 分子在催化剂 Brønsted 酸性位上发生吸附作用形成 CCl_4H^+，CCl_4H^+ 脱除 HCl 后形成碳正离子 C^+Cl_3，继续与 Brønsted 酸性位和活性氧反应脱氯形成 $COCl_2$，然后 $COCl_2$ 与附近的 Brønsted 酸性位反应并脱氯形成 C^+OCl，其与分子筛反应形成 AlOCl 并

放出 CO_2，机理如图 2-59 所示[399]。

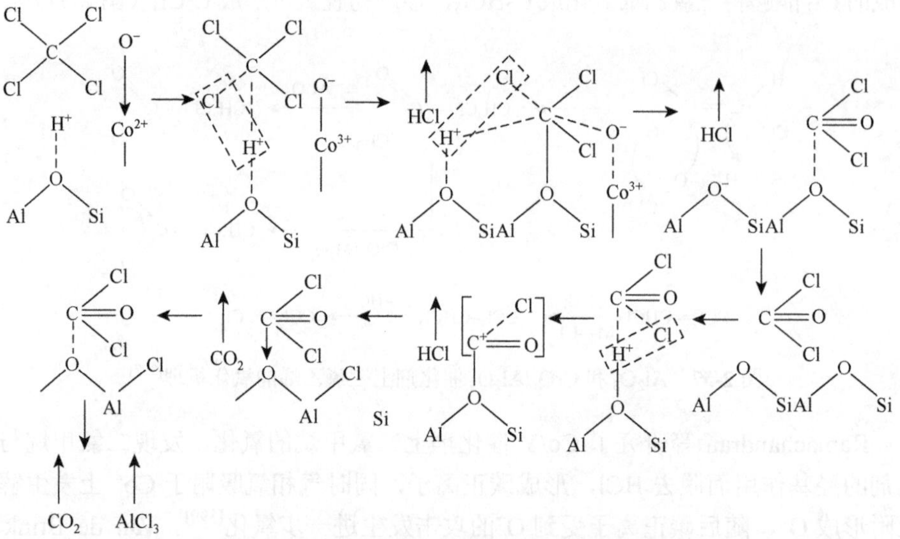

图 2-59　Co/Y 催化剂上四氯化碳的氧化机理[399]

对于贵金属催化剂而言，CVOCs 一般吸附在贵金属粒子的表面而发生 C—Cl 键的断裂，Cl 原子与贵金属结合形成 MeO_xCl_y，随后以 Cl_2 的形式脱出，气相氯气能够与含氯有机物反应形成多氯烃类，其继续脱氯和氧化最终形成 CO_x、Cl_2 和 HCl。Aranzabal 等研究了 Pd/Al_2O_3 催化剂上三氯乙烯的氧化，实验结果表明，O_2 首先在催化剂活性位上发生解离吸附而形成氧原子，三氯乙烯分子能够直接与 O 原子反应生成 CO_x，同时三氯乙烯亦能吸附在贵金属表面导致 C—Cl 键断裂，Cl 原子与 Pd 结合生成 PdO_xCl_y，其进一步与三氯乙烯反应形成 C_2Cl_4，最终 C_2Cl_4 与 O 原子反应生成 Cl_2 和 CO_2（图 2-60）[401]。

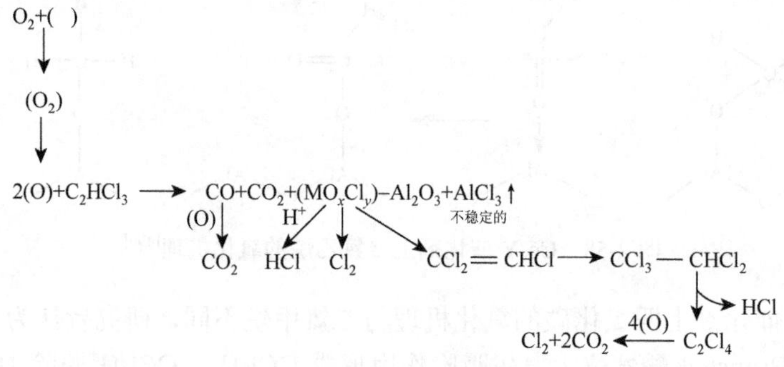

图 2-60　$Pd/\gamma\text{-}Al_2O_3$ 催化剂上三氯乙烯的氧化机理[401]

研究者对 Ru 基催化剂上 CVOCs 的氧化机理也进行了研究[402, 403]。Mranda

等认为 Ru/Al_2O_3 上三氯乙烯氧化存在三种路径，即①污染物分子可部分被氧直接氧化为最终产物；②可与反应中产生的 Cl_2 发生氯化反应后发生 C—C 键断裂，形成 $CHCl_3$ 和 CCl_4；③与反应中 Cl_2 结合后脱去 HCl 而形成 CCl_4，最后中间产物与活性氧反应生成最终产物[402]。Dai 等最近报道了 Ru/CeO_2 催化剂上氯苯的氧化机理，他们认为氯苯中的 C—Cl 键能够很容易在 Ce^{3+}/Ce^{4+} 氧化还原对上发生解离，发生解离后的污染物分子能够快速被催化剂的表面活性氧或晶格氧彻底氧化。吸附在催化剂表面的 Cl 原子能在 RuO_2 或 CeO_2 上通过 Deacon 反应而以 Cl_2 的形式脱出（图 2-61），提高了催化剂的稳定性[403]。

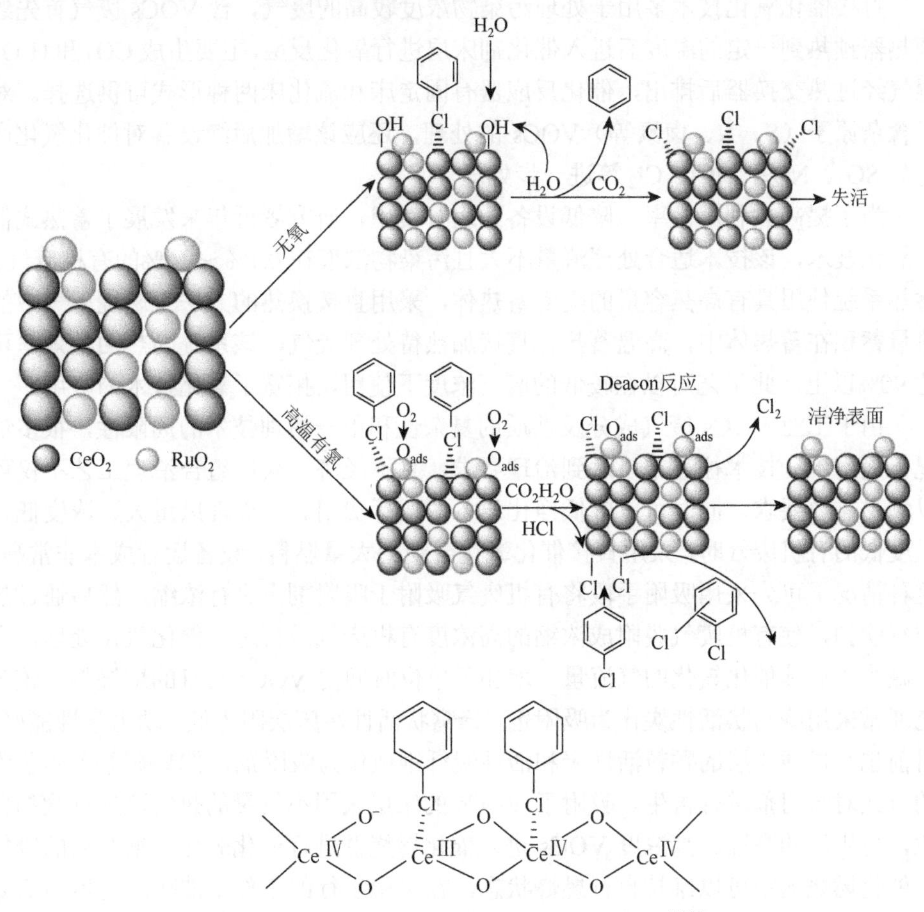

图 2-61　Ru/CeO_2 催化剂上氯苯的氧化机理[403]

2.5　VOCs 催化氧化技术的工业应用与展望

有机产品在工业中的大量使用给全球环境带来了极大的危害，含有机污染物废气的减排与控制已引起国内外的高度重视，催化氧化作为一类节能、环保的VOCs净化技术无论从高效催化剂的开发，还是氧化工艺技术上讲都取得了长足的发展。目前，工业上与其相关的VOCs净化技术主要有直接催化氧化技术、蓄热式催化氧化技术、冷凝-催化氧化技术、吸附浓缩-催化氧化技术等。不同的技术有不同的针对性和特点，在选择治理方案时要从技术和经济上进行综合考虑以选择适宜的治理技术。技术上应考虑所处理废气的性质（组成、浓度、风量、温度等）、去除效率要求、可用建设面积等；经济上应考虑项目投资、运行费用和使用年限等。

直接催化氧化技术多用于处理污染物浓度较高的废气，含VOCs废气首先经预热器预热到一定的温度后进入催化剂床层进行氧化反应，主要生成CO_2和H_2O，尾气经过热交换器后排出，催化反应器有固定床和流化床两种形式可供选择。对于含杂原子（S、N、卤素等）VOCs的处理，还应该增加后续设备对催化氧化产物如SO_2、NO_x、HCl、Cl_2等进一步处理。

为了提高热利用效率，降低设备的运行费用，研究者近年来发展了蓄热式催化氧化技术，该技术适合处理流量不大且污染物浓度在0.1%～1.0%的有机废气。蓄热系统使用具有高热容量的陶瓷蓄热体，采用直接换热的方法将燃烧尾气中的热量蓄积在蓄热体中，高温蓄热体直接加热待处理废气，该系统的热回收效率可达90%以上，此工艺可以在较低的废气浓度下使用，拓宽了氧化技术的应用。

由于工业VOCs废气成分及性质的复杂性和单一治理技术的局限性，很多情况下采用单一技术往往难以达到治理要求，且不经济。采用组合治理工艺不仅可以满足排放要求，同时可以降低净化设备的运行费用。当处理风量大、浓度低、温度低的有机废气时，采用直接催化氧化会消耗大量燃料，设备运行成本非常高。这种情况下可先采用吸附手段将有机废气吸附于吸附剂上进行浓缩，然后通过热空气吹扫，使有机废气脱附成浓缩的高浓度有机废气后再进行催化氧化处理，大大减少了后续催化氧化的气流量，增加了单位时间内VOCs自身的燃烧热。该工艺通常采用蜂窝状活性炭作为吸附剂，蜂窝状活性炭床层阻力低，动力学性能好。目前也有以薄床层的颗粒活性炭和活性炭纤维毡作为吸附剂，采取频繁吸附-脱附的方式对吸附剂进行再生。吸附了VOCs的床层采用小气量的热气流进行吹扫再生，再生后的高温、高浓度VOCs进入催化燃烧器进行催化氧化。增浓后的废气在催化燃烧器中可以维持自行燃烧状态，在平稳运行的条件下催化燃烧器不需要进行外加热。催化燃烧后产生的高温烟气经过调温后可以直接用于吸附床的再生，或者利用其加热新鲜空气后用于吸附床的再生。因此，与同样条件下使用的单一催化氧化系统相比，该技术所需装置占地要小得多，所需的额外燃料量亦大大减少，极大地降低了设备投资和运行费用。

催化氧化技术涉及化工、环境、催化、自控等多个领域，尽管我国在VOCs

催化氧化工艺方面已做了大量的研究，但总体上看我国仍处于发展阶段。我国是一个发展中国家，面临经济发展和环境保护的双重任务，为促使经济、社会和环境的协调发展，开发经济有效的有机物净化处理技术已成为解决我国有机污染物的重要方面。VOCs 催化氧化技术发展方向主要有：①提高催化剂的性能，着重研究具有抗中毒能力、高效经济的催化剂，提高催化剂的适用性；②新工艺的开发与应用，特别是在催化氧化、低温等离子体等领域的组合或耦合工艺。总之，催化氧化作为一种节能、高效、高选择性的污染控制技术，在 VOCs 废气的减排与控制领域将展现出广泛的前景。

参考文献

[1] Choudhary T V，Banerjee S，Choudhary V R. Catalysts for combustion of methane and lower alkanes. Appl Catal A：Gen，2002，234（1-2）：1-23.

[2] Gandia L M，Gil A，Korili S A. Effects of various alkali-acid additives on the activity of a manganese oxide in the catalytic combustion of ketones. Appl Catal B：Environ，2001，33（1）：1-8.

[3] Mowery L D L，Graboski M S，Ohno T R，et al. Deactivation of PdO-Al_2O_3 oxidation catalyst in lean-burn natural gas engine exhaust：Aged atalyst characterization and studies of poisoning by H_2O and SO_2. Appl Catal B：Environ，1999，21（3）：157-231.

[4] Epling W S，Hoflund G B. Catalytic oxidation of methane over ZrO_2-supported Pd catalysts. J Catal，1999，182（1）：5-12.

[5] He C，Li J J，Li P，et al. Comprehensive investigation of Pd/ZSM-5/MCM-48 composite catalysts with enhanced activity and stability for benzene oxidation. Appl Catal B：Environ，2010，96（3-4）：466-475.

[6] He C，Li P，Cheng J，et al. Synthesis and characterization of Pd/ZSM-5/MCM-48 biporous catalysts with superior activity for benzene oxidation. Appl Catal A：Gen，2010，382（2）：167-175.

[7] Tidahy H L，Siffert S，Lamonier J-F，et al. Influence of the exchanged cation in Pd/BEA and Pd/FAU zeolites for catalytic oxidation of VOCs. Appl Catal B：Environ，2007，70（1-4）：377-383.

[8] He C，Li J J，Cheng J，et al. Comparative studies on porous material-supported palladium catalysts for catalytic oxidation of benzene，toluene and ethyl acetate. Ind Eng Chem Res，2009，48（15）：6930-6936.

[9] Li J J，Xu X Y，Jiang Z，et al. Nanoporous silica-supported nanometric palladium：synthesis，characterization，and catalytic deep oxidation of benzene. Environ Sci Technol，2005，39（5）：1319-1323.

[10] He C，Zhang F W，Yue L，et al. Nanometric palladium confined in mesoporous silica as efficient catalysts for toluene oxidation at low temperature. Appl Catal B：Environ，2012，（111-112）：46-57.

[11] Barau A，Budarin V，Caragheorgheopol A，et al. A simple and efficient route to active and dispersed silica supported palladium nanoparticles. Catal Lett，2008，124：204-214.

[12] Yuranov I，Moeckli P，Suvorova E，et al. Pd/SiO_2 catalysts：synthesis of Pd nanoparticles with the controlled size in mesoporous silicas. J Mol Catal A：Chem，2003，192（1-2）：239-251.

[13] He C，Li P，Wang H L，et al. Ligand-assisted preparation of highly active and stable nanometric Pd confined catalysts for deep catalytic oxidation of toluene. J Hazard Mater，2010，181（1-3）：996-1003.

[14] Lambert S，Cellier C，Gaigneaux Eric M，et al. Ag/SiO_2，Cu/SiO_2 and Pd/SiO_2 cogelled xerogel catalysts for benzene combustion：Relationship between operating synthesis variables and catalytic activity. Catal Commun，

2007，8（8）：1244-1248.

[15] Zuo S F，Zhou R X. Influence of synthesis condition on pore structure of Al pillared clays and supported Pd catalysts for deep oxidation of benzene. Micropor Mesopor Mater，2008，113（1-3）：472-480.

[16] Li J J，Jiang Z，Hao Z P，et al. Pillared laponite clays-supported palladium catalysts for the complete oxidation of benzene. J Mol Catal A：Chem，2005，225（2）：173-179.

[17] Baldwin T R，Burch R. Catalytic combustion of methane over supported palladium catalysts Ⅱ. Support and possible morphological effects. Appl Catal，1990，66（1）：359-381.

[18] Ferreira R S G，de Oliveira P G P，Noronha F B. Characterization and catalytic activity of $Pd/V_2O_5/Al_2O_3$ catalysts on benzene total oxidation. Appl Catal B：Environ，2004，50（4）：243-249.

[19] Álvarez-Galván M C，Pawelec B，O'Shea V A D，et al. Formaldehyde/methanol combustion on alumina-supported manganese-palladium oxide catalyst. Appl Catal B：Environ，2004，51（2）：83-91.

[20] Feio L S，Escritori J C，Noronha F B，et al. Combustion of butyl carbitol using supported palladium catalysts. Catal Lett，2008，120（3-4）：229-235.

[21] Schmal M，Aranda D A G，Noronha F B，et al. Oxidation and reduction effects of propane-oxygen on Pd-chlorine/alumina catalysts. Catal Lett，2000，64（2-4）：163-169.

[22] Ihm S K，Jun Y D，Kim D C，et al. Low-temperature deactivation and oxidation state of $Pd/\gamma\text{-}Al_2O_3$ catalysts for total oxidation of n-hexane. Catal Today，2004，(93-95)：149-154.

[23] Okumura K，Kobayashi T，Tanaka H，et al. Toluene combustion over palladium supported on various metal oxide supports. Appl Catal B：Environ，2003，44（4）：325-331.

[24] Garcia T，Solsona B，Murphy D M，et al. Deep oxidation of light alkanes over titania-supported palladium/vanadium catalysts. J Catal，2005，229（1）：1-11.

[25] Garcia T，Solsona B，Cazorla-Amorós D，et al. Total oxidation of volatile organic compounds by vanadium promoted palladium-titania catalysts：comparison of aromatic and polyaromatic compounds. Appl Catal B：Environ，2006，62（1-2）：66-76.

[26] Mitsui T，Matsui T，Kikuchi R，et al. Low-temperature complete oxidation of ethyl acetate over CeO_2-supported precious metal catalysts. Top Catal，2009，52（5）：464-469.

[27] Tidahy H L，Hosseni M，Siffert S，et al. Nanostructured macro-mesoporous zirconia impregnated by noble metal for catalytic total oxidation of toluene. Catal Today，2008，137（2-4）：335-339.

[28] Tidahy H L，Siffert S，Lamonier J-F，et al. New Pd/hierarchical macro-mesoporous ZrO_2，TiO_2 and $ZrO_2\text{-}TiO_2$ catalysts for VOCs total oxidation. Appl Catal A：Gen，2006，310：61-69.

[29] Giraudon J M，Nguyen T B，Leclercq G，et al. Chlorobenzene total oxidation over palladium supported on ZrO_2，TiO_2 nanostructured supports. Catal Today，2008，137（2-4）：379-384.

[30] Wang Y F，Zhang C B，Liu F D，et al. Well-dispersed palladium supported on ordered mesoporous Co_3O_4 for catalytic oxidation of *o*-xylene. Appl Catal B：Environ，2013，142-143：72-79.

[31] Giraudon J M，Elhachimi A，Wyrwalski F，et al. Studies of the activation process over Pd pervoskite-type oxides used for catalytic oxidation of toluene. Appl Catal B：Environ，2007，75（3-4）：147-324.

[32] Giraudon J M，Elhachimi A，Leclercq G. Catalytic oxidation of chlorobenzene over Pd/perovskites. Appl Catal B：Environ，2008，84（1-2）：251-261.

[33] Carpentier L，Lamonier J F，Siffert S，et al. Characterization of Mg/Al hydrotalcite with interlayer palladium complex for catalytic oxidation of toluene. Appl Catal A：Gen，2002，234（1-2）：91-101.

[34] Li P，He C，Cheng J，et al. Catalytic oxidation of toluene over Pd/Co_3AlO catalysts derived from hydrotalcite-like

compounds：Effects of preparation methods. Appl Catal B：Environ，2011，101（3-4）：570-579.

[35] Jin L Y，He M，Lu J Q，et al. Palladium catalysts supported on novel $Ce_xY_{1-x}O$ washcoats for toluene catalytic. J Rare Earth，2008，26（4）：614-618.

[36] Pérez-Cadenas A F，Morales-Torres S，Kapteijn F，et al. Carbon-based monolithic supports for palladium catalysts：the role of the porosity in the gas-phase total combustion of m-xylene. Appl Catal B：Environ，2008，77（3-4）：272-277.

[37] Pérez-Cadenas A F，Kapteijn F，Moulijn J A，et al. Pd and Pt catalysts supported on carbon-coated monoliths for low-temperature combustion of xylenes. Carbon，2006，44（12）：2463-2468.

[38] Morales-Torres S，Pérez-Cadenas A F，Kapteijn F，et al. Palladium and platinum catalysts supported on carbon nanofiber coated monoliths for low-temperature combustion of BTX. Appl Catal B：Environ，2009，89（3-4）：411-419.

[39] Arzamendi G，de la Peña O'Shea V A，Álvarez-Galván M C，et al. Kinetics and selectivity of methyl-ethyl-ketone combustion in air over alumina-supported PdO_x-MnO_x catalysts. J Catal，2009，261（1）：50-59.

[40] Hicks R F，Young M L，Lee R G. Effect of catalyst structure on methane oxidation over palladium on alumina. J Catal，1990，122（2）：295-306.

[41] Mueller C A，Maciejewski M，Koeppel A R，et al. Role of lattice oxygen in the combustion of methane over PdO/ZrO_2：Combined pulse TG/DTA and MS study with ^{18}O-labeled catalyst. J Phys Chem，1996，100（5）：20006-20015.

[42] Farrauto R J，Lampert J K，Hobson M C，et al. Thermal decomposition and reformation of PdO catalysts：Support effects. Appl Catal B：Environ，1995，6（3）：263-270.

[43] Euzen P，Le Gal J H，Rebours B，et al. Deactivation of palladium catalyst in catalytic combustion of methane. Catal Today，1999，47（1-4）：19-27.

[44] Fujimoto K I，Riberio F H，Avalos-Borja M，et al. Structure and reactivity of PdO_x/ZrO_x catalysts for methane oxidation at low temperatures. J Catal，1998，179（2）：431-442.

[45] Nomura K，Noro K，Nakamura Y，et al. Pd-Pt bimetallic catalyst supported on SAPO-5 for catalytic combustion of diluted methane in the presence of water vapor. Catal Lett，1998，53（3-4）：167-169.

[46] González-Velasco J R，Aranzabal A，Gutiérrez-Ortiz J I，et al. Activity and product distribution of alumina supported platinum and palladium catalysts in the gas-phase oxidation decomposition of chlorinated hydrocarbons. Appl Catal B：Environ，1998，19（3-4）：189-197.

[47] Jong V D，Cieplik M K，Reints W A，et al. A mechanistic study on the catalytic combustion of benzene and chlorobenzene. J Catal，2002，211：355-365.

[48] Garetto T F，Apesteguía C R. Structure sensitivity and in situ activation of benzene combustion on Pt/Al_2O_3 catalysts. Appl Catal B：Environ，2001，32（1-2）：83-94.

[49] Vigneron S，Deprelle P，Hermia J. Comparison of precious metals and base metal oxides for catalytic deep oxidation of volatile organic compounds from coating plants：test results on an industrial pilot scale incinerator. Catal Today，1996，27（1-2）：229-236.

[50] Papaefthimiou P，Ioannides T，Verykios X E. Combustion of non-halogenated organic compounds over group VIII metal catalysts. Appl Catal B：Environ，1997，13（3-4）：175-184.

[51] Osaki T，Nagashima K，Watari K，et al. $Pt-Al_2O_3$ cryogel with high thermal stability for catalytic combustion. Catal Lett，2007，119：134-141.

[52] Pina M P，Irusta S，Menéndez M，et al. Combustion of volatile organic compounds over platinum-based catalytic

membranes. Ind Eng Chem Res，1997，36（11）：4557-4566.

[53] Aguero F N，Barbero B P，Pereira M F R，et al. Mixed platinum-manganese oxide catalysts for combustion of volatile organic compounds. Ind Eng Chem Res，2009，48（6）：2795-2800.

[54] Kim K J，Boo S I，Ahn H G. Preparation and characterization of the bimetallic Pt-Au/ZnO/Al_2O_3 catalysts：influence of Pt-Au molar ratio on the catalytic activity for toluene oxidation. J Ind Eng Chem，2009，15（1）：92-97.

[55] Micheaud C，Marecot P，Guerin M，et al. Preparation of alumina supported palladium-platinum catalysts by surface redox reactions：activity for complete hydrocarbon oxidation. Appl Catal A：Gen，1998，171（2）：229-239.

[56] Van den Brink R W，Louw R，Mulder P. Increased combustion rate of chlorobenzene on Pt/γ-Al_2O_3 in binary mixtures with hydrocarbons and with carbon monoxide. Appl Catal B：Environ，2000，25（4）：229-237.

[57] Duclaux O，Chafik T，Zaitan H，et al. Deep catalytic oxidation of benzene in the presence of several volatile organic compounds on metal oxides and Pt/Al_2O_3 catalysts. Reac Kinet Catal Lett，2002，76（1）：19-26.

[58] Larsson A C，Rahmani M，Arnby K，et al. Pilot-scale investigation of Pt/alumina catalysts deactivation by organosilicon in the total oxidation of hydrocarbons. Top Catal，2007，45（1-4）：121-124.

[59] Saqer S M，Kondarides D I，Verykios X E. Catalytic activity of supported platinum and metal oxide catalysts for toluene oxidation. Top Catal，2009，52（5）：517-527.

[60] Wu J C S，Lin Z A，Tsai F M，et al. Low-temperature complete oxidation of BTX on Pt/activated carbon catalysts. Catal Today，2000，63（2-4）：419-426.

[61] Lima C L，Campos O S，Oliveira A C，et al. Synthesis，characterization and catalytic performance of metal-containing mesoporous carbons for styrene production. Appl Catal A：Gen，2011，395（1-2）：53-63.

[62] Li J J，Lu R J，Dou B J，et al. Porous graphitized carbon for adsorption removal of benzene and the electrothermal regeneration. Environ Sci Technol，2012，46（22）：12648-12654.

[63] Wu J C S，Lin Z A，Pan J W，et al. A novel boron nitride supported Pt catalyst for VOC incineration. Appl Catal A：Gen，2001，219（1-2）：117-124.

[64] López-Fonseca R，Gutiérrez-Ortiz J I，Gutiérrez-Ortiz M A，et al. Catalytic oxidation of aliphatic chlorinated volatile organic compounds over Pt/H-BETA zeolite catalyst under dry and humid conditions. Catal Today，2005，（107-108）：200-207.

[65] Tsou J，Magnoux P，Guisnet M，et al. Catalytic oxidation of volatile organic compounds oxidation of methyl-isobutyl-ketone over Pt/zeolite catalysts. Appl Catal B：Environ，2005，57（2）：117-123.

[66] Chen C Y，Zhu J，Chen F，et al. Enhanced performance in catalytic combustion of toluene over mesoporous beta zeolite-supported platinum catalyst. Appl Catal B：Environ，2013，140-141：199-205.

[67] Guillemot M，Mijoin J，Mignard S，et al. Mode of zeolite catalysts deactivation during chlorinated VOCs oxidation. Appl Catal A：Gen，2007，327（2）：211-217.

[68] Xia Q H，Hidajat K，Kawi S. Adsorption and catalytic combustion of aromatics on platinum-supported MCM-41 materials. Catal Today，2001，68（1-3）：255-262.

[69] Yan F W，Zhang S F，Guo C Y，et al. Total oxidation of toluene over Pt-MCM-41 synthesized in a one-step process. Catal Commun，2009，10（13）：1689-1692.

[70] Li D，Zheng Y，Wang X G. Effect of phosphoric acid on catalytic combustion of trichloroethylene over Pt/P-MCM-41. Appl Catal A：Gen，2008，340（1）：33-41.

[71] Zhu Z Z，Lu G Z. High performance and stability of the Pt-W/ZSM-5 catalyst for the total oxidation of propane：the role of tungsten. Chem Cat Chem，2013，5（8）：2495-2503.

[72] Wang X G，Landau M V，Rotter H，et al. TiO_2 and ZrO_2 crystals in SBA-15 silica：performance of Pt/TiO_2（ZrO_2）/

SBA-15 catalysts in ethyl acetate combustion. J Catal，2004，222（2）：565-571.

[73] Santos V P, Carabineiro S A C, Tavares P B, et al. Oxidation of CO, ethanol and toluene over TiO_2 supported noble metal catalysts. Appl Catal B：Environ，2010，99（1-2）：198-205.

[74] Finocchio E，Ramis G，Busca G. A study on catalytic combustion of chlorobenzenes. Catal Today，2011，169（1）：3-9.

[75] Liu B T，Hsieh C H，Wang W H，et al. Enhanced catalytic oxidation of formaldehyde over dual-site supported catalysts at ambient temperature. Chem Eng J，2013，232：434-441.

[76] Novaković T，Radić N，Grbić B，et al. Oxidation of *n*-hexane over Pt and Cu-Co oxide catalysts supported on a thin-film zirconia/stainless steel carrier. Catal Commun，2008，9（6）1111-1118.

[77] Nagai Y，Hirabayashi T，Dohmae K，et al. Sintering inhibition mechanism of platinum supported on ceria-based oxide and Pt-oxide-support interaction. J Catal，2006，242（1）：103-109.

[78] Yoshida H，Yazawa Y，Hattori T. Effects of support and additive on oxidation state and activity of Pt in propane combustion. Catal Today，2003，87（1-4）：19-28.

[79] Yazawa Y, Takagi N, Yoshida H, et al. The support effect on propane combustion over platinum catalysts：control of the oxidation-resistance of platinum by the acid strength of support materials. Appl Catal A：Gen，233（1-2）：103-112.

[80] Matějová L，Topka P，Kaluža L，et al. Total oxidation of dichloromethane and ethanol over ceria-zirconia mixed oxide supported platinum and gold catalysts. Appl Catal B：Environ，2013，(142-143)：54-64.

[81] Yazawa Y，Takagi N，Yoshida H，et al. The support effect on propane combustion over platinum catalyst：control of the oxidation-resistance of platinum by the acid strength of support materials. Appl Catal A：Gen，2002，233（1-2）：103-112.

[82] Haneda M，Bonne M，Duprez D，et al. Effect of Y-stabilized ZrO_2 as support on catalytic performance of Pt for *n*-butane oxidation. Catal Today，2013，201：25-31.

[83] Yu X H，He J H，Wang D H，et al. Facile controlled synthesis of Pt/MnO_2 nanostructured catalysts and their catalytic performance for oxidative decomposition of formaldehyde. J Phys Chem C，2012，116（1）：851-860.

[84] Zheng Y，Zheng Y，Xiao Y H，et al. The effect of nickel on propane oxidation and sulfur resistance of Pt/$Ce_{0.4}Zr_{0.6}O_2$ catalyst. Catal Commun，2013，39：1-4.

[85] Tang X F，Chen J L，Huang X M，et al. Pt/MnO_x-CeO_2 catalysts for the complete oxidation of formaldehyde at ambient temperature. Appl Catal B：Environ，2008，81（1-2）：115-121.

[86] Enterkin J A，Setthapun W，Elam J W，et al. Propane oxidation over Pt/$SrTiO_3$ nanocuboids. ACS Catal，2011，1（6）：629-635.

[87] Rooke J C，Barakat T，Franco Finol M，et al. Influence of hierarchically porous niobium doped TiO_2 supports in the total catalytic oxidation of model VOCs over noble metal nanoparticles. Appl Catal B：Environ，2013，(142-143)：149-160.

[88] Yacou C，Ayral A，Giroir-Fendler A，et al. Catalytic membrance materials with a hierarchical porosity and their performance in total oxidation of propene. Catal Today，2010，156（3-4）：216-222.

[89] Tian H，He J H，Liu L L，et al. Effects of textural parameters and noble metal loading on the catalytic activity of cryptomelane-type manganese oxides for formaldehyde oxidation. Ceram Int，2013，39（1）：315-321.

[90] Groppi G，Tronconi E. Design of novel monolith catalyst supports for gas/solid reactions with heat exchange. Chem Sci Eng，2000，55（12）：2161-2171.

[91] Avila P，Montes M，Miró E E. Monolith reactors for environmental applications：a review on preparation

technologies. Chem Eng J，2005，109（1-3）：11-36.

[92] Kołodziej A，Łojewska J. Optimization of structured catalyst carriers for VOC combustion. Catal Today，2005，105（3-4）：378-384.

[93] Jiang Z D，Chung K S，Kim G R，et al. Mass transfer characteristics of wire-mesh honeycomb reactors. Chem Eng Sci，2003，58（7）：1103-1111.

[94] Groppi G，Tronconi E. Honeycomb supports with high thermal conductivity for gas/solid chemical processes. Catal Today，105（3-4）：297-304.

[95] Wang L F，Sakurai M，Kameyama H. Study of catalytic decomposition of formaldehyde on Pt/TiO_2 alumite catalyst at ambient temperature. J Hazard Mater，2009，167（1-3）：399-405.

[96] Barresi A A，Cittadini M and Zucca A. Investigated of deep catalytic oxidation of toluene over a Pt-based monolithic catalyst by dynamic experiments. Appl Catal B：Environ，2003，43（1）：27-42.

[97] Wang L F，Tran T P，Vo D V，et al. Design of novel Pt-structured catalyst on anodic alumina support for VOC's catalytic combustion. Appl Catal A：Gen，2008，350（2）：150-156.

[98] Huruta M，Tsubota S，Kobayashi T，et al. Low-temperature oxidation of CO over gold supported on TiO_2，α-Fe_2O_3，and Co_3O_4. J Catal，1993，144（1）：175-191.

[99] Haruta M，Kobayashi T，Sano H，et al. Novel gold catalysts for the oxidation monoxide at a temperature for below 0℃. Chem Lett，1987，16（2）：405-408.

[100] Haruta M，Yamada N，Kobayashi T，et al. Gold catalysts prepared by coprecipitation for low-temperature oxidation of hydrogen and of carbon monoxide. J Catal，1989，115（2）：301-309.

[101] Haruta M. Size-and supported-dependency in the catalysis of gold. Catal Today，1997，36（1）：153-166.

[102] Chen B B，Zhu X B，Crocker M，et al. Complete oxidation of formaldehyde at ambient temperature over γ-Al_2O_3 supported Au catalyst. Catal Commun，2013，42：93-97.

[103] Grisel R J H，Kooyman P J，Nieuwenhuys B E. Influence of the preparation of Au/Al_2O_3 on CH_4 oxidation activity. J Catal，2000，191（2）：430-437.

[104] Centeno M A，Paulis M，Montes M，et al. Catalytic combustion of volatile organic compounds on Au/CeO_2/Al_2O_3 and Au/Al_2O_3 catalysts. Appl Catal A：Gen，2002，234（1-2）：65-78.

[105] Gluhoi A C，Lin S D，Nieuwenhuys B E. The beneficial effect of the addition of base metal oxides to gold catalysts on reactions relevant to air pollution abatement. Catal Today，2004，90（3-4）：175-181.

[106] Gluhoi A C，Bogdanchikova N，Nieuwenhuys B E. Alkali（earth）-doped Au/Al_2O_3 catalysts for the total oxidation of propane. J Catal，2005，232（1）：96-101.

[107] Gluhoi A C，Bogdanchikova N，Nieuwenhuys B E. The effect of different types of additives on the catalytic activity of Au/Al_2O_3 in propene total oxidation：transition metal oxides and ceria. J Catal，2005，229（1）：154-162.

[108] Gluhoi A C，Nieuwenhuys B E. Catalytic oxidation of saturated hydrocarbons on multicomponent Au/Al_2O_3 catalysts：Effect of various promoters. 2007，119（1-4）：305-310.

[109] Ousmane M，Liotta L F，Pantaleo G，et al. Supported Au catalysts for propene total oxidation：study of support morphology and gold particle size effects. Catal Today，2011，176（1）：7-13.

[110] Wu H J，Wang L D，Zhang J Q，et al. Catalytic oxidation of benzene，toluene and *p*-xylene over colloidal gold supported on zinc oxide catalyst. Catal Commun，2011，12（10）：859-865.

[111] Li W C，Comotti M，Schüth F. Highly reproducible synthesis of active Au/TiO_2 catalysts for CO oxidation by deposition-precipitation or impregnation. J Catal，2006，237（1）：190-196.

[112] Andreeva D，Tabakova T，Idakiev V，et al. Complete oxidation of benzene over Au-V_2O_5/TiO_2 and Au-V_2O_5/ZrO_2

catalysts. Gold Bullet，1998，31（3）：105-106.

[113] Andreeva D, Tabakova T, Ilieva L, et al. Nanosize gold catalysts promoted by vanadium oxide supported on titania and zirconia for complete benzene oxidation. Appl Catal A：Gen，2001，209（1-2）：291-300.

[114] Petrov L A. Gold based environmental catalyst. Stud Surf Sci Catal，2000，130：2345-2350.

[115] Santos V P, Carabineiro S A C, Tavares P B, et al. Oxidation of CO, ethanol and toluene over TiO_2 supported noble metal catalysts. Appl Catal B：Environ，2010，99（1-2）：198-205.

[116] Centeno M A，Paulis M，Montes M，et al. Catalytic combustion of volatile organic compounds on gold/titanium oxynitride catalysts. Appl Catal B：Environ，2005，61（3-4）：177-183.

[117] Hosseini M，Siffert S，Tidahy H L，et al. Promotional effect of gold added to palladium supported on a new mesoporous TiO_2 for total oxidation of volatile organic compounds. Catal Today，2007，122（3-4）：391-396.

[118] Kucherov A V, Tkachenko O P, Kirichenko O A, et al. Nanogold-containing catalysts for low-temperature removal of S-VOC from air. Top Catal，2009，52（4）：351-358.

[119] Scirè S，Minicò S，Crisafulli C，et al. Catalytic combustion of volatile organic compounds on gold/cerium oxide catalysts. Appl Catal B：Environ，2003，40（1）：43-49.

[120] Gennequin C，Lamallem M，Cousin R，et al. Catalytic oxidation of VOCs on Au/Ce-Ti-O. Catal Today，2007，122（2）：301-306.

[121] Lamallem M，Cousin R，Thomas R，et al. Investigation of the effect of support thermal treatment on gold-based catalysts' activity towards propene total oxidation. C. R. Chimie，2009，12（6-7）：772-778.

[122] Nedyalkova R，Ilieva L，Bernard M C，et al. Gold supported catalysts on titania and ceria，promoted by vanadia or molybdena for complete benzene oxidation. Mater Chem Phys，2009，116（1）：214-218.

[123] Andreeva D，Nedyalkova R，Ilieva L，et al. Nanosize gold-ceria catalysts promoted by vanadia for complete benzene oxidation. Appl Catal A：Gen，2003，246（1）：29-38.

[124] Andreeva D，Petrova P，Sobczak J W，et al. Gold supported on ceria and ceria-alumina promoted by molybdena for complete benzene oxidation. Appl Catal B：Environ，2006，67（3-4）：237-245.

[125] Andreeva D，Nedyalkova R，Ilieva L，et al. Gold-vanadia catalysts supported on ceria-alumina for complete benzene oxidation. Appl Catal B：Environ，2004，52（3）：157-165.

[126] Solsona B，García T，Murillo R，et al. Ceria and Gold/Ceria catalysts for the abatement of polycyclic aromatic hydrocarbons：an in site DRIFT study. Top Catal，2009，52（5）：492-500.

[127] Lai S Y, Qiu Y F, Wang S J. Effects of the structure of ceria on the activity of gold/ceria catalysts for the oxidation of carbon monoxide and benzene. J Catal，2006，237（2）：303-313.

[128] Ousmane M，Liotta L F，Carlo G D，et al. Supported Au catalysts for low-temperature abatement of propene and toluene，as model VOCs：Support effect. Appl Catal B：Environ，2011，101（3-4）：629-637.

[129] Nevanpera T K，Ojala S, Bion N, et al. Catalytic oxidation of dimethyl disulfide（CH_3SSCH_3）over monometallic Au，Pt and Cu catalysts supported on gamma-Al_2O_3，CeO_2 and CeO_2-Al_2O_3. Appl Catal B：Environ，2016，182：611-625.

[130] Zhang J，Jin Y，Li C Y，et al. Creation of three-dimensionally ordered macroporous Au/CeO_2 catalysts with controlled pore size and their enhanced catalytic performance for formaldehyde oxidation. Appl Catal B：Environ，2009，91（1-2）：11-20.

[131] Waters R D，Weimer J J，Smith J E. An investigation of the activity of coprecipitated gold catalysts for methane oxidation. Catal Lett，1994，30（1-4）：81-88.

[132] Haruta M. Novel catalysis of gold deposited on metal oxides. Catal Surv Jpn，1997，1（1）：61-73.

[133] Solsona B E，Garcia T，Jones C，et al. Supported gold catalysts for the total oxidation of alkanes and carbon monoxide. Appl Catal A：Gen，2006，312：67-76.

[134] Solsona B，Aylón E，Murillo R，et al. Deep oxidation of pollutants using gold deposited on a high surface area cobalt oxide prepared by a nanocasting route. J Hazard Mater，2011，187（1-3）：544-552.

[135] Li J J，Ma C Y，Xu X Y，et al. Efficient elimination of trace ethylene over nano-gold catalyst under ambient conditions. Environ Sci Technol，2008，42（23）：8947-8951.

[136] Xue W J，Wang Y F，Li P，et al. Morphology effects of Co_3O_4 on the catalytic activity of Au/Co_3O_4 catalysts for complete oxidation of trace ethylene. Catal Commun，2011，12（13）：1265-1268.

[137] Ma C Y，Wang D H，Xue W J，et al. Investigation of formaldehyde oxidation over Co_3O_4-CeO_2 and Au/Co_3O_4-CeO_2 catalysts at room temperature：Effect removal and determination of reaction mechanism. Environ Sci Technol，2011，45（8）：3628-3634.

[138] Tabakova T，Dimitrov D，Manzoli M，et al. Impact of metal doping on the activity of Au/CeO_2 catalysts for catalytic abatement of VOCs and CO in waste gases. Catal Commun，2013，35：51-58.

[139] Minicò S，Scirè S，Crisafulli C，et al. Catalytic combustion of volatile organic compounds on gold/iron oxide catalysts. Appl Catal B：Environ，2000，28（3-4）：245-251.

[140] Minicò S，Scirè S，Crisafulli C，et al. Influence of catalyst pretreatments on volatile organic compounds oxidation over gold/iron oxide. Appl Catal B：Environ，2001，34（4）：277-285.

[141] Scirè S，Minicò，Crisafulli C，et al. Catalytic combustion of volatile organic compounds over group IB metal catalysts on Fe_2O_3. Catal Commun，2001，2（6-7）：229-232.

[142] Haruta M，Ueda A，Tsubota S，et al. Low-temperature catalytic combustion of methanol and its decomposed derivatives over supported gold catalysts. Catal Today，1996，29（1-4）：443-447.

[143] Minicò S，Scirè S，Crisafulli C，et al. Catalytic combustion of volatile organic compounds on gold/iron oxide catalysts. Appl Catal B：Environ，2000，28（3-4）：245-251.

[144] Albonetti S，Bonelli R，Mengou J E，et al. Gold/iron carbonyl clusters as precursors for TiO_2 supported catalysts. Catal Today，2008，137（2-4）：483-488.

[145] Okumura M，Akita T，Haruta M，et al. Multi-component noble metal catalysts prepared by sequential deposition precipitation for low temperature decomposition of dioxin. Appl Catal B：Environ，2003，41（1-2）：43-52.

[146] Solsona B，Garcia T，Agouram S，et al. The effect of gold addition on the catalytic performance of copper manganese oxide catalysts for the total oxidation of propane. Appl Catal B：Environ，2011，101（3-4）：388-396.

[147] Cellier C，Lambert S，Gaigneaux E M，et al. Investigation of the preparation and activity of gold catalysts in the total oxidation of *n*-hexane. Appl Catal B：Environ，2007，70（1-4）：406-416.

[148] Yu X H，He J H，Wang D H，et al. Au-Pt bimetallic nanoparticles supported on nest-like MnO_2：synthesis and application in HCHO decomposition. J Nanopart Res，2012，14：1260-1273.

[149] Yu X H，He J H，Wang D H，et al. Preparation of $Au_{0.5}Pt_{0.5}$/MnO_2/cotton catalysts for decomposition of formaldehyde. J Nanopart Res，2013，15：1832-1842.

[150] Liu Y X，Dai H X，Deng J G，et al. Au/3DOM $La_{0.6}Sr_{0.4}MnO_3$：Highly active nanocatalysts for the oxidation of carbon monoxide and toluene. J Catal，2013，305：146-153.

[151] Li X W，Dai H X，Deng J G，et al. Au/2DOM $LaCoO_3$：high-performance catalysts for the oxidation of carbon monoxide and toluene. Chem Eng J，2013，228：965-975.

[152] Okal J，Zawadzki M. Catalytic combustion of butane on Ru/g-Al_2O_3 catalysts. Appl Catal B：Environ，2009，89（1-2）：22-32.

[153] Aouad S，Saab E，Abi-Aad E，et al. Reactivity of Ru-based catalysts in the oxidation of propene and carbon black. Catal Today，2007，119（1-4）：273-277.

[154] Mitsui T，Tsutsui K，Matsui T，et al. Support effect on complete oxidation of volatile organic compounds over Ru catalysts. Appl Catal B：Environ，2008，81（1-2）：56-63.

[155] Ha J W. The reactions of C1 chemistry over supported Ru/MoO_3 catalysts：the role of promoter（MoO_3）. J Ind Eng Chem，1997，3（2）：105-112.

[156] Pecchi G，Reyes P，Gomez R，et al. Methane combustion on Ru/ZrO_2 catalysts. Appl Catal B：Environ，1998，17（1-2）：7-13.

[157] Pecchi G，Reyes P，Orellana F，et al. Methane combustion on sol-gel Ru/ZrO_2-SiO_2 catalysts. J Chem Technol Biotechnol B，1999，74（9）：897-903.

[158] Aouad S，Abi-Aad E，Antoine Aboukaïs. Simultaneous oxidation of carbon black and volatile organic compounds over Ru/CeO_2 catalysts. Appl Catal B：Environ，2009，88（3-4）：249-256.

[159] Cordi E M，Falconer J F. Oxidation of volatile organic compounds on a Ag/Al_2O_3 catalyst. Appl Catal A：Gen，1997，151（1）：179-191.

[160] Baek S W，Kim J R，Ihm S K. Design of dual functional adsorbent/catalyst system for the control of VOCs by using metal-loaded hydrophobic Y-zeolites. Catal Today，2004，93-95：575-581.

[161] Wong C T，Abdullah A Z，Bhatia S. Catalytic oxidation of butyl acetate over silver-loaded zeolites. J Hazard Mater，2008，157（2-3）：480-489.

[162] Khasin A V. Mechanism and kinetics of the oxidation of ethylene on silver. Kin Catal，1993，34（1）：42-54.

[163] Anderson K L，Plichke J K，Vannice M A. Heats of adsorption of oxygen，ethylene，and butadiene on Al_2O_3-supported silver. J Catal，1991，128（1）：148-160.

[164] Li Y，Zhang X L，He H，et al. Effect of the pressure on the catalytic oxidation of volatile organic compounds over Ag/Al_2O_3 catalyst. Appl Catal B：Environ，2009，89（3-4）：659-664.

[165] Yu Y B，He H，Feng Q C. Novel enolic surface species formed during partial oxidation of CH_3CHO，C_2H_5OH，and C_3H_6 on Ag/Al_2O_3：an in situ DRIFTS study. J Phys Chem B，2003，107（47）：13090-13092.

[166] Solsona B，Vázquez I，Garcia T，et al. Complete oxidation of short chain alkanes using a nanocrystalline cobalt oxide catalyst. Catal Lett，2007，116（3-4）：116-121.

[167] Salek G，Alphonse P，Dufour P，et al. Low-temperature carbon monoxide and propane total oxidation by nanocrystalline cobalt oxides. Appl Catal B：Environ，2014，147：1-7.

[168] Rivas B D，López-Fondeca R，Jiménez-González C，et al. Synthesis，characterization and catalytic performance of nanocrystalline Co_3O_4 for gas-phase chlorinated VOC abatement. J Catal，2011，281（1）：88-97.

[169] Narayanappa M，Dasireddy V D B C，Friedrich H B. Catalytic oxidation of *n*-octane over cobalt submitted ceria（$Ce_{0.90}Co_{0.10}O_{2-\delta}$）catalysts. Appl Catal A：Gen，2012，（447-448）：135-143.

[170] Liotta L F，Ousmane M，Carlo G D，et al. Total oxidation of propane at low temperature over Co_3O_4-CeO_2 mixed oxides：role of surface oxygen vacancies and bulk oxygen mobility in the catalytic activity. Appl Catal A：Gen，2008，347（1）：81-88.

[171] Bai B Y，Arandiyan H，Li J H. Comparison of the performance for oxidation of formaldehyde on nano-Co_3O_4，2D-Co_3O_4 and 3D-Co_3O_4 catalysts. Appl Catal B：Environ，2013，142-143：677-683.

[172] Bai G M，Dai H X，Deng J G，et al. Prous Co_3O_4 nanowires and nanorods：highly active catalysts for the combustion of toluene. Appl Catal A：Gen，2013，450：42-49.

[173] Garcia T，Agouram S，Sánchez-Royo J F，et al. Deep oxidation of volatile organic compounds using ordered cobalt

oxides prepared by a nanocasting route. Appl Catal A：Gen，2010，386（1-2）：16-27.

[174] Xia Y S，Dai H X，Jiang H Y，et al. Three-dimensional ordered mesoporous cobalt oxides：highly active catalysts for the oxidation of toluene and methanol. Catal Commun，2010，11（15）：1171-1175.

[175] Ma C Y，Mu Z，He C，et al. Catalytic oxdaiton of benzene over nanostructured porous Co_3O_4-CeO_2 composite catalysts. J Environ Sci，2011，23（12）：2078-2086.

[176] Ataloglou T，Vakros J，Bourikas K，et al. Influence of the preparation method on the structure-activity of cobalt oxide catalysts supported on alumina for complete benzene oxidation. Appl Catal B：Environ，2005，57（4）：299-312.

[177] Ataloglou T, Fountzoula C, Bourikas K, et al. Cobalt oxide/γ-alumina catalysts prepared by equilibrium deposition filtration：the influence of the initial cobalt concentration on the structure of the oxide phase and the activity for complete benzene oxidation. Appl Catal A：Gen，2005，288（1-2）：1-9.

[178] Konova P，Stoyanova M，Naydenov A，et al. Catalytic oxidation of VOCs and CO by ozone over alumina supported cobalt oxide. Appl Catal A：Gen，2006，298：109-114.

[179] Landau M V，Shter G E，Titelman L，et al. Alumina foam coated with nanostrucrured chromia aerogel：Efficient catalytic material for complete combustion of chlorinated VOC. Ind Eng Chem Res，2006，45（22）：7462-7469.

[180] Gaur V，Sharma A，Verma N. Catalytic oxidation of toluene and *m*-xylene by activated carbon fiber impregnated with transition metals. Carbon，2005，43（15）：3041-3053.

[181] Chuang K H，Liu Z S，Lu C Y，et al. Influence of catalysts on the preparation of carbon nanotubes for toluene oxidation. Ind Eng Chem Res，2009，48（9）：4202-4209.

[182] Szegedi Á，Popova M，Minchev C. Catalytic activity of Co/MCM-41 and Co/SBA-15 materials in toluene oxidation. J Mater Sci，2009，44（24）：6710-6716.

[183] Ma H，Xu J，Chen C，et al. Catalytic aerobic oxidation of ethbenzene over Co/SBA-15. Catal Lett，2007，113（3-4）：104-108.

[184] Li J J, Xu X Y, Hao Z P, et al. Mesoporous silica supported cobalt oxide catalysts for catalytic removal of benzene. J Porous Mater，2008，15：163-169.

[185] Zuo S F，Liu F J，Tong J，et al. Complete oxidation of benzene with cobalt oxide and ceria using the mesoporous support SBA-16. Appl Catal A：Gen，2013，467：1-6.

[186] Mu Z，Li J J，Tian H，et al. Synthesis of mesoporous Co/Ce-SBA-15 materials and their catalytic performance in the catalytic oxidation of benzene. Mater Res Bull，2008，43（10）：2599-2606.

[187] Mu Z，Li J J，Duan M H，et al. Catalytic combustion of benzene on Co/CeO_2/SBA-15 and Co/SBA-15 catalysts. Catal Commun，2008，9（9）：1874-1877.

[188] Tsoncheva T，Ivanova L，Rosenholm J，et al. Cobalt oxide species supported on SBA-15，KIT-5 and KIT-6 mesoporous silicas for ethyl acetate total oxidation. Appl Catal B：Environ，2009，89（3-4）：365-374.

[189] Ji K M，Dai H X，Deng J G，et al. A comprehensive study of bulk and 3DOM-structured Co_3O_4，$Eu_{0.6}Sr_{0.4}FeO_3$，and Co_3O_4/$Eu_{0.6}Sr_{0.4}FeO_3$: Preparation, characterization, and catalytic activities for toluene combustion. Appl Catal A：Gen，2012，（447-448）：41-48.

[190] Li X W，Dai H X，Deng J G，et al. In situ PMMA-templating preparation and excellent catalytic performance of Co_3O_4/3DOM $La_{0.6}Sr_{0.4}CoO_3$ for toluene combustion. Appl Catal A：Gen，2013，458：11-20.

[191] Gómez D M，Gatica J M，Hernández-Garrido J C，et al. A novel CoO_x/La-modified-CeO_2 formulation for powdered and washcoated onto cordierite honeycomb catalysts with application in VOCs oxidation. Appl Catal B：Environ，2014，144：425-434.

[192] Łojewska J，Kołodziej A，Dynarowicz-Łątka P，et al. Engineering and chemical aspects of the preparation of microstructured cobalt catalyst for VOC combustion. Catal Today，2005，101（2）：81-91.

[193] Kim S C. The catalytic oxidation of aromatic hydrocarbons over supported metal oxide. J Hazard Mater，2002，91（1-3）：285-299.

[194] Wang C H. Al_2O_3-supported transition-metal oxide catalysts for catalytic incineration of toluene. Chemosphere，2004，55（1）：11-17.

[195] Pan H Y，Xu M Y，Li Z，et al. Catalytic combustion of styrene over copper based catalyst：inhibitory effect of water vapor. Chemosphere，2009，76（5）：721-726.

[196] Hong S S，Lee G H，Lee G D. Catalytic combustion of benzene over supported metal oxides catalysts. Korean J Chem Eng，2003，20（3）：440-444.

[197] Alderman S L，Farquar G R，Pollakoff E D，et al. An infrared and X-ray spectroscopic study of the reactions of 2-chlorophenol，1，2-dichlorobenzene and chlorobenzene with model CuO/silica fly ash surfaces. Environ Sci Technol，2005，39（24）：7369-7401.

[198] Dziembaj R，Molenda M，Chmielarz L，et al. Optimization of Cu doped ceria nanoparticles as catalysts for low-temperature methnol and ethulene total oxidation. Catal Today，2011，169（1）：112-117.

[199] Hu C Q，Zhu Q S，Jiang Z，et al. Preparation and formation mechanism of mesoporous CuO-CeO_2 mixed oxides with excellent catalytic performance for removal of VOCs. Micropor Mesopor Mater，2008，113（1-3）：427-434.

[200] He C，Yu Y K，Yue L，et al. Low-temperature removal of toluene and propanal over highly active mesoporous $CuCeO_x$ catalysts synthesized via a simple self-precipitation protocol. Appl Catal B：Environ，2014，147：156-166.

[201] Suh M J，Ihm S K. Preparation of copper oxide with high surface area associated with mesoporous silica. Top Catal，2010，53（7-10）：447-454.

[202] Bialas A，Niebrzydowska P，Dudek B，et al. Coprecipitation Co-Al and Cu-Al oxide catalysts for toluene oxidation. Catal Today，2011，176（1）：413-416.

[203] Cordi E M，O'Neill P J，Falconer J L. Transient oxidation of volatile organic compounds on a CuO/Al_2O_3 catalyst. Appl Catal B：Environ，1997，14（1）：23-26.

[204] Yang J S，Jung Y W，Lee G D，et al. Catalytic combustion of benzene over metal oxides supported on SBA-15. J Ind Eng Chem，2008，14（6）：779-784.

[205] Wang C H，Lin S S，Chen C L，et al. Performance of the supported copper oxide catalysts for the catalytic incineration of aromatic hydrocarbons. Chemosphere，2006，64（3）：503-509.

[206] Tsoncheva T，Issa G，Blasco T，et al. Catalytic VOCs elimination over copper and cerium oxide modified mesoporous SBA-15 silica. Appl Catal A：Gen，2013，453：1-12.

[207] Yang J S，Jung W Y，Lee G D，et al. Effect of pretreatment conditions on the catalytic activity of benzene combustion over SBA-15-supported copper oxides. Top Catal，2010，53（7-10）：543-549.

[208] Huang Q Q，Xue X M，Zhou R X. Catalytic behavior and durability of CeO_2 or/and CuO modified USY zeolite catalysts for decomposition of chlorinated volatile organic compounds. J Mol Catal A：Chem，2011，344（1-2）：74-82.

[209] Ribeiro M F，Silva J M，Brimaud S，et al. Improvement of toluene catalytic combustion by addition of cesium in copper exchanged zeolites. Appl Catal B：Environ，2007，70（1-4）：384-392.

[210] Kim S C，Shim W G. Recycling the copper based spent catalyst for catalytic combustion of VOCs. Appl Catal B：Environ，2008，79（2）：149-156.

[211] Kawi S，Te M. MCM-48 supported chromium catalyst for trichloroethylene oxidation. Catal Today，1998，44

(1-4)：101-109.

[212] Miranda B，Díaz E，Ordóñez S，et al. Oxidation of trichloroethene over metal oxide catalysts：kinetic studies and correlation with adsorption properties. Chemosphere，2007，66（9）：1706-1715.

[213] Rotter H，Landau M V，Carrera M，et al. High surface area chromia aerogel efficient catalyst and catalyst support for ethylacetate combustion. Appl Catal B：Environ，2004，47（2）：111-126.

[214] Miranda B，Díaz E，Ordóñez S，et al. Oxidation of trichloroethene over metal oxide catalysts：kinetic studies and correlation with adsorption properties. Chemosphere，2007，66（9）：1706-1715.

[215] Bai G M，Dai H X，Liu Y X，et al. Preparation and catalytic performance of cylinder-and cake-like Cr_2O_3 for toluene combustion. Catal Commun，2013，36：43-47.

[216] Rotter H，Landau M V，Herskowitz M. Combustion of chlorinated VOC on nanostructured chromia aerogel as catalyst and catalyst support. Environ Sci Technol，2005，39（24）：6845-6850.

[217] Landau M V，Shter G E，Titelman L，et al. Alumina foam coated with nanostructured chromia aerogel：Efficient catalytic material for complete combustion of chlorinated VOC. Ind Eng Chem Res，2006，45（22）：7462-7469.

[218] Xia Y S，Dai H X，Jiang H Y，et al. Mesoporous chromia with ordered three-dimensional structures for the complete oxidation of toluene and ethyl acetate. Environ Sci Technol，2009，43（21）：8355-8360.

[219] Sinha A K，Suzuki K. Novel mesoporous chromium oxide for VOCs elimination. Appl Catal B：Environ，2007，70（1-4）：417-422.

[220] Abdullah A Z，Bakar M Z，Bhatia S. Modeling of the deactivation kinetics for the combustion of ethyl acetate and benzene present in the air stream over ZSM-5 catalyst loaded with chromium. Chem Eng J，2004，99(2)：161-168.

[221] Xing T，Wang H Q，Shao Y，et al. Catalytic combustion of benzene over γ-Al_2O_3 supported chromium oxide catalysts. Appl Catal A：Gen，2013，468：269-275.

[222] Abdullah A Z，Bakar M Z，Bhatia S. Coking characteristics of chromium-exchanged ZSM-5 in catalytic combustion of ethyl acetate and benzene in air. Kinet Catal React Eng，2003，42：5737-5744.

[223] Yang P，Xue X M，Meng Z H，et al. Enhanced catalytic activity and stability of Ce doping on Cr supported HZSM-5 catalysts for deep oxidation of chlorinated volatile organic compounds. Chem Eng J，2013，234：203-210.

[224] Hang Q Q，Meng Z H，Zhou R X. The effect of synergy between Cr_2O_3-CeO_2 and USY zeolite on the catalytic performance and durability of chromium and cerium modified USY catalysts for decomposition of chlorinated volatile organic compounds. Appl Catal B：Environ，2012，(115-116)：179-189.

[225] Petrosius S C，Drago R S，Young V，et al. Low-temperature decompostion of some halogenated hydrocarbons using metal oxide/porous carbon Catalysts. J Am Chem Soc，1993，115（14）：6131-6137.

[226] Lamaita L，Peluso M A，Sambeth J E，et al. Synthesis and characterization of manganese oxides employed in VOCs abatement. Appl Catal B：Environ，2005，61（1-2）：128-133.

[227] Wu Y S，Lu Y，Song C J，et al. A novel redox-precipitation method for the preparation of α-MnO_2 with a high surface Mn^{4+}concentration and its activity toward complete catalytic oxidation of *o*-xylene. Catal Today，2013，201：32-39.

[228] Li J J，Li L，Wu F，et al. Dispersion-precipitation synthesis of nanorod Mn_3O_4 with high reducibility and the catalytic complete oxidation of air pollutants. Catal Commun，2013，31：52-56.

[229] Tian H，He J H，Zhang X D，et al. Facile synthesis of porous manganese oxide K-OMS-2 materials and their catalytic activity for formaldehyde oxidation. Micropor Mesopor Mater，2011，138（1-3）：118-122.

[230] Yu D Q，Liu Y，Wu Z B. Low-temperature catalytic oxidation of toluene over mesoporous MnO_x-CeO_2/TiO_2 prepared by sol-gel method. Catal Commun，2010，11（8）：788-791.

[231] Wang X Y，Kang Q，Li D. Catalytic combustion of chlorobenzene over MnO_x-CeO_2 mixed oxide catalysts. Appl Catal B：Environ，2009，86（1-2）：166-175.

[232] Liao Y N，Fu M L，Chen L M，et al. Catalytic oxidation of toluene over nanorod-structured Mn-Ce mixed oxides. Catal Today，2013，216：220-228.

[233] Li H J，Qi G S，Zhang X J，et al. Low-temperature oxidation of ethanol over a $Mn_{0.6}Ce_{0.4}O_2$ mixed oxide. Appl Catal B：Environ，2011，103（1-2）：54-61.

[234] Delimaris D，Ioannides T. VOC oxidation over MnO_x-CeO_2 catalysts prepared by a combustion method. Appl Catal B：Environ，2008，84（1-2）：303-312.

[235] Li H F，Lu G Z，Dai Q G，et al. Efficient low-temperature catalytic combustion of trichloroethylene over folwer-like mesoporous Mn-doped CeO_2 microsphere. Appl Catal B：Environ，2011，102（3-4）：475-483.

[236] Kim H J，Choi S W，Inyang H I. Catalytic oxidation of toluene contaminant emission control system using Mn-Ce/γ-Al_2O_3. Environ Technol，2008，29：559-569.

[237] Aguero F N，Scian A，Barbero B P，et al. Influence of the support treatment on the behavior of MnO_x/Al_2O_3 catalysts used in VOC combustion. Catal Lett，2009，128（3-4）：268-280.

[238] Liu Y，Wu W C，Guan Y J，et al. FT-IR spectroscopic study of the oxidation of chlorobenzene over Mn-based catalyst. Langmuir，2002，18（16）：6229-6232.

[239] Díaz E，Ordóñez S，Vega A，et al. Catalytic combustion of hexane over transition metal modified zeolites NaX and CaA. Appl Catal B：Environ，2005，56（4）：313-322.

[240] Luo J，Zhang Q，Huang A，et al. Total oxidation of volatile organic compounds with hydrophobic cryptomelane-type octahedral molecular sieves. Micropor Mesopor Mater，2000，（35-36）：209-217.

[241] Sun M，Yu L，Ye F，et al. Transition metal doped cryptomelane-type manganese oxide for low-temperature catalytic combustion of dimethyl ether. Chem Eng J，2013，220：320-327.

[242] Pérez H，Navarro P，Torres G，et al. Evaluation of manganese OMS-like cryptomelane supported on SBA-15 in the oxidation of ethyl acetate. Catal Today，2013，212：149-156.

[243] Gutiérrez-Ortiz J I，de Rivas B，López-Fonseca R，et al. Catalytic purification of waste gases containing VOC mixtures with Ce/Zr solid solutions. Appl Catal B：Environ，2006，65（3-4）：191-200.

[244] Rivas B D，López-Fonseca R，Sampedro C，et al. Catalytic behavior of thermally aged Ce/Zr mixed oxides for the purification of chlorinated VOC-containing gas streams. Appl Catal B：Environ，2009，90（3-4）：545-555.

[245] Wyrwalski F，Lamonier J F，Siffert S，et al. Additional effects of cobalt precursor and zirconia support modifications for the design of efficient VOC oxidation catalysts. Appl Catal B：Environ，2007，70（1-4）：393-399.

[246] Rivas B D，Sampedro C，García-Real M，et al. Promoted activity of sulphated Ce/Zr mixed oxides for chlorinated VOC oxidative abatement. Appl Catal B：Environ，2013，129：225-235.

[247] Bertinchamps F，Grégoire C，Gaigneaux E M. Systematic investigation of supported transition metal oxide based formulations for the catalytic oxidative elimination of（chloro）-aromatics Part Ⅰ：Identification of the optimal main active phases and supports. Appl Catal B：Environ，2006，66（1-2）：1-9.

[248] Nie A M，Yang H S，Li Q，et al. Catalytic oxidation of chlorobenzene over V_2O_5/TiO_2-carbon nanotubes composites. Ind Eng Chem Res，2011，50（17）：9944-9948.

[249] Gannoun C，Delaigle R，Debecker D P，et al. Effect of support on V_2O_5 catalytic activity in chlorobenzene oxidation. Appl Catal A：Gen，2012，（447-448）：1-6.

[250] Debecker D P，Bertinchamps F，Blangenois N，et al. On the impact of the choice of model VOC in the evaluation of V-based catalysts for the total oxidation of dioxins：furan vs. chlorobenzene. Appl Catal B：Environ，2007，

74（3-4）：223-232.

[251] Williams T，Beltramini J，Lu G Q. Effect of the preparation technique on the catalytic properties of mesoporous V-HMS for the oxidation of toluene. Micropor Mesopor Mater，2006，88（1-3）：91-100.

[252] Piumetti M，Bonelli B，Armandi M，et al. Vanadium-containing SBA-15 systems prepared by direct synthesis：Physico-chemical and catalytic properties in the decomposition of dichlorimethane. Micropor Mesopor Mater，2010，133（1-3）：36-44.

[253] Popova M，Ristić A，Lazar K，et al. Iron-functionalized silica nanoparticles as a highly efficient adsorbent and catalyst for toluene oxidation in the gas phase. Chem Cat Chem，2013，5：986-993.

[254] Xia Y S，Dai H X，Jiang H Y，et al. Three-dimensionally ordered and wormhole-like mesoporous iron oxide catalysts highly active for the oxidation of acetone and methanol. J Hazard Mater，2011，186（1）：84-91.

[255] Ma X D，Shen J S，Pu W Y，et al. Water-resistant Fe-Ca-O_x/TiO_2 catalysts for low temperature 1，2-dichlorobenzene oxidation. Appl Catal A：Gen，2013，466：68-76.

[256] Liu Y，Li Y，Wang Y T，et al. Sonochemical synthesis and photocatalytic activity of meso-and macro-porous TiO_2 for oxidation of toluene. J Hazard Mater，2008，150（1）：153-157.

[257] Popova M，Szegedi Á，Németh P，et al. Titanium modified MCM-41 as a catalyst for toluene oxidation. Catal Commun，2008，10（3）：304-308.

[258] Stoyanova M，Konova P，Nikolov P，et al. Alumina-supported nickel oxide for ozone decomposition and catalytic ozonation of CO and VOCs. Chem Eng J，2006，122（1-2）：41-46.

[259] Bai G M，Dai H X，Deng J G，et al. The microemulsion preparation and high catalytic performance of mesoporous NiO nanorods and nanocubes for toluene combustion. Chem Eng J，2013，219：200-208.

[260] Taylor S H，Heneghan C S，Hutchings G J，et al. The activity and mechanism of uranium oxide catalysts for the oxidative destruction of volatile organic compounds. Catal Today，2000，59（3-4）：249-259.

[261] Morales M R，Barbero B P，Cadús L E. Total oxidation of ethanol and propane over Mn-Cu mixed oxide catalysts. Appl Catal B：Environ，2006，67（3-4）：229-236.

[262] Zimowska M，Michalik-Zym A，Janik R，et al. Catalytic combustion of toluene over mixed Cu-Mn oxides. Catal Today，2007，119（1-4）：321-326.

[263] Tang X F，Xu Y D，Shen W J. Promoting effect of copper on the catalytic activity of MnO_x-CeO_2 mixed oxide for complete oxidation of benzene. Chem Eng J，2008，144（2）：175-180.

[264] Cao H Y，Li X S，Chen Y Q，et al. Effect of loading content of copper oxides on performance of Mn-Cu mixed oxide catalysts for catalytic combustion of benzene. J Rare Earth，2012，30（9）：871-877.

[265] Morales M R，Barbero B P，Cadús L E. Evaluation and characterization of Mn-Cu mixed oxide catalysts for ethanol total oxidation：Influence of copper content. Fuel，2008，87（7）：1177-1186.

[266] Lu H F，Zhou Y，Han W F，et al. High thermal stability of ceria-based mixed oxide catalysts supported on ZrO_2 for toluene combustion. Catal Sci Technol，2013，3：1480-1484.

[267] Lu H F，Zhou Y，Han W F，et al. Promoting effect of ZrO_2 carrier on activity and thermal stability of CeO_2-based oxides catalysts for toluene combustion. Appl Catal A：Gen，2013，（464-465）：101-108.

[268] Li W B，Zhuang M，Wang J X. Catalytic combustion of toluene on Cu-Mn/MCM-41 catalysts：Influence of calcination temperature and operating conditions on the catalytic activity. Catal Today，2008，137（2-4）：340-344.

[269] Li W B，Zhuang M，Xiao T C，et al. MCM-41 supported Cu-Mn catalysts for catalytic oxidation of toluene at low temperatures. J Phys Chem B，2006，110（43）：21568-21571.

[270] Campesi M A，Mariani N J，Bressa S P，et al. Kinetic study of the combustion of ethanol and ethyl acetate mixtures

over a Mn-Cu catalyst. Fuel Process Technol，2012，103：84-90.

[271] Tsoncheva T，Järn M，Paneva D，et al. Copper and chromium oxide nanocomposites supported on SBA-15 silica as catalysts for ethylacetate combustion：Effect of mesoporous structure and metal oxide composition. Micropor Mesopor Mater，2011，137（1-3）：56-64.

[272] Popova M，Szegedi Á，Cherkezova-Zheleva Z，et al. Toluene oxidation on chromium-and copper-modified SiO_2 and SBA-15. Appl Catal A：Gen，2010，381（1-2）：26-35.

[273] Palacio L A，Silva E R，Catalão R，et al. Performance of supported catalysts based on a new copper vanadate-type precursor for catalytic oxidation of toluene. J Hazard Mater，2008，153（1-2）：628-634.

[274] Popova M，Szegedi Á，Cherkezova-Zheleva Z，et al. Toluene oxidation on titanium-and iron-modified MCM-41 materials. J Hazard Mater，2009，168：226-232.

[275] Khaleel A，Al-Nayli A. Supported and mixed oxide catalysts based on iron and titanium for the oxidative decomposition of chlorobenzene. Appl Catal B：Environ，2008，80（1-2）：176-184.

[276] Tsoncheva T，Roggenbuck J，Paneva D，et al. Nanosized iron and chromium oxides supported on mesoporous CeO_2 and SBA-15 silica：Physicochemical and catalytic study. Appl Surf Sci，2010，257（2）：523-530.

[277] Shi C，Wang Y，Zhu A M，et al. $Mn_xCo_{3-x}O_4$ solid solution as high-efficient catalysts for low-temperature oxidation of formaldehyde. Catal Commun，2012，28：18-22.

[278] Kim M H，Choo K H. Low-temperature continuous wet oxidation of trichloroethylene over CoO_x/TiO_2 catalysts. Catal Commun，2007，8（3）：462-466.

[279] Wyrwalski F，Lamonier J F，Perez-Zurita M J，et al. Influence of the ethylenediamine addition on the activity，dispersion and reducibility of cobalt oxide catalysts supported over ZrO_2 for complete VOC oxidation. Catal Lett，2006，108（1-2）：87-95.

[280] Wyrwalski F，Lamonier J F，Siffert S，et al. Modified Co_3O_4/ZrO_2 catalysts for VOC emissions abatement. Catal Today，2007，119（1-4）：332-337.

[281] Samantaray S K，Parida K. Modified TiO_2-SiO_2 mixed oxides 1. Effect of manganese concentration and activation temperature towards catalytic combustion of volatile organic compounds. Appl Catal B：Environ，2005，57（2）：83-91.

[282] Azalim S，Franco M，Brahmi R，et al. Removal of oxygenated volatile organic compounds by catalytic oxidation over Zr-Ce-M catalysts. J Hazard Mater，2011，188（1）：422-427.

[283] Mishra T，Mohapatra P，Parida K M. Synthesis，characterisation and catalytic evaluation of iron-manganese mixed oxide pillared clay for VOC decomposition reaction. Appl Catal B：Environ，2008，79（3）：279-285.

[284] Gannoun C，Turki A，Kochkar H，et al. Elaboration and characterization of sulfated and unsulfated V_2O_5/TiO_2 nanotubes catalysts for chlorobenzene total oxidation. Appl Catal B：Environ，2014，147：58-64.

[285] Predoeva A，Damyanova S，Gaigneaux E M，et al. The surface and catalytic properties of titania-supported mixed PMoV heteropoly compounds for total oxidation of chlorobenzene. Appl Catal A：Gen，2007，319：14-24.

[286] Wielgosiński G，Grochowalski A，Machej T，et al. Catalytic destruction of 1，2-dichlorobenzene on V_2O_5-WO_3/Al_2O_3-TiO_2 catalyst. Chemosphere，2007，67（9）：150-154.

[287] Debecker D P，Delaigle R，Eloy P，et al. Abatement of model molecules for dioxin total oxidation on V_2O_5-WO_3/TiO_2 catalysts：The case of substituted oxygen-containing VOC. J Mole Catal A：Chem，2008，289（1-2）：38-43.

[288] Spinicci R，Faticanti M，Marini P，et al. Catalytic activity of $LaMnO_3$ and $LaCoO_3$ perovskites towards VOCs combustion. J Mol Catal A：Chem，2003，197（1-2）：147-155.

[289] Levasseur B，Kaliaguine S. Effects of iron and cerium in $La_{1-y}Ce_yCo_{1-x}Fe_xO_3$ perovskites as catalysts for VOC oxidation. Appl Catal B：Environ，2009，88（3-4）：305-314.

[290] Sinquin G，Petit C，Hindermann J P，et al. Study of the formation of $LaMO_3$（M=Co，Mn）perovskites by propionates precursors：Application to the catalytic destruction of chlorinated VOCs. Catal Today，2001，70（1-3）：183-196.

[291] Wang Y P，Yang X J，Lu L D，et al. Experimental study on preparation of $LaMO_3$（M=Fe，Co，Ni）nanocrystals and their catalytic activity. Thermochim Acta，2006，443（2）：225-230.

[292] Liang H，Hong Y X，Zhu C Q，et al. Influence of partial Mn-substitution on surface oxygen species of $LaCoO_3$ catalysts. Catal Today，2013，201：98-102.

[293] Spinicci R，Tofanari A，Faticanti M，et al. Hexane total oxidation on $LaMO_3$（M=Mn，Co，Fe）perovskite oxides. J Mol Catal A：Chem，2001，176（1-2）：247-252.

[294] Deng J G，Zhang L，Dai H X，et al. Strontium-doped lanthanum cobaltite and manganite：highly active catalysts for toluene complete oxidation. Ind Eng Chem Res，2008，47（21）：8175-8183.

[295] Deng J G，Zhang L，Dai H X，et al. Single-crystalline $La_{0.6}Sr_{0.4}CoO_{3-\delta}$ nanowires/nanorods derived hydrothermally without the use of a template：Catalysts highly active for toluene complete oxidation. Catal Lett，2008，123（3-4）：294-300.

[296] Einaga H，Maeda N，Teraoka Y. Effect of catalyst composition and preparation conditions on catalytic properties of unsupported manganese oxides for benzene oxidation with ozone. Appl Catal B：Environ，2013，（142-143）：406-413.

[297] Sinquin G，Petit C，Libs S，et al. Catalytic destruction of chlorinated C1 volatile organic compounds（CVOCs）reactivity，oxidation and hydrolysis mechanisms. Appl Catal B：Environ，2000，27（2）：105-115.

[298] Poplawski K，Lichtenberger J，Keil F J，et al. Catalytic oxidation of 1，2-dichlorobenzene over ABO_3-type perovskites. Catal Today，2000，62（4）：329-336.

[299] Sinquin G，Petit C，Libs S，et al. Catalytic destruction of chlorinated C2 compounds on a $LaMnO_{3+\delta}$ perovskite catalyst. Appl Catal B：Environ，2001，32（1-2）：37-47.

[300] Maghsoodi S，Towfighi J，Khodadadi A，et al. The effects of excess manganese in nano-size lanthanum manganite perovskite on enhancement of trichloroethylene oxidation activity. Chem Eng J，2013，（215-216）：827-837.

[301] Blasin-Aube V，Belkouch J，Monceaux L. General study of catalytic oxidation of various VOCs over $La_{0.8}Sr_{0.2}MnO_{3+x}$perovskite catalyst：Influence of mixture. Appl catal B：Environ，2003，43（2）：175-186.

[302] Stephan K，Hackenberger M，Kiessling D，et al. Total oxidation of chlorinated hydrocarbons on $A_{1-x}Sr_xMnO_3$ perovskite-type oxide catalysts-part Ⅰ：Catalyst characterization. Chem Eng Technol，2002，25（5）：559-564.

[303] Zhang C H，Hua W C，Wang C，et al. The effect of A-site substitution by Sr，Mg and Ce on the catalytic performance of $LaMnO_3$ catalysts for the oxidation of vinyl chloride emission. Appl Catal B：Environ，2013，（134-135）：310-315.

[304] Zhang C H，Wang C，Zhan W C，et al. Catalytic oxidation of vinyl chloride emission over $LaMnO_3$ and $LaB_{0.2}M_{0.8}O_3$（B=Co，Ni，Fe）catalysts. Appl Catal B：Environ，2013，129：509-516.

[305] Szabo V，Bassir M，Gallot J E，et al. Perovskite-type oxides synthesized by reactive grinding Part Ⅲ：kinetics of *n*-hexane oxidation over $LaCo_{(1-x)}Fe_xO_3$. Appl Catal B：Environ，2003，42（2）：265-277.

[306] Hosseini S A，Salari D，Niaei A，et al. Physical-chemical properties and activity evaluation of $LaB_{0.5}Co_{0.5}O_3$（B=Cr，Mn，Cu）and $LaMn_xCo_{1-x}O_3$（x=0.1，0.25，0.5）nano perovskites in VOC combustion. J Ind Eng Chem，2013，19：1903-1909.

[307] Rousseau S，Loridant S，Delichere P，et al. $La_{1-x}Sr_xCo_{1-y}Fe_yO_3$ perovskites prepared by sol-gel method：Characterization and relationships with catalytic properties for total oxidation of toluene. Appl Catal B：Environ，2009，88（3-4）：438-447.

[308] Musialik-Piotrowska A，Syczewska K. Catalytic oxidation of trichloroethylene in two-coponent mixtures with selected volatile organic compounds. Catal Today，2002，73（3-4）：333-342.

[309] Wang W，Zhang H，Lin G，et al. Study of $Ag/La_{0.6}Sr_{0.4}MnO_3$ catalysts for complete oxidation of methanol and ethanol at low concentrations. Appl Catal B：Environ，2000，24（3-4）：219-232.

[310] De Paoli A，Barresi A A. Deep oxidation kinetics of trieline over $LaFeO_3$ perovskite catalyst. Ind Eng Chem Res，2001，40（6）：1460-1464.

[311] Huang H F，Sun Z，Lu H F，et al. Study on the poisoning tolerance and stability of perovskite catalysts for catalytic combustion of volatile organic compounds. Reac Kinet Mech Cat，2010，101：417-427.

[312] Alifanti M，Florea M，Filotti G，et al. In situ structural changes during toluene complete oxidation on supported $EuCoO_3$ monitored with ^{151}Eu Mössbauer spectroscopy. Catal Today，2006，117（1-3）：329-336.

[313] Alifanti M，Florea M，Somacescu S，et al. Supported perovskites for total oxidation of toluene. Appl Catal B：Environ，2005，60（1-2）：33-39.

[314] Alifanti M，Florea M，Pârvulescu V I. Ceria-based oxides as supports for $LaCoO_3$ perovskite：catalysts for total oxidation of VOC. Appl Catal B：Environ，2007，70（1-4）：400-405.

[315] Alifanti M，Florea M，Cortes-Corberan V，et al. Effect of $LaCoO_3$ perovskite deposite on ceria-based supports on total oxidation of VOC. Catal Today，2006，112（1-4）：169-173.

[316] Kustov A L，Tkachenko O P，Kustov L M，et al. Lanthanum cobaltite perovskite supported onto mesoporous zirconium dioxide：Nature of active sites of VOC oxidation. Environ Int，2011，37（6）：1053-1056.

[317] Deng J G，Zhang L，Dai H X，et al. In situ hydrothermally synthesized mesoporous $LaCoO_3$/SBA-15 catalysts：High activity for the complete oxidation of toluene and ethyl acetate. Appl Catal A：Gen，2009，352（1-2）：43-49.

[318] Schneider R，Kießling D，Wendt G. Cordierite monolith supported perovskite-type oxides—catalysts for the total oxidation of chlorinated hydrocarbons. Appl Catal B：Environ，2000，28（3-4）：187-195.

[319] Nair M M，Kleitz F，Kaliaguine S. Kinetics of methanol oxidation over mesoporous perovskite catalysts. Chem Cat Chem，2012，4（3）：387-394.

[320] Liu Y X，Dao H X，Deng J G，et al. Controlled generation of uniform spherical $LaMnO_3$，$LaCoO_3$，Mn_2O_3，and Co_3O_4 nanoparticles and their high catalytic performance for carbon monoxide and toluene oxidation. Inorg Chem，2013，52（15）：8665-8676.

[321] Liu Y X，Dai H X，Du Y C，et al. Controlled preparation and high catalytic performance of three-dimensionally ordered macroporous $LaMnO_3$ with nanovoid skeletons for the combustion of toluene. J Catal，2012，287：149-160.

[322] Ji K M，Dai H X，Deng J G，et al. Catalytic removal of toluene over three-dimensional ordered macroporous $Eu_{1-x}Sr_xFeO_3$. Chem Eng J，2013，214：262-271.

[323] Ji K M，Dai H X，Deng J G，et al. Glucose-assisted hydrothermal preparation and catalytic performance of porous $LaFeO_3$ for toluene combustion. J Sold State Chem，2013，199：164-170.

[324] Kim D C，Ihm S K. Application of spinel-type cobalt chromite as a novel catalyst for combustion of chlorinated organic pollutants. Environ Sci Technol，2001，35（1）：222-226.

[325] Hosseini S A，Niaei A，Salari D. Nanocrystalline AMn_2O_4（A=Co，Ni，Cu）spinels for remediation of volatile organic compounds——synthesis，characterization and catalytic performance. Ceram Int，2012，38（2）：1655-1661.

[326] Hosseini S A，Alvarez-Galvan M C，Fierro J L G，et al. MCr_2O_4（M=Co，Cu，and Zn）nanospinels for 2-propanol

combustion：Correlation of strucrural properties with catalytic performance and stability. Ceram Int，2013，39（8）：9253-9261.

[327] Zavyalova U，Nigrovshi B，Pollok K，et al. Gel-combustion synthesis of nanocrystalline spinel catalysts for VOCs elimination. Appl Catal B：Environ，2008，83（3-4）：221-228.

[328] Behar S，Gonzalez P，Agulhon P，et al. New synthesis of nanosized Cu-Mn spinels as efficient oxidation catalysts. Catal Today，2012，189（1）：35-41.

[329] Hosseini S A，Niaei A，Salari D，et al. Optimization and statistical modeling of catalytic oxidation of 2-propanol over $CuMn_mCo_{2-m}O_4$ nano spinels by unreplicated split design methodology. J Ind Eng Chem，2013，19：166-171.

[330] Yang Y，Kin D S，Scholz Roland，et al. Hierarchical three-dimensional ZnO and their shape-preserving transformation into hollow $ZnAl_2O_4$ nanostructures. Chem Mater，2008，20（10）：3487-3494.

[331] Jeong K E，Kim D C，Ihm S K. The nature of low temperature deactivated of $CoCr_2O_4$ and $CrO_x/\gamma\text{-}Al_2O_3$ catalysts for the oxidative decomposition of trichloroethylene. Catal Today，2003，87（1-4）：29-34.

[332] Castiglioni G L，Minelli G，Porta P，et al. Synthesis and properties of spinel-type Co-Cu-Mg-Zn-Cr mixed oxides. J Solid State Chem，2000，152（2）：526-532.

[333] Chen M，Zheng X M. The effect of K and Al over $NiCo_2O_4$ catalyst on its character and catalytic oxidation of VOCs. J Mol Catal A：Chem，2004，221（1-2）：77-80.

[334] Valente J S，Hernandez-Cortez J，Cantu M S，et al. Calcined layered double hydroxides Mg-Me-Al（Me=Cu，Fe，Ni，Zn）as bifunctional catalysts. Catal Today，2000，150（3-4）：340-345.

[335] Jiang Z，Kong L，Chu Z Y，et al. Catalytic combustion of propane over mixed oxides derived from $Cu_xMg_{3-x}Al$ Hydrotalcites. Fuel，2012，96：257-263.

[336] Kovanda F，Jirátová K，Rymeš D. Characterization of activated Cu/Mg/Al hydrotalcites and their catalytic activity in toluene combustion. Appl Clay Sci，2001，18（1-2）：71-80.

[337] Gennequin C，Siffert S，Cousin R，et al. Co-Mg-Al hydrotalcite precursors for catalytic oxidation of volatile organic compounds. Top Catal，2009，52（5）：482-491.

[338] Mikulová Z，Čuba P，Balabánová J，et al. Calcined Ni-Al layered double hydroxide as a catalyst for total oxidation of volatile organic compounds：Effect of precursor crystallinity. Chem Pap，2007，61（2）103-109.

[339] Gennequin C，Kouassi S，Tidahy L，et al. Co-Mg-Al oxides issued of hydrotalcite precursors for total oxidation of volatile organic compounds：Identification and toxicological impact of the by-products. C. R. Chimie，2010，13（5）：494-501.

[340] Gennequin C，Cousin R，Lamonier J F，et al. Toluene total oxidation over Co supported catalysts synthesized using "memory effect" of Mg-Al hydrotalcite. Catal Commun，2008，9（7）：1639-1643.

[341] Palacio L A，Velásquez J，Echavarría A，et al. Total oxidation of toluene over calcined trimetallic hydrotalcites type catalysts. J Hazard Mater，2010，177（1）：407-413.

[342] Aguilera D A，Perez A，Molina R，et al. Cu-Mn and Co-Mn catalysts synthesized from hydrotalcites and their use in the oxidation of VOCs. Appl Catal B：Environ，2011，104（1-2）：144-150.

[343] Castaño M H，Molina R，Moreno S. Mn-Co-Al-Mg mixed oxides by auto-combustion method and their use as catalysts in the total oxidation of toluene. J Mol Catal A：Chem，2013，370：167-174.

[344] Dula R，Janik R，Machej T，et al. Mn-containing catalytic materials for the total combustion of toluene：the role of Mn localization in the structure of LDH precursor. Catal Today，2007，119（1-4）：327-331.

[345] Jirátová K，Mikulová J，Klempa J，et al. Modification of Co-Mn-Al mixed oxide with potassium and its effect on deep oxidation of VOC. Appl Catal A：Gen，2009，361（1-2）：106-116.

[346] Kovanda F，Jirátová K，Ludvíková J，et al. Co-Mn-Al mixed oxides on anodized aluminum supports and their use as catalysts in the total oxidation of ethanol. Appl Catal A：Gen，2013，（464-465）：181-190.

[347] Taralunga M，Mijoin J，Magnoux P. Catalytic destruction of 1，2-dichlorobenzene over zeolites. Catal Commun，2006，7（3）：115-121.

[348] González-Velasco J R，López-Fonseca R，Aranzabal A，et al. Evaluation of H-type zeolites in the destructive oxidation of chlorinated volatile organic compounds. Appl Catal B：Environ，2000，24（3-4）：233-242.

[349] López-Fonseca R，Aranzabal A，Steltenpohl P，et al. Performance of zeolites and product selectivity in the gas-phase oxidation of 1，2-dichloroethane. Catal Today，2000，62（4）：367-377.

[350] Lopez-Fonseca R，de Rivas B，Gutierrez-Ortiz J I，et al. Enhanced activity of zeolites by chemical dealumination for chlorinated VOC treatment. Appl Catal B：Environ，2003，41（1-2）：31-42.

[351] Aranzabal A，González-Marcos J A，Romero-Sáez M，et al. Stability of protonic zeolite in the catalytic oxidation of chlorinated VOCs（1，2-dichloroethane）. Appl Catal B：Environ，2009，88（3-4）：533-541.

[352] Gallastegi-Villa M，Romero-Sáez M R，Aranzabal A，et al. Strategies to enhance the stability of h-bea zeolite in the catalytic oxidation of Cl-VOCs：1，2-dichloroethane. Catal Today，2013，213：192-197.

[353] Li J J，Mu Z，Xu X Y，et al. A new and generic preparation method of mesoporous clay composites containing dispersed metal oxide nanoparticles. Micropor Mesopor Mater，2008，114（1-3）：214-221.

[354] Zuo S F，Huang Q Q，Li J，et al. Promoting effect of Ce added to metal oxide supported on Al pillared clays for deep benzene oxidation. Appl Catal B：Environ，2009，91（1-2）：204-209.

[355] Carriazo J G，Centeno M A，Odriozola J A，et al. Effect of Fe and Ce on Al-pillared bentonite and their performance in catalytic oxidation reactions. Appl Catal A：Gen，2007，317（1）：120-128.

[356] Chen M，Fan L P，Qi L Y，et al. The catalytic combustion of VOCs over copper catalysts supported on cerium-modified and zirconium-pillared montmorillonite. Catal Commun，2009，10（6）：838-841.

[357] Takeguchi T，Aoyama S，Ueda J，et al. Catalytic combustion of volatile organic compounds on supported precious metal catalysts. Top Catal，2003，23（1-4）：159-162.

[358] Kosuge K，Kubo S，Kikukawa N，et al. Effect of pore structure in mesoporous silicas on VOC dynamic adsorption/desorption performance. Langmuir，2007，23（6）：3095-3102.

[359] Giraudon J-M，Nguyen T B，Leclercq G，et al. Chlorobenzene total oxidation over palladium supported on ZrO_2，TiO_2 nanostructured supports. Catal Today，2008，137（2-4）：379-384.

[360] Garetto T F，Tincón E，Apesteguía C R. Deep oxidation of propane on Pt-supported catalysts：drastic turnover rete enhancement using zeolite supports. Appl Catal B：Environ，2004，48（3）：167-174.

[361] Tsou J，Magnoux P，Guisnet M，et al. Oscillations in the catalytic oxidation of volatile organic compounds. J Catal，2004，225（1）：147-154.

[362] Sawyer J E，Abraham M A. Reaction pathways during the oxidation of ethyl acetate on a platinum/alumina catalyst. Ind Eng Chem Res，1994，33（9）：2084-2089.

[363] Papaefthimiou P，Ioannides T，Verykios X E. Performance of doped Pt/TiO_2（W^{6+}）catalysts for combustion of volatile organic compounds（VOCs）. Appl Catal B：Environ，1998，15（1-2）：75-92.

[364] Lopez-Fonseca R，Gutierrez-Ortiz J I，Gonzalez-Velasco J R. Mixture effects in the catalytic decomposition of lean ternary mixtures of chlororganics under oxidizing conditions. Catal Commun，2004，5（8）：391-396.

[365] López-Fonseca R，Gutierrez-Ortiz J I，Gutierrez-Ortiz M A，et al. Dealuminated Y zeolites for destruction of chlorinated volatile organic compounds. J Catal，2002，209（1）：145-150.

[366] Lopez-Forlseca R，Gutierrez-Ortiz J I，Gonzalez-Velascao J R. Catalytic combustion of chlorinated hydrocarbons

over H-BETA and PdO/H-BETA zeolite catalysts. Appl Catal A：Gen，2004，271（1-2）：39-46.

[367] Agarwal S K，Spivey J J，Tevault D E. Kinetics of the catalytic destruction of cyanogen chloride. Appl Catal B：Environ，1995，5（4）：389-403.

[368] Ballinger T H，Yates J T. Interaction and catalytic decomposition of 1，1，1-trichloroethane on high surface area alumina：an infrared apectroscopic study. J Phys Chem，1992，96（3）：1417-1423.

[369] Wu J C S，Chang T Y. VOC deep oxidation over Pt catalysts using hydrophobic supports. Catal Today，1998，44（1-4）：111-118.

[370] Xia Q H，Hidajat K，Kawi S. Improvement of the hydrothermal stability of fluorinated MCM-41 material. Mater Lett，2000，42（1-2）：102-107.

[371] Bertinchamps F，Attianese A，Mestdagh M M，et al. Catalysts for chlorinated VOCs abatement：Multiple effects of water on the activity of VO_x based catalysts for the combustion of chlorobenzene. Catal Today，2006，112（1-4）：165-168.

[372] Miranda B，Díaz E，Ordóñez S，et al. Performance of alumina-supported noble metal catalysts for the combustion of trichloroethene at dry and wet conditions. Appl Catal B：Environ，2006，64（3-4）：262-271.

[373] González-Velasco J R，Aranzabal A，López-Fonseca R，et al. Enhancement of the catalytic oxidation of hydrogen-lean chlorinated VOCs in the presence of hydrogen-supplying compounds. Appl Catal B：Environ，2000，24（1）：33-43.

[374] Bertinchamps F，Treinen M，Blangenois N，et al. Positive effect of NO_x on the performance of VO_x/TiO_2-based catalysts in the total oxidation abatement of chlorobenzene. J Catal，2005，230（2）：493-498.

[375] Delaigle R，Debecker D P，Bertinchamps F，et al. Revisiting the behavior of vanadia-based catalysts in the abatement of（chloro）-aromatic pollutants：Toward an integrated understanding. Top Catal，2009，52：501-516.

[376] Bertinchamps F，Treinen M，Eloy P，et al. Understanding the activation mechanism induced by NO_x on the performance of VO_x/TiO_2 based catalysts in the total oxidation of chlorinated VOCs. Appl Catal B：Environ，2007，70（1-4）：360-369.

[377] Cellier C，Ruaux V，Lahousse C，et al. Extent of the participation of lattice oxygen from γ-MnO_2 in VOCs total oxidation：Influence of the VOCs nature. Catal Today，2006，117（1-3）：350-355.

[378] Barresi A A，Baldi G. Deep catalytic oxidation of aromatic hydrocarbon mixtures：reciprocal inhibition effects and kinetics. Ind Eng Chem Res，1994，33（12）：2964-2974.

[379] Barresi A A，Mazzarino I，Baldi G. Gas-phase complete catalytic-oxidation of aromatic hydrocarbon mixtures. Can J Chem Eng，1992，70（2）：286-293.

[380] Gervasini A，Pirola C，Ragaini V. Destruction of carbon tetrachloride in the presence of hydrogen-supplying compounds with ionization and catalytic oxidation. Appl Catal B：Environ，2002，38（1）：17-28.

[381] Shim W G，Lee J W，Kim S C. Analysis of catalytic oxidation of aromatic hydrocarbons over supported palladium catalyst with different pretreatment based on heterogeneous adsorption properties. Appl Catal B：Environ，2008，84（1-2）：133-141.

[382] Lamallem M，Ayadi H E，Gennequin C，et al. Effect of the preparation method on Au/Ce-Ti-O catalysts activity for VOCs oxidation. Catal Today，2008，137（2-4）：367-372.

[383] Spivey J J，Butt J B. Literature review：deactivation of catalysts in the oxidation of volatile organic compounds. Catal Today，1992，11（4）：465-500.

[384] Guimarães A P，Viana A P P，Lago R M，et al. The effect of thermal treatment on the properties of sol-gel palladium-silica catalysts. J Non-Crystalline Solids，2002，304（1-3）：70-75.

[385] Ordóñez S，Bello L，Sastre H，et al. Kinetics of the deep oxidation of benzene，toluene，n-hexane and their binary mixtures over a platinum on γ-alumina catalyst. Appl Catal B：Environ，2002，38（2）：139-149.

[386] Abdullah A Z，Abu Bakar M Z，Bhatia S. A kinetic study of catalytic combustion of ethyl acetate and benzene in air stream over Cr-ZSM-5 catalyst. Ind Eng Chem Res，2003，42（24）：6059-6067.

[387] Yue L，He C，Zhang X Y，et al. Catalytic behavior and reaction routes of MEK oxidation over Pd/ZSM-5 and Pd-Ce/ZSM-5 catalysts. J Hazard Mater，2013，（244-245）：613-620.

[388] Huang H B，Ye X G，Huang H L，et al. Mechanistic study of formaldehyde removal over Pd/TiO_2 catalysts：Oxygen transfer and role of water vapor. Chem Eng J，2013，230：73-79.

[389] Zhang C B，He H. A comparative study of TiO_2 supported noble metal catalysts for the oxidation of formaldehyde at room temperature. Catal Today，2007，126（3-4）：345-350.

[390] Liu B C，Li C Y，Zhang Y F，et al. Investigation of catalytic mechanism of formaldehyde oxidation of three-dimensionally ordered macroporous Au/CeO_2 catalyst. Appl Catal B：Environ，2012，111-112（2）：467-475.

[391] Ma C Y，Mu Z，Li J J，et al. Mesoporous Co_3O_4 and Au/Co_3O_4 catalysts for low-temperature oxidation of trace ethylene. J Am Chem Soc，2010，132（8）：2608-2613.

[392] Wu H J，Wang L D，Shen Z Y，et al. Catalytic oxidation of toluene and *p*-xylene using gold supported on Co_3O_4 catalyst prepared by colloidal precipitation method. J Mol Catal A：Chem，2011，351：188-195.

[393] Finocchio E，Busca G，Lorenzelli V，et al. The activation of hydrocarbon C—H bonds over transition metal oxide catalysts：a FTIR study of hydrocarbon catalytic combustion over $MgCr_2O_4$. J Catal，1995，151（1）：204-215.

[394] Chintawar P S，Greene H L. Interaction of chlorinated ethylenes with chromium exchanged zeolite Y：an in situ FT-IR study. J Catal，1997，165（1）：12-21.

[395] Swanson M E，Greene H L，Qutubuddin S. Reactive sorption of chlorinated VOCs on ZSM-5 zeolites at ambient and elevated temperatures. Appl Catal B：Environ，2004，52（2）：91-108.

[396] Feijen-Jeurissen M M R，Jorna J J，Nieuwenhuys B E，et al. Mechanism of catalytic destruction of 1，2-dichloroethane and trichloroethylene over γ-Al_2O_3 and γ-Al_2O_3 supported chromium and palladium catalysts. Catal Today，1999，54（1）：65-79.

[397] Rivas D B，López-Fonseca R，González-Velasco J R，et al. On the mechanism of the catalytic destruction of 1，2-dichloroethane over Ce/Zr mixed oxide catalysts. J Mol Catal A：Chem，2007，278（1-2）：181-188.

[398] Rivas D B，López-Fonseca R，González-Velasco J R，et al. Adsorption and oxidation of trichloroethylene on Ce/Zr mixed oxides：In situ FTIR and flow studies. Catal Commun，2008，9（10）：2018-2021.

[399] Ramachandran B，Greene H L，Chatterjee S. Decompostion characheristics and reaction mechanisms of methylene chloride and carbon tetrachloride using metal-loaded zeolite catalysts. Appl Catal B：Environ，1996，8（2）：157-182.

[400] van de Brink R W，Mulder P，Louw R，et al. Catalytic oxidation of dichloromethane on γ-Al_2O_3：A combined flow and infrared spectroscopic study. J Catal，1998，180（2）：153-160.

[401] Aranzabal A，Ayastuy-Arizti J L，González-Marcos J A，et al. The reaction pathway and kinetic mechanism of the catalytic oxidation of gaseous lean TCE on Pd/alumina catalysts. J Catal，2003，214（1）：130-135.

[402] Mranda B，Díza E，Ordóñez S，et al. Catalytic combustion of trichloroethene over Ru/Al_2O_3：reaction mechanism and kinetic study. Catal Commun，2006，7（12）：945-949.

[403] Dai Q G，Bai S X，Wang X Y，et al. Catalytic combustion of chlorobenzene over Ru-doped ceria catalysts：mechanism study. Appl. Catal B：Environ，2013，129：580-588.

第3章　挥发性有机物的吸脱附过程与技术

在VOCs的多种治理技术中，吸附法具有十分重要的地位。与其他方法相比，吸附法的优点主要有[1, 2]：①装置设备简单，工艺流程较短，易于实现自动化控制，具有较好的灵活性；②适用范围广，净化效率高；③无腐蚀性，不会造成二次污染；④有利于VOCs的资源化利用，对于附加值较高的挥发性有机物，可通过吸附回收技术将其收回。因此，吸附技术的研究开发，对于VOCs的高效治理具有重要的意义。在目前的VOCs治理技术中，吸附技术在治理工程中的应用最为广泛，其比较典型的技术流程如图3-1所示[3]。

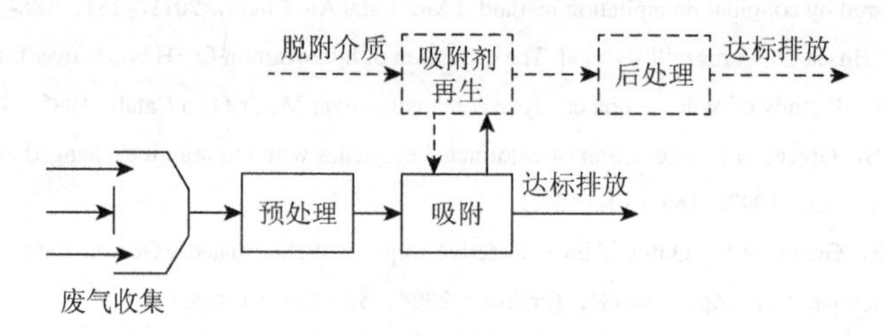

图3-1　吸附技术流程

3.1　吸附技术简介

3.1.1　吸附法基本原理

吸附是指当有两相存在时，某一相中的物质或是该相中所溶解的溶质，在相与相的界面附近出现与相内部浓度不一样的现象。被吸附的物质称为吸附质（adsorbate），吸附的物质称为吸附剂（adsorbent）[4]。

吸附作用的产生，其本质在于吸附作用力的存在。对于吸附剂来说，当原子位于固体内部时，其受到的作用力在各个方向上均相等；而处在固体表面的原子，由于周围原子对它的作用力不对称，固体表面的这些原子就存在剩余力场，可以吸附气体或液体分子。当气体分子碰撞到固体表面后，受到固体内部原子的引力而在固体表面发生吸附。图3-2为吸附剂中原子受力的简要示意图。

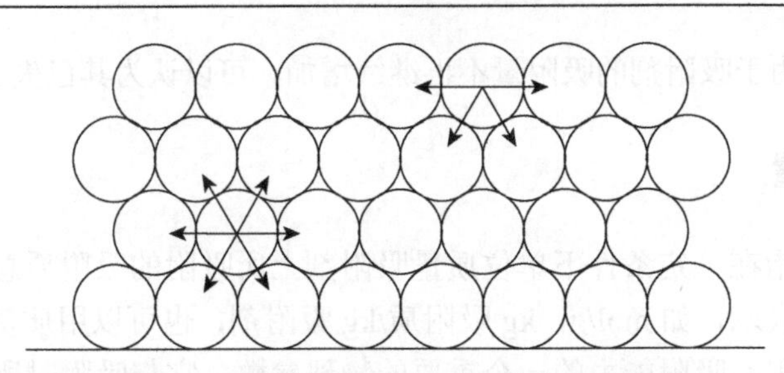

图 3-2　吸附剂内部和表面原子受力示意图

根据吸附剂与吸附质分子相互作用力大小的差异，通常可将吸附作用分为两大类，即物理吸附和化学吸附。前者的吸附热较低，接近于吸附质的冷凝热。在吸附过程中不会发生吸附质结构的变化，且吸附既可以是单层也可以是多层的。物理吸附通常是可逆的，吸附速率也较快，能够较快地达到吸附平衡。与物理吸附相反，化学吸附通常在吸附过程中形成了化学键，具有较高的吸附热[1, 2, 4-6]。物理吸附和化学吸附一些主要的差别见表 3-1。

表 3-1　物理吸附和化学吸附的比较

参数	物理吸附	化学吸附
吸附力	范德华力	共价键或静电力
吸附热	近似于液化热，一般为 10～30kJ/mol	近似于化学反应热，一般为 50～960kJ/mol
选择性	一般现象，无选择性	特定的或有选择性
吸附稳定性	不稳定，易解吸	比较稳定，不易解吸
分子层	单分子层或多分子层	单分子层
吸附温度	通常在较低温度下发生	通常在较高温度下发生

除此之外，在一些文献和资料中也将吸附分为可逆吸附和不可逆吸附或者弱吸附和强吸附。可逆吸附是指吸附物种吸附饱和后，在给定的吸附温度下能被抽真空或吹扫除去的吸附过程，而不可逆吸附是指在该吸附温度下不能被抽真空或吹扫除去的吸附过程。对于 VOCs 的治理来讲，所说的吸附法主要是指物理吸附(化学吸附较少)，即吸附过程中 VOCs 分子以物理吸附的形式吸附于吸附剂表面，本章内容主要围绕物理吸附展开。

3.1.2　吸附平衡

从微观角度来说，吸附过程是一个动态的可逆过程。一方面，吸附质分子在吸附力的作用下吸附在吸附剂表面；另一方面，吸附剂表面部分已被吸附的吸附质分子由于分子的热运动会脱离吸附剂表面而回到气相中去。当吸附于吸附剂表面的分子数和脱离吸附剂表面的分子数相等时，即达到了吸附平衡。此时，吸附过程仍然在进行，但是由于吸附剂的吸附量不再继续增加，可以认为其已失去了吸附能力。

3.1.3　吸附量

吸附量是指在一定条件下单位质量吸附剂上所吸附的吸附质总量，其单位可以用多种形式表示，如 mol/g，kg 吸附质/kg 吸附剂，也可以用质量分数表示。吸附量是衡量吸附剂吸附能力的一个重要的物理参数，它与吸附时所处的条件如温度、湿度等密切相关。因此在表达吸附量时，还需要备注样品达到此吸附量时所处的外部条件。通常情况下，根据吸附剂与吸附质所处的运动状态的差异，可将吸附量分为静态吸附量和动态吸附量两种。前者是指在吸附剂与吸附质相对运动可以忽略的情况下，达到平衡时吸附剂的平衡吸附量。静态吸附量可通过重量法或体积法得到，其差别在于重量法是直接称量吸附剂的质量而得到吸附量信息，体积法是通过吸附体系的压力和体积变化计算得到吸附量信息。对于相对分子质量较大的吸附质，重量法测量较为精确；而相对分子质量较小的吸附质的吸附，体积法则较为精确。与静态吸附量不同，吸附剂的动态吸附量是指吸附质分子在一定的气体流速下，出口浓度达到穿透点时吸附剂床层的吸附量。在工业应用中，穿透点通常采用的是某一吸附质分子的相关排放标准中的排放限值，而在理论研究中，穿透点通常选择为出口浓度达到进口浓度的 5%[7]。

3.1.4　吸附等温线

吸附质在吸附剂表面上的吸附量 q 与吸附质在气相中的压力 p（或浓度）及吸附温度 T 有一定的关系，通常用式（3-1）表示：

$$q = f(T, p) \tag{3-1}$$

根据研究需要，通常固定一个变量，考虑另外两个变量间的关系：

若温度一定，则 $q = f(p)$，此时称为吸附等温线；

若压力一定，则 $q = f(T)$，此时称为吸附等压线；

若吸附量相同，则 $p = f(T)$，此时称为吸附等量线。

在实际的吸附过程中，相对来说温度的变化通常比较小，因此吸附等温线最为常用。在本章节下面的讨论部分中，均以吸附等温线为例。由于吸附等温线与外界条件密切相关，因此在表述吸附等温线时，同样要详细备注测试时的具体条件。

气体在不同吸附剂上的吸附等温线是不同的[6, 8-10]。Brunauer、Deming、Deming 和 Teller 在大量文献的吸附数据基础上，将所有的物理吸附等温线归纳为五类，这种方法称为 BDDT 分类。后来，Sing 在此基础上又增加了一个阶梯型吸附等温线。每一类吸附等温线都代表特定的情形，具体如图 3-3 所示[8]。

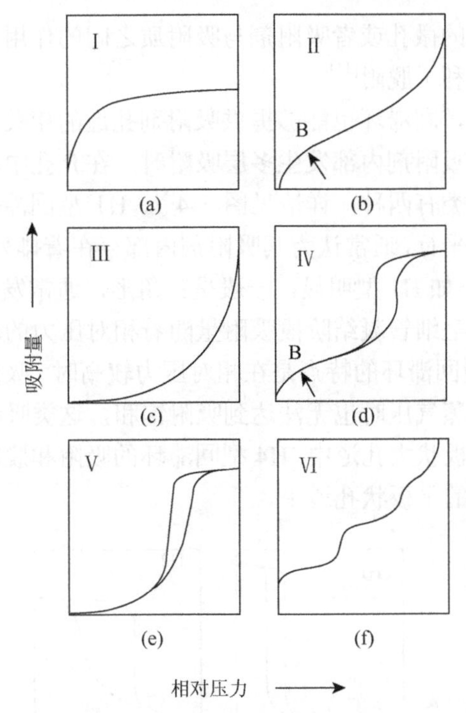

图 3-3　物理吸附等温线的种类

Ⅰ型吸附等温线的吸附量随着相对压力的增加而增加，最终在相对压力接近于 1 的时候达到饱和。通常情况下，吸附质在微孔吸附剂上的物理吸附及化学吸附的吸附等温线均属于Ⅰ型。Ⅱ型吸附等温线常见于无孔粉末颗粒或大孔的吸附。吸附等温线的拐点通常发生在单层吸附附近，随着相对压力的增加，第二层和第三层吸附逐步完成，最后当达到饱和蒸气压时，吸附层数变成无穷多。Ⅲ型吸附等温线较不常见，通常发生在憎液性表面的多分子层吸附，或当吸附剂和吸附质的相互作用小于吸附质之间的相互作用时。其主要特征为吸附热小于吸附质的液化热，因此在低压区吸附量较少，而随着相对压力的升高，吸附量增多。Ⅳ型和Ⅴ型吸附等温线分别是Ⅱ型和Ⅲ型吸附等温线的变种，其显著特点是存在一个回滞环，并且在较高的相对压力阶段有一个饱和吸附量，即达到吸附平衡。Ⅵ型吸附等温线又称为阶梯型等温线，常见于非极性的吸附质在物理、化学性质均匀的非多孔固体上的吸附。

吸附等温线在研究吸附剂的性质、吸附剂与吸附质之间作用力方面具有重要的意义。大多数情况下，通过吸附等温线可以得到吸附剂的吸附量、吸附剂与吸附质之间相互作用力大小的一些信息。例如，若某种吸附质在吸附剂上的吸附曲线呈现“S”型，则可以推知该吸附剂微孔含量较少或者吸附质与吸附剂之间的作用力较弱，此时不利于该种吸附质的吸附。相反，若吸附等温线呈现Ⅰ型，则表明吸附剂中含有较多的微孔或者吸附剂与吸附质之间的作用力较强，此时有利于吸附，对应地，将不利于脱附[11]。

除了吸附等温线，回滞环也能够提供吸附剂孔道的相关信息。回滞环的产生主要是由于吸附质在吸附剂内部发生多层吸附时，在介孔中产生了毛细管凝聚现象。常见的回滞环种类有四种，详情见图 3-4[8]。H1 型回滞环的吸附支和脱附支在毛细管凝结段近乎平行，通常认为其吸附剂内部存在着排列规则的竖直型孔道。H2 型回滞环的特点不如 H1 型明显，一般呈三角形，通常发生在“墨水瓶”状的孔道中，其特点是在毛细管凝结阶段吸附量随着相对压力的增加而缓慢上升，脱附支比较陡峭。H3 型回滞环的特点是在相对压力较高时，吸附量仍有继续增加的趋势，即在接近饱和蒸气压时也无法达到吸附饱和，这类吸附一般发生在由片状颗粒聚集形成的平行板状大孔道中。H4 型回滞环的吸附和脱附分支水平且相互平行，一般发生在狭小的平板状孔道中。

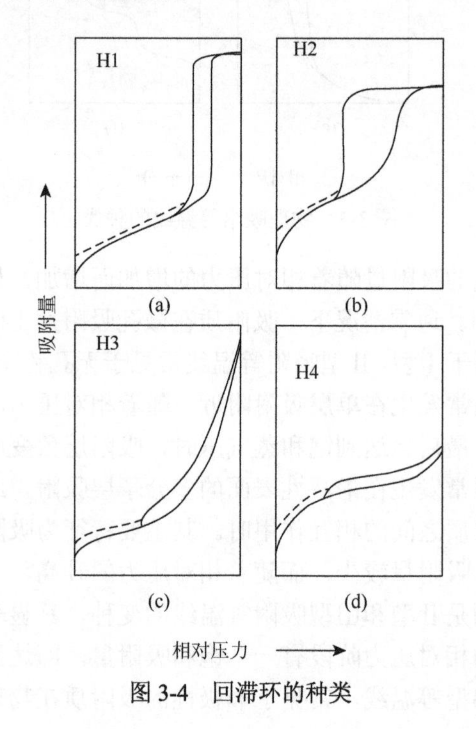

图 3-4 回滞环的种类

3.2 吸 附 材 料

3.2.1 吸附剂的评价方法

吸附技术是去除挥发性有机污染物 VOCs 最为简单和高效的方法之一，在整个吸附环节中，高效的吸附材料是最为关键的问题。一个好的吸附剂需要对吸附质具有较高的吸附量，从而能够高效地去除 VOCs 污染物。在实际中，吸附剂的种类繁多、性能各异，因此应根据实际情况选择不同的吸附剂。而在选择时，需要综合考虑多个方面的指标来进行评价，这些指标包括吸附剂的吸附量、吸附速率、选择性、再生性及成本等[1, 2, 5, 12]。

1. 吸附量

吸附量是评价吸附剂吸附性能的重要指标之一，其大小直接决定了吸附剂性能的优劣。一个吸附剂的吸附量主要取决于材料的结构性能，主要体现在比表面积、孔体积和官能团密度等方面[12]。同时，吸附剂的吸附量还与材料所处的状态有关，如温度或压力不同，吸附量即不同。因此，在对不同吸附剂的吸附量进行比较时，通常选择相同条件（如温度、压力等）下的最大吸附量作为指标。对于吸附剂来说，如何具有更高的吸附量一直是研究的热点。以污染物苯的吸附为例，较大一部分的研究即是新型吸附材料的合成及对污染物吸附量的测定，而近年来新合成的吸附剂对苯蒸气的吸附量也在逐渐增加。尤其是一些树脂类吸附材料，对苯蒸气的静态吸附量在 298K 时可高达 20mmol/g，大大超过了现有的一些商业化的吸附材料[13]。表 3-2 列出了一些新型吸附材料与常规的吸附材料对苯蒸气的吸附量。

表 3-2　苯蒸气在一些吸附剂上的平衡吸附量

吸附剂	Q_e/（mmol/g）	温度/K	参考文献
HCP-1.3	20.3	298	[13]
MIL-101	16.7	298	[14]
活性炭	9.40	298	[15]
Silicalite-1	8.39	295	[16]
SBA-15	7.1	303	[17]
硅气凝胶	6.27	298	[18]

2. 吸附速率

吸附速率也是评价吸附剂吸附性能的重要指标。所谓吸附速率是指单位质量的吸附剂在单位时间内所吸附物质的质量。通常情况下，吸附速率越快，吸附剂和吸附质接触时间就越短，所需的吸附设备的容积也就越小，因此寻求较快的吸附速率更加有利于吸附。但对于某些吸附性能较强的吸附剂，其吸附热较高，吸附速率过快会引起吸附剂温度的快速升高，而带来一定的火灾隐患，需要引起一定的注意。

吸附质在吸附剂上的吸附通常分为三个步骤进行[19]：

（1）外扩散，即气体组分从流体主体部分穿过吸附剂粒子周围的边界到达吸附剂外表面；

（2）内扩散，即气体组分从吸附剂表面扩散进入孔道内，在孔道内扩散至吸附剂内表面；

（3）吸附，即到达吸附剂内表面的分子被吸附到吸附剂上，并逐渐达到吸附与脱附的动态平衡。

在上述整个吸附过程中，如果其中一个步骤较其他步骤慢得多，即会成为速率控制步骤。通常情况下，吸附的速率较快，因此扩散速率的快慢决定了吸附过程速率的快慢。在吸附系统中，提供足够的湍流运动，使吸附剂和吸附质充分地接触，可大大增加传质效率，提升吸附效果。

目前工业应用中的 VOCs 吸附剂，较大部分如活性炭、活性炭纤维等均属于以微孔为主的吸附剂，对于小分子吸附质的吸附性能良好，而对于一些大分子的 VOCs 分子的吸附性能稍差，主要原因是大分子的吸附质在活性炭微孔孔道内的扩散速率较慢，大大增加了吸附平衡的时间[20]。因此，研究人员不断尝试合成新型的孔径较大的微孔/介孔复合活性炭[21]，希望能够提高 VOCs 在吸附剂上的扩散速率。Liu 等将纳米硅球的合成方法扩展到树脂微球的合成方面，采用 F127 和阳离子的氟碳表面活性剂 FC4 为模板，乙醇和 1，3，5-三甲基苯为溶剂，间苯二酚和甲醛为碳源，通过溶剂自组装和炭化等步骤，成功合成出了具有中空结构的纳米炭微球，且在微球的孔壁上也存在着规则的介孔孔道，双重、规则的开放孔道十分有利于吸附质分子在微球内的传输，见图 3-5[22]。

Wu 等以苯酚和甲醛为原料，以 F127 为模板，成功合成了具有三维网络结构的纳米炭材料，该材料不仅具有规则的二维六方孔道结构，而且孔道之间由介孔相互贯通，大大提高了吸附质在吸附剂孔道内的扩散速率，如图 3-6 所示[23]。

吸附速率还与吸附过程所处的条件密切相关，通常较高的温度条件会产生较高的吸附速率。这主要是由于较高的温度使吸附质分子具有较高的能量和较快的运动速率，此时有更大的概率使其接近吸附剂中的吸附位而被吸附，其宏观表现即是具有较高的吸附速率。而对于某些特殊材料，却显示出相反的特征。Kondo 等研究了 CO_2 气体在具有弹性的层状结构的 MOFs 上的吸脱附性能，研究结果表明，在较高的温度下吸附过程的吸附速率反而较低，呈现出反阿伦尼乌斯规律的现象[24]。

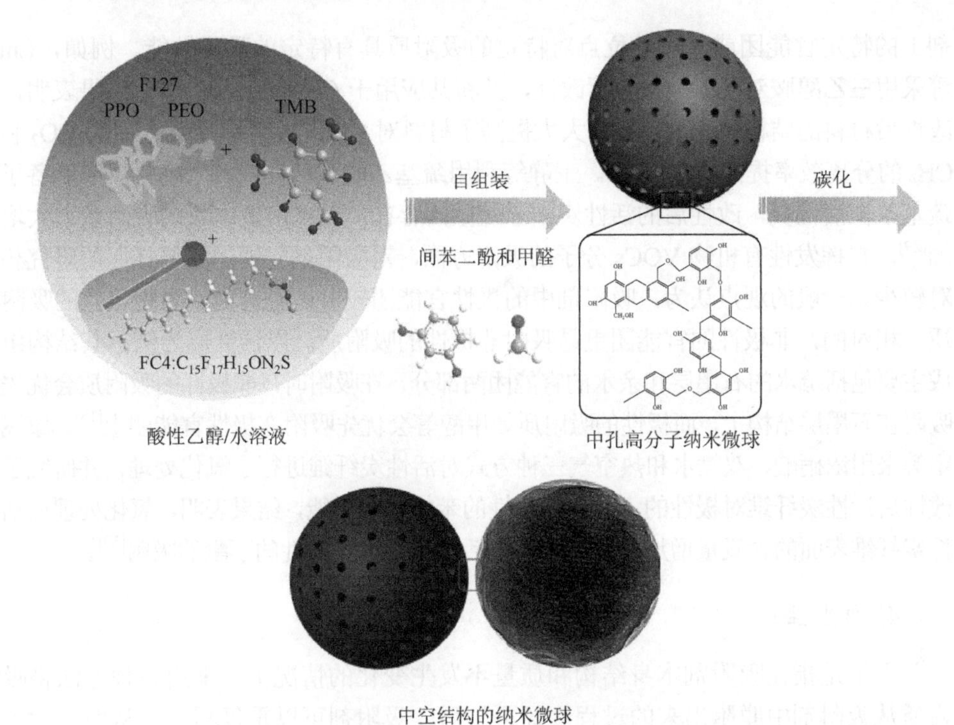

图 3-5　新型介孔炭纳米球材料合成示意图[22]

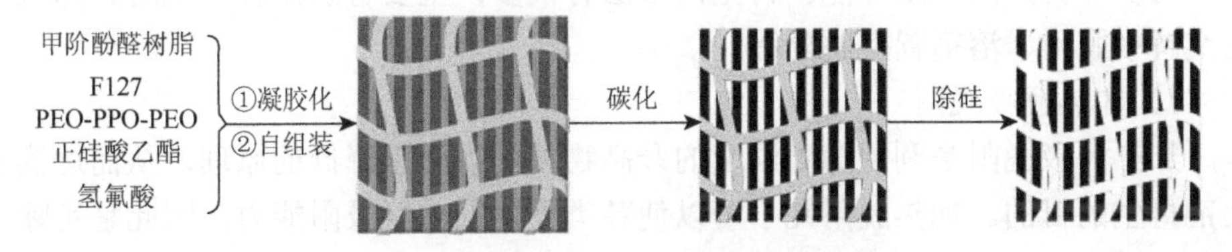

图 3-6　新型三维炭材料合成示意图[23]

3. 选择性

吸附剂的选择性是指同一吸附剂在相同条件下对不同吸附质具有不同吸附能力的特性，通常用不同吸附质的吸附量之比来表示。在实际应用中，选择性的作用十分关键，对于特定体系的吸附过程，采用具有较好选择性的吸附剂可大大降低生产成本。吸附剂的选择性通常来自于两个方面，即结构的选择性和官能团的选择性。前者主要体现在分子结构上，尤其是一些具有微孔结构或有序结构的吸附剂。例如，碳分子筛作为吸附剂吸附平面的（乙烯、苯等）和四面体状（甲烷、二氯甲烷、四氯化碳等）的吸附质时，由于吸附剂的尺寸效应而对这些结构不同的吸附质具有选择性[25]；MOFs 类材料作为吸附剂时对苯的吸附量远大于环己烷，主要是由于其具有特殊的孔径而选择性地吸附苯，排斥环己烷[26, 27]。官能团的选择性主要是指吸附剂上的特定官能团或专一性位点对特定的吸附质具有特定的吸附性能。例如，Liu等采用三乙醇胺对 SBA-15 进行改性，并将其应用于 CO_2 的吸附，研究结果表明，改性后材料的结构并未改变，却大大提高了材料对 CO_2 的吸附能力，同时对 CO_2 和 CH_4 的分离效率提高了 7 倍[28]。王静等利用巯基乙酸和活性炭发生酯化反应制备了巯基改性活性炭，改性后的活性炭由于巯基的存在，对水溶液中汞的吸附量大大增加[29]。在挥发性有机物 VOCs 分子的吸附方面，对吸附剂官能团的选择性的研究相对较少。一般的观点认为，吸附剂中的极性官能团较多，更有利于吸附极性的吸附质；相对的，非极性的官能团更易吸附非极性的吸附质。以活性炭为例，其结构组成主要包括疏水的石墨层和亲水的官能团两部分，在吸附时，非极性的吸附质会优先吸附在石墨层结构上，而极性的吸附质如甲醇等会优先吸附在极性官能团上[15]。康飞宇等采用浓硝酸、双氧水和热空气三种方式对活性炭纤维进行了氧化处理，并研究了改性后活性炭纤维对极性的丁酮和非极性的苯的吸附性能，结果表明，氧化处理后活性炭纤维表面的含氧量增加，并且会增强活性炭纤维对极性的丁酮的吸附[30]。

4. 再生性

再生是指在吸附剂本身结构和质量不发生变化的情况下，采用各种方法将吸附质从吸附剂中脱附出来的过程。经再生后，吸附剂可以重复利用，从而可大大降低装置设备的运营成本。因此，在污染控制中，吸附剂不仅要有优异的吸附性能，还要有良好的再生性能。再生的方法有很多，主要有加热解吸脱附、降压或真空解吸脱附、溶剂置换脱附等。

1）加热解吸脱附

加热解吸脱附是利用随着温度的升高物质的吸附量降低的原理，从而达到吸附剂再生的目的。加热脱附几乎可以使各类吸附剂恢复吸附能力，因此是实际工程中最常用的吸附剂再生方法。传统的加热脱附方法一般是采用空气、惰性气体或水蒸气为脱附介质间接加热，吹扫吸附剂使其升温，进而使吸附质脱附[31-33]，但这种工艺在脱附完成后通常还需要采用冷气流使吸附床层降温，从而增加了能耗。不过在某些情况下，当脱附气体温度升高时，还可以将再生后的气体应用于其他工序，例如，Yongsunthon 等将再生气流继续用于甲基环己烷的脱氢反应，有效地提高了能源的利用率[34]。

Kim 等采用热氮气脱附的方法研究了丙酮和甲苯蒸气在活性炭上的脱附性能，结果表明，由于丙酮在高温时呈现Ⅲ型吸附等温线，因此在较短时间内即有较高浓度的丙酮脱附下来，而脱附需要的时间会随着脱附气体速率、温度的改变而发生较大变化；相比之下，甲苯的脱附需要较长的时间，且脱附效率对脱附条件的变化并不敏感[35]。Boulinguiez 等采用直接加热、氮气吹扫脱附的方法研究了甲苯、异丙醇、二氯甲烷、八甲基环四硅氧烷和乙硫醇五种 VOCs 分子在颗粒活性炭和活性炭纤维织物上的脱附性能，结果表明，吸附质脱附峰的位置和材料的微孔有较大关系，孔径越小，所需脱附能量越高，峰对应的温度也越高；另外，由于八甲基环四硅氧烷具有较高的沸点，在脱附时需要较高的温度，因此容易在高温的作用下和活性炭反应生成副产物，造成活性炭的脱附不完全[36]。

传统加热脱附法是应用最为广泛的一种方法，但同时也存在着脱附速率慢、效率低、能耗高的问题，并且若热脱附的温度过高则有可能会破坏吸附剂的结构。为了更好地实现吸附剂的脱附再生，近年来又出现了一些新型的加热脱附方法，如电加热、微波加热等。

电加热是利用吸附剂本身的电阻特性，直接通电加热吸附剂，使其升温进而使吸附质脱附的方法。电加热具有加热速率快、能量利用率高、易操作等特点，日益受到人们的关注[37]。Li 等采用苯酚和甲醛作为碳源，金属氧化物作为模板和催化剂合成了具有石墨结构的多孔炭，并将其应用于 VOCs 吸附领域。研究结果表明，所制得的多孔炭具有较高的石墨化程度，在吸附饱和后，采用电加热的方式在较短时间内即可实现吸附质的脱附，且经过多次吸附/脱附循环后，吸附剂的吸附量基本保持不变，证明了电加热是一种高效的脱附方式，如图 3-7 所示[38]。Giraudet 等研究了 VOCs 在活性炭纤维织物上的电脱附性能，结果表明，甲苯、二氯甲烷、异丙醇等采用电加热的方式在 420K 的时候可以得到完全脱附，但在脱附初期电量消耗较高，而当温度达到设定值以后，电量消耗会迅速降低，平均下来，活性炭纤维织物在电加热脱附中的电量消耗为 1500 瓦/千克[39]。Mallouk 等同样采用活性炭纤维的织物对异丁烷进行吸附，并采用电加热的方式将其解吸脱附，脱附后的 VOCs 浓度是进气气流的 240 倍，因此脱附后的高浓度异丁烷可以采用冷凝液化的方式进行回收[40]。以上研究都表明电加热脱附的高效性，但同时需要注意的是，电加热对吸附剂材料的性能有一定的要求，需要其是良好的导热体，通常炭类吸附材料采用电加热的方式较多。

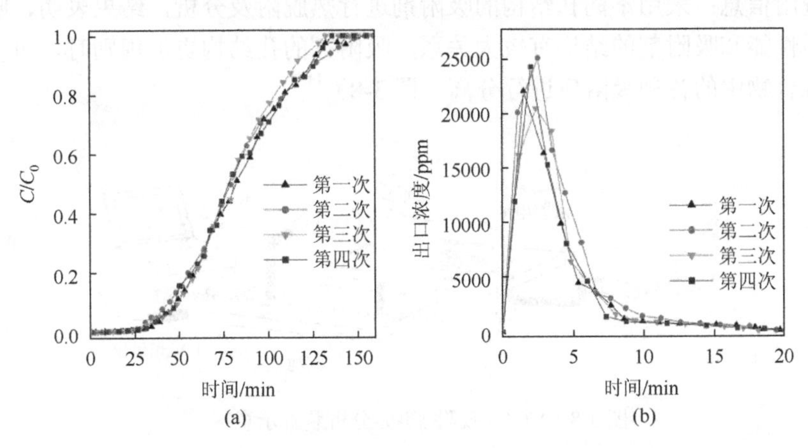

图 3-7　苯在多孔石墨化炭上的穿透及电脱附循环曲线[38]

微波加热脱附法是利用吸附剂吸收微波转变成热能而使吸附质脱除的方法。它具有不需要脱附介质、操作简单、脱附效率高、加热速度快、操作温度低等优点，因此越来越受到重视[41]。Reuss 等研究了微波对沸石分子筛 DAY 上多组分吸附质的脱附性能，研究结果表明，微波的脱附作用和吸附质的极性有着密切的关系，其脱附性能大小由高到低排序为水＞乙醇＞丙酮＞甲苯；当吸附质为水、乙醇或丙酮时，经过较短时间的微波作用即可脱附完全，而甲苯作为吸附质时却几乎没有脱附。而且在脱附时，多种吸附质分子会随着温度的升高而脱附形成混合物，表明采用微波脱附法难以将吸附质分离开来[42]。Cherbanski 等对比研究了微波加热和惰性气体加热对分子筛 13X 上丙酮和甲苯的脱附性能，结果表明，采用微波再生时，吸附剂升温速率和脱附效率均高于传统的加热再生法；微波加热脱附对极性的吸附质效果更好，且微波加热并不影响分子筛的吸附量，经过连续几次吸附-脱附循环后，分子筛的吸附量基本不变[43]。王红娟等以乙醇为吸附质，研究了微波对高分子树脂的脱附性能，结果表明，在脱附过程中，树脂类吸附剂床层对微波的吸收能力会随着温度的升高而下降，床层最终温度不超过 84℃，因此吸附剂的结构和性能不会被破坏，有利于吸附剂的循环使用[44]。

以上相关的研究表明，吸附剂的加热脱附在挥发性有机物 VOCs 的污染控制领域有着广泛的应用，同时，在污染物成分分析方面，加热脱附法也是一种非常有效的方法。Pankow 等采用装有石墨化炭材料的吸附装置补集空气中的 VOCs，并采用加热脱附的方法将其脱附收集后，送入气相色谱/质谱（GC/MS）联用仪中进行分析，从而得到了气相中多种 VOCs 组分的含量信息[45]。Ueno 等将含有苯、甲苯和二甲苯的混合气体通入含有吸附剂的装置中进行吸附，在吸附饱和后对吸附剂进行加热脱附，并采用光谱的方法对脱附出来的 VOCs 进行检测，得到吸附质的脱附信息；采用不同孔结构的吸附剂进行热脱附及分析，结果表明，吸附质的脱附性能和吸附剂的结构有较大关系，吸附剂的孔结构更加规则时，可以更好地将混合物中的各种吸附质进行分离（图 3-8）[46]。

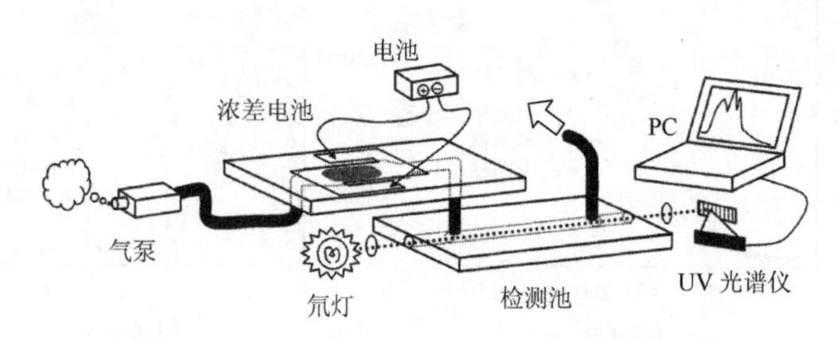

图 3-8　VOCs 吸附-解吸-分析装置示意图[46]

2）降压或真空解吸脱附

降压或真空解吸脱附是利用吸附剂的吸附容量随着压力降低而降低的特性，实现吸附质与吸附剂的脱离，此种方法的关键是实现吸附剂处于低压或真空环境下。Liu 等采用三乙醇胺改性后的 SBA-15 从 CH_4 中分离 CO_2，研究结果发现，改性材料对 CO_2 的吸附量大幅增加，吸附饱和后的吸附剂通过真空脱附可以将 CO_2 有效地分离出来，并且脱附率比较稳定，可以实现循环操作[28]。李立清等研究了活性炭吸附丙酮后的变压脱附规律，结果表明，真空脱附时，真空度越小，脱附曲线越陡，即脱附速度越大；而当脱附的吸附质浓度达到脱附初始浓度的一半时，脱附速度大大减缓[47]。

降压或真空脱附也是一种有效的脱附手段，但是与其他脱附方法相比，其有比较严格的压力要求，通常需要附加真空泵，致使工艺流程更为复杂、脱附效率降低，这些不足使它在固定床吸附装置的脱附过程中的应用有所限制，如何进一步简化流程，提高脱附效率还需要深入地研究。

3）溶剂置换脱附

溶剂置换脱附的工作原理是选择合适的溶剂作为脱附剂将被吸附组分从吸附剂上置换下来，主要包括超临界流体再生和溶剂洗脱等。超临界流体再生法是以超临界流体（如 CO_2）作为萃取剂，将吸附剂上的有机污染物溶解，再利用流体性质，将有机物和超临界流体分离，达到再生的目的。Tan 等采用超临界 CO_2 流体脱附旋转式吸附床中活性炭上吸附的甲苯，对影响脱附效果的温度、压力、流速、吸附剂颗粒大小和转速等因素进行了系统的研究，结果表明，离心力在脱附过程中起着重要的作用，脱附效率会随着转速的增加而增加；在温度为 315K、压力为 11.72MPa、流体速率为 $1.57cm^3/min$、转速为 1600r/min 时脱附效率可高达 100%，而在没有转速的情况下脱附效率只有 68%[48]。Ryu 等研究了活性炭纤维上正己烷、甲乙酮和甲苯在超临界二氧化碳下的脱附性能，结果表明，超临界流体的压力越大，越有利于脱附，在每个压力条件下都有一个最佳的脱附温度；在相同的超临界流体密度条件下，增加温度会增加脱附效率；对于甲乙酮和甲苯双组分脱附的研究表明，甲乙酮的脱附速率比单组分时要快，而甲苯的脱附要比单组分时慢，并且甲乙酮的脱附量也比单组分时要高；然而，两种吸附质脱附速率的差距会随着压力的增加而逐渐降低，主要是由于甲苯的脱附速率会随着压力的增加而增加[49]。

超临界流体脱附是一种较新颖的脱附方法，具有良好的应用前景，但同时也存在着一些问题，脱附时需要在高压下进行，对装置要求比较高，另外这种方法需要将脱附介质再生，增加了工序，从而增加了装置与运行成本。与降压或真空解吸方法类似，如何简化装置、提高效率，也是超临界流体脱附法亟待解决的问题。

溶剂洗脱也是一种有效的脱附方法，但相对来说应用较少。Nahm 等对比研究了加热脱附、草酸和硫酸溶液脱附及加热和溶剂混合脱附三种方法对活性炭性能的影响，结果表明，采用 0.1mol/L 的草酸溶液和加热脱附联用的方法，可以彻底将活性炭上吸附的甲苯完全脱附掉，脱附后的活性炭在循环吸附时，甲苯吸附量与未经使用的活性炭相比几乎没有差别[50]。

以上对现有的几种脱附方法进行了简要介绍，在实际工程中采用脱附工艺时，通常需要根据吸附剂和吸附质及吸附工艺的特点选择合适的方法，在某些情况下也可选用多种脱附方法组合的方式进行脱附。例如，Liu 等采用 MIL-101 作为吸附剂对 CO_2 进行吸附，并采用热氮气脱附和真空加热两种方法对其脱附性能进行了研究，结果表明，两种脱附方法均能使 CO_2 完全脱附，经过 5 次循环后，吸附剂的吸附量几乎没有变化[51]。Xie 等采用抽真空、电解吸-抽真空耦合脱附工艺两种方式对吸附 CO_2 后的沥青基球形活性炭进行脱附操作，结果表明，采用抽真空脱附时，CO_2 的循环脱附效率为 74.6%，而采用电解吸-抽真空耦合脱附工艺，循环脱附效率接近 100%[52]。黄维秋等采用三种活性炭吸附分离汽油蒸气和空气的混合气，并采用真空和微量微热空气吹扫相结合的方法来进行活性炭的解吸，优化了组合脱附工艺的条件，结果表明，在脱附时压力应低于 1kPa，解吸时间在 60 分钟内，热空气温度宜控制在 50℃以下[53]。蔡道飞等研究了微波真空、加热真空和加热再生三种方法对活性炭结构的影响，结果表明，三种方法对活性炭进行再生操作后均会对活性炭的结构有所破坏，但微波真空再生法对活性炭比表面积和孔容破坏最小，在能耗和效率方面均优于其他两种再生方法[54]。

需要指出的是，在对吸附剂进行脱附时，虽然有较多的文献表明能够对吸附饱和后的吸附剂有较好的脱附效果，但实际上要让吸附后的吸附剂完全回到吸附前的状态几乎是不可能的。在脱附过程中，吸附剂的微观结构和官能团性质等总会发生或多或少的改变。Lashaki 等系统研究了 9 种 VOCs 的混合物在活性炭上的吸附性能、热脱附再生性能和吸附剂的循环利用，并对热脱附前后的活性炭结构变化进行了对比，研究结果表明，由于吸附质占据在活性炭的微孔内，造成热脱附时的不完全，进而引起脱附后活性炭比表面积和孔体积的降低，平均而言，当有 1%的吸附质不可逆地吸附在吸附剂上时，活性炭的比表面积、微孔体积、介孔体积和总孔容会分别下降约 2.7%、2.8%、2.0%和 3.0%；相关的循环实验也证明脱附温度越高，脱附就越完全，但循环吸附时的穿透曲线还是会有少量的改变，如图 3-9 所示[55]。在实际应用中，要积极探索并优化工艺条件，使活性炭的脱附效果尽可能地达到最高，但也要防止温度过高，避免吸附剂和吸附质发生化学反应或者吸附剂发生燃烧、着火等。

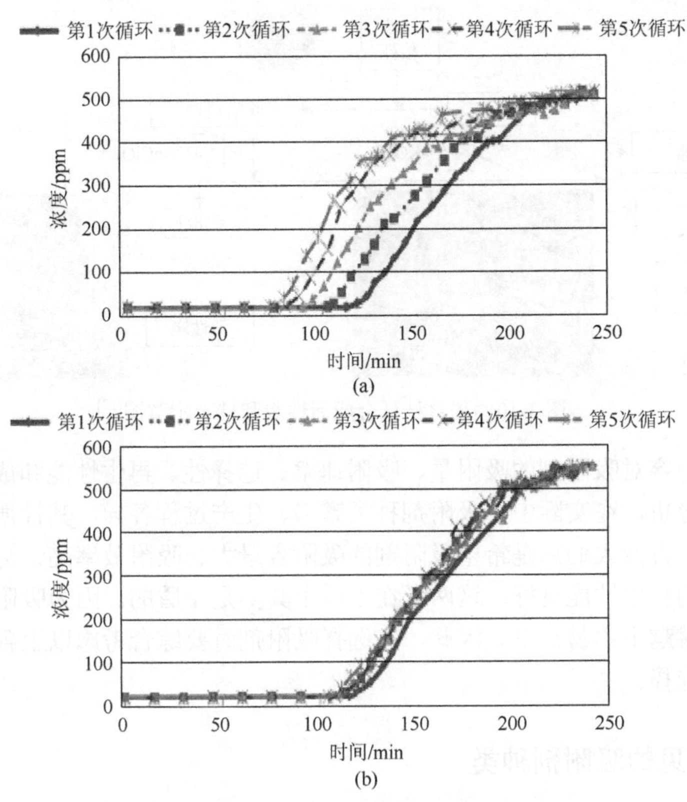

图 3-9　颗粒活性炭上 35℃时的循环吸附穿透曲线[55]

（a）再生温度为 288℃；（b）再生温度为 400℃

5. 吸附剂成本

吸附剂的成本也是一个十分重要的指标，在应用时需予以关注。以活性炭为例，大多数活性炭是以煤、木材或果壳等为原料，经过炭化和活化等步骤制得，随着原料成本的增加，人们不断研究以新型的可再生的或废弃的生物质物质为原料合成吸附材料。Wool 等以废弃的鸡毛为原材料，通过两步裂解的方法制得鸡毛纤维，并研究了氢气在鸡毛纤维上的储存性能，结果表明，纤维中存在大量的微孔，因此具有较好的氢气储存性能[56]。Hu 等采用稻草的秸秆作为原材料，通过甲苯/乙醇、次氯酸钠、氢氧化钾溶液的作用将稻草分离为含有氧化木质素和半纤维素的碳源以及含有硅酸钾的硅源；碳源经过进一步的高温炭化步骤可以制得高孔容、高比表面积的活性炭，硅源经过沉淀和煅烧步骤会形成大小均匀的无孔硅球，从而实现了农业副产物资源的利用[57]，如图 3-10 所示。Ramos 等采用可再生的纤维素作为前驱物通过高温热处理等工序成功制得了活性炭织物，并将其应用于 VOCs 蒸气的吸附，结果表明了其具有良好的 VOCs 吸附性能及电加热再生性能[58]。

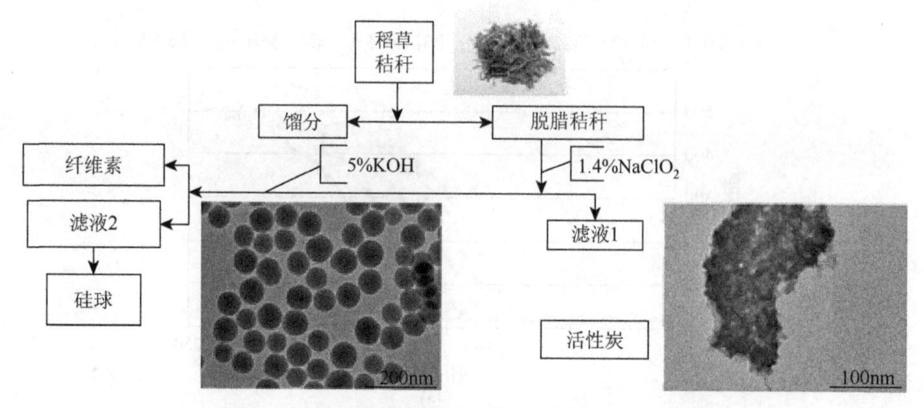

图 3-10　稻草秸秆合成活性炭和硅球示意图[57]

以上内容对吸附剂的吸附量、吸附速率、选择性、再生性能和成本方面进行了简要的分析，在实际中，吸附剂种类繁多、生产过程各异，其性质和成本也相差较大。一方面人们总是希望吸附剂的吸附容量大、吸附效率高，另一方面又希望吸附剂的再生性能良好，这两者在本质上其实是矛盾的。因为吸附剂的吸附能力越好，就越不容易再生。因此，在选择吸附剂时要综合考虑以上各个方面的因素，合理选择。

3.2.2　常见的吸附剂种类

工业上所使用的吸附剂种类很多，常用的有活性炭、硅胶、活性氧化铝和分子筛等，均属于多孔类吸附剂。下面对一些常用的吸附剂进行阐述。

1. 活性炭

活性炭是应用最早、用途最为广泛的一种优良吸附剂。由于原料、形状和工艺的不同，活性炭的种类也各不相同。按照原料的不同，活性炭可分为煤基活性炭、木质活性炭等；按照形状的不同，可将活性炭分为颗粒活性炭、柱状活性炭、蜂窝活性炭等，如图 3-11 所示。

图 3-11　不同形状的活性炭

活性炭的制备通常需要经过炭化和活化两个阶段。炭化是指将原料在缺少空气的高温条件下进行干馏，除去可挥发性组分得到粗炭；活化是指将炭化后的原材料在 800～1000℃的无氧环境下加入活化剂，使碳材料表面和内部形成发达的微孔结构，最终形成活性炭。其中，活化过程是主要的造孔阶段，是活性炭制备的关键步骤。活化一般采用气体活化或药剂活化来实现。两者的区别主要在于所选用的活化剂不同。气体活化主要采用氧化性气体（如水蒸气、二氧化碳等）作为活化剂，而药剂活化主要采用化学药品（如氢氧化钾、磷酸等）作为活化剂。

不同原料和制备方法制得的活性炭，其组成会有所差别。活性炭主要由碳、氢、氧、氮、硫等元素组成，其中碳元素含量通常占到 90%以上。活性炭的孔径分布大部分都小于 2nm，按照 IUPAC 对孔径的定义属于微孔类吸附剂[8]；且通常都具有较高的比表面积（一般可达 600～1000m^2/g）和较大的孔体积（0.15～0.5cm^3/g）。活性炭的碳骨架基本单元类似于无定型炭，主要由 2～4 层的单层石墨片堆叠而成的石墨微晶组成[59, 60]。活性炭的微孔与其自身的结构密切相关，相邻的石墨微晶在无序叠加的过程中形成了大量的微孔。由于石墨微晶自身的结构特点，活性炭本身会呈现一定的疏水性。但是在活性炭制备过程中，由于表面的共价键不饱和，易和氢、氧等元素发生一系列的氧化反应，生成各种含氧官能团，最终使活性炭具有一定的极性[61, 62]。活性炭上常见的官能团有羧基、羟基、醌基、内酯基等，如图 3-12 所示。

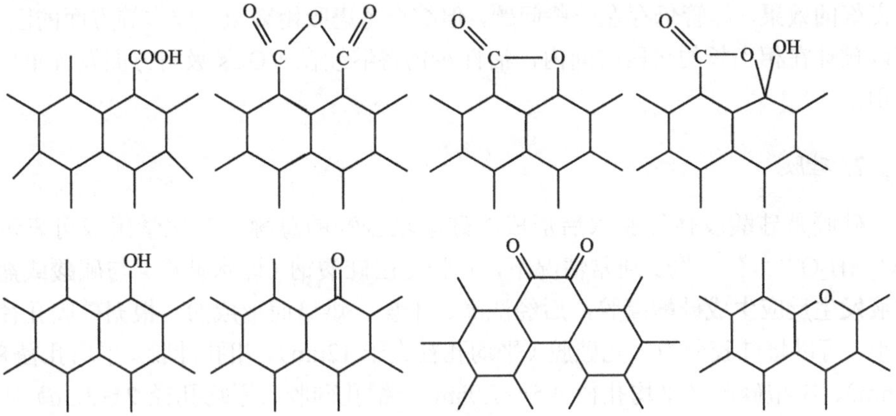

图 3-12　活性炭表面含氧官能团种类

截止到目前，在用于 VOCs 吸附治理的吸附剂中，活性炭仍然是使用最广泛的，且相关的研究内容也最多。其中涉及不同类型吸附质（包括非极性吸附质如苯、环己烷、正己烷等，极性吸附质如甲乙酮、氯苯、丙酮等）在活性炭上的吸附、活性炭孔结构和表面官能团对吸附过程的影响、吸附动力学、吸附热力学、脱附再生等各方面[55, 63-74]，具体的内容在后续章节中详细阐述。

需要指出的是，尽管活性炭在 VOCs 吸附的应用中最为广泛，但仍存在着一些不足，限制了活性炭的进一步应用。在使用时需要对活性炭的这些不足加以注意，主要集中在以下几个方面[20, 75-77]。首先，活性炭在相对湿度较高的情况下，对 VOCs 的吸附量会有所下降，下降的主要原因是 VOCs 分子和水分子在活性炭表面存在着竞争吸附[78]。其次，活性炭属于炭类吸附剂，与其他吸附材料相比，存在热稳定性差、易着火的安全隐患。最后，活性炭一般属于微孔类吸附剂，对于小分子吸附质的吸附性能良好，而对于一些大分子 VOCs 的吸附性能稍差，主要原因是大分子的吸附质在活性炭孔道内的扩散速率较慢，大大增加了吸附平衡的时间。活性炭对于大分子吸附质吸附的研究集中于对液相大分子VOCs的吸附[79,80]，而对气相 VOCs 的研究内容相对较少[81]。活性炭吸附剂的发展趋势主要是针对这些问题对活性炭进行改性或者研发新型的、具有特殊功能的活性炭。例如，对活性炭进行疏水化改性以增强其在高湿度条件下对 VOCs 的吸附量[82]；新型微孔/介孔复合活性炭的合成[21]及在 VOCs 吸附方面的应用。Dou 等就以廉价水玻璃为硅气凝胶前驱体，以活性炭颗粒为骨架结构，通过溶胶-凝胶反应和常压干燥工艺，合成了一系列活性炭-硅气凝胶复合物。硅气凝胶提高了复合吸附材料的疏水性，增强了其介孔结构体系和易再生性能；活性炭的加入使其具备了发达的微孔结构，从而提高了吸附能力[77]。

活性炭作为一种传统的、吸附性能良好的吸附剂，已在 VOCs 吸附方面取得了良好的效果。尽管仍存在一些问题，但综合考虑吸附效果、成本等方面的因素，可以预计在相当长的一段时间内，活性炭仍将继续在 VOCs 吸附方面发挥重要的作用。

2. 硅胶

硅胶是硅酸胶体经脱水后形成的硅酸聚合物的总称，其化学组成可表示为 $SiO_2 \cdot nH_2O$[1, 2, 9, 12, 60]。通常情况下，硅胶是由硅酸钠（即水玻璃）与硫酸或盐酸溶液发生反应生成硅酸凝胶，后经洗涤、干燥、烘焙而形成的。根据硅胶孔径的大小，可以将硅胶分为大孔硅胶（平均孔径大于 12nm）、粗孔硅胶（平均孔径 8～12nm）、B 型硅胶（平均孔径 4.5～7.0nm）、细孔硅胶（平均孔径 2～3nm）等，具体内容可见相关的国家化工行业标准。另外由于生产工艺的不同，硅胶可以有粒状、球状或块状等，直径也可以从几微米到几毫米，使用时可以根据需要选择相应的产品。

硅胶是具有无定型结构的硅酸干凝胶。在形成干凝胶的过程中，相邻的微粒会由于干燥脱水而形成微孔结构，因此硅胶通常也具有较大的比表面积和孔体积。另外由于原料易得，生产过程相对简单，可进行大规模的生产，因此硅胶的成本较低，这些优点使硅胶作为VOCs的吸附剂成为可能。然而与活性炭不同，硅胶的结构中存在着大量的羟基，赋予了硅胶一定的极性，因此硅胶属于极性类吸附剂。相对于一些非极性的吸附质（如饱和的烷烃等），它会优先吸附极性较强的吸附质，如水、醇、酚和不饱和的烃类等，因此它可从非极性或弱极性溶剂中吸附极性物质。从此方面来讲，硅胶可应用于蒸气回收方面，但是截止到目前，硅胶应用最多的仍在气体干燥领域[60, 83-94]。同时由于硅胶的极性使其吸湿性较为突出，在使用中会造成硅胶结构的破坏等问题，在某种程度上限制了它的应用[94, 95]。

为了某些实际应用的需要，通常可对硅胶进行一些后处理，如扩孔和表面疏水化、热处理等，以此来改变其孔结构和表面性质。Dabre等对硅胶进行了甲基硅烷化作用，有机官能团化后的硅胶性质如稳定性等都有所提高[96]；Matsumoto等的研究结果表明，经过苯硼酸修饰后的硅胶能有效地吸附疏水性的二醇类物质[97]；Alfred 采用水热的方法对硅胶进行处理并研究了水热处理后硅胶的吸附性能，结果表明，硅胶在处理后自由羟基的含量增加，因此对水分子的吸附速率大大降低[98]。

3. *沸石/分子筛*

沸石是含有碱金属或碱土金属的具有三维空间结构的硅铝酸盐的总称，因其结构中含有结晶水、加热时会沸腾而取名为“沸石”[5, 9, 12, 60, 99, 100]。其化学通式为

$$M_{x/n}[(Al_2O_3)_x(SiO_2)_y]\cdot mH_2O \tag{3-2}$$

式中，M为阳离子，主要是Ca^{2+}、Na^+和K^+等金属离子，这些金属离子在沸石的结构中可被交换；x/n是价数为n的金属阳离子M的数目；m为结晶水的分子数目。

沸石的空间网络结构中充满了空腔和孔道，因此具有一定的开放性和内表面积。通常情况下，沸石的比表面积大小为500～800m^2/g，且孔径一般都小于2nm，属于微孔类化合物。根据来源的不同，沸石通常分为天然沸石和合成沸石。由于沸石具有一定的比表面积和孔容，在实际应用的过程中，人们逐渐发现沸石具有一定的吸附性能，例如，天然菱沸石能够迅速吸附水、甲醇等的蒸气。因此人们开始尝试将其作为吸附剂应用于VOCs的吸附中，并取得了一些良好的结果。下面对沸石在VOCs吸附方面的应用做一些阐述。

天然沸石储量丰富，成本较低，最初是应用在气体的分离方面[101-103]，而在吸附方面的应用相对较少[104, 105]。主要是由于天然沸石的孔道往往被一些金属离子和水分子所占据，且孔道之间的相互连通程度也较差，因此其吸附性较差，若直接应用于吸附，吸附能力一般也不理想。通常在制备沸石吸附剂时，必须先对

天然沸石进行改性处理，以提高其吸附能力。M.A.Hernández 等采用酸洗除铝的方法处理天然斜发沸石，并研究了苯、甲苯、二甲苯在酸洗处理前后斜发沸石上的吸附性能。结果表明，酸洗可在原来的沸石基础上产生更多的微孔，有利于吸附质分子进入沸石的孔道内，因此有效地增加了 VOCs 在天然沸石上的吸附量[106]。Gevorkyan 等对美国的天然斜发沸石去除杂质后进行升温和电子照射处理，经处理后的沸石对苯蒸气具有较好的吸附性能[107]。然而，需要指出的是，天然沸石的组分复杂，且含有较多的杂质，即使改性后其比表面积和孔体积也相对较小，与其他吸附剂相比，吸附量也较低。

为了解决天然沸石的吸附量较低等问题，人们采用各种方法尝试进行人工合成沸石的研究，并将其应用于 VOCs 的吸附领域，取得了一些较好的结果。人工合成的沸石，又称为分子筛，现已成为一类典型的 VOCs 吸附材料。分子筛的孔径均一，通常孔径小的分子可以进入孔道内部被吸附，比孔径大的分子则会被拒之于外，从而具有筛分性能，这也是分子筛的名字由来。分子筛的种类繁多，通常可根据其孔径的大小将其分为微孔分子筛、介孔分子筛和微介孔复合分子筛，下面据此对分子筛的吸附性能进行简单的介绍。

微孔沸石分子筛是指以硅氧四面体为基本结构单元，通过氧原子形成氧桥将基本结构单元相连接构成具有规则的笼或孔道体系的阴离子骨架的硅铝酸盐。微孔分子筛的晶态网络状结构形成分子尺寸大小的孔道或空腔，具有筛分分子的特性。20 世纪 60 年代初，美国 Mobil 公司的科学家们开始将有机胺及季铵盐引入沸石分子筛的水热合成体系，开创了模板法合成沸石分子筛的新路线。采用这种模板法不仅能合成出具有与已知天然沸石结构相同的分子筛，而且能合成出全新结构的高硅铝比沸石分子筛，其中以 ZSM-*n* 系列分子筛为代表。它的孔道规则，热和水热稳定性高，已经广泛用于催化、分离及吸附领域[108-116]。龙英才等采用胺类有机物在含有氧化硅及水的体系中水热合成微孔沸石分子筛，并对其进行疏水化处理改变表面性质，制成疏水性极高的 Silicalite-1 全硅分子筛。这种分子筛具有完美的 Si—O—Si 骨架结构，表面缺少亲水硅羟基，从而表现出极佳的疏水性和亲有机物性[117-119]。Tao 等研究了动态吸附条件下湿度对 13X 沸石吸附甲醇、丙酮、苯性能的影响。结果表明，水蒸气的存在会降低苯的吸附穿透时间和吸附量[120]。Brosillon 等对商业疏水沸石吸附正庚烷和丙酮的研究表明，实验采用的疏水沸石对正庚烷的吸附容量要大于丙酮，体现出良好的选择性，而这种选择性与吸附质的相对极性、配比和沸点等因素有关[121]。但由于微孔分子筛孔径太小，一些大分子很难进入孔道，易形成位阻，吸附量较低，所以单纯的微孔分子筛并不适用于对有机物分子的吸附。

介孔材料是 20 世纪 90 年代初迅速兴起的一类新型纳米材料。它利用有机分子-表面活性剂作为模板剂，与无机源/有机源进行界面反应，以某种协同或自组装的方式形成由无机离子聚集体包裹的规则有序的胶束组装体，通过煅烧或萃取方式除去有机物质后，保留无机骨架，从而形成多孔的纳米结构材料。与微孔沸石分子筛相比，介孔分子筛不仅孔径更大，而且还具有较高的比表面积和较厚的孔壁。因而，介孔材料一经诞生，就引起了国际物理学界、化学界及材料学界的高度重视，并得到迅猛发展，成为跨多学科的研究热点之一。

1992 年美国 Mobil 公司首次以表面活性剂为模板，合成出具有特定孔道结构和规则孔径的介孔分子筛 M41S。此后有序介孔材料迅速兴起，SBA-*n*、KIT、HMS、MSU-*n*、FDU-*n* 等一系列具有不同结构的介孔材料相继问世。介孔材料具有较高的比表面积和孔隙率，孔道有序度高，孔径、孔道形状可调，在大气污染控制等领域有着广泛的应用前景。相对于小孔径、小孔容的微孔材料，介孔材料对 VOCs 的吸附容量要更高[76, 122-124]。但由于介孔分子筛的孔壁是无定形的，热和水热稳定性差，表面分布一定量的硅羟基，具有亲水性，因此在含水蒸气 VOCs 的吸附领域有一定限制。为了解决这一问题，利用丰富的表面硅羟基与许多无机、有机化合物进行反应，实现其孔道表面功能化，提高疏水性和亲油性。介孔材料表面官能团化的方法主要有三种，即一步共聚法、后合成嫁接法和涂覆法[125, 126]。例如，采用桥式有机硅烷作为硅源，可以将有机官能团镶嵌在骨架中，并最终可得到具有周期性有序的介孔分子筛（PMO）[127, 128]。若采用苯桥式有机硅烷时，可以得到一类孔壁具有类晶体有序排列的有机-无机杂化介孔材料[129-132]。Matsumoto 等采用一步共聚法合成有机官能团化介孔材料，相对于原无机 MCM-48，其疏水性有了很大程度的提高。在有水存在的动态竞争吸附中，有机杂化材料优先吸附非极性的环己烷[133]。Hu 等通过一步共缩聚的方法将苯基和甲基嫁接在 SBA-15 表面上，动态吸附评价实验表明官能团化后的 SBA-15 对有机物的亲和性增强[134]。Dou 等采用后嫁接法将具有不同孔结构的硅基分子筛 SBA-15、MCM-41、MCM-48 和 KIT-6 有机功能化，结果表明，介孔的孔径大小和孔道结构对材料表面有机功能化程度和吸脱附性能均有影响。其中，具有较大孔径、三维立方孔道结构、孔壁由微孔连通的 KIT-6 的有机功能化程度最高，吸附性能最好[135]。

鉴于微孔分子筛具有晶态的骨架结构以及高的热和水热稳定性，介孔分子筛孔道较大、孔径可调，且具有高的比表面和孔容，因此研究人员试图将两者的优点结合起来合成微孔-介孔复合分子筛，取长补短，使其具有微孔、介孔分子筛的双重优点。合成微孔-介孔复合分子筛的方法主要有沸石脱硅/脱铝法[136-140]、纳米组装法[141-144]、孔壁晶化法[145-148]、沉积法[149-151]和碳硬模板法[152, 153]等。Dou 等在酸性介质中通过纳米自组装方法成功合成出同时具有沸石性微孔和介孔结构的球形复合分子筛吸附剂，此复合分子筛结构可调，具备微孔沸石分子筛的高疏水性和介孔分子筛的高吸附容量特性[154]。Hu 等将疏水全硅沸石分子筛 Silicalite-1 涂覆在 SBA-15 上，所得复合材料与原介孔材料相比疏水性有了很大程度的提高[149]。随后他们采用软模板法一步合成了介孔疏水硅纳米球材料，具有蜂窝状形貌，该材料在高湿度条件下对 VOCs 表现出极高的吸附量和疏水性能[155]。Campos 等在甘油与水的不同配比下，采用重结晶的方法将介孔 SBA-15 材料的无定形孔壁转晶成为微孔 ZSM-5 分子筛，得到的介孔 ZSM-5 复合材料疏水性有一定的提高[156]。这种具有沸石性质的中孔材料在含湿性 VOCs 的控制中显示出它的优越性，具有较高的吸附量和疏水性。Zhang 等采用 Pluronic P85 作为结构导向剂，桥式有机硅烷偶联剂作为硅源，在中性条件下合成了有机官能团化硅基多层囊泡。这种材料孔壁可调、孔隙分布广（包括微孔、介孔和堆积孔复合体系），海绵状孔壁交错分布，可用作纳米反应器，用于选择性吸附剂和药物控制释放等多方面[157]。Huang 等采用具有半结晶性质的微孔-介孔复合材料 UL-ZSM5 来吸附正己烷、甲苯、邻二甲苯，Henry 常数和吸附热等参数表明 UL-ZSM5 对挥发性有机物具有很好的吸附性能[17]。

分子筛除了单独进行吸附操作之外，还通常和其他材料进行复合，或者制成具有独特形状的材料进行气体的分离和吸附操作，如分子筛膜等。中国科学院大连化学物理研究所的研究人员将聚酰胺和分子筛进行复合，经过高温作用得到了碳/分子筛的复合纳米材料，采用小分子的气体作为探针研究了碳/分子筛膜的扩散性能，结果表明复合后的材料具有优异的渗透性[158]。

4. 吸附树脂

吸附树脂也是一类人工合成的多孔性高分子聚合物吸附剂，它是在离子交换树脂的基础上发展起来的。合成纳米吸附树脂的方法主要包括以下几种，即悬浮聚合法[159, 160]、相分离法[161-164]、硬模板法[165, 166]、自组装法[166-169]、后交联法[170-173]、一次交联法[174, 175]和溶剂热法[176, 177]。与一般离子交换树脂的区别在于，吸附树脂一般不含离子交换基团，其内部有丰富、通畅的分子大小的通道。由于纳米孔吸附树脂具有丰富的微孔结构，在储存气体（氢、甲烷等）方面具有优势[174, 175, 178-180]。另外，其骨架结构可以为有机物提供很好的选择性，因此预计其在大气污染控制领域将会有广泛的应用。

Zhang 等将一步溶剂热法合成的纳米孔苯乙烯类聚合物暴露在有机蒸气中进行吸附，研究表明该样品对有机物苯、丙酮和正戊烷的平衡吸附量分别高达 1950mg/g、1975mg/g、1904mg/g，而对水的吸附量则很低（18mg/g），体现了该物质的超疏水性和亲油性[176]。Long 等采用对叔丁基苯乙烯、苯乙烯和二乙烯基苯进行后交联聚合，得到了疏水性的超高交联吸附树脂，并研究了其对三种含氯 VOCs 的吸附性能，结果表明材料的高微孔率使其对三种 VOCs 都具有较高的吸附量；且良好的疏水性使其在相对湿度高达 90%时，对 VOCs 的吸附量也只下降了约 10%[181]。Simposon 等采用经 Friedel-Crafts 反应修饰后的聚苯乙烯树脂对气相苯和氯苯进行吸附研究，结果表明修饰后的产物对 VOCs 是一种有效的吸附剂[182]。Wang

等也通过 Friedel-Crafts 反应，分别采用一步聚合法和后交联法制得超高交联吸附树脂，此吸附树脂具有多级孔结构，超高的比表面积和孔容，强的疏水性和亲有机物性，对挥发性有机物具有极高的吸附容量[183]。Wang 等采用氯化苄和甲缩醛进行交联聚合，得到了一种新型的具有高比表面积和大孔容的超高交联树脂，对 VOCs 具有较高的吸附量，且对有机物/水具有很高的选择性，在高湿度条件下（RH80%）对苯的吸附量较干态条件下仅仅下降了 14%[184]。Wang 等利用菌头反应，合成出了骨架结构中只含有 C、H 两种元素的共轭高分子吸附树脂，不含有任何含氧、含氮官能团，因此该材料具有极高的疏水性，在相对湿度高达 80%时，对苯的吸附量也只下降了 3.5%[185]。Wu 等研究了二甲苯的三种异构体（邻、间和对位二甲苯）在二维有序酚醛树脂 FDU-15-350 及其碳化产物 FDU-15-900 上的吸附行为，并考察了其 Henry 常数和等量吸附热，结果表明这种酚醛树脂更倾向于吸附极性有机物邻二甲苯[186]。

5. 其他吸附材料

以上几种材料在 VOCs 吸脱附方面应用较为广泛，除此之外，还有其他一些种类的材料在吸附方面也有应用，下面对其作简单的介绍。

来自于大自然的多孔矿物是一类较好的吸附剂，它的主要优点在于成本较低，因此在一些吸附后不需再生的场合用途较为广泛，这些吸附剂包括土壤及矿物质[187，188]、蒙脱土[189，190]、膨润土[191，192]、氧化铝[193，194]等。

Lin 等采用苯作为典型污染物，研究了在干燥和低相对湿度条件下 VOCs 分子在土壤中的传输和吸脱附性能，结果表明，随着相对湿度的增加（RH0%～RH33%），苯在土壤中的吸附等温线由非线性逐渐转变为线性，平衡吸附量也大幅降低；且对于干燥的土壤颗粒，苯分子的吸附速率远大于脱附速率；而对于较湿的土壤，吸附和脱附速率均较快且相差不大[195]。Arocha 等研究了甲苯在天然土壤中的吸附性能，结果表明土壤表面在 VOCs 的吸附中起着重要的作用；吸附过程主要包含气体分子在大孔中的快速扩散和土壤内部微孔间的较慢扩散两个过程；且由于比表面积和孔体积较小，吸附量较低，约为 30mg/g[187]。Shih 等研究了在不同相对湿度下 VOCs 在蒙脱土中的吸附性能，结果表明在干燥条件下 VOCs 分子和蒙脱土间的色散力在吸附过程中起主要作用；而随着相对湿度的增加，偶极作用力和氢键的作用逐渐增强；对于极性吸附质，氢键在吸附过程中占据主要位置[189]。Amari 等研究了以酸活化后的膨润土作为吸附剂对甲苯的吸附性能，结果表明，线性驱动力模型在 25～60℃范围内可以较好地对吸附动力学进行模拟，不过由于材料的比表面积较小，对甲苯的动态吸附量只有约 90mg/g[192]。

近些年来，人们在传统的吸附材料之外一直致力于新型吸附材料的合成，而随着合成工艺的改进，一些吸附量较高、吸附速率较快的新型吸附材料也不断涌现，且由于结构的特殊性能，赋予其良好的VOCs吸附性能，如金属-有机配位化合物[196-199]、共价有机化合物[200-202]、聚酰亚胺材料[203，204]等。

金属-有机骨架（metal-organic frameworks，MOFs）多孔材料，是利用有机配体与金属离子间的金属-配体络合作用而自组装形成的一种具有超分子微孔网络结构的材料，最早由Yaghi等合成并提出MOFs这一概念[205]。MOFs类材料具有较大的比表面积、较高的孔体积，而且在合成的过程中可以通过调变合成条件而改变材料的结构和性能。正是由于其在孔结构和孔表面上的独特性和功能化，MOFs在气体吸附方面的应用有一定的前景[206]。Luebbers等研究了30多种VOCs分子在大孔MOFs材料IRMOF-1上的吸附性能，结果表明，VOCs在MOFs材料上的吸附是一个复杂的过程，氢键是吸附质分子和MOFs材料表面的主要作用力；对于大分子的VOCs，材料的孔径对其吸附具有重要的限制作用[197]。Jhung等采用微波的方法合成了MOFs类材料MIL-101，并研究了其对苯的吸附性能，结果表明，材料具有较大的比表面积和孔体积，在相对压力为0.5时，对苯的吸附量高达16.7mmol/g，远远高于SBA-15和一些商业化的活性炭，显示了良好的苯吸附性能[207]。共价有机骨架化合物（covalent organic frameworks，COFs）类材料是Yaghi等在MOFs类材料的基础上所合成的另外一种有机化合物，其骨架全部由轻元素如H、B、O、C等通过共价键连接构成[208]。COFs材料具有一维或多维的多孔结构，与MOFs类材料类似，具有较高的比表面积，在气体储存、分离等领域也具有广泛的应用[209]。

聚酰亚胺也是一类具有良好吸附性能的聚合物。Shen等以1-溴代金刚烷和苯为原料合成了1, 3, 5, 7-四苯基金刚烷，进而在催化剂的作用下通过多步程序合成了聚酰亚胺。该材料具有良好的溶剂稳定性，并且结构中具有较多的苯环和脂环结构，因此对苯、环己烷和正己烷等有机物具有较好的吸附性能[203]，如图3-13所示。在后续的研究过程中，为了进一步简化操作步骤和提高材料的吸附性能，他们又以萘为原料合成了聚酰亚胺聚合物，同样具有良好的有机物吸附性能[204]。

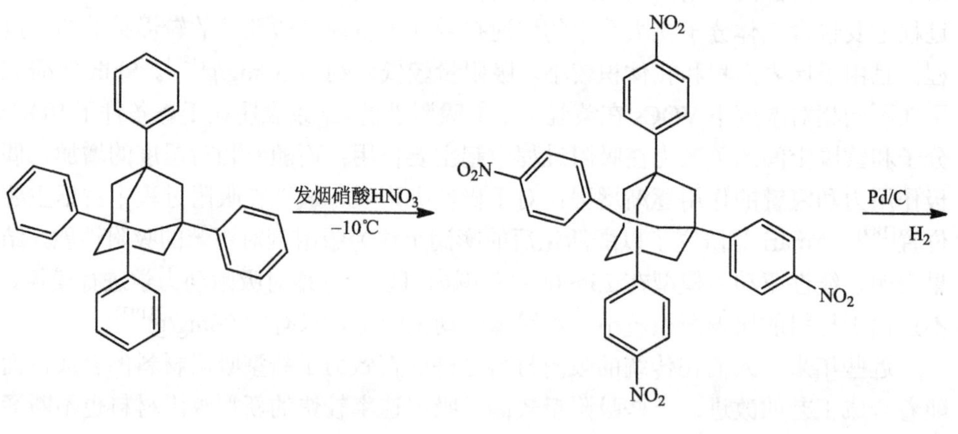

发烟硝酸HNO_3
$-10℃$
NO_2
O_2N
NO_2
NO_2
Pd/C
H_2

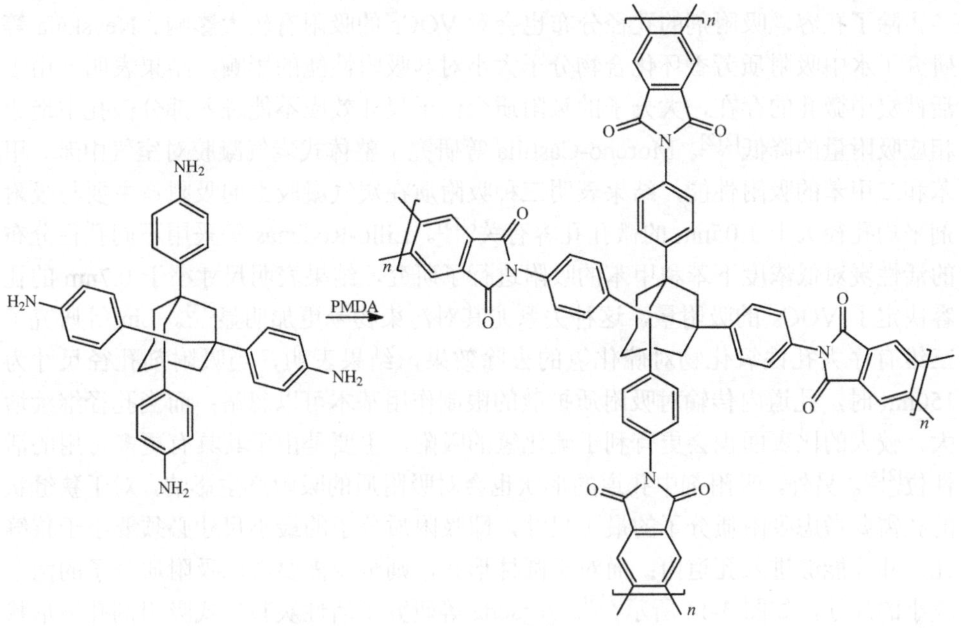

图 3-13　聚酰亚胺合成路线示意图[203]

3.3　VOCs 吸附的影响因素

VOCs 在吸附剂上的吸附与多种因素有关。简单地说，吸附过程实际上是吸附质逐步迁移进入到吸附剂表面的过程，因此整个吸附过程中的各个方面均会影响到吸附剂的吸附量，这些影响因素大概可以分为三个方面，即吸附剂、吸附质和吸附条件[73]。

3.3.1　吸附剂

吸附剂是影响 VOCs 吸附量的关键，不同的吸附剂对 VOCs 的吸附量差别很大。这主要是由吸附剂本身的结构和性质决定的，主要体现在两个方面，即结构信息如比表面积、孔体积等；吸附剂的表面官能团。

吸附剂的吸附量和吸附剂的孔容有较大关系，尤其是可以利用的有效孔容。Kosuge 等研究了孔结构对苯和甲苯分子在介孔硅材料 SBA-15 和 MCM-41 上吸脱附性能的影响，结果表明，在静态吸附条件下，吸附质的吸附量和总孔容有关；而在动态吸附实验中，微孔孔容对吸附量有较大影响[76]。Guo 等研究了氯苯在活性炭上的动态吸附过程，结果表明活性炭的微孔含量决定了氯苯的吸附量；同时，活性炭上的碱性官能团对氯苯的吸附也会有促进作用，而酸性官能团如羧基等会降低其吸附量[211]。

除了孔容，吸附剂的孔径分布也会对 VOCs 的吸附有较大影响。Nevskaia 等研究了水中吸附质芳香环化合物分子大小对其吸附性能的影响，结果表明，由于活性炭中微孔的存在，大分子的吸附质会由于尺寸效应不能进入部分微孔中造成相应吸附量的降低[212]。Moreno-Castilla 等研究了整体式炭气凝胶对空气中苯、甲苯和二甲苯的吸附性能，结果表明三种吸附质在炭气凝胶上的吸附量主要与吸附剂平均孔径大于 1.05nm 的微孔孔容有关[213]。Lillo-Rodenas 等采用不同孔径分布的活性炭对低浓度下苯和甲苯的吸附进行了研究，结果表明尺寸小于 0.7nm 的孔容决定了 VOCs 的吸附量，这种关系尤其对污染物苯更加明显[74]。Lin 等研究了三维有序大孔铁氧化物对硫化氢的去除效果，结果表明，当吸附剂孔径尺寸为 150nm 时，孔道内传输对吸附质扩散的限制作用基本可以忽略；而当孔径继续增大，较大的比表面积会更有利于硫化氢的吸附，主要是由于其具有更多可用的活性位[214]。另外，吸附剂中孔道的形状也会对吸附质的吸附产生影响，对于狭缝状的孔需要考虑吸附质分子的最小尺寸，即吸附质分子的最小尺寸必须要小于狭缝孔尺寸才能够进入孔道内；而对于圆柱形孔，则至少需要考虑吸附质分子的两个较小的尺寸，如图 3-14 所示[215]。Agueda 等研究了活性炭整体式吸附剂孔道形状对吸附性能的影响，结果表明，整体式活性炭在微观结构、单元密度和墙体厚度均一致时，采用二维六方的孔道比正方形孔道更有利于吸附，主要是因为二维六方的孔道具有较高的传质速率和较低的压降[216]。

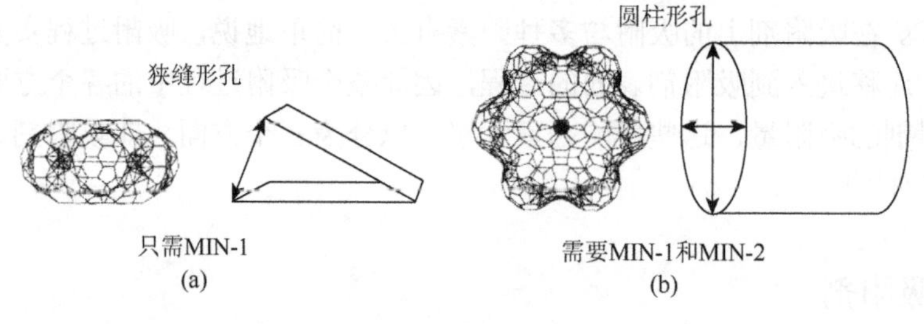

图 3-14　苯分子进入狭缝孔和圆柱孔道示意图[215]

吸附剂的表面官能团对也会对吸附质的吸附量产生影响。以活性炭为例，活性炭表面含有羧基、羰基、酚基、羟基、内酯基等酸性官能团和苯并呋喃基、吡喃酮等碱性官能团。这些官能团的含量通常可以由滴定的方法测得，尽管含量很少，但是对吸附量的影响较大[212, 217]。Bandosz 等研究了硝酸改性后的活性炭对甲基乙胺的吸附性能。结果表明，改性后的酸性官能团对甲基乙胺的吸附没有较大影响；但当相对湿度达到 70%时，由于酸性官能团和水分子结合而阻碍了甲基乙胺的吸附，从而会严重降低其吸附量[68]。Liu 等研究了酸、碱改性的椰壳活性炭的疏水性及其对 VOCs 的吸附性能，结果表明，经过酸改性后的活性炭表面含氧官能团的含量大大增加，而 VOCs 的吸附量降低；相反经过碱改性的活性炭对 VOCs 的吸附量大大增加，主要是由于碱改性后的活性炭比表面积增加，且含氧官能团的含量减少[217]。Vivo-Vilches 等采用橄榄核作为碳源，经过炭化和活化步骤后制得高孔隙率的活性炭，并采用过硫酸铵作为氧化剂对合成的活性炭进行改性；采用乙醇和正辛烷作为含氧 VOCs 和脂肪族 VOCs 的特征污染物研究了活性炭的吸附性能，结果表明，正辛烷的吸附量主要取决于活性炭的孔容，而乙醇的吸附量与活性炭表面的化学性质有关，在羧基存在的条件下其吸附量会大幅增加[218]。

在吸附剂的影响因素中，除了上述影响因素之外，还有一些特殊的材料，其独特的性能也会对材料的吸附产生一定的影响，如吸附材料的弹性性能（flexibility）。传统的吸附剂，如活性炭和分子筛等，其骨架主要由 C—C 键和 Si—O 键等组成，这些化学键通常都具有一定的刚性，因此材料本身也具有一定的固定结构。然而，随着新型材料的发明，人们在研究的过程中发现，某些材料具有一定的弹性性能，如新型的 MOFs 材料等。Zhao 等研究了氢气在 MOFs 材料上的储存性能，研究结果表明，材料具有特殊的类似“弹性”的性能，在较高的压力下材料孔道之间会形成一定的“窗口”，此时氢气分子进入材料内部，而当处于低压条件时，这些“窗口”就会关闭，氢气于是被储存在材料内部[219]。Zhang 等合成了新型金属多氮唑框架化合物 MAF-2，并对其气体吸附/分离性能进行了研究，结果表明，在吸附苯和环己烷混合蒸气时，由于材料框架结构的弹性会发生一定的变化，进而使苯分子能够扩散进入材料内部，环己烷则被排除，因此具有较高的苯/环己烷吸附选择性；同时，这些由蒸气吸附/脱附过程导致的结构变化是可逆的[27]。

另外，还有一些吸附材料在特定情况下会表现出一定的溶胀性能，其对 VOCs 的吸附与孔容之间的关系也比较特殊[220]。Shen 等合成了新型的聚酰亚胺材料，材料的孔容为 0.372mL/g，对苯蒸气却具有较高的吸附量，在 298K 时对苯蒸气的吸附量达到了 99.2%。若有 1g 吸附剂，并且假设苯在吸附态的密度与 298K 时的液态密度接近（0.879g/mL），则吸附的苯的体积约为 1.13mL，远大于材料由氮气吸脱附曲线得到的孔体积 0.372mL，表现出了优良的 VOCs 吸附性能[203]。

3.3.2　吸附质

吸附质的吸附量除了和所选用的吸附剂有关外，还和吸附质分子本身的性质有关，包括极性、沸点、分子量、分子尺寸和构型等。吸附作用是吸附质分子和吸附剂表面之间发生的物理作用，而对这种物理作用有影响的方面均会影响到吸附剂的吸附量。通常情况下，沸点较高、分子量较大、分子尺寸较大的吸附质，与吸附剂的作用力也会更大，更倾向于不可逆地吸附在吸附剂上。

Pires 等利用 Dubinin-Astakhov 方程对极性不同的丙酮、甲乙酮、1, 1, 1-三氯乙烷和三氯乙烯在颗粒活性炭上的吸附等温线进行了拟合，并利用特征吸附能参数揭示了不同吸附质的吸附性能。结果表明，由于极性不同，所选用的吸附质在活性炭上的吸附作用力也不相同；对于含氧的 VOCs 丙酮和甲乙酮，特征吸附能会随着极化率的增加而增加，但两者的贡献难以区分开来；对于含氯的 VOCs 三氯乙烷和三氯乙烯，吸附能参数与极化率的关系并不明确，偶极矩的作用也不明显，可简单推测色散力是吸附过程中主要的作用力[221]。Wang 等研究了八种 VOCs 分子在颗粒活性炭上的吸附行为，结果表明，在吸附过程中，吸附质的吸附量与吸附质的沸点具有密切的关系，低沸点的吸附质会逐渐被高沸点的吸附质置换，最终的吸附量较低[73]。

在吸附时还应注意到，许多吸附质分子存在不同的构型，这些同分异构体也会影响到吸附质的吸附[222]。Pinto 等在研究乙苯分子在微孔吸附剂中的吸附时发现，当吸附剂的孔径和吸附分子的尺寸相接近时，构型效应会变得很重要。若乙苯的乙基官能团垂直于芳环的平面，那么乙苯进入到微孔吸附剂内部时就会受到阻碍；相反，乙基官能团在平面位置时更有利于吸附[220]。Yang 等研究了非极性的 VOCs 分子苯、甲苯、乙苯和二甲苯的三种同分异构体在金属有机化合物 MIL-101 上的吸附性能，结果表明邻二甲苯、间二甲苯和对二甲苯三种同分异构体的分子形状对吸附量的影响较大；对二甲苯，由于分子呈线型，和乙苯分子形状类似，易进入吸附剂孔道内，所以吸附量较高；而邻二甲苯和间二甲苯，由于会优先于苯环吸附于 MIL-101 的活性位上，且两个甲基的间距大于孔口直径，难以进入孔道内部，因此吸附量较对二甲苯低[14]（图 3-15）。

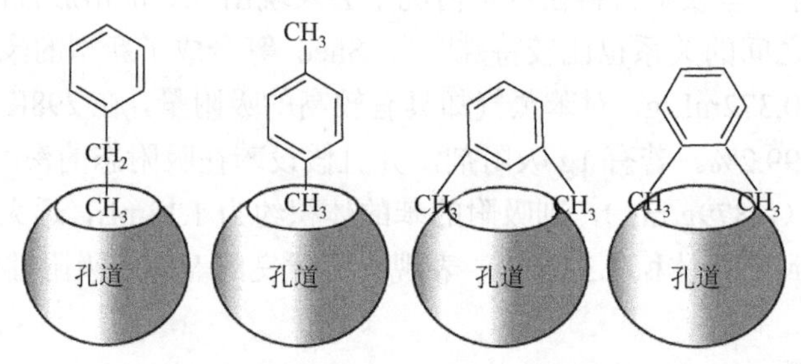

图 3-15　乙苯、对二甲苯、间二甲苯、邻二甲苯分子进入 MIL-101 孔道示意图[14]

在实际吸附过程中，经常会出现多组分 VOCs 混合吸附的现象，而这种多组分吸附质也会对其中某一单组分吸附质的吸附产生影响。Piemonte 等研究了甲基叔丁基醚和环己烷、空气的混合气在活性炭上的吸附过程，结果表明，甲基叔丁基醚的吸附量会受到环己烷的影响而大幅度下降，在吸附过程中，其浓度会逐渐超过入口浓度，然后又重新降低至入口浓度附近，这是由于环己烷对活性炭的亲和力较强，会发生优先吸附，能够将已吸附的甲基叔丁基醚置换出来[64]。Hashisho 等对 2～8 种 VOCs 在固定床活性炭上的竞争吸附进行了模拟，结果也表明在多种吸附质存在的情况下，亲和性较高的吸附质会对亲和性较低的吸附质的吸附量造成影响[223]。Fletcher 等研究了正丁烷和水蒸气在活性炭上的竞争吸附，结果发现，在实验范围内，当相对湿度增加到 60%时，与单纯的正丁烷蒸气相比，正丁烷的吸附量并没有太大的变化，但是吸附速率常数降低，间接证明了活性炭本身结构的疏水性能，但是由于少量水分子吸附在含氧官能团上导致了其吸附速率的降低；对于水蒸气，其吸附过程最初较快，但是其最终吸附量只接近静态饱和吸附量的 15%，主要是由于正丁烷将已经吸附的水蒸气置换出来[67]。对于多组分 VOCs 之间的竞争吸附，由于采用实验的方法研究不同吸附质的吸附量通常比较耗时且繁琐，因此人们尝试通过一系列的数学模型来估算吸附质的吸附量。Tefera 等利用单组分吸附质的吸附等温线、动力学吸附模型、质量和能量守恒方程，对多组分吸附质在活性炭吸附床层中的吸附量进行了估算，结果表明采用的计算模型在实验研究的范围内对 2～8 种吸附质均可以较好地估算出各组分的吸附量[223]（图 3-16）。

3.3.3　吸附条件

温度是影响吸附剂吸附量的最主要因素。根据热力学理论，吸附通常是恒温或恒压下的自发行为，又因吸附在固体表面的气体分子与体相分子相比失去了一些平动自由度，所以 $\Delta S<0$，由热力学 $\Delta H=\Delta G+T\Delta S$ 可知，$\Delta H<0$，即物理吸附均是放热的。大多数情况下，吸附剂的吸附作用通常会随着温度的升高而降低，主要是由于温度升高，吸附质分子的动力学能量增加，此时更加不容易被吸附剂吸附和捕获[106]。温度对吸附剂的影响在一些特殊情况下也存在吸附量随着温度的增加而增加的情况，主要原因可能是以下两个因素造成的，一是在低温时，由于孔道形状和尺寸的因素限制了吸附质分子向吸附剂内部的扩散，此时吸附量并没有达到饱和吸附量，而温度的升高使更多的吸附质分子扩散进入吸附剂内部，因而吸附量反而随着温度的升高而增加[58, 224]；二是由于吸附剂在压力、温度和吸附质的相互作用下发生了结构的改变，如形变或者溶胀等，造成了吸附量的增加[220]。

湿度也会对吸附剂的吸附量产生较大影响。例如，对于活性炭来说，相关的研究表明当相对湿度大于 30%的时候，水蒸气便会严重影响活性炭对 VOCs 的吸附量[225]。这主要是由于水蒸气的存在阻碍了活性炭对 VOCs 分子的进一步吸附[226]。水分子在活性炭中的吸附主要包括以下几个步骤：首先，水分子是极性吸附质，

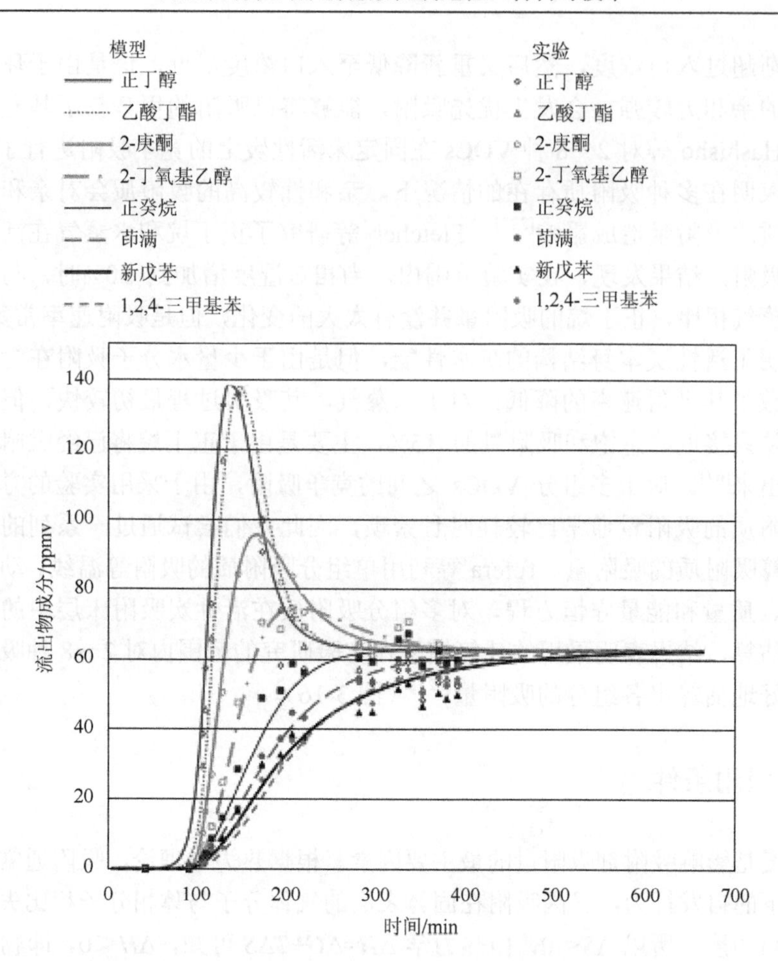

图 3-16　多种 VOCs 分子在颗粒活性炭上的竞争吸附曲线[223]

其与活性炭中的含氧官能团之间具有较强的作用力，因此在吸附初期会快速吸附在活性炭中的极性官能团上；其次，水分子在氢键作用下在这些主要吸附位上形成了水分子团簇；最后，这些水分子团簇和吸附剂的孔壁之间形成桥键，进而堵塞整个孔道，造成 VOCs 分子难以进入孔道内部而被吸附[227]。需要指出的是，活性炭是由疏水的石墨微晶叠加而成，因此从结构上来讲其本质是疏水的，但是在生产过程中，由于一系列氧化、还原等反应，使活性炭表面产生了含氧官能团。尽管这些含氧官能团的含量相对不多，但是仍然显著地降低了 VOCs 分子的吸附量。为了定量描述吸附剂的疏水性能，人们引入疏水指数（hydrophobic index）的概念，其定义为材料对甲苯或异戊烷的吸附量与对水蒸气的吸附量之比。通常 HI 值越高，材料的疏水性越好[228]。总体来说，截止到目前，如何降低湿度对活性炭吸附性能的影响仍然是一个具有挑战性的问题，还需要进一步的研究。

3.4　VOCs 吸附过程与机制

3.4.1　吸附模型

上文中已经提到，常见的吸附等温线共有五类。这些不同类型的吸附等温线，反映了吸附剂的表面性质、孔径分布以及吸附剂-吸附质之间作用力的不同。因此可以由吸附等温线的类型反过来了解一些关于吸附剂的表面性质、孔径分布、吸附剂-吸附质间作用力的相关信息。为了从理论上揭示出这些吸附等温线所代表的物理意义，针对常见的几类吸附等温线，科研工作者先后提出了许多相应的吸附作用理论，并推导出了吸附等温方程。下面对这些吸附作用理论中影响较大的几个做简要阐述。

1. Langmuir 吸附模型

1916～1918 年，Langmuir 在研究低压下气体在金属上的吸附时，从动力学理论的角度出发推导出了单分子层吸附等温式，即著名的 Langmuir 单分子层吸附理论。此理论具有几个基本的假设，第一，吸附剂表面是均匀的，在吸附剂表面存在着具有吸附能力的吸附位；第二，每一个吸附位只能吸附一个分子；第三，吸附质分子间作用力可忽略；第四，吸脱附过程处于一个动态的平衡过程中。具体的推导过程可见相关书籍[4, 9]。Langmuir 吸附模型的表达式为

$$q=\frac{q_{\mathrm{m}}Kp}{1+Kp} \tag{3-3}$$

式中，q 为压力 p 时的吸附量；q_{m} 为吸附剂的单层吸附量；K 为吸附作用的平衡常数，其值的大小代表了固体表面吸附气体能力的强弱程度。当压力较低时，公式可回归到亨利法则，此时吸附量与平衡压力呈线性关系[106, 229]，用公式表示为

$$K_{\mathrm{H}}=\lim_{p\to 0}\left(\frac{q}{q_{\mathrm{m}}p}\right) \tag{3-4}$$

另外，由 Langmuir 吸附公式可知，以 p/q 对 p 作图，则可以得到一条直线，其斜率为 $1/q_{\mathrm{m}}$，截距为 $1/K\,q_{\mathrm{m}}$，从而可以求得吸附质吸满单分子层时的吸附量 q_{m} 和吸附系数 K 值。

Langmuir 吸附模型代表了吸附分子达到单分子层吸附饱和时的吸附性能，它描述的是 I 型吸附等温线，对于其他类型的吸附等温线并不适用。但是，Langmuir 吸附模型的建立是开创性的，它是人们首次采用动力学的观点、从理论出发得到的并符合较多实验数据的模型，因此具有重要的地位，并且它也为后续其他模型的提出建立了良好的基础。

2. Freundlich 吸附模型

Freundlich 吸附方程是一个经验方程，是由 H.Freundlich 于 1907 年根据大量的实验数据总结出来的。其表达式为

$$q = kp^{\frac{1}{n}} \tag{3-5}$$

式中，q 为单位质量固体吸附气体的量（cm^3/g 或 g/g）；p 为气体的平衡压力；k 和 n 的值为与吸附剂、吸附质有关的常数。

Freundlich 方程虽然是一个经验方程，但由于其形式简单，在宽广的压力范围内均可与实验结果较好地符合，因此其应用范围比较广泛，覆盖物理吸附、化学吸附等。Romas 等研究了苯、甲苯和正己烷在温度为 273K 和 298K 的条件下在活性炭布上的吸附性能，采用 Langmuir 和 Freundlich 方程对得到的吸附等温线进行了拟合，结果表明在整个相对压力范围内，Freundlich 方程可以更好地符合吸附等温线[58]。Nahm 等研究了甲苯在脱附后的活性炭上的吸附性能，并采用 Langmuir 和 Freundlich 方程对吸附等温线进行了拟合，结果表明经验性的 Freundlich 方程对吸附等温线的拟合效果更好，表明了材料表面的不均匀特性[50]。Gao 等研究了气相的六氯苯在市政固体废弃物燃烧后的飞灰、矿物质以及活性炭上的吸附性能，采用 Freundlich 方程对吸附等温线进行了模拟，和实验得到的数据具有较好的相符性[230]。

Freundlich 方程的缺点是其从经验出发得到，没有理论基础，也没有相应的物理意义，难以从理论上揭示出吸附的内在规律，与 Langmuir 吸附公式相比，在低相对压力时也不能回归到 Henry 方程[231]。

3. BET 多层吸附公式

Langmuir 吸附理论的提出，使人们对吸附过程的理解大大加深。但许多通过实测得到的吸附等温线表明，大多数固体对气体的吸附并不是单分子层的。因此，Brunauer、Emmett 和 Teller 在 Langmuir 单层吸附理论的基础上，提出了多层吸附理论（BET），其示意图如图 3-17 所示。

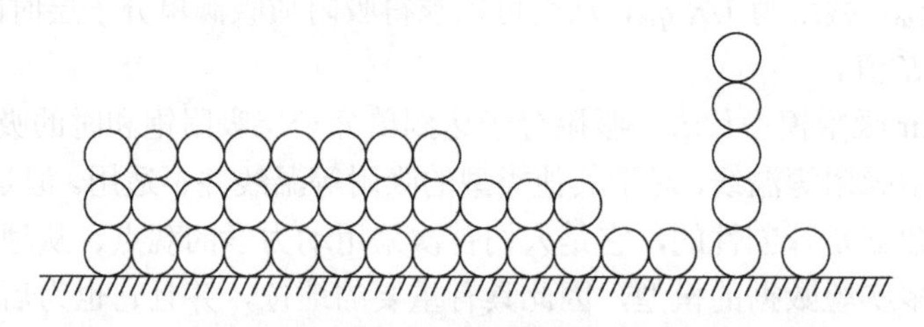

图 3-17　BET 多层吸附模型示意图

同单分子层吸附的 Langmuir 吸附模型类似，BET 方程也进行了一系列的理论假设，其基础理论与 Langmuir 吸附模型并无不同，重点是增加了多层吸附的相关内容，具体为吸附质在吸附剂表面可发生多分子层吸附；吸附在最上层的分子与吸附质分子间处于动力学平衡。通过理论推导，BET 方程的表达式为[6]

$$V = V_{\mathrm{m}} \frac{Cp}{(p_{\mathrm{s}} - p)\left[1 + (C-1) p/p_{\mathrm{s}}\right]} \tag{3-6}$$

式中，V 为在平衡压力 p 时的吸附量；V_{m} 为固体吸附剂表面铺满单分子层时所需要的气体的量；p_{s} 为实验温度下气体的饱和蒸气压；C 为与吸附热有关的常数；p/p_{s} 为吸附比压。

BET 方程提出后得到了广泛的应用，对于大多数发生多层吸附的吸附等温线，在相对压力 0.05～0.35 范围内都可以得到线性较好的 BET 图，证明了 BET 理论具有较高的可靠性[234]。

BET 的一个最典型的应用是对多孔材料的比表面积等性质的测定。对 BET 方程进行线性转换可得

$$\frac{p}{V(p_{\mathrm{s}} - p)} = \frac{1}{V_{\mathrm{m}}C} + \frac{C-1}{V_{\mathrm{m}}C}\frac{p}{p_{\mathrm{s}}} \tag{3-7}$$

根据式（3-7），若以 p/V（$p_{\mathrm{s}}-p$）对 p/p_{s} 作图，应得到一条直线，直线的截距为 $1/V_{\mathrm{m}}C$，斜率为（$C-1$）$/V_{\mathrm{m}}C$，由此即可计算出 V_{m} 和常数 C 的值。根据吸附质分子的单分子体积，则可以得到吸附剂在铺满单分子层时所需的分子个数；若已知每个分子的截面积，则又可以求出吸附剂的比表面积：

$$S_{\mathrm{BET}} = nSN_{\mathrm{A}} \tag{3-8}$$

式中，S_{BET} 为吸附剂的比表面积；S 为一个吸附质分子的横截面积；N_{A} 为 Avogadro 常数；n 为吸附质的物质的量。在实际应用中，可用的吸附质并不多，大多用氮气作为吸附质来测定材料的比表面积。

BET 方程在气体多层吸附方面有较为广泛的应用，但同时也存在 BET 方程和实际结果有偏差的情况，主要是由于 BET 方程的一些假定均为理想情况，例如，其假定相邻吸附质分子之间的作用力可以忽略，第二层以上的气体分子的吸附可以看作气体的凝聚等，这些与实际情况存在一定的偏差。因此也有人尝试将 BET 方程进行一系列的修正与改进。例如，Anderson 等假设从第二层开始到约第九层的吸附热并不相等，而是相差一个常数，从而需要对相对压力值乘上一个常数 k；Kiselev 等也提出了考虑横向相互作用的多层吸附方程式。这些修正公式的具体推导过程和公式可参见相关文献，在这里不再具体介绍，总的来说，这些多层吸附的修正公式，多数是半经验性的，通过增加一些经验常数，

扩大了原有公式的适用范围。

4. Dubinin-Radushkevich（DR）方程和 Dubinin-Astakhov（DA）方程

1916 年，英国化学家 Michael Polanyi 提出了著名的 Polanyi 吸附势理论，指出固体吸附剂表面存在一个很强的吸附力场，吸附力场中每一个点都存在吸附势，其定义为 1mol 气体从无限远处吸附到这个点所需要做的功；吸附势是吸附体积的函数，与温度无关。

苏联科学家 Dubinin 和 Radushkevich 在 Polanyi 吸附理论的基础上，提出了体积填充理论，并将其应用于吸附过程中，得到了著名的 Dubinin-Radushkevich 方程，其表达式为

$$\lg W = \lg W_0 - D \lg^2 \frac{p_0}{p} \tag{3-9}$$

$$D = 2.303k\left(\frac{RT}{\beta}\right)^2 \tag{3-10}$$

式中，W 为在给定相对压力下吸附质的吸附量；W_0 为吸附剂中微孔被吸附质完全填充时的吸附量；k 为与孔径分布曲线有关的常数，由吸附剂的微孔结构决定；β 为亲和性系数，代表了某种吸附质对吸附剂表面亲和能力的大小，通常由吸附质与参比吸附质的吸附势之比得到。

以 $\lg W$ 对 $\lg^2$（p_0/p）作图即可得到 DR 图，通过截距可计算出 W_0 的值，进而计算出吸附剂的微孔体积。

DR 方程在用于吸附剂的微孔含量计算时非常有用，在大多数情况下都能符合方程并得到较好的结果。Breysse 等采用 DR 方程对二氯苯的三种同分异构体在微孔活性炭上面的吸附数据进行了拟合，结果表明三种吸附质在微孔活性炭上的吸附特性曲线并没有显著不同。由于三种同分异构体邻二氯苯、间二氯苯和对二氯苯在化学性质如分子量、蒸气压、密度等方面非常相似，而偶极矩（邻二氯苯、间二氯苯和对二氯苯的偶极矩分别为 2.5D、1.72D 和 0D）相差较大，因此推测出在偶极矩为 0D 和 2.5D 的范围内，静电引力对吸附质的吸附能力并没有显著影响[232]。Cardoso 等以废木屑为原料，KOH 为活化剂，经过高温炭化和活化工艺制得了一系列活性炭，并研究了正己烷、环己烷、甲乙酮和 1, 1, 1-三氯乙烷在制得的活性炭上的吸附性能，通过 DR 方程计算得到了吸附质在一系列活性炭上的饱和吸附量，结果表明，当活化剂与木屑质量比为 0.5、温度为 800℃时得到的活性炭吸附效果最好[222]。

Dubinin-Radushkevich 方程用于描述均匀微孔体系，而真实体系中均匀微孔是不多见的，多数还是不均匀的微孔体系，所以常常碰到 DR 作图出现线性偏离的

情况。为描述非均匀性微孔体系，Dubinin 和 Astakhov 在 20 世纪 60 年代末至 70 年代初提出了把 DR 方程中指数的二次方项改为任意的 m 次，即

$$\ln W = \ln W_0 - D \ln^m \frac{p_0}{p} \tag{3-11}$$

式中，$D = \left(\dfrac{RT}{\beta E_0}\right)^m$，这就是 Dubinbin-Astakhov 方程，简称 DA 方程。

对比 DR 方程和 DA 方程可以看出，DR 方程是 DA 方程的特殊情形，即 m=2 时 DA 方程可以变为 DR 方程。DA 方程同样有着广泛的应用，可以预测吸附剂对吸附质的饱和吸附量等参数。例如，Pires 等研究了丙酮、甲乙酮、1, 1, 1-三氯乙烷和三氯乙烯在颗粒活性炭上的吸附行为，并采用 DA 方程得到了几种吸附质的饱和吸附量和特征吸附能[221]。

DR 和 DA 方程在预测吸附剂的吸附量时已得到大量应用，但仍存在一些需要完善的地方，其中一个突出的方面即是亲和性系数的选择。对于方程中的亲和性系数 β，通常有三种方法来进行估算，即摩尔体积、分子等张比容和电子极化效应。对于非极性或弱极性的吸附质来说，色散力在吸附过程中起主要作用，通常选择摩尔体积或等张比容来计算亲和性系数；而对于极性较强的吸附质来说，通常利用电子极化率来计算亲和性系数。可以看出，利用这些方法在选择合适的参比吸附质时仍具有一定的随机性，从而会给结果带来一定的偏差[233]。Noll 等采用三种方法对比研究了计算得到的亲和性系数，结果发现采用一个与参比吸附质极性相似的吸附质会降低计算得到的吸附质亲和性系数的误差[234]。而 Golovoy 和 Braslaw 同样采用三种方法计算了 14 种 VOCs 分子在微孔活性炭上的亲和性系数，结果表明，采用的吸附质和参比吸附质极性相近时，并不一定能够提高计算和测试得到的亲和性系数的相符率[235]。Jahandar 等提出了进一步的改进方法，考虑到不同的吸附质具有不同的分子动力学直径，因此将动力学直径也作为参考的一个因素，他采用 13 种 VOCs 分子作为对象计算了亲和性系数，结果表明，在 DR 方程中选择参比吸附质时需要考虑到吸附质的分子动力学直径，当选用的吸附质和参比吸附质的分子动力学直径相近时，DR 等温线方程会具有较好的拟合效果[236]。

3.4.2　VOCs 吸附动力学

在一个吸附体系中，研究吸附质在吸附剂上的动力学行为是非常重要的，动力学研究能够给出吸附质在吸附剂孔道内的扩散速率、吸附过程及吸附剂损耗速率的信息，对了解吸附系统极其关键。动力学可分为微观动力学和宏观动力学两个方面，前者主要是为了研究吸附质分子在吸附剂颗粒内的扩散机理，后者主要

是通过一系列穿透曲线和模型得到专用吸附床层的参数和结构选择所需要的一些信息。下面分别对这两方面进行简单的介绍。

1. 微观动力学

微观动力学主要研究吸附质分子在吸附过程中的扩散机理。首先，简单介绍几个基础的概念。

1）分子的平均自由程（mean free path）

分子的平均自由程是指一个气体分子在连续两次碰撞之间可能通过的各段自由程的平均值，其值的大小可通过公式得到：

$$\lambda=\frac{RT}{\sqrt{2}\pi d^2 N_A P} \tag{3-12}$$

式中，P 为压力；R 为摩尔气体常量；T 为温度；d 为分子有效直径；N_A 为阿伏伽德罗常量[15]。

2）分子扩散（molecular diffusion）

当吸附剂孔道直径比扩散分子的平均自由程大很多时，孔道内分子间的碰撞几率大于分子与吸附剂内部孔壁碰撞的几率，即扩散阻力主要来自于分子之间的碰撞，此时的扩散称为分子扩散。

3）努森扩散（Knudsen diffusion）

当分子平均自由程大于孔径时，吸附质分子与孔壁之间的碰撞概率大于分子间的碰撞概率，此时的扩散称为努森扩散。

当孔道直径与扩散分子的平均自由程接近时，分子扩散和努森扩散同时发生，为一个过渡区。

4）表面扩散（surface diffusion）

努森扩散和分子扩散均为吸附质分子穿过孔内部的扩散方式，还有一种情况，即吸附质分子穿过吸附剂表面的物理吸附层，此时称为表面扩散。

在整个吸附过程中，分子扩散、努森扩散、表面扩散等同时发生[9]，如图 3-18 所示，这些扩散步骤的速率决定了哪个是整个动力学过程中的速率控制步骤。对于气相吸附而言，通常情况下表面扩散对整个扩散过程的贡献较小，主要是由于吸附态通常近似于液态，其流动性要远远小于气相，但是当孔径较小时，表面吸附态的浓度会较高，吸附层厚度明显加大，此时表面扩散对整个扩散的贡献就难以忽略。而直接测量表面扩散速率是比较困难的，因为发生表面扩散时通过气相的流体扩散也会同时发生。考虑到吸附剂结构的复杂性，通常选用简化的方法来计算整个吸附过程的吸附动力学[60]。有较多的研究者在这方面做了大量的工作，也提出了不同的计算模型和方法。

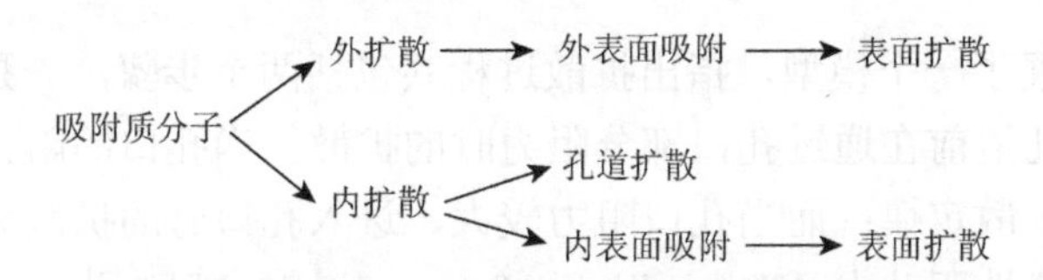

图 3-18　吸附质分子在吸附过程中扩散路线示意图

Crank 等基于菲克扩散模型，提出了吸附质晶粒内扩散系数的计算方法[237, 238]。他假设吸附剂中吸附态的浓度变化较小，当吸附剂为球形颗粒时，扩散系数的计算可以由式（3-13）得到：

$$\frac{m_t}{m_\infty}=\frac{q-q_0}{q_\infty-q_0}=1-\frac{6}{\pi^2}\sum_{n=1}^{\infty}\frac{1}{n^2}\exp\left(-\frac{n^2\pi^2D_c t}{{r_c}^2}\right) \tag{3-13}$$

式中，m_t 为当时间为 t 时吸附剂的质量；m_∞ 为吸附平衡时吸附剂的质量；D_c 为颗粒间的扩散系数；r_c 为颗粒半径。

当时间 t 较小，即吸附初始时期，上述公式可进行简化，得

$$\frac{m_t}{m_\infty}=\frac{6}{\sqrt{\pi}}\sqrt{\frac{D_c t}{{r_c}^2}} \tag{3-14}$$

此时，由 m_t/m_∞ 对时间 t 的平方根作图，即可得到扩散速率系数。

当时间 t 较大，在吸附后期，可对上述公式进行简化，得

$$\frac{m_t}{m_\infty}=1-\frac{6}{\pi^2}\exp\left(-\frac{\pi^2D_c t}{{r_c}^2}\right) \tag{3-15}$$

同样，可进一步计算得到速率扩散系数。

当吸附剂颗粒为狭长或平板形时，扩散系数的计算可以由下列公式得到：

$$\frac{m_t}{m_\infty}=\frac{q-q_0}{q_\infty-q_0}=1-\frac{8}{\pi^2}\sum_{n=0}^{\infty}\frac{1}{(2n+1)^2}\exp\left[-\frac{(2n+1)^2\pi^2D_c t}{4{l_c}^2}\right]$$

式中，l_c 为颗粒的半宽值。同样，当时间 t 较小时，上述公式可简化为

$$\frac{m_t}{m_\infty}=\frac{2}{\sqrt{\pi}}\sqrt{\frac{D_c t}{{l_c}^2}} \tag{3-16}$$

当时间 t 较大时，可简化得到

$$\frac{m_t}{m_\infty}=1-\frac{8}{\pi^2}\exp(-\frac{\pi^2D_c t}{4{l_c}^2}) \tag{3-17}$$

Zhao 等采用苯作为代表性吸附质，研究了其在金属框架化合物 MIL-101 上的吸附性能，采用 Crank 扩散公式计算了苯分子在吸附剂上的扩散系数，结果表明，苯分子在吸附剂上具有较低的活化能，因而具有较高的扩散速率系数，在温度 288～318K 范围内，扩散速率系数可高达（4.25～4.76）$\times10^{-9}$cm^2/s，是其他吸附剂如活性炭、分子筛 ZSM-5 的 5～10 倍，非常有利于吸附质的扩散[196]。

Rao 等发展了一个模型，指出扩散过程共包括两个步骤，一是沿着孔道的扩散；二是进入孔道前在通过孔口部分阻力时的扩散。当孔口的阻力很小时，扩散过程遵循菲克扩散定律；而当孔口阻力较大、进入孔口时的扩散为速率控制步骤时，扩散遵循线性驱动力（linear driving force，LDF）模型[25]。

LDF 模型的公式为

$$\frac{M_t}{M_e}=1-e^{-kt} \tag{3-18}$$

式中，M_t为时间为 t 时的吸附量；M_e为平衡吸附量；k 为吸附速率常数。

LDF 模型是吸附动力学研究中应用比较广泛的模型之一，它的特点是计算量比较小，目前已广泛应用于吸附过程中。Berenguer-Murcia 等研究了正壬烷和 α-蒎烯蒸气在 MCM-41 上的吸附动力学，结果表明两种吸附质的吸附动力学均遵循 LDF 模型，说明吸附质在吸附剂的扩散过程中存在着阻力，通过对比两种吸附质分子的大小，表明阻力主要来源于吸附剂的表面而不是孔道中[239]。Dou 等研究了苯分子在炭-硅气凝胶复合材料上的吸附性能，并采用 LDF 模型研究了吸附质分子的吸脱附动力学性能，结果表明吸脱附过程均可较好地符合 LDF 模型[77]。Wang 等研究了苯分子在共轭微孔聚合物上的吸脱附性能，结果表明其吸脱附性能也能较好地符合 LDF 模型[185]。

2. 宏观动力学

宏观动力学主要是为了解决实际生产需要，通过一系列穿透曲线和模型得到专用吸附床层的参数和结构选择所需要的一些信息。穿透曲线通常有两种方式进行预测，一是采用一系列质量守恒、能量守恒、传热传质相关的微分方程，对吸附过程中不同的步骤和程序进行精确描述，从而对吸附量和穿透时间等进行预测，如 Tefera 等利用动力学吸附模型、质量和能量守恒方程，对多组分吸附质在活性炭吸附床层中的吸附量进行了估算[223]；二是采用基于动力学吸附和经验知识的估计理论，运用半经验模型来进行预测。由于前者需要一系列的参数和较多的运算过程，因此应用较少；而第二种方法相对简单，应用也比较广泛，在这里对其进行简要的介绍。

1）Klotz 方程

早在 1920 年，Bohart 和 Adams 采用含有木炭的固定床吸附含氯的混合气体，并得到了相关穿透曲线的模拟方程；随后在二十年代后期，Mechlenburg 提出了采用防毒面罩去除有毒气体的动态方程，即 Mechlenburg 方程，其表达式为[240]

$$t_b L c_0 = N_0 A(z-h) \tag{3-19}$$

对方程进行重排后可得

$$t_b = \frac{N_0 A}{L c_0}(z - h) \tag{3-20}$$

由此方程即可模拟得到床层的穿透时间和吸附量等信息。但 Mechlenburg 方程存在着较多的缺陷，预测值与实际值有较大的偏差。在第二次世界大战期间，Klotz 在 Mechlenburg 方程的基础上提出了进一步的改进，即后来的 Klotz 方程，其表达式为

$$t_b = \frac{N_0 A}{L c_0}\left[z - \frac{1}{a}\left(\frac{D_p G}{\mu}\right)^{0.41}\left(\frac{\mu}{\rho D_v}\right)^{0.67} \ln\left(\frac{c_0}{c_b}\right)\right] \tag{3-21}$$

式中，A 为吸附床的横截面积；c_0 为吸附床入口处吸附质气体的浓度；c_b 为吸附质气体的穿透浓度；L 为气体流速（L/min）；D_v 为单位面积、单位时间内吸附质的扩散系数；ρ 为气体密度；h 为死体积的高度；N_0 为吸附剂对吸附质的饱和吸附量；z 为吸附床吸附剂所在位置与入口处的距离；a 为吸附床中单位体积吸附剂颗粒的比表面积；D_p 为颗粒直径；μ 为气流的黏度；G 为质量流速，即吸附床单位截面积、单位时间内通过的气体质量。

Klotz 方程较 Mechlenburg 方程的精度有所提高，但是方程比较复杂，应用时需要多个参数，因此人们迫切需要更加简便且符合实际情况的新的理论模型的出现，这种情况直到 Wheeler 方程的提出。

2）Wheeler 方程

Wheeler 方程最早是由 Wheeler 和 Robell 于 1969 年为解决固定床催化反应的转化率问题而提出的[241]。其理论假设前提是反应遵循一级反应且是不可逆的，并且对于某一时刻固定床的反应效果取决于以下四个参数，即未受吸附质影响的吸附剂，其反应将遵循一级反应常数 K_0；与催化剂的选择性有关的无量纲常数 h_0，反应常数 K_0 是 h_0 的函数；吸附质在催化剂上的吸附速率常数 K_a；单位质量催化剂的平衡饱和吸附量。值得注意的是，Wheeler 方程与 Mechlenburg 方程和 Klotz 方程相比，其理论假设的基础不同。前者在推导过程中，主要假定吸附本身是速率控制步骤，而 Mechlenburg 方程和 Klotz 方程则假定在吸附污染物的过程中，以扩散作为主要机制。

Wheeler 方程的提出，为固定床穿透时间的预测提供了一个较好的方法，但在实用过程中，由于方程同样较为复杂，且理论假设前提与实际有一定的偏差，如 Wheeler 假设吸附质吸附在催化剂表面后不再发生脱附现象，因此在应用中受到了一定的限制。为解决 Wheeler 方程过于冗繁的问题，后续的研究工作者对 Wheeler 方程进行了一系列的改进，其中应用最广泛的是 Rehrmann 和 Jonas 提出的改进的 Wheeler-Jonas 方程[242]，其表达式为

$$t_b = \left(\frac{W_e}{c_0 Q}\right)\left[W - \left(\frac{\rho_B Q}{k_v}\right)\ln\left(\frac{c_0}{c_x}\right)\right] \tag{3-22}$$

式中，t_b为穿透时间（min）；c_0为入口浓度（g/cm^3）；c_x为出口浓度（g/cm^3）；Q为体积流量（cm^3/min）；W为吸附剂质量（g）；W_e为吸附剂的平衡吸附量（g/g）；ρ_B为吸附床的密度（g/cm^3）；k_v为速率系数（min^{-1}）。

由于吸附时温度恒定，故 c_0，W，Q 的值可以测定出来；颗粒密度取决于填充量、颗粒尺寸和填充体积，可以通过实验测定出来；c_x 的值可以测定出来。Rehrmann 和 Jonas 的研究表明，尽管活性炭的单位吸附量不变，但是蒸气的穿透时间仍然发生变化，这是因为线速度、颗粒尺寸和颗粒形态对速率系数影响较大。另外，Rehrmann 和 Jonas 首次将改进后的 Wheeler-Jonas 方程应用于吸附过程中，并且首次提出，采用改进后的 Wheeler-Jonas 方程可以计算出床层的吸附量和速率系数（图 3-19）。

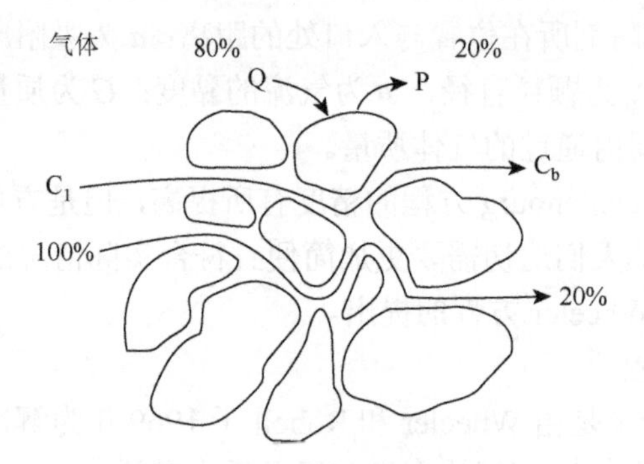

图 3-19　气体穿过炭床模型示意图

经过简单的变换，Wheeler-Jonas 方程可以写成下列形式：

$$t_b = \left(\frac{W_e W}{c_0 Q}\right) - \left(\frac{W_e \rho_B}{k_v c_0}\right)\ln\left(\frac{c_0}{c_x}\right) \tag{3-23}$$

此时，对穿透时间 t_b与吸附床质量 W 进行作图，可以得到一条直线，利用其斜率和截距可分别得到吸附量 W_e 和速率系数 k_v 等参数。Wheeler-Jonas 方程在预测吸附剂床层吸附量和穿透时间方面有着广泛的应用。EI-Sayed 等采用硝酸和尿素作为改性剂对两种商业活性炭进行改性并填入活性炭床层中对甲乙胺蒸气进行吸附，并采用 Wheeler-Jonas 方程计算活性炭床层的吸附量和吸附速率，结果表明改性后材料的微孔孔容减少，因此吸附床层的吸附量也有所降低；在 70%的相对湿度条件下，由于水分子的存在堵塞了床层中活性炭的孔道，因此吸附速率也大幅降低[68]。Wu 等系统地研究了 VOCs 分子在干燥条件下在活性炭上吸附时，影响 Wheeler-Jonas 方程中总传质系数的各种因素；结果表明，流速和吸附剂颗粒尺寸对总传质系数的影响最大，其次是吸附质分子的性质，并在此基础上提出了一个总传质系数的简单的线性模型，此模型在一定的吸附剂颗粒尺寸条件下，对环境中存在的各种 VOCs 分子均适用[243]。

Wheeler 方程的理论假设的前提是反应遵循一级反应且并未考虑反应过程中的吸附质脱附现象，因此使用过程中仍然存在一定的缺陷。当气体的穿透浓度较低（小于 10%）时，Wheeler 方程的偏差较小；但是当穿透浓度较高时，偏差就较大，而改进后的 Wheeler-Jonas 方程也并未在这方面提出改进。

3）Yoon-Nelson 方程

1984 年，Young Hee Yoon 和 James H. Nelson 在大量实验数据的基础上，提出了一种相对简单的描述吸附穿透曲线的半经验方程，这就是著名的 Yoon-Nelson 方程[244]。其推导过程在这里简单介绍如下：

对于一个吸附体系，Q 代表吸附率，P 代表穿透率。Nelson 等通过实验观察到，对于某一个特定的吸附体系，吸附速率的降低与 Q 和 P 成比例关系，即

$$-\frac{\mathrm{d}Q}{\mathrm{d}t}=\alpha QP \tag{3-24}$$

同时，吸附率的降低速率与污染物气体浓度 c、流量 F 相关，与吸附剂的质量（W_c）成反比例，因此，

$$-\frac{\mathrm{d}Q}{\mathrm{d}t}=\alpha\frac{cF}{W_c}QP \tag{3-25}$$

又因为吸附剂的重量与单位质量吸附剂的吸附活性位 W_e 有关，则

$$-\frac{\mathrm{d}Q}{\mathrm{d}t}=\alpha\frac{cF}{W_\mathrm{e}}QP \tag{3-26}$$

在这里引入一个无量纲常数 k，则

$$-\frac{\mathrm{d}Q}{\mathrm{d}t}=\frac{kcF}{W_\mathrm{e}}QP \text{ 或者 } -\frac{\mathrm{d}Q}{\mathrm{d}t}=k'QP \tag{3-27}$$

令 $k'=kCF/W_\mathrm{e}$，其单位为 min^{-1}。注意到

$$P=\frac{c_\mathrm{b}}{c_i}=1-Q \tag{3-28}$$

则可以得到：

$$\int\frac{\mathrm{d}Q}{Q}+\int\frac{\mathrm{d}Q}{1-Q}=-\int k'\mathrm{d}t \tag{3-29}$$

对其进行积分并变换形式可得

$$t=\tau+\frac{1}{k'}\ln\frac{c_\mathrm{b}}{c_i-c_\mathrm{b}} \tag{3-30}$$

式中，τ 为当穿透率达到 50%时的穿透时间；c_b 为吸附质的穿透浓度；c_i 为入口浓

度，此即为 Yoon-Nelson 方程最常用的表达式，由于某一个特定体系下 τ 值与 k' 是固定值，因此可以通过测定出口浓度，得到相应的穿透时间。从这里可以看出，与其他的经验方程相比，Yoon-Nelson 方程不仅数字表达形式更为简单，而且不需要更多的固定床和吸附质的详细参数，并且能对吸附穿透的全过程进行预测分析，因此在实际中有着非常广泛的应用。Long 等合成了超高交联吸附树脂作为吸附剂，并采用动态吸附的方法研究了树脂吸附剂和活性炭对甲乙酮和苯蒸气的吸附性能，Yoon-Nelson 方程对两者的动态吸附拟合结果表明树脂吸附剂对苯和甲乙酮蒸气具有较长的穿透时间，即吸附量高于活性炭，且穿透后穿透曲线增加得更快，表明颗粒间的传质阻力更小[245]。Chafik 等研究了邻二甲苯在膨润土和氧化铝上的吸脱附性能，采用 Yoon-Nelson 方程得到了膨润土床层和氧化铝床层的参数，并对 3600ppmv 时的动态穿透曲线进行了预测，结果表明 Yoon-Nelson 方程对两种吸附剂床层均具有较好的相符性[194]。殷操等采用溶剂热法制备了介孔聚二乙烯基苯（PDVB）树脂，研究了甲苯质量浓度、吸附温度等影响因素对吸附性能的影响和多组分 VOCs 在树脂上的吸附行为，并采用 Yoon-Nelson 方程对其动态穿透曲线进行了拟合，结果表明在选择的温度、浓度范围内，均可以对实验曲线进行较好的拟合；对于动力学直径依次增大的甲苯、邻二甲苯和均三甲苯来说，其吸附速率出现逐渐降低的趋势，主要是由于随着吸附质分子直径的增大，其所受到的孔壁叠加作用力增强，在吸附过程中的扩散效应愈发显著，导致吸附速率降低[246]。

在应用 Yoon-Nelson 方程时，有时还将其应用到传质区（mass transfer zone，MTZ）高度的计算中。传质区高度的计算是通过穿透曲线上穿透时间和吸附床层饱和时间之间的积分面积与饱和时间下总积分面积的比值得到的，其大小表征了吸附质吸附速率的大小，通常传质区高度越小，吸附速率越高[71，213]。传质区高度的计算，可通过下列公式计算得到：

$$H_{\mathrm{MTZ}}=\frac{c_0F}{q_m\rho A}(t_{\mathrm{ex}}-t_{\mathrm{bp}}) \tag{3-31}$$

式中，H_{MTZ} 为传质区高度；c_0 为进口浓度（mg/L）；F 为气体流量（L/min）；q_m 为单位质量吸附剂的饱和吸附量（mg/g）；ρ 为吸附剂堆积密度（g/cm^3）；A 为吸附剂床层的横截面积（cm^2）；t_{ex} 和 t_{bp} 分别为床层完全饱和及穿透的时间。

当对精度要求不高时，传质区的高度也可以通过以下公式估算得到：

$$H_{\mathrm{MTZ}}=H\cdot\frac{(t_{0.5}-t_{0.05})}{t_{0.95}} \tag{3-32}$$

式中，H 为整个吸附床层的长度；$t_{0.95}$、$t_{0.5}$ 和 $t_{0.05}$ 分别为吸附剂床层出口浓度为进口浓度 95%、50%和 5%时的时间[247]。

通过对比 Yoon-Nelson 方程和 Wheeler-Jonas 方程可以发现，Yoon-Nelson 方程实际上是 Wheeler-Jonas 方程更进一步的变形。若考虑脱附的因素，在方程中引

入参数 ln[（c_0–c_x）/c_x]，则 Wheeler-Jonas 方程可变为

$$t_b=\left(\frac{W_e W}{c_0 Q}\right)-\left(\frac{W_e \rho_B}{k_v c_0}\right)\ln\left(\frac{c_0-c_x}{c_x}\right) \tag{3-33}$$

其实质上是与 Yoon-Nelson 方程相统一的[248]。只是由于 Yoon-Nelson 方程考虑了脱附过程，即固定床吸附过程的可逆性，因此，不论气体的穿透浓度在低浓度（小于 10%）还是高浓度（大于 80%）范围内，Yoon-Nelson 方程均可以较好地对穿透时间进行预测。

Wheeler-Jonas 方程和 Yoon-Nelson 方程均是在 Wheeler 方程基础上改进的与固定床穿透时间相关的模型，利用这些方程可以较方便地得到固定床的一些重要参数，如饱和吸附量和速率系数。但是，由于速率系数与气体流速紧密相关，因此不同的模型在利用方程比较速率系数时，应首先比较不同的气体流速。即使是改进的 Wheeler-Jonas 方程和 Yoon-Nelson 方程，也都存在一定的缺陷，不能完整地描述系统的特征。在一定的条件下，一旦速率系数被确定下来，这个参数就将是一个经验常数，只有很少的物理重要性，不能完全地推广到其他情况下。另外，应用 Wheeler-Jonas 方程和 Yoon-Nelson 方程时，以下几个方面需要注意：

（1）在某些稳态流动情况下（气体流速无法改变时），可以通过改变吸附床质量，所采集到的数据用来进行分析；

（2）在分析得到的结果中，应包含斜率、截距、标准偏差和穿透时间与吸附床质量间的线性相关系数；

（3）对于一定的体系下得到的吸附量和速率常数，必须标明所选择的条件和参数，这些参数在采用其他模型计算时可以使用；

（4）穿透时间应该采用多个穿透点，且相差大概 10 倍左右，且最好能够包含实际使用中的数值范围；对于工业气体应用，1%和 10%的穿透时间比较好。

参 考 文 献

[1] 李广超，大气污染控制技术. 北京：化学工业出版社，2008.

[2] 刘景良，大气污染控制工程. 北京：中国轻工业出版社，2002.

[3] 栾志强. 工业固定源 VOCs 治理技术分析评估. 环境科学，2011，32（12）：3476-3486.

[4] 傅献彩，沈文霞，姚天扬，等. 物理化学. 北京：高等教育出版社，2006.

[5] 童志权，陈焕钦，工业废气污染控制与利用. 化学工业出版社，1989.

[6] 陈诵英，孙予罕，丁云杰，等. 吸附与催化. 郑州：河南科学技术出版社，2001.

[7] Britt D, Tranchemontagne D, Yaghi O M. Metal-organic frameworks with high capacity and selectivity for harmful gases. Proc. Natl. Acad. Sci. U. S. A，2008，105（33）：11623-11627.

[8] Sing K S W. Reporting physisorption data for gas/solid systems with special reference to the determination of surface area and porosity（Recommendations 1984）. Pure Appl Chem，1985，57（4）：603-619.

[9] 近藤精一，石川达雄，安部郁夫. 吸附科学. 北京：化学工业出版社，2006.

[10] 程代云，史喜成. 军用吸附技术. 北京：国防工业出版社，2012.

[11] Clausse B，Garrot B，Cornier C，et al. Adsorption of chlorinated volatile organic compounds on hydrophobic faujasite：correlation between the thermodynamic and kinetic properties and the prediction of air cleaning. Microporous Mesoporous Materials，1998，25（1-3）：169-177.

[12] 邓述波，余刚. 环境吸附材料及应用原理. 北京：科学出版社，2012.

[13] Wang G，Dou B，Wang J，et al. Adsorption properties of benzene and water vapor on hyper-cross-linked polymers. RSC Advances，2013，3（43）：20523-20531.

[14] Yang K，Sun Q，Xue F，et al. Adsorption of volatile organic compounds by metal-organic frameworks MIL-101：Influence of molecular size and shape. J Hazard Mater，2011，195：124-131.

[15] Fletcher A J，Yüzak Y，Thomas K M. Adsorption and desorption kinetics for hydrophilic and hydrophobic vapors on activated carbon. Carbon，2006，44（5）：989-1004.

[16] Yu M，Hunter J T，Falconer J L，et al. Adsorption of benzene mixtures on silicalite-1 and NaX zeolites. Microporous Mesoporous Mater，2006，96（1-3）：376-385.

[17] Huang Q，Vinh-Thang H，Malekian A，et al. Adsorption of n-heptane，toluene and o-xylene on mesoporous UL-ZSM5 materials. Microporous Mesoporous Mater，2006，87（3）：224-234.

[18] Wang D，McLaughlin E，Pfeffer R，et al. Adsorption of organic compounds in vapor，liquid，and aqueous solution phases on hydrophobic aerogels. Ind. Eng. Chem. Res，2011，50（21）：12177-12185.

[19] Gobin O C，Reitmeier S J，Jentys A，et al. Comparison of the transport of aromatic compounds in small and large MFI particles. J Phys Chem C，2009，113（47）：20435-20444.

[20] Makowski W，Kustrowski P. Probing pore structure of microporous and mesoporous molecular sieves by quasi-equilibrated temperature programmed desorption and adsorption of n-nonane. Microporous Mesoporous Mater，2007，102（1-3）：283-289.

[21] Ji L L，Liu F L，Xu Z Y，et al. Adsorption of pharmaceutical antibiotics on template-synthesized ordered micro-and mesoporous carbons. Environ Sci Technol，2010，44（8）：3116-3122.

[22] Liu J，Yang T，Wang D W，et al. A facile soft-template synthesis of mesoporous polymeric and carbonaceous nanospheres. Nat Commun，2013，4：2798-2804.

[23] Liang Y，Li Z，Fu R，et al. Nanoporous carbons with a 3D nanonetwork-interconnected 2D ordered mesoporous structure for rapid mass transport. J Mater Chem A，2013，1（11）：3768-3773.

[24] Kondo A，Kojima N，Kajiro H，et al. Gas adsorption mechanism and kinetics of an elastic layer-structured metal-organic framework. J Phys Chem C，2012，116（6）：4157-4162.

[25] Reid C R，Thomas K M. Adsorption kinetics and size exclusion properties of probe molecules for the selective porosity in a carbon molecular sieve used for air separation. J Phys Chem B，2001，105（43）：10619-10629.

[26] Li J R，Kuppler R J，Zhou H C. Selective gas adsorption and separation in metal-organic frameworks. Chem Soc Rev，2009，38（5）：1477-1504.

[27] Zhang J P，Chen X M. Exceptional framework flexibility and sorption behavior of a multifunctional porous cuprous triazolate framework. J Am Chem Soc，2008，130（18）：6010-6017.

[28] Liu X W，Zhou L，Fu X，et al. Adsorption and regeneration study of the mesoporous adsorbent SBA-15 adapted to the capture/separation of CO_2 and CH_4. Chem Eng Sci，2007，62（4）：1101-1110.

[29] 王静，陈光辉，陈建，等. 巯基改性活性炭对水溶液中汞的吸附性能研究. 环境工程学报，2009，3，（2）：219-222.

[30] 黄正宏，康飞宇，梁开明，等. 氧化处理 ACF 对 VOC 的吸附及其等温线的拟合. 清华大学学报（自然科学

版），2002，42（10）：1289-1292.

[31] Merel J，Clausse M，Meunier F. Carbon dioxide capture by indirect thermal swing adsorption using 13X zeolite. Environ Prog，2006，25（4）：327-333.

[32] Clausse M，Bonjour J，Meunier F. Adsorption of gas mixtures in TSA adsorbers under various heat removal conditions. Chem Eng Sci，2004，59（17）：3657-3670.

[33] Bonjour J，Chalfen J B，Meunier F. Temperature swing adsorption process with indirect cooling and heating. Ind Eng Chem Res，2002，41（23）：5802-5811.

[34] Yongsunthon I，Alpay E. Total connectivity models for adsorptive reactor design. Chem Eng Sci，2000，55（23）：5643-5656.

[35] Kim J H，Lee S J，Kim M B，et al. Sorption equilibrium and thermal regeneration of acetone and toluene vapors on an activated carbon. Ind Eng Chem Res，2007，46（13）：4584-4594.

[36] Boulinguiez B，Le Cloirec P. Adsorption on activated carbons of five selected volatile organic compounds present in biogas：Comparison of granular and fiber cloth materials. Energy Fuels，2010，24：4756-4765.

[37] Le Cloirec P. Adsorption onto activated carbon fiber cloth and electrothermal desorption of volatile organic compound（VOCs）：A specific review. Chin J Chem Eng，2012，20（3）：461-468.

[38] Li J，Lu R，Dou B，et al. Porous graphitized carbon for adsorptive removal of Benzene and the electrothermal regeneration. Environ Sci Technol，2012，46（22）：12648-12654.

[39] Giraudet S，Boulinguiez B，Le Cloirec P. Adsorption and electrothermal desorption of volatile organic compounds and siloxanes onto an activated carbon fiber Cloth for biogas purification. Energy Fuels，2014，28（6）：3924-3932.

[40] MalloukK E，Johnsen D L，Rood M J. Capture and Recovery of Isobutane by Electrothermal Swing Adsorption with Post-Desorption Liquefaction. Environ Sci Technol，2010，44：7070-7075.

[41] Cherbanski R，Molga E. Intensification of desorption processes by use of microwaves-An overview of possible applications and industrial perspectives. Chem Eng Process，2009，48：48-58.

[42] Reuss J，Bathen D，Schmidt-Traub H. Desorption by microwaves：Mechanisms of multicomponent mixtures. Chem Eng Techno，2002，25：381-384.

[43] Cherbański R，Komorowska-Durka M，Stefanidis G D，et al. Microwave swing regeneration vs temperature swing regeneration-comparison of desorption kinetics. IndEng ChemRes，2011，50：8632-8644.

[44] 王红娟，李忠，奚红霞，等. 吸附挥发性有机化合物树脂的高效微波再生过程. 化工学报，2003，54：1683-1688.

[45] Pankow J F，Luo W T，Isabelle L M，et al. Determination of a wide range of volatile organic compounds in ambient air using multisorbent adsorption/thermal desorption and gas chromatography mass spectrometry. Anal Chem，1998，70：5213-5221.

[46] Ueno Y，Horiuchi T，Tomita M，et al. Separate detection of BTX mixture gas by a microfluidic device using a function of nanosized pores of mesoporous silica adsorbent. Anal Chem，2002，74：5257-5262.

[47] 李立清，张宝杰，曾光明，等. 活性炭吸附丙酮及其脱附规律的实验研究. 哈尔滨工业大学学报，2004，36：1641-1645.

[48] Tan C S，Lee P L. Supercritical CO_2 desorption of toluene from activated carbon in rotating packed bed. J SupercritFluids，2008，46：99-104.

[49] RyuY K，Kim K L，Lee C H. Adsorption and desorption of n-hexane，methyl ethyl ketone，and toluene on an activated carbon fiber from supercritical carbon dioxide. Ind Eng Chem Res，2000，39：2510-2518.

[50] Nahm S W，Shim W G，Park Y K，et al. Thermal and chemical regeneration of spent activated carbon and its adsorption property for toluene. Chem Eng J，2012，210：500-509.

[51] Liu Q，Ning L Q，Zheng S D，et al. Adsorption of Carbon Dioxide by MIL-101（Cr）：Regeneration Conditions and Influence of Flue Gas Contaminants. Sci Rep-Uk，2013，3：2916.

[52] Xie F，Wang Y L，Zhan L，et al. Adsorption/Desorption Performance of CO_2 on Pitch-based Spherical Activated Carbons. J Inorg Mater，2011，26：149-154.

[53] 黄维秋，吕爱华，钟璟. 活性炭吸附回收高含量油气的研究. 环境工程学报，2007，1：73-77.

[54] 蔡道飞，黄维秋，王丹莉，等. 不同再生工艺对活性炭吸附性能的影响分析. 环境工程学报，2014，8：1139-1144.

[55] Lashaki M J，Fayaz M，Wang H H，et al. Effect of adsorption and regeneration temperature on irreversible adsorption of organic vapors on beaded activated carbon. Environ Sci Technol，2012，46：4083-4090.

[56] Senoz E，Wool R P. Hydrogen storage on pyrolyzed chicken feather fibers. Int J Hydrogen Energy，2011，36：7122-7127.

[57] Hu S X，Hsieh Y L. Preparation of Activated Carbon and Silica Particles from Rice Straw. Acs Sustain Chem Eng，2014，2：726-734.

[58] Ramos M E，Bonelli P R，Cukierman A L，et al. Adsorption of volatile organic compounds onto activated carbon cloths derived from a novel regenerated cellulosic precursor. J Hazard Mater，2010，177：175-182.

[59] 吴明铂，郑经堂，邱介山. 多孔炭物理化学结构及其表征. 化学通报，2011，74：617-627.

[60] Ruthven M D. Principles of Adsorption and Adsorption Processes. Canada：John Wiley & Sons Inc，1984.

[61] 冒爱琴，王华，谈玲华，等. 活性炭表面官能团表征进展. 应用化工，2011，40：1266-1270.

[62] 孟冠华，李爱民，张全兴. 活性炭的表面含氧官能团及其对吸附影响的研究进展. 离子交换与吸附，2007，23：88-94.

[63] Ramirez D，Qi S Y，Rood M J. Equilibrium and heat of adsorption for organic vapors and activated carbons. Environ Sci Technol，2005，39：5864-5871.

[64] Gironi F，Piemonte V. VOCs removal from dilute vapour streams by adsorption onto activated carbon. Chem Eng J，2011，172：671-677.

[65] Réguer A，Sochard S，Hort C，et al. Measurement and modelling of adsorption equilibrium，adsorption kinetics and breakthrough curve of toluene at very low concentrations on to activated carbon. Environ Technol，2011，32：757-766.

[66] Chuang C L，Chiang P C，Chang E E. Modeling VOCs adsorption onto activated carbon. Chemosphere，2003，53：17-27.

[67] Fletcher A J，Benham M J，Thomas K M. Multicomponent vapor sorption on active carbon by combined microgravimetry and dynamic sampling mass spectrometry. J Phys Chem B，2002，106：7474-7482.

[68] El-Sayed Y，Bandosz T J，Wullens H，et al. Adsorption of ethylmethylamine vapor by activated carbon filters. Ind Eng Chem Res，2006，45：1441-1445.

[69] Lillo-Ródenas M A，Fletcher A J，Thomas K M. Competitive adsorption of a benzene-toluene mixture on activated carbons at low concentration. Carbon，2006，44：1455-1463.

[70] Yu M，Li Z，Xia Q，et al. Desorption activation energy of dibenzothiophene on the activated carbons modified by different metal salt solutions. Chem Eng J，2007，132：233-239.

[71] Carratala-Abril J，Lillo-Rodenas M A，Linares-Solano A，et al. Activated Carbons for the Removal of Low-Concentration Gaseous Toluene at the Semipilot Scale. Ind Eng Chem Res，2009，48：2066-2075.

[72] Guelli Ulson de Souza S M dA，da Luz A D，da Silva A，et al. Removal of Mono- and Multicomponent BTX Compounds from Effluents Using Activated Carbon from Coconut Shell as the Adsorbent. Ind Eng Chem Res，

2012，51：6461-6469.

[73] Wang H，Jahandar Lashaki M，Fayaz M，et al. Adsorption and desorption of mixtures of organic vapors on beaded activated carbon. Environ Sci Technol，2012，46：8341-8350.

[74] Lillo-Ródenas M A，Cazorla-Amorós D，Linares-Solano A. Behaviour of activated carbons with different pore size distributions and surface oxygen groups for benzene and toluene adsorption at low concentrations. Carbon，2005，43：1758-1767.

[75] Bhatia S，Abdullah A Z，Wong C T. Adsorption of butyl acetate in air over silver-loaded Y and ZSM-5 zeolites：Experimental and modelling studies. J Hazard Mater，2009，163：73-81.

[76] Kosuge K，Kubo S，Kikukawa N，et al. Effect of pore structure in mesoporous silicas on VOC dynamic adsorption/desorption performance. Langmuir，2007，23：3095-3102.

[77] Dou B J，Li J J，WangY F. et al. Adsorption and desorption performance of benzene over hierarchically structured carbon-silica aerogel composites. J Hazard Mater，2011，196：194-200.

[78] Cosnier F，Celzard A，Furdin G，et al. Influence of water on the dynamic adsorption of chlorinated VOCs on active carbon：Relative humidity of the gas phase versus pre-adsorbed water. Adsorpt Sci Technol，2006，24：215-228.

[79] Nakagawa K，Namba A，Mukai S R，et al. Adsorption of phenol and reactive dye from aqueous solution on activated carbons derived from solid wastes. Water Res，2004，38：1791-1798.

[80] Tamai H，Kakii T，Hirota Y，et al. Synthesis of extremely large mesoporous activated carbon and its unique adsorption for giant molecules. Chem Mater，1996，8：454-462.

[81] Christensen C H，Johannsen K，Schmidt I，et al. Catalytic benzene alkylation over mesoporous zeolite single crystals：Improving activity and selectivity with a new family of porous materials. J Am Chem Soc，2003，125：13370-13371.

[82] Cosnier F，Celzard A，Furdin G，et al. Hydrophobisation of active carbon surface and effect on the adsorption of water. Carbon，2005，43：2554-2563.

[83] Fang G Z，Tan J，Yan X P. An ion-imprinted functionalized silica gel sorbent prepared by a surface imprinting technique combined with a sol-gel process for selective solid-phase extraction of cadmium(II). Anal Chem，2005，77：1734-1739.

[84] Xing H B，SuB G，Ren Q L，et al. Adsorption equilibria of artemisinin from supercritical carbon dioxide on silica gel. J Supercrit Fluids，2009，49：189-195.

[85] Xia Z Z，Chen C J，Kiplagat J K，et al. Adsorption Equilibrium of Water on Silica Gel. J Chem Eng Data，2008，53：2462-2465.

[86] Zhou L，Liu X W，Li J W，et al. Sorption/desorption equilibrium of methane in silica gel with pre-adsorption of water. Colloid Surface A，2006，273：117-120.

[87] Kopac T，Kocabas S. Adsorption equilibrium and breakthrough analysis for sulfur dioxide adsorption on silica gel. Chem Eng Process，2002，41：223-230.

[88] Choma J，Kloske M，Jaroniec M. An improved methodology for adsorption characterization of unmodified and modified silica gels. J Colloid Interface Sci，2003，266：168-174.

[89] Wang C M，Chung T W，Huang C M，et al. Adsorption equilibria of acetate compounds on activated carbon，silica gel，and 13X zeolite. J Chem Eng Data，2005，50：811-816.

[90] Chakraborty A，Saha B B，Koyama S，et al. Adsorption thermodynamics of silica gel-water systems. J Chem Eng Data，2009，54：448-452.

[91] Chua H T，NgK C，Chakraborty A，et al. Adsorption characteristics of silica gel plus water systems. J Chem Eng

Data，2002，47：1177-1181.

[92] Wang C M，Chang K S，Chung T W，et al. Adsorption equilibria of aromatic compounds on activated carbon，silica gel，and 13X zeolite. J Chem Eng Data，2004，49：527-531.

[93] Wang Y，Levan M D. Adsorption Equilibrium of Carbon Dioxide and Water Vapor on Zeolites 5A and 13X and Silica Gel：Pure Components. J Chem Eng Data，2009，54：2839-2844.

[94] Bilinski B. High-temperature adsorption of n-octane，benzene，and chloroform onto silica gel surface. J Colloid Interface Sci，2000，225：105-111.

[95] Zhang G，Zhang Y F，Fang L. Theoretical study of simultaneous water and VOCs adsorption and desorption in a silica gel rotor. Indoor Air，2008，18：37-43.

[96] Dabre R，Schwammle A，Lammerhofer M，et al. Statistical optimization of the silylation reaction of a mercaptosilane with silanol groups on the surface of silica gel. J Chromatogr A，2009，1216：3473-3479.

[97] Matsumoto M，Sugimoto T，Kusumoto K，et al. Adsorption of diols on silica gel modified by phenylboronic acid. J Chem Eng Jpn，2007，40：26-30.

[98] Christy A A. Effect of Hydrothermal Treatment on Adsorption Properties of Silica Gel. Ind Eng Chem Res，2011，50：5543-5549.

[99] 沈恒根，苏仕军，钟秦. 大气污染控制原理与技术. 北京：清华大学出版社，2009.

[100] 徐如人，庞文琴. 分子筛与多孔材料化学. 北京：科学出版社，2004.

[101] Mumpton F A. La roca magica：Uses of natural zeolites in agriculture and industry. PNAS，1999，96：3463-3470.

[102] Ackley M W，Rege S U，Saxena H. Application of natural zeolites in the purification and separation of gases. Micropor Mesopor Mat，2003，61：25-42.

[103] Siriwardane R V，Shen M S，Fisher E P. Adsorption of CO（2），N（2），and O（2）on natural zeolites. Energ Fuel，2003，17：571-576.

[104] Breus I，Denisova A，Nekljudov S，et al. Adsorption of volatile hydrocarbons on natural zeolite-clay material. Adsorption，2008，14：509-523.

[105] Laboy M M，Santiago I，Lopez G E. Computing adsorption isotherms for benzene，toluene，and p-xylene in heulandite zeolite. Ind Eng Chem Res，1999，38：4938-4945.

[106] Hernandez M A，Corona L，Gonzalez A I，et al. Quantitative study of the adsorption of aromatic hydrocarbons（benzene，toluene，and p-xylene）on dealuminated clinoptilolites. Ind Eng Chem Res，2005，44：2908-2916.

[107] Gevorkyan R G，Sargsyan H H，Karamyan G G，et al. Study of absorption properties of modified zeolites. Chem Erde-Geochem 2002，62：237-242.

[108] Monneyron P，Manero M H，Foussard J N. Measurement and modeling of single- and multi-component adsorption equilibria of VOC on high-silica zeolites. Environ Sci Technol，2003，37：2410-2414.

[109] Brosillon S，Manero M H，Foussard J N. Mass transfer in VOC adsorption on zeolite：Experimental and theoretical breakthrough curves. Environ Sci Technol，2001，35：3571-3575.

[110] Lemic J，Tomasevic-Canovic M，Adamovic M，et al. Competitive adsorption of polycyclic aromatic hydrocarbons on organo-zeolites. Micropor Mesopor Mat，2007，105：317-323.

[111] Serrano D P，Calleja G，Botas J A，et al. Characterization of adsorptive and hydrophobic properties of silicalite-1，ZSM-5，TS-1 and Beta zeolites by TPD techniques. Sep Purif Technol，2007，54：1-9.

[112] Yoshimoto R，Hara K，Okumura K，et al. Analysis of toluene adsorption on Na-form zeolite with a temperature-programmed desorption method. J Phys Chem C，2007，111：1474-1479.

[113] Baek S W，Kim J R，Ihm S K. Design of dual functional adsorbent/catalyst system for the control of VOC's by

using metal-loaded hydrophobic Y-zeolites. Catal Today，2004，93-5：575-581.

[114] Song W G，Li G H，Grassian V H，et al. Development of improved materials for environmental applications：Nanocrystalline NaY zeolites. Environ Sci Technol，2005，39：1214-1220.

[115] Lu J，Xu F，Cai W M. Adsorption of MTBE on nano zeolite composites of selective supports. Micropor Mesopor Mat，2008，108：50-55.

[116] Yamauchi H，Kodama A，Hirose T，et al. Performance of VOC abatement by thermal swing honeycomb rotor adsorbers. Ind Eng Chem Res，2007，46：4316-4322.

[117] Xu X W，Wang J，Long Y C. Nano-tin dioxide/NaY zeolite composite material：Preparation，morphology，adsorption and hydrogen sensitivity. Micropor Mesopor Mat，2005，83：60-66.

[118] Dillner A M，Schauer J J，Zhang Y H，et al. Size-resolved particulate matter composition in Beijing during pollution and dust events. J Geophys Res-Atmos，2006，111：203-215.

[119] Han A J，He H Y，Guo J，et al. Studies on structure and acid-base properties of high silica MFI-type zeolite modified with methylamine. Micropor Mesopor Mat，2005，79：177-184.

[120] Tao W H，Yang T C K，Chang Y N，et al. Effect of moisture on the adsorption of volatile organic compounds by zeolite 13X. J Environ Eng-Asce，2004，130：1210-1216.

[121] Brosillon S，Manero M H，Foussard J N. Adsorption of acetone/heptane gaseous mixtures on zeolite co-adsorption equilibria and selectivities. EnvironTechnol，2000，21：457-465.

[122] Serna-Guerrero R，Sayari A. Applications of pore-expanded mesoporous silica. 7. Adsorption of volatile organic compounds. EnvironSci Technol，2007，41：4761-4766.

[123] Huang Q L，Vinh-Thang H，Malekian A，et al. Enrichment of benzene from benzene-water mixture by adsorption in silylated mesoporous silica. Micropor Mesopor Mat，2006，87：224-234.

[124] Vinh-Thang H，Huang Q L，Eic M，et al. Adsorption of C-7 hydrocarbons on biporous SBA-15 mesoporous silica. Langmuir 2005，21：5094-5101.

[125] Hoffmann F，Cornelius M，Morell J，et al. Silica-based mesoporous organic-inorganic hybrid materials. Angew Chem Int Edit，2006，45：3216-3251.

[126] Stein A，Melde B J，Schroden R C. Hybrid inorganic-organic mesoporous silicates-Nanoscopic reactors coming of age. Adv Mater，2000，12：1403-1419.

[127] Jiang J Y，Lima O V，Pei Y，et al. Dipole-induced，thermally stable lamellar structure by polar aromatic silane. J Am Chem Soc，2009，131，900-901.

[128] Qiao S Z，Yu C Z，Xing W，et al. Synthesis and bio-adsorptive properties of large-pore periodic mesoporous organosilica rods. Chem Mater，2005，17：6172-6176.

[129] Inagaki S，Guan S，Ohsuna T，et al. An ordered mesoporous organosilica hybrid material with a crystal-like wall structure. Nature，2002，416：304-307.

[130] Smeulders G，Meynen V，Van Baelen G，et al. Rapid microwave-assisted synthesis of benzene bridged periodic mesoporous organosilicas. J Mater Chem，2009，19：3042-3048.

[131] Kapoor M P，Yang Q H，Inagaki S. Self-assembly of biphenylene-bridged hybrid mesoporous solid with molecular-scale periodicity in the pore walls. J Am Chem Soc，2002，124：15176-15177.

[132] Camarota B，Onida B，Goto Y，et al. Hydroxyl species in large-pore phenylene-bridged periodic mesoporous organosilica. Langmuir，2007，23：13164-13168.

[133] Matsumoto A，Misran H，Tsutsumi K. Adsorption characteristics of organosilica based mesoporous materials. Langmuir，2004，20：7139-7145.

[134] Hu Q，Li J J，Hao Z P，et al. Dynamic adsorption of volatile organic compounds on organofunctionalized SBA-15 materials. Chem Eng J，2009，149，1-3：281-288.

[135] Dou B J，Li J J，Wang Y F，et al. Adsorption performance of VOCs in ordered mesoporous silicas with different pore structures and surface chemistry. J Hazard Mater，2011，196：194-200.

[136] Groen J C，Zhu W D，Brouwer S，et al. Direct demonstration of enhanced diffusion in mesoporous ZSM-5 zeolite obtained via controlled desilication. J Am Chem Soc，2007，129：355-360.

[137] GroenJ C，Bach T，Ziese U D，et al. Creation of hollow zeolite architectures by controlled desilication of Al-zoned ZSM-5 crystals. J Am Chem Soc，2005，127：10792-10793.

[138] Tao Y S，Kanoh H，Kaneko K. Developments and structures of mesopores in alkaline-treated ZSM-5 zeolites. Adsorption，2006，12：309-316.

[139] Vinh-Thang H，Huang Q L，Ungureanu A，et al. Effect of the acid properties on the diffusion of C-7 hydrocarbons in UL-ZSM-5 materials. Micropor Mesopor Mat，2006，92：117-128.

[140] Song W，Justice R E，Jones C A，et al. Size-dependent properties of nanocrystalline silicalite synthesized with systematically varied crystal sizes. Langmuir，2004，20：4696-4702.

[141] Carr C S，Kaskel S，Shantz D F. Self-assembly of colloidal zeolite precursors into extended hierarchically ordered solids. Chem Mater，2004，16：3139-3146.

[142] Liu Y，Zhang W Z，Pinnavaia T J. Steam-stable MSU-S aluminosilicate mesostructures assembled from zeolite ZSM-5 and zeolite beta seeds. Angew Chem Int Edit，2001，40：1255-1258.

[143] Liu Y，Pinnavaia T J. Assembly of wormhole aluminosilicate mesostructures from zeolite seeds. J Mater Chem，2004，14：1099-1103.

[144] Goncalves M L，Dimitrov L D，Jordao M H，et al. Synthesis of mesoporous ZSM-5 by crystallisation of aged gels in the presence of cetyltrimethylammonium cations. Catal Today，2008，133：69-79.

[145] Yue M B，Sun L B，Zhuang T T，et al. Directly transforming as-synthesized MCM-41 to mesoporous MFI zeolite. J Mater Chem，2008，18：2044-2050.

[146] On D T，Kaliaguine S. Large-pore mesoporous materials with semi-crystalline zeolitic frameworks. Angew Chem Int Edit，2001，40：3248-3251.

[147] Cho S I，Choi S D，KimJ H，et al. Synthesis of ZSM-5 films and monoliths with bimodal micro/mesoscopic structures. Adv Funct Mater，2004，14：49-54.

[148] Campos A A，Martins L，de Oliveira L L，et al. Secondary crystallization of SBA-15 pore walls into microporous material with MFl structure. Catal Today，2005，107-08：759-767.

[149] Hu Q，Li J，Qiao S，et al. Synthesis and hydrophobic adsorption properties of microporous/mesoporous hybrid materials. J Hazard Mater，2009，164：1205-1212.

[150] On D T，Kaliaguine S. Zeolite-coated mesostructured cellular silica foams. J Am Chem Soc，2003，125：618-619.

[151] Do T O，Nossov A. Springuel-Huet M A，et al. Zeolite nanoclusters coated onto the mesopore walls of SBA-15. J Am Chem Soc，2004，126：14324-14325.

[152] Sakthivel A，Huang S J，Chen W H，et al. Replication of mesoporous aluminosilicate molecular sieves（RMMs）with zeolite framework from mesoporous carbons（CMKs）. Chem Mater，2004，16：3168-3175.

[153] Fang Y M，Hu H Q. An ordered mesoporous aluminosilicate with completely crystalline zeolite wall structure. J Am Chem Soc，2006，128：10636-10637.

[154] Dou B J，Li J J，Hu Q，et al. Hydrophobic micro/mesoporous silica spheres assembled from zeolite precursors in acidic media for aromatics adsorption. Micropor Mesopor Mat，2010，133：115-123.

[155] Hu Q，Dou B J，Tian H. Mesoporous silicalite-1 nanospheres and their properties of adsorption and hydrophobicity. Micropor Mesopor Mat，2010，129：30-36.

[156] CamposA A，Dimitrov L，da Silva C R，et al. Recrystallisation of mesoporous SBA-15 into microporous ZSM-5. Mesoporous Mater，2006，95：92-103.

[157] Zhang Y，Yu M H，Zhou L，et al. Organosilica Multilamellar Vesicles with Tunable Number of Layers and Sponge-Like Walls via One Surfactant Templating. Chem Mater，2008，20：6238-6243.

[158] Liu Q L，Wang T H，Liang C H，et al. Zeolite married to carbon：A new family of membrane materials with excellent gas separation performance. Chem Mater，2006，18：6283-6288.

[159] Mouaziz H，Larsson A，Sherrington D C. One-step batch synthesis of high solids monodisperse styrene/glycidyl methacrylate and styrene/methacrylic acid emulsion copolymers. Macromolecules，2004，37：1319-1323.

[160] Cameron N R. High internal phase emulsion templating as a route to well-defined porous polymers. Polymer，2005，46：1439-1449.

[161] Lee H K，Lee H，KoY H，et al. Synthesis of a nanoporous polymer with hexagonal channels from supramolecular discotic liquid crystals. Angew Chem Int Edit，2001，40：2669-2671.

[162] Zalusky A S. Ordered nanoporous polymers from polystyrene-polylactide block copolymers. J Am Chem Soc，2002，124：12761-12773.

[163] Laforgue A，Bazuin C G，Prud'homme R E. A study of the supramolecular approach in controlling diblock copolymer nanopatterning and nanoporosity on surfaces. Macromolecules，2006，39：6473-6482.

[164] Zhang M F，Yang L，Yurt S，et al. Highly ordered nanoporous thin films from cleavable polystyrene-block-poly（ethylene oxide）. AdvMater，2007，19：1571-1576.

[165] Kim J Y，Yoon S B，Kooli F，et al. Synthesis of highly ordered mesoporous polymer networks. J Mater Chem，2001，11：2912-2914.

[166] Wu Z X，Meng Y，Zhao D Y. Nanocasting fabrication of ordered mesoporous phenol-formaldehyde resins with various structures and their adsorption performances for basic organic compounds. Micropor Mesopor Mat，2010，128：165-179.

[167] Meng Y，Gu D，Zhang F Q，et al. A family of highly ordered mesoporous polymer resin and carbon structures from organic-organic self-assembly. Chem Mater，2006，18：4447-4464.

[168] Liu R L，Shi Y F，Wan Y，et al. Triconstituent Co-assembly to ordered mesostructured polymer-silica and carbon-silica nanocomposites and large-pore mesoporous carbons with high surface areas. J Am Chem Soc，2006，128：11652-11662.

[169] Liu F J，Li C J，Ren L M，et al. High-temperature synthesis of stable and ordered mesoporous polymer monoliths with low dielectric constants. J Mater Chem，2009，19：7921-7928.

[170] Pastukhov A V，Babushkina T A，Davankov V A，et al. Water in nanopores of hypercrosslinked hydrophobic polystyrene at low temperatures. Phys Chem，2006，411：305-308.

[171] Tsyurupa M P，Davankov V A. Porous structure of hypercrosslinked polystyrene：State-of-the-art mini-review. React Functpolym，2006，66：768-779.

[172] Macintyre F S，Sherrington D C，Tetley L. Synthesis of ultrahigh surface area monodisperse porous polymer nanospheres. Macromolecules，2006，39：5381-5384.

[173] Ahn J H，Jang J E，Oh C G，et al. Rapid generation and control of microporosity，bimodal pore size distribution，and surface area in Davankov-type hyper-cross-linked resins. Macromolecules，2006，39：627-632.

[174] Wood C D，Tan B，Trewin A，et al. Microporous organic polymers for methane storage. Adv Mater，2008，20：

1916-1921.

[175] Wood C D，Tan B，Trewin A，et al. Hydrogen storage in microporous hypercrosslinked organic polymer networks. Chem Mater，2007，19：2034-2048.

[176] Zhang Y，Wei S，Liu F，et al. Superhydrophobic nanoporous polymers as efficient adsorbents for organic compounds. Nano Today，2009，4：135-142.

[177] Zhang Y L，Wei S，Zhang H Y，et al. Nanoporous polymer monoliths as adsorptive supports for robust photocatalyst of Degussa P25. J Colloid Interface Sci，2009，339：434-438.

[178] Germain J，Hradil J，Frechet J M J，et al. High surface area nanoporous polymers for reversible hydrogen storage. Chem Mater. 2006，18：4430-4435.

[179] Germain J，Svec F，Frechet J M J. Preparation of Size-Selective Nanoporous Polymer Networks of Aromatic Rings：Potential Adsorbents for Hydrogen Storage. Chem Mater，2008，20：7069-7076.

[180] Ghanem B S，Msayib K J，McKeown N B，et al. A triptycene-based polymer of intrinsic microposity that displays enhanced surface area and hydrogen adsorption. Chem Commun，2007，1：67-69.

[181] Long C，Liu P，Li Y，et al. Characterization of hydrophobic hypercrosslinked polymer as an adsorbent for removal of chlorinated volatile organic compounds. Environ Sci Technol，2011，45：4506-4512.

[182] Simpson E J，Koros W J，Schechter R S. An emerging class of volatile organic compound sorbents：Friedel-Crafts modified polystyrenes . 2. Performance comparison with commercially-available sorbents and isotherm analysis. Ind Eng Chem Res，1996，35：4635-4645.

[183] Wang G，Dou B J，Wang J H，et al. Adsorption properties of benzene and water vapor on hyper-cross-linked polymers. RSC Adv，2013，3（43）：20523-20531.

[184] Wang W Q，Wang J H，Chen J G，et al. Synthesis of novel hyper-cross-linked polymers as adsorbent for removing organic pollutants from humid streams. Chem Eng J，2015，281：34-41.

[185] Wang J H，Wang G，Wang W Q，et al. Hydrophobic conjugated microporous polymer as a novel adsorbent for removal of volatile organic compounds. J Mater Chem A，2014，2：14028-14037.

[186] Wu Z X，Yang Y X，Tu B，et al. Adsorption of xylene isomers on ordered hexagonal mesoporous FDU-15 polymer and carbon materials. Adsorption，2009，15：123-132.

[187] Arocha M A，Jackman A P，McCoy B J. Adsorption kinetics of toluene on soil agglomerates：Soil as a biporous sorbent. Environ Sci Technol，1996，30：1500-1507.

[188] Ruiz J，Bilbao R，Murillo M B. Adsorption of different VOC onto soil minerals from gas phase：Influence of mineral，type of VOC，and air humidity. Environ Sci Technol，1998，32：1079-1084.

[189] Shih Y H，Chou S M. Characterization of Adsorption Mechanisms of Volatile Organic Compounds with Montmorillonite at Different Levels of Relative Humidity via a Linear Solvation Energy Relationship Approach. J Chem Eng Data，2010，55：5766-5770.

[190] Shih Y H，Chou S M，Peng Y H，et al. Linear Solvation Energy Relationships Used To Evaluate Sorption Mechanisms of Volatile Organic Compounds with One Organomontmorillonite under Different Humidities. J Chem Eng Data，2011，56：4950-4955.

[191] Tian S L，Zhu L Z，Shi Y. Characterization of sorption mechanisms of VOCs with organobentonites using a LSER approach. Environ Sci Technol，2004，38：489-495.

[192] Amari A，Chlendi M，Gannouni A，et al. Experimental and Theoretical Studies of VOC Adsorption on Acid-Activated Bentonite in a Fixed-Bed Adsorber. Ind EngChem Res，2010，49：11587-11593.

[193] Mombello D，Pira N L，Belforte L，et al. Porous anodic alumina for the adsorption of volatile organic compounds.

Sensor Actuat B-Chem，2009，137：76-82.

[194] Zaitan H，Bianchi D，Achak O，et al. A comparative study of the adsorption and desorption of o-xylene onto bentonite clay and alumina. J Hazard Mater，2008，153：852-859.

[195] Lin T F，Van Loy M D，Nazaroff W W. Gas-Phase Transport and Sorption of Benzene in Soil. Environ Sci Technol，1996，30：2178-2186.

[196] Zhao Z，Li X，Huang S. Adsorption and Diffusion of Benzene on Chromium-Based Metal Organic Framework MIL-101 Synthesized by Microwave Irradiation. Ind Eng Chem Res，2011，50：2254-2261.

[197] Luebbers M T，Wu T，Shen L，et al. Trends in the adsorption of volatile organic compounds in a large-pore metal-organic framework，IRMOF-1. Langmuir，2010，26：11319-11329.

[198] Shi J，Zhao Z，Xia Q，et al. Adsorption and Diffusion of Ethyl Acetate on the Chromium-Based Metal-Organic Framework MIL-101. J Chem Eng Data，2011，56：3419-3425.

[199] Güvenç E，AhunbayM G. Adsorption of Methyl Tertiary Butyl Ether and Trichloroethylene in MFI-Type Zeolites. J Phys Chem C，2012，116：21836-21843.

[200] Krishna R，van Baten J M. Investigating the Validity of the Knudsen Prescription for Diffusivities in a Mesoporous Covalent Organic Framework. Ind Eng Chem Res，2011，50：7083-7087.

[201] Luo X Z，Jia X J，D eng J H，et al. A microporous hydrogen-bonded organic framework：exceptional stability and highly selective adsorption of gas and liquid. J Am Chem，2013，135：11684-11687.

[202] Huang C Y，Song M，Gu Z Y，et al. Probing the adsorption characteristic of metal-organic framework MIL-101 for volatile organic compounds by quartz crystal microbalance. Environ Sci Technol，2011，45：4490-4496.

[203] Shen C，Bao Y，Wang Z. Tetraphenyladamantane-based microporous polyimide for adsorption of carbon dioxide，hydrogen，organic and water vapors. Chem Commun（Camb），2013，49：3321-3323.

[204] Li G，Wang Z. Naphthalene-Based Microporous Polyimides：Adsorption Behavior of CO_2 and Toxic Organic Vapors and Their Separation from Other Gases. J Phys Chem C，2013，117：24428-24437.

[205] Yaghi O M，Li G M，Li H L. Selective Binding and Removal of Guests in a Microporous Metal-Organic Framework. Nature，1995，378：703-706.

[206] Herm Z R，Bloch E D，Long J R. Hydrocarbon Separations in Metal-Organic Frameworks. Chem Mater，2014，26：323-338.

[207] Luebbers M T，Wu T J，Shen L J，et al. Langmuir，2010，26：11319-11329.

[208] Jhung S H，Lee J H，Yoon J W，et al. Microwave synthesis of chromium terephthalate MIL-101 and its benzene sorption ability. Adv Mater，2007，19：121-124.

[209] Cote A P，Benin A I，Ockwig N W，et al. Porous，crystalline，covalent organic frameworks. Science，2005，310：1166-1170.

[210] Furukawa H，Yaghi O M. Storage of Hydrogen，Methane，and Carbon Dioxide in Highly Porous Covalent Organic Frameworks for Clean Energy Applications. J Am Chem Soc，2009，13：8875-8883.

[211] Guo Y，Li Y，Wang J，et al. Effects of activated carbon properties on chlorobenzene adsorption and adsorption product analysis. Chem Eng J，2014，236：506-512.

[212] Nevskaia D M，Castillejos-Lopez E，Munoz V，et al. Adsorption of aromatic compounds from water by treated carbon materials. Environ Sci Technol，2004，38：5786-5796.

[213] Fairen-Jimenez D，Carrasco-Marin F，Moreno-Castilla C. Adsorption of benzene，toluene，and xylenes on monolithic carbon aerogels from dry air flows. Langmuir，2007，23：10095-10101.

[214] Fan H L，Sun T，Zhao Y P，et al. Three-dimensionally ordered macroporous iron oxide for removal of H_2S at

medium temperatures. Environ Sci Technol，2013，47：4859-4865.
[215] Webster C E，Drago R S，Zerner M C. Molecular dimensions for adsorptives. J Am Chem Soc，1998，120：5509-5516.
[216] Águeda V I，Crittenden B D，Delgado J A，et al. Effect of channel geometry，degree of activation，relative humidity and temperature on the performance of binderless activated carbon monoliths in the removal of dichloromethane from air. Sep Purif Technol，2011，78：154-163.
[217] Li L，Liu S，Liu J. Surface modification of coconut shell based activated carbon for the improvement of hydrophobic VOC removal. J Hazard Mater，2011，192：683-690.
[218] Vivo-Vilches J F，Bailon-Garcia E，Perez-Cadenas A F，et al. Tailoring activated carbons for the development of specific adsorbents of gasoline vapors. J Hazard Mater，2013，263：533-540.
[219] Zhao X B，Xiao B，Fletcher A J，et al. Hysteretic adsorption and desorption of hydrogen by nanoporous metal-organic frameworks. Science，2004，306：1012-1015.
[220] Pinto M L，Pires J，Carvalh A P，et al. On the difficulties of predicting the adsorption of volatile organic compounds at low pressures in microporous solid：The example of ethyl benzene. J Phys Chem B，2006，110：250-257.
[221] Pires J，Pinto M，Carvalho A，et al. Adsorption of acetone，methyl ethyl ketone，1，1，1-trichloroethane，and trichloroethylene in granular activated carbons. J Chem Eng Data，2003，48：416-420.
[222] Cardoso B，Mestre A S，CarvalhonA P，et al. Activated carbon derived from cork powder waste by KOH activation：Preparation，characterization，and VOCs adsorption. Ind Eng Chem Res，2008，47：5841-5846.
[223] Tefera D T，Hashisho Z，Philips J H，et al. Modeling competitive adsorption of mixtures of volatile organic compounds in a fixed-bed of beaded activated carbon. Environ Sci Technol，2014，48：5108-5117.
[224] Chiang Y C，Chaing P C，Huang C P. Effects of pore structure and temperature on VOC adsorption on activated carbon. Carbon，2001，39：523-534.
[225] Cal M P，Rood M J，Larson S M. Gas phase adsorption of volatile organic compounds and water vapor on activated carbon cloth. Energ Fuel，1997，11：311-315.
[226] Harding A W，Foley N J，Norman P R，et al. Diffusion barriers in the kinetics of water vapor adsorption/desorption on activated carbons. Langmuir，1998，14：3858-3864.
[227] OKoye I P，Benham M，Thomas K M. Adsorption of gases and vapors on carbon molecular sieves. Langmuir，1997，13：4054-4059.
[228] Serrano D P，Calleja G，Botas J A，et al. Adsorption and hydrophobic properties of mesostructured MCM-41 and SBA-15 materials for volatile organic compound removal. Ind Eng Chem Res，2004，43：7010-7018.
[229] Mastral A M，Garcia T，Murillo R，et al. Measurements of polycyclic aromatic hydrocarbon adsorption on activated carbons at very low concentrations. Ind Eng Chem Res，2003，42：155-161.
[230] Gao Y，Zhang H，Chen J. Vapor-phase sorption of hexachlorobenzene on typical municipal solid waste（MSW）incineration fly ashes，clay minerals and activated carbon. Chemosphere，2010，81：1012-1017.
[231] Kim D，Cai Z L，Sorial G A. Determination of gas phase adsorption isotherms-a simple constant volume method. Chemosphere，2006，64：1362-1368.
[232] Breysse P N，Cappabianca A M，Hall T A，et al. Effect of Polarity on the Adsorption of Dichlorobenzene Isomers. Carbon，1987，25：803-808.
[233] Hung H W，Lin T F. Prediction of the Adsorption Capacity for Volatile Organic Compounds onto Activated Carbons by the Dubinin-Radushkevich-Langmuir Model. J Air Waste Manage，2007，57：497-506.

[234] Noll K E，Wang D，Shen T. Comparison of three methods to predict adsorption isotherms for organic vapors from similar polarity and nonsimilar polarity reference vapors. Carbon，1989，27：239-245.

[235] Golovoy A，Braslaw J. Adsorption of Automotive Paint Solvents on Activated Carbon . 1. Equilibrium Adsorption of Single Vapors. Japca J Air Waste Ma，1981，31：861-865.

[236] Jahandar Lashaki M，Fayaz M，Niknaddaf S，et al. Effect of the adsorbate kinetic diameter on the accuracy of the Dubinin-Radushkevich equation for modeling adsorption of organic vapors on activated carbon. J Hazard Mater，2012，241-242：154-163.

[237] Cavalcante C L，Ruthven D M. Adsorption of Branched and Cyclic Paraffins in Silicalite . 2. Kinetics. Ind Eng Chem Res，1995，34：185-191.

[238] Crank J. The mathematics of Diffusion. Oxford：Clarendon Press，1975.

[239] Berenguer-Murcia A，Fletcher A J，Garcia-Martinez J，et al. Probe molecule kinetic studies of adsorption on MCM-41. J Phys Chem B，2003，107：1012-1020.

[240] Klotz I M. The Adsorption Wave. Chem Rev，1946，39：241-268.

[241] Wheeler A，Robell A J. Performance of fixed-bed catalytic reactors with poison in the feed. J Catal，1969，13：299-305.

[242] Jonas L A，Rehrmann J A. Predictive Equations in Gas Adsorption Kinetics. Carbon，1973，11：59-64.

[243] Wu J F，Claesson A，Fangmark I，et al. A systematic investigation the Wheeler-Jonas equation for of the overall rate coefficient in adsorption on dry activated carbons. Carbon，2005，43：481-490.

[244] Yoon Y H，Nelson J H. Application of Gas-Adsorption Kinetics . 1. A Theoretical-Model for Respirator Cartridge Service Life. Am Ind Hyg Assoc J，1984，45：509-516.

[245] Long C，Li Y，Yu W，et al. Removal of benzene and methyl ethyl ketone vapor：comparison of hypercrosslinked polymeric adsorbent with activated carbon. J Hazard Mater，2012，(203-204)：251-256.

[246] 殷操，卢晗峰，王罡，等. 高分子吸附树脂对VOCs的动态吸附及其穿透模型. 浙江工业大学学报，2012，40：422-427.

[247] Lemus J，Martin-Martinez M，Palomar J，et al. Removal of chlorinated organic volatile compounds by gas phase adsorption with activated carbon. Chem Eng J，2012，211：246-254.

[248] Busmundrud O. Vapor Breakthrough in Activated Carbon Beds. Carbon，1993，31：279-286.

第 4 章　挥发性有机污染物生物处理过程与技术

生物法净化 VOCs 的实质是利用微生物代谢活动，将废气中的有机组分降解或转化为简单的无机物（CO_2、H_2O）及细胞质等物质，实现 VOCs 组分的彻底净化，是低浓度有机废气和恶臭气体的一项绿色治理技术，能耗小，运行费用低，无二次污染。德国和荷兰是世界上首批较大规模地将此项技术用于处理 VOCs 的国家，目前，美国、中国等国家已广泛开展了该技术的工程应用。随着研究的深入，生物法处理的对象已从易生物降解的 VOCs 逐步扩展到难生物降解的 VOCs，研究重点是疏水性难生物降解的 VOCs 及多组分 VOCs 的协同高效处理，主要集中在复合菌剂构建、处理工艺改进、高效反应器设计、新型填料开发等方面。

4.1　生物净化技术简介

4.1.1　发展历史

生物法在废水处理领域的应用已有 100 多年的历史，而在废气处理领域应用的历史则相对较短。1957 年，R. D. Pomeroy 申请了首个利用土壤过滤装置处理硫化氢的专利，并在美国加州污水厂建立起第一套土壤生物过滤装置[1]，开创了生物净化废气的时代。进入 20 世纪 80 年代，废气生物处理技术在欧洲有了较快的发展，其应用领域也由硫化氢等恶臭废气扩展到 VOCs 和其他有毒污染物废气的处理，据估计，欧洲已有超过 7500 座废气生物净化装置。除欧美国家外，其他国家的研究者也对此技术开展了科学研究和工程应用。目前，废气生物净化技术已形成比较成熟的净化工艺和工程应用体系，并随着研究的不断深入与扩展，生物法技术体系处于不断的完善与发展中。进入 21 世纪后，由于生物法技术本身具有的经济优势和巨大应用潜力，其基础和应用研究仍然非常活跃。

4.1.2　净化原理

与废水的生物处理不同，在废气的生物净化过程中，气态污染物首先从气相转移到液相或固相表面的液膜中，然后才能被液相或固相表面的微生物吸附并降解。Jennings 等在 20 世纪 70 年代初，在 Monod 方程的基础上提出了表征废气生物净化中单组分、非吸附性、可生化的气态有机物去除率的数学模型[2]。随后，荷兰科学家 Ottengraf 等[3]依据吸收操作的传统双膜理论，在 Jennings 的数学模型基础上进一步提出了目前世界上影响较大的生物膜理论（图 4-1）。该理论认为，废气生物净化一般要经历以下几个步骤：①废气中的污染物首先同水接触并溶解于水中（即由气膜扩散进入液膜）；②溶解于液膜中的污染物在浓度差的推动下进一步扩散到生物膜，进而被其中的微生物捕获并吸收；③微生物将污染物转化为生物量、新陈代谢副产物及一些无害的物质（如 CO_2、H_2O、N_2、S 和 SO_4^{2-} 等）；④反应产物 CO_2、N_2 等从生物膜表面脱附并反扩散进入气相中，而其他物质（S 和 SO_4^{2-} 等）随营养液排出或保留在生物体内。

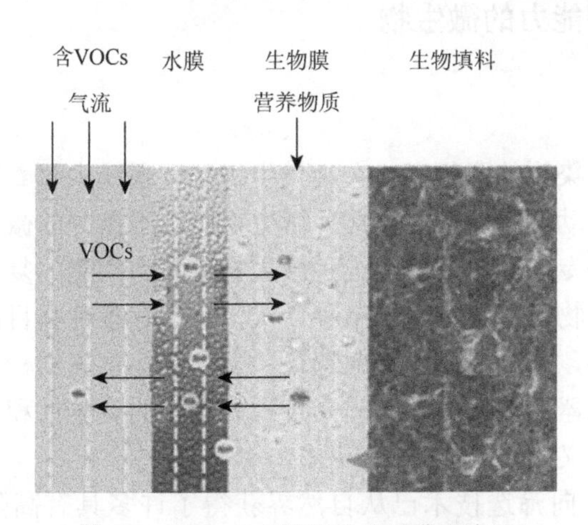

图 4-1　Ottengraf 提出的“双膜理论”

随着研究的深入，传统的吸收-生物膜理论不能很好地描述 VOCs 传质和生物降解这一复杂的过程，因此一些研究者对该理论进行了优化修正。孙佩石等[4]提出的吸附-生物膜理论，与传统的吸收-生物膜理论最大的区别在于 VOCs 分子直接扩散进入填料表面的生物膜，而不经历液膜。该理论是基于低浓度 VOCs 的生物净化过程而建立的，并已在一些实验中得到了证实，如在不溶或难溶于水的 VOCs 生物净化过程中增大液体喷淋量并没有强化净化效果。此外，还有研究者指出，对于一些容易降解的物质，其生化降解反应为瞬时快速化学反应，一经扩散到生物膜表面便被直接吸附在润湿的生物膜上，并被其中的微生物迅速捕获进而被降解。这就解释了一些研究实验中出现的现象，如生物膜表面液体滞留量即液膜厚度会对 VOCs 净化产生影响的原因[5]。

4.2 生物净化的材料

生物净化过程是人类对自然过程的强化和工程控制，其过程速率取决于：①气相向液固相的传质速率（与污染物的理化性质和反应器的结构等因素有关）；②能起降解作用的活性生物数量；③生物降解速率（与污染物的种类、生物生长环境条件、抑制作用等有关）。其中，传质速率和生物降解速率决定了废气生物净化的整体处理效果。一个完善的生物净化系统除了反应器外，还需要具有降解能力的微生物及其附着的载体——生物填料。因此，反应器的构型、内部填充的填料及负载的微生物这三者是决定最终净化效果的因素。

4.2.1 具有降解能力的微生物

1. 单一菌株

微生物作为污染物的降解者，在废气生物处理系统中起着决定性作用。废气生物处理装置在启动期需对填料层接种微生物。用于接种的微生物菌种可以是活性污泥，也可以是专门驯化培养的纯种微生物或人为构建的复合微生物菌群。针对较难生物降解的物质，选育优异菌种并优化其生存条件是目前该技术的主要研究方向之一。此外，基于菌种的代谢特征，人为构建生态结构合理的复合微生物菌群，对缩短反应器的启动周期、提高接种微生物的竞争性和保持反应器的持续高效性具有重要意义。

研究者通过定向筛选技术已从自然界获得了许多具有高降解活性的微生物（表 4-1）。对于一些曾一度被认为是难以生物降解的 VOCs，研究者通过共代谢共培养技术也从自然界获取了相应的降解菌。其做法是选用一种极易被微生物利用的物质（如葡萄糖或酵母粉），混合一定比例的目标污染物作为碳源进行投加。随着驯化时间的推移，逐步调整共代谢基质和污染物的比例，即用污染物逐步替代共代谢基质，可以提高筛选目标降解菌的效率。

表 4-1　一些降解典型 VOCs 的细菌[6, 7]

菌属	可降解 VOCs	已分离到的部分菌株
假单胞菌属（*pseudomonas*）	苯、甲苯、二氯甲烷	*pseudomonas putida*
	甲醇、丁醇、异丙醇	*pseudomonas fluorescens*
显革菌属（*phanerochaete*）	苯、甲苯、苯乙烯	*phanerochaete chrysosporium*

续表

菌属	可降解 VOCs	已分离到的部分菌株
足放线病菌属（*scedosporium*）	甲苯	*scedosporium apiospermum*
棒状杆菌属（*corynebacterium*）	丙酮	*corynebacterium* sp.
	丁醇	*corynebacterium rubrum*
甲基单胞菌属（*methylomonas*）	甲烷	*methylomonas fodinarum*
甲基弯曲菌属（*methylosinus*）	三氯乙烷	*methylosinus trichsporium*
生丝微菌属（*hyphomicrobium*）	二甲基硫醚	*hyphomicrobium* sp.

陈建孟等利用该方法选育包括氯苯、苯系物、二氯甲烷等 VOCs 在内的高效降解菌株45株，并建立了降解工业废气的菌种库，为后续复合菌剂的构建及工业废气净化工程的菌种选择提供了菌源。部分已授权发明专利的高效降解菌见表4-2。

表4-2　已获得的部分典型气态污染物降解菌

菌株	降解底物	保藏号	专利号
alcaligenes denitrificans YS	NO_3^-	M2011368	ZL201110432751.7
rhizobium radiobacter T3	硫化氢	M2011105	ZL201110218104.6
bacillus circulans WZ-12	二氯甲烷	M207006	ZL200710067510.0
methylobacterium rhodesianum H13	二氯甲烷	M2010121	ZL201010234986.0
pandoraea pnomenusa LX-1	二氯甲烷	M2011242	ZL201110370070.2
starkeya sp. T-2	1, 2-二氯乙烷	M2011263	ZL201110426121.9
ralstonia pickettii L2	1-氯苯	M209250	ZL201010181332.6
pseudomonas veronii ZW	*α*-蒎烯	M209313	ZL201010108779.0
pseudomonas oleovorans DT4	四氢呋喃	M209151	ZL200910154838.5
zoogloea resiniphila HJ1	邻二甲苯	M2012235	ZL201310281412.2
mycobacterium cosmeticum byf-4	苯、甲苯 乙苯、邻二甲苯	M208180	ZL200910096028.9
bacillus amyloliquefaciens byf-5	苯、甲苯、 乙苯、邻二甲苯	M208181	ZL200810163160.2

目前，大部分研究都是利用细菌作为优势微生物净化 VOCs 的。随着研究的深入，另外一类重要的微生物——真菌，其独特的生长环境和个体特性使得该类

微生物在处理疏水性 VOCs 方面优势显著。和细菌相比，真菌能够在低湿度、低 pH 的环境中生存，并对污染物保持较好的降解能力[8]。而且，真菌自身的菌丝能具有巨大的比表面积，有利于其对疏水性 VOCs 的摄取和利用。表 4-3 是已经选育到的具有 VOCs 降解能力的真菌。Vergara-Ferna´ndez 等[9]实验表明，真菌固有的特性提高了其对疏水性有机废气的降解效率。相对于细菌，真菌生长的菌丝能够直接暴露于空气中，从而在三维空间中与污染物分子具有更大的接触面积。他们通过实验测得真菌的菌丝具有的比表面积为 $1.91\times10^5 m^2/m^3$，以其为优势微生物的生物滤塔对正己烷的最大去除能力高达 248g/（$m^3 \cdot h$）。

表 4-3　一些可降解典型 VOCs 的真菌[10]

菌属	可降解 VOCs	已分离到的菌株
原毛平革菌属（*phanerochaete*）	氯苯、BTEX、甲乙酮、异丁基甲酮、甲丙酮、丁酸	*phanerochaete chrysosporium*
孢瓶霉属真菌（*cladosporium*）	BTEX	*cladosporium sphaerospermum*
毛霉属（*mucor*）	丁酸、3-乙氧基丙酸乙酯	*mucor rouxii*
枝孢霉属（*cladosporium*）	BTEX、苯乙烯、甲乙酮、异丁基甲酮、甲丙酮、丁酸	*cladosporium sphaerospermum*、*cladosporium resinae*
外瓶霉属（*exophiala*）	BTEX、苯乙烯、甲乙酮、异丁基甲酮、甲丙酮、丁酸	*exophiala lecaniicorni*
曲霉菌属（*aspergillus*）	BTEX	*aspergillus versicolor*

曾经一度被认为是难生物降解的物质，研究者通过定向筛选技术获得了它们的野生降解菌，但这些野生菌的降解活性有限。针对这一问题，可以应用分子生物学等手段进行降解途径的设计、组装，新代谢途径的创建，以扩展降解菌利用底物的范围、提高底物通量、增加酶催化活性和稳定性等。吴石金等[11, 12]基于二氯甲烷土著菌的基因序列，成功构建了基因工程菌 BL21[pET28b（+）-dcmR]（图 4-2），提高了关键酶基因的转录效率，增加了脱卤酶的催化活性。重组菌株在 25h 内对 120mmol/LDCM 的降解率达 90%以上，而原始菌 WZ-12 在 35h 内降解率仅为 80%。

2. 复合菌剂

由于工业废气往往含有多种组分，且这些组分中可能含有难降解组分，因此在其生物净化过程中，若以活性污泥接种反应器，则启动时间长、去除率不高、运行不稳定等问题尤为突出。因此，以微生物菌剂取代活性污泥应用于废气生物处理装置，可以达到快速启动反应器和提高处理效率的目的，在工程实践中极具开发潜力和应用前景。

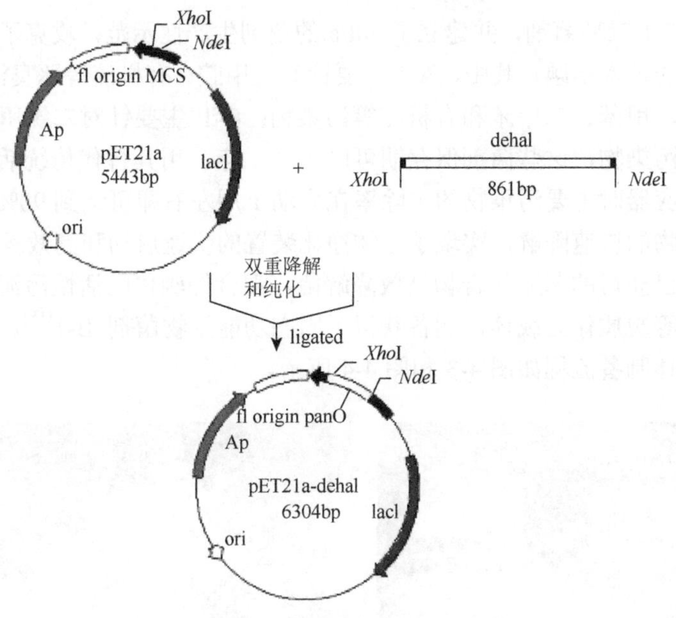

图 4-2　重组质粒构建过程

复合菌剂在环保领域最早用来处理一些较容易降解的污染物，如禽畜粪便、居民生活废水和市政管网污水等[13,14]。随着一些难降解有机物特征降解菌的获得，复合微生物菌剂的应用逐步扩展到垃圾渗滤液、炼油废水的无害化处理等领域。但在废气治理领域，复合菌剂的制备与应用报道较少。

复合菌剂的确切定义是指以生物学、环境学、生态学等多学科理论为基础，以监测、改善环境状况和强化处理系统稳定、高效为目标，通过生物强化技术引入能够降解目标化合物的微生物，并通过合理的构建方法从而获得具有特殊降解功能的生物制品。实际上，微生物菌剂就是多种菌种与相应载体混合而成的，菌种可以是自然界分离筛选的，也可以是经过改造的工程菌；载体形式可以是固态的（粉末状和颗粒状），也可以是液态的。

高效微生物菌剂的构建一般从已有的菌种库中有针对性地筛选合适菌株，基于不同微生物代谢规律，通过甄选菌剂载体，构建获得种群结构合理、降解性能高的复合微生物菌剂。为了最大限度地发挥各种微生物降解气态污染物的能力，复合菌剂的构建可遵循以下原则：①菌株种类丰富，尽可能选择不同污染物的高效降解菌株作为构建的基本材料，使制备的菌剂能够净化多组分废气；②菌群生态结构合理，菌株间无明显的相互抑制效应；③选用的菌株生长环境相似，即要求 pH、温度等生长环境因素相近；④载体的生物相容性较好。其构建步骤包括菌种选择及相互效应研究、活性污泥驯化、载体遴选和制备因素及菌剂效应评价四步。

浙江工业大学通过遴选菌剂载体，优化形成了炭质组合载体，成功研制了

A-1、B-1、C-1 三种菌剂，并建立了 50t/a 的菌剂生产性示范，攻克了活性菌剂难以长效保存的技术难题。其中，A-1 主要针对三甲胺、有机硫等恶臭污染物；B-1 主要针对苯、甲苯、二甲苯和有机硫等污染物；C-1 主要针对二氯甲烷、甲苯、丙酮等有机污染物，这些菌剂保存期可以达到 1 年。用其替代传统活性污泥启动废气净化反应器时主要污染物的去除率在启动 1 周左右即可达到 90%以上，确保了目标污染物的快速降解，实现了生物净化装置的快速启动和高效运行。

选取了已获得的苯系化合物高效降解菌，混合经驯化的活性污泥，并选择麦麸、纤维素等炭质作为载体，制备获得了固态功能生物菌剂 B-1[15]。该菌剂的外观照片和具体制备流程如图 4-3 和图 4-4 所示。

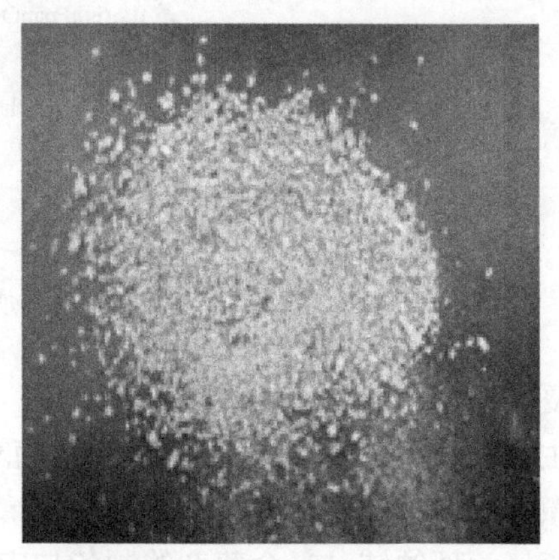

图 4-3　“三苯类”VOCs 复合菌剂 B-1 成品实物图

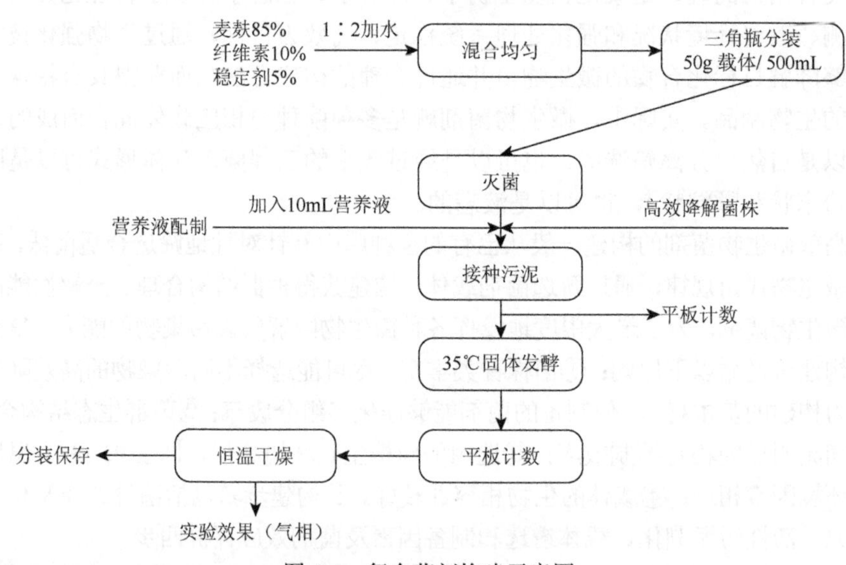

图 4-4　复合菌剂构建示意图

分别利用 B-1 和驯化后的活性污泥对反应器进行接种挂膜，处理含苯系化合物的混合废气[16]。采用复合功能菌剂接种的反应器，启动 7d 后，微生物开始大量生长，苯和甲苯的去除率均大于 90%，邻二甲苯去除率达到 70%以上。而用传统活性污泥挂膜启动的反应器，在相同的运行条件下，24d 后，苯和甲苯的去除率才稳定在 90%以上，邻二甲苯的去除率达到 60%以上。由填料表面的扫描电镜照片（图 4-5）分析可知两者表面采用的微生物形貌明显不同，菌剂启动的反应器内优势菌以分枝杆菌为主，这与前期制备菌剂过程中加入的高效降解菌形态相同。

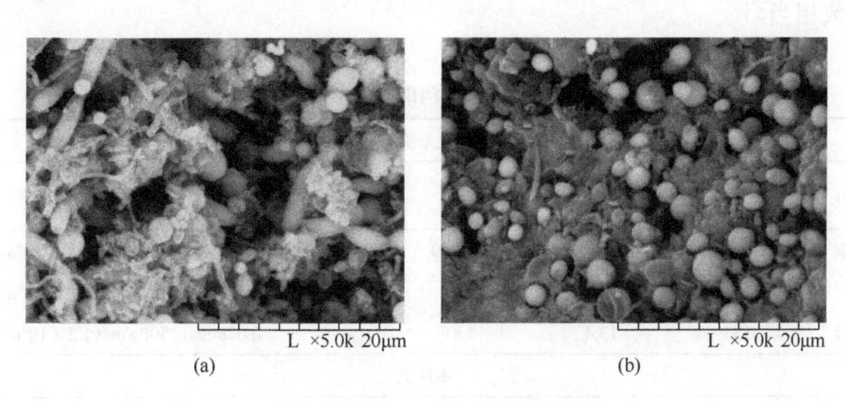

图 4-5 挂膜前后填料的电镜照片

（a）挂膜前；（b）挂膜后

4.2.2 生物填料

填料作为微生物的载体，是废气生物处理装置的核心组件，其性能直接影响微生物的附着、系统的运行效果等。高效生物填料一般特性如下：接触比表面积大，有一定的孔隙率，微生物代谢产物容易清除，能为微生物提供最佳的营养、温度、pH 等生长因素，耐腐蚀和不易分解腐烂，有足够的物理强度和较低的填充密度等。

1. 过滤/滴滤填料

生物填料分为过滤填料和滴滤填料，根据材质特点及其加工方式，过滤填料主要包括泥质类和木质类，滴滤填料主要为无机惰性类。此外，一些材质既可作为滴滤填料又可作为过滤填料。

生物过滤工艺运行通常采用营养液间歇喷淋或不喷淋的方式，所以要求填料必须含有一定的有机质或无机营养元素，这就决定了过滤填料通常采用天然物质制备。泥质类填料是土壤或类土壤（如堆肥、泥炭）经过一定工序制成的天然有机填料。常用泥质类填料特性参数如表 4-4 所示。可以看出，综合分析填料的堆积密度、比表面积、持水性、有机质含量及阻力系数，三种填料中泥炭性能最佳，堆肥次之，土壤最劣。木质类填料包括谷壳、秸秆、玉米芯、木屑、树皮、碎木块等农林业副产品，资源丰富，价廉易得，具有较好的保湿性和通透性，有机质含量高，是较好的生物过滤填料。木质填料的应用还开辟了木质废弃物综合利用的新途径。部分木质类填料特性参数见表 4-4，其堆积密度（52～258kg/m^3）明显低于土壤填料（838.5kg/m^3），与堆肥和泥炭接近；持水性略低于泥质类填料，阻力系数相当。

表 4-4　过滤填料的特性参数[17-20]

泥质类					
填料	堆积密度/（kg/m^3）	比表面积/（m^2/g）	pH	有机质/%	空塔气速下压降（阻力系数）
土壤	838.5	—	6.0～7.9	7.9	0.02m/s，1200Pa/m（5.0×10^6m^{-1}）
堆肥	121	4.2	7.2	15	0.025m/s，400Pa/m（1.1×10^6m^{-1}）
泥炭	133	13.4	4.8	—	0.026m/s，50Pa/m（1.2×10^5m^{-1}）
木质类					
填料	堆积密度/（kg/m^3）	比表面积/（m^2/m^3）	持水量/%	孔隙率/%	空塔气速下压降（阻力系数）
木屑	180	292	70	62	0.032m/s，150Pa/m（2.4×10^5m^{-1}）
松树皮	258	1120	55	53	0.022m/s，80Pa/m（2.8×10^5m^{-1}）
花生壳	52	268	—	74	0.028m/s，580Pa/m（1.2×10^6m^{-1}）

生物滴滤工艺中营养液连续喷淋，所以填料可以使用无机惰性材料。传统的滴滤填料如鲍尔环、拉西环等，采用塑料、不锈钢等材质制成，具有多孔、结构疏松、性质稳定等特点。部分滴滤填料特性参数见表 4-5，该类填料密度低于过滤填料，孔隙率高（91%～98%），阻力系数低（2.7×10^5～3.7×10^5m^{-1}），性能稳定。

表 4-5　滴滤填料的特性参数[21-23]

填料	规格/mm	堆积密度/（kg/m^3）	比表面积/（m^2/m^3）	孔隙率/%	空塔气速下压降（阻力系数）
聚丙烯鲍尔环	15	—	350	91	0.026m/s，150Pa/m（3.7×10^5m^{-1}）
PVC 弹性填料	—	2.6	10	98	—
聚氨酯泡沫块	13×13×13	28	170	97	0.025m/s，100Pa/m（2.7×10^5m^{-1}）

火山岩、陶瓷、活性炭、沸石等烧结类填料（表4-6）是在人为或自然条件下经高温烧结等过程形成的一类具有多孔结构的介质，是生物滴滤工艺常用的填料。因其良好的机械强度和吸附性能，近年来也被用于生物过滤床。

表4-6　烧结类填料的特性参数[24-26]

填料	堆积密度/（kg/m^3）	比表面积/（m^2/m^3）	孔隙率/%	挂膜时间/d	空塔气速下压降（阻力系数）
火山岩	820	7963	40	15	0.05m/s，650Pa/m
陶粒	890	550	54	42	0.035m/s，630Pa/m（$8.7\times10^5m^{-1}$）
活性炭	768	1.1×10^9	37	15	0.075m/s，653Pa/m（$1.9\times10^5m^{-1}$）
沸石	1972	—	31	10～14	16000Pa/m（$3\times10^7m^{-1}$）

2. 填料研发

目前，生物填料的研发除了从自然界广泛筛选合适的填料材质外，更多的研究是集中在改性生物填料方面。通过强化功能改造和人工设计来改善已有填料性能，弱化天然因素，可以获得高效的生物填料。生物填料的研发方法主要有机械混合、人工造粒和基材附着。

1）机械混合

机械混合型填料是将泥炭、泡沫块等软性材料与刚性材料按一定比例混配或嵌套组装而成，如添加填充剂的天然有机填料、半软性填料等都可归为这种组合填料。通过机械混合，既保证了填料的使用强度，又使软性材料比表面积大、易挂膜、营养丰富等优势得以发挥。专利ZL200610053479.0[27]公开了一种复合聚氨酯泡沫填料，将植物纤维或泡沫塑料嵌套在球形支撑架内，具有空隙率高、压降小、微生物挂载量大等特点，性能优于聚氨酯泡沫。

2）人工造粒

人工造粒型填料通常将粉末状泥炭、褐煤等富含营养的原料和一些无机矿物（如碳酸钙）黏结、挤压后成型，有利于组成不同规格、形状的生物填料，具有机械强度好、耐磨损、抗挤压等优点。填料中养分的种类、数量可以人为控制，且具有缓释功能。Chan等[28]开发的聚乙烯醇黏结泥炭造粒填料，其抗压性、持水量及孔隙率等性能均优于泥炭和堆肥。

3）基材附着

基材附着型填料是用黏合剂将填料原料黏结到网状纤维或泡沫块等多孔基材上，与人工造粒型填料相比，孔隙率更高，有利于气体和液体在床层内均匀分布。同济大学开发的纤维附着活性碳（ACOF）[29]，既为微生物提供了广阔的生长空间，又具有良好的吸附性能，其对有机污染物的去除能力高于阶梯环、聚乙烯小球和煤渣。

基于高效生物填料的要求和上述研发方法，王家德等[30]研发的具有营养缓释功能的高效复合生物过滤填料以立体网状纤维为骨架，通过胶膜固定、吸附包埋等工艺，使有机养分以固相状均匀负载于网状纤维表面，使用过程中缓慢释放营养成分，解决了传统生物填料需额外添加营养、易堵塞等工程技术问题。该缓释填料初次浸提后有机碳和氮的释放率分别为 0.74%和 3.13%，连续浸提 8 次后累积释放率仅为 1.68%和 5.58%，表明营养成分释放非常缓慢。缓释填料活性营养成分的释放是溶解扩散和微生物分解协同作用的过程，填料被水浸润、膨胀，使包膜产生微孔，水分子通过微孔进入膜内溶解养分，使膜内外产生蒸气压差和浓度梯度，在两者共同作用下养分经微孔向膜外释放[31, 32]。装填该填料的生物过滤塔挂膜时间短，仅 13d 即可完成启动，这是由于缓释填料溶出的适量养分有利于微生物快速生长。广东省微生物所开发了一种孔隙率大、堆积密度小、强度大、酸碱缓冲能力强的生物过滤用组合填料，它主要由树皮、堆肥、陶粒、塑料球、贝壳等混合而成，既有利于降解菌在填料表面的增殖和生物膜的形成，也有利于废气组分在填料表面扩散，提高微生物对废气的利用率。

传统滴滤填料是一些常见的化工填料，虽然具备利于气态污染物传质的优良特性，但在微生物附着生长、老化剥离方面稍显逊色。针对这些缺陷，研究者开发了一系列新型滴滤填料，如毛刺球、空心多面柱、纹翼多面球、自旋填料等，这些填料普遍具有比表面积大、质轻、易于生物膜生长和快速更新等特点[33]，均已在不同的工业废气净化设备中得到了应用。此外，一些研究者发现，新型生物过滤/滴滤填料虽然在某些方面具有较好的特性，但也存在一些缺陷，因此提出了采用混合填料替代单一填料实现 VOCs 的净化处理。空心多面柱填料生物膜形成速度最快，但其出现堵塞现象的时间也较快，纹翼多面球填料层无明显的堵塞迹象，但生物膜形成时间较长。通过不同填料特性之间的相互弥补，混合填料实现了快速挂膜启动、有效控制压力降的目的，更有利于系统的长期稳定运行。王家德等使用该混合填料的生物滴滤塔处理甲苯和乙醇混合废气时，系统对甲苯的平均去除率为 80.29%，平均去除负荷为 97.14g/（m^3·h）；对乙醇的平均去除率为 99.01%，平均去除负荷为 113.10g/（m^3·h），优于单独使用两种填料的生物滴滤塔。

4.3　生物净化工艺

生物净化工艺按系统中微生物的存在形式可分为悬浮生长系统和附着生长系统。悬浮生长系统是指微生物及其营养物质存在于液体中，气相中的污染物通过与悬浮液接触后转移到液相，从而被其中的微生物降解，其典型工艺主要有生物吸收工艺和生物洗涤工艺。附着生长系统中，废气通过由填料介质构成的固定床层时，被附着生长于表面的微生物吸附吸收，进而被降解，其典型工艺是生物过滤工艺。生物滴滤工艺的原理与生物过滤工艺相同，唯一不同的是采用连续喷淋的方式给填料层提供所需的营养和水分，因此生物滴滤工艺同时具有悬浮生长系统和附着生长系统的特性。

近年来，研究者基于气液传质理论、生物化学原理和传统净化工艺，同时借鉴污染治理技术的新工艺，通过改良和创造，研发了一些新颖的废气生物净化工艺，如膜生物净化工艺、转鼓生物过滤工艺、两相分离生物净化工艺等，显著提升了废气净化工艺的处理效果，并拓宽了生物净化 VOCs 的种类。

4.3.1　生物洗涤工艺

生物洗涤工艺的核心反应器是生物洗涤器（bioscrubber）。它实际上是一个悬浮活性污泥处理系统，通常由两部分组成，即液相吸收反应器和活性污泥反应器（图 4-6）。液相吸收反应器完成气态污染物的气-液两相转移，可采用传统的喷淋塔、鼓泡塔或文丘里喷淋器，取决于吸收过程中何者为控制步骤，若气相阻力较大可选用喷淋法，反之，液相阻力较大可选用鼓泡法[34]。活性污泥反应器完成被吸收气态污染物的生物降解，溶解氧浓度需维持在 2mg/L 以上，以保持微生物具有良好的活性。液相吸收反应器和活性污泥反应器可以单独设置，也可以设置在同一反应器中，这取决于污泥的活性强度和再生能力。在生物洗涤工艺中，需特别注意的一个问题是可能会产生大量的活性污泥和副产物。这些物质会随循环液排出，因而其循环液的去向尤其要引以重视。目前采取的措施主要有：①进入污水处理工艺；②采用人工湿地处理。

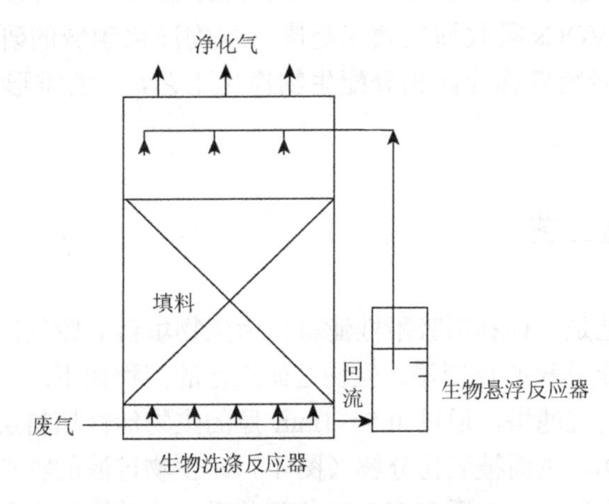

图 4-6　生物洗涤器基本工艺流程图

表 4-7 列举了利用生物洗涤器处理 VOCs 的应用实例。这些 VOCs 水溶性较好（亨利系数在 0.01 以下），处理效率均在 85%以上。生物洗涤工艺在实际应用中也常用于恶臭气味的消除，例如，德国采用二级生物洗涤脱臭装置处理恶臭气味，臭气浓度从 2100mg/m^3 下降至 50mg/m^3，运行费用较低。

表 4-7　生物洗涤器处理某些行业废气[7, 35]

行业名称	VOCs	处理风量/（m^3/h）
印刷行业	乙酸丁酯，丁醇，二甲苯	54000
铁/铝罐印制	一元醇，二元醇，甲苯，乙酸乙酯	10000～57000
软包装印制	乙醇，乙酸乙酯	150000
清洁剂/化妆品生产	一元醇，丙烯酸酯单体，甲苯	30000
食品生产	含氮气态污染物	10000～50000
污水处理行业	含硫气态污染物	600～2000
固体废弃物堆肥	含硫含氮气态污染物	＞600000

生物洗涤工艺的去除效率除了与活性污泥的活性有关，VOCs 的性质也是决定其去除效果的重要因素之一。理论上，生物洗涤工艺通常只适合于水溶性较好 VOCs 的处理，因为吸收液通常是偏弱酸性或接近中性的水溶液。但近年来，一些研究者在水溶液中添加表面活性剂，显著提高了水溶性较差 VOCs 的液相捕捉效率[36]，进而实现了生物洗涤器对疏水性 VOCs 的高效处理。Koutinasa 等[37]在生物洗涤反应器的吸收液中添加了葵花油，不仅削弱了 1, 2-二氯乙烷和氟苯对微生物活性的抑制效应，还提高了这两类 VOCs 的液相吸收捕集效率，研究结果表明添加葵花油的生物洗涤器有显著的技术优势。水相中添加有机相强化 VOCs 吸收捕集效率是废气生物净化领域的研究热点之一，与之相关的工艺被研究者称为两相分配生物净化工艺，它的雏形可能就是生物洗涤工艺。

4.3.2　生物过滤工艺

生物过滤工艺是一种利用吸附性滤料作为生物填料的废气净化方法，生物过滤塔（biofilter）是其核心反应器。生物过滤工艺的流程如下：具有一定温湿度的有机废气进入生物过滤塔，通过 0.5～1mm 厚的生物活性填料层，有机污染物从气相转移到生物相，进而被氧化分解（图 4-7）。生物过滤的特点是生物相和液相均不流动，床层内湿度小，适合 VOCs 相间传质，启动运行容易，操作简单，运行费用低，不产生二次污染，但反应条件不易控制，易发生堵塞、气体短流、沟流，占地面积大，且对进气负荷变化适应慢等。

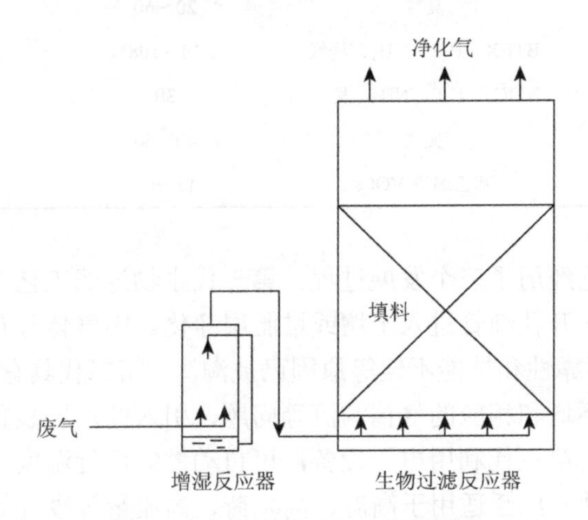

图 4-7 生物过滤基本工艺流程图

传统生物过滤填料通常是一些天然材料，在应用过程中弊端日益凸显。近年来，研究者针对天然材料存在的缺陷，采用改性等方法改良了填料的某些特性，同时又从自然界广泛取材，研制了一系列新型过滤填料。这些填料不仅使用寿命长，而且具有较高的微生物容纳能力，克服了占地面积大、易堵塞、传质效果差等缺点。陶佳等[38]采用自行开发的棕纤维复合填料处理鱼粉厂生产废气，处理系统在 9d 内就完成挂膜，当停留时间为 20s 时，三甲胺和臭气的平均去除率分别达到了 91.98%和 98.70%，且系统的压降明显小于纯泥炭的生物过滤系统。王家德等[30]针对传统生物滤料释放养料较快的缺点，利用浸渍法制备了营养缓释填料，这种填料具有营养丰富、阻力系数低、比表面积大等优点，并且所含的营养成分释放速率缓慢，有利于生物过滤装置长期稳定高效地运行。

生物过滤塔中循环液是间歇喷淋或是不喷淋（气体增湿），只需供给微生物正常生命活动所需的水分即可，因此整个反应体系内湿度相对较低。和生物洗涤器相反，生物过滤塔适合处理水溶性较差的 VOCs；同时由于生物过滤塔中液相是不连续的，因此其净化过程更符合“吸附-生物膜”理论。生物过滤工艺已成功用于化工厂、食品厂、污水处理厂等的废气净化和脱臭（表 4-8）。例如，处理含 H_2S 50mg/m^3、CS_2 150mg/m^3 的聚合反应废气，在高负荷下 H_2S 的去除率可达 99%；处理食品厂高浓度的恶臭废气（600～10000N$_{od}$/m^3），脱臭率可达 95%。

表 4-8　生物过滤塔处理某些行业废气[39]

行业名称	VOCs 种类	停留时间/s	去除率/%
食品生产	臭气	20～60	50～100
化工产品	BTEX、H_2S、NH_3、臭气	14～108	75～100
污水处理	VOCs、H_2S、NH_3、臭气	30	90～95
固体废弃物堆肥	臭气	40～60	93～96
喷涂行业	苯乙烯等 VOCs	15～60	50～95

生物过滤工艺经历了三个发展过程。第一代生物过滤工艺以土壤过滤器作为代表，废气经地下开孔细管进入土壤或堆肥层净化。因气体分布不均、湿度不易控制、维护难、可靠性和性能不佳等原因已被淘汰。第二代具有高级的布气系统，解决了气体分布不均和相应的气体沟流等问题，引入的增湿装置也能更好地控制反应器内的湿度。第三代利用电子设备，可自动控制运行温度和湿度，预设生物过滤塔的运行条件，广泛适用于高温、高负荷、高流量等废气的处理。

近年来，生物过滤工艺在研究和实际应用中也凸显出一些缺陷，主要有床层压降大、难以适应外界进气负荷波动等。为了解决实际中在绝大部分废气流中污染物浓度随时间变化的问题，Moe 等[40]利用具有吸附/脱附作用的活性炭，在生物过滤器之前串联一个颗粒活性碳柱用作负荷缓冲。由于生物过滤器中微生物活性分布不均匀，在气体入口处经常发生生物量的蓄积和堵塞现象，导致总压降增大并缩短填料寿命。Yang 等[41]研究表明，在生物活性较强的进气段使用粗填料，在活性较弱的出口段使用小颗粒填料，这种填料系统能减少压头损失；用锥形生物过滤器代替传统柱形过滤器，能达到更均匀的压力损失。Wright 等[42]发现相似进气负荷、连续运行条件下，气体流动方向周期变换的生物滴滤塔所具有的最大去除率是传统单一流向的生物滴滤塔的两倍。

生物过滤工艺是所有废气生物净化工艺中研究时间相对较长、技术相对成熟的一种工艺，也是目前应用较多的工艺之一。生物过滤工艺在研究中不断得以改进和完善，今后的研究将围绕以下几个方面开展：反应器构型、高效过滤填料、处理对象宽泛性和组合工艺等。

4.3.3　生物滴滤工艺

生物滴滤工艺的核心设备是生物滴滤塔（biotrickling filter），它是一种介于生物过滤塔和生物洗涤器之间的净化装置，其流程如图 4-8 所示。生物滴滤塔和生物过滤塔最大的区别在于前者液相是连续喷淋的，因此一些有关填料的工艺参数可人为进行控制（如 pH、营养物浓度等），从而可以有效避免滤料层的酸化、干化等，并保持单位体积填料具有较高的生物量和生物活性。同时，液相连续喷淋使得生物滴滤塔适合处理亨利系数小于 0.1 的中等水溶性 VOCs。表 4-9 比较了生物滴滤塔和生物过滤塔净化疏水性和亲水性 VOCs 的效果。可以看出，在较短的停留时间中生物滴滤塔更适合处理亲水性甲醇废气，而生物过滤塔更适合处理疏水性苯乙烯废气。

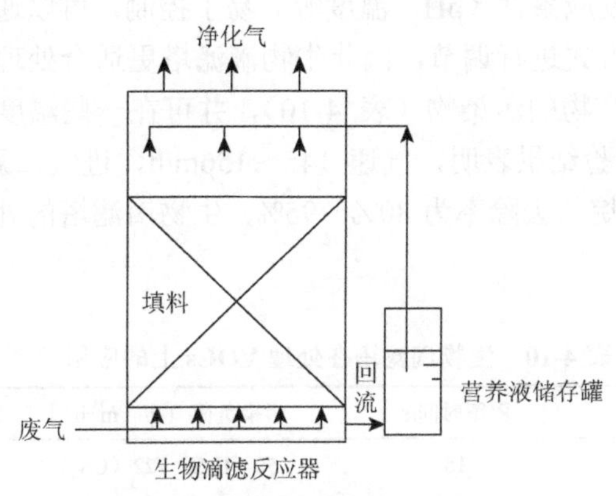

图 4-8　生物滴滤基本工艺流程图

表 4-9　相同运行条件下 BTF 和 BF 处理亲水性和疏水性 VOCs 的效果比较[43-46]

污染物	反应器	停留时间/s	最大去除负荷/[g/（m^3·h）]
亲水性 甲醇 $H_{25℃}$=2×10^{-4}	BF	48	173
		54	185
	BTF	36	552
疏水性 苯乙烯 $H_{25℃}$=0.1	BF	20	92
		40	240
		91	301
	BTF	20	49.8
		40	68.1
		91	94.5

生物滴滤的填料多为惰性物质，具有较高的机械强度、比表面积和孔隙率。传统的生物滴滤填料有卵石、粗碎石、木炭、陶粒、火山岩等，随后出现了一些塑料、不锈钢等材质的填料，如聚丙烯小球、不锈钢拉西环、炭纤维、海绵等，这些填料均具有多孔、结构疏松且材料呈惰性等特点。目前，聚氨酯泡沫（polyurethane foam，PUF）作为滴滤填料的典型代表，已在工程中得到了广泛使用。PUF 不仅具备滴滤填料应有的特点（比表面积为 500～600m^2/m^3，孔隙率高达 0.90～0.97），而且质轻价廉。尽管该填料在运行后期可能会出现填料压实、

堵塞等现象，但可以在设计生物滴滤塔时设置骨架、支撑架等，有效解决填料支撑问题。

生物滴滤塔常采用两种进气方式，即水气逆流和水气并流。启动初期，只需在循环液中接种经驯化的微生物菌种，短时间内微生物就能利用溶解于液相中的污染物质进行代谢繁殖，并附着于填料表面，形成生物膜，从而完成挂膜过程。由于生物滴滤塔的反应条件（pH、温度等）易于控制，可以通过自动酸碱添加设施、循环液加热等方式进行调节，因此生物滴滤塔更适合处理卤代烃、含硫、氮等会产生酸性代谢产物的污染物（表 4-10），并可在一些温度较低的地区应用。Hartmans 等[47]的实验结果表明，气速 145～156m/h，进气二氯甲烷浓度为 0.7～1.8g/m^3 时，二氯甲烷的去除率为 80%～95%，生物滴滤塔的处理效果一般要优于生物过滤塔。

表 4-10　生物滴滤塔在处理 VOCs 上的应用[48-50]

污染物	停留时间/s	污染负荷/［g/（m^3·h）］	最大去除负荷/［g/（m^3·h）］
H_2S+CS_2	16	50（H_2S）122（CS_2）	50（H_2S）110（CS_2）
甲醛	9	19	18
甲醇+H_2S	17	2.5（H_2S）300（甲醇）	2.5（H_2S）276（甲醇）
α-蒎烯	14	200	150

喷淋液在生物滴滤工艺中作用重大，提供了微生物所需的除碳源外的其他营养物质；调节微生物生长环境的 pH；保证微生物生存的湿度环境；及时带走代谢产物；通过水力冲刷保持生物膜的厚度，防止生物膜内厌氧。因此，喷淋液对净化效果有十分重要的影响，过大或过小都会影响去除效果，增加运行费用。刘丽[51]采用生物滴滤塔净化含甲醛的废气，当喷淋量由 10L/h 增加至 20L/h 时，甲醛的净化效率可由 31%左右增至约 80%，但继续增大喷淋量时，甲醛净化效率增加的空间很小。究其原因，若喷淋液流量太小，微生物生存所需的湿度环境不能保证，生物活性低；若喷淋液流量过大，则不利于微生物在填料表面附着生长，形成稳定的生物膜。喷淋液的喷淋方式对净化效果也有较大的影响，若分布不均，则容易出现壁流、沟流等现象，造成部分区域湿润、部分区域干燥，严重影响了微生物的活性。大多数研究表明[52]，在生物过滤塔中湿度低于 30%时处理效果会明显降低，湿度保持在 40%～60%时处理效果可稳定维持在较高水平。

和生物过滤工艺相比，生物滴滤工艺具有操控较容易、VOCs 净化效率较高等优点，因此近年来有关生物滴滤工艺的研究和应用较多。今后，生物滴滤工艺的研究可围绕以下几个方面进行，包括反应器构型（包括喷淋方式）、高效组合填料、运行方式等。

4.3.4 新型生物净化工艺

1. 膜生物反应器

传统的生物净化工艺（生物洗涤、生物过滤和生物滴滤）存在一些缺陷，如无法高效处理水溶性较差的 VOCs、微生物生长不易控制等。膜生物反应器（membrane bioreactor）的出现，恰好弥补了这些缺陷。膜生物反应器可以选择性地从废气流中把待处理污染物和 O_2“吸收”，转移给膜另一侧的微生物供其生长（图 4-9）。同时，气流和液流分别位于膜的两侧，互不影响，避免了液泛、起泡等问题，不会对微生物的生长造成影响[53]。

根据污染物的亲水/疏水性，选择不同性质的膜可以实现目标污染物的有效转移。如采用疏水性的膜（聚二甲基硅氧烷膜、聚烯烃膜等），可以有效提高苯系物（BTEX）、三氯乙烯等疏水性 VOCs 的传质速率，为后续生物高效净化提供必要的条件[54, 55]。此外，膜的选择透过性也可以避免一些毒性较大物质对膜内侧微生物的毒害效应。例如，利用膜生物反应器去除汽车尾气中碳氢类 VOCs，选用的膜能阻隔尾气中的重金属离子对微生物的侵袭，保证微生物的活性[54]。膜的发展从最初的管状到现在的中空状，比表面积增大了 100 倍，显著提高了膜的捕集面积和穿透面积。膜的类型也由初始的多孔膜发展到现在的复合膜，对目标物质的选择性、机械强度等显著增强。但是，膜也有其不可回避的缺点，如膜污染、使用寿命、冲击负荷影响等，因此还需开展大量的研究工作。

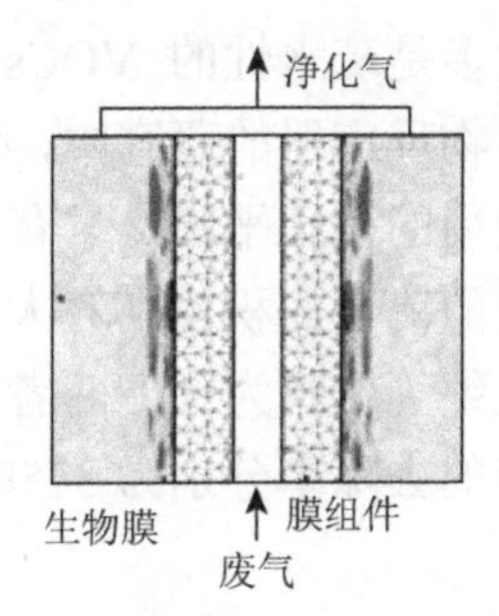

图 4-9　膜生物反应器示意图

膜生物反应器和传统生物反应器（生物滴滤塔和生物过滤塔）相比，主要优势体现在：①在同样的净化效率下，膜生物反应器需要的停留时间更短，平均只需 4.4s，而生物滴滤塔需要 5～15s，生物过滤塔需要 60～90s，因此，膜生物反应器的单位体积反应器的处理负荷要远远高于传统生物反应器[56]；②单位床层的压力降低，Jacobs[57]报道停留时间为 1～24s 时，膜生物反应器的压降为 1～11Pa，也有研究者比较了相同运行条件下膜生物反应器与传统生物反应器的压力降，发现前者单位压力降为 400～500Pa，而后者的压力降则高达 1000～1500Pa[58]；③可控性较好，由于在膜生物反应器中，循环液是连续的，因此一些运行参数可以得到较好的控制，如 pH、温度、湿度等，尤其是一些酸化产物和有毒产物积累的问题，在膜生物反应器中可以得到较好的解决。

在膜生物反应器中，VOCs 的净化过程比较符合“吸附-生物膜”理论。按照该理论，VOCs 被吸附在生物膜表面后，会被微生物捕获降解为 CO_2 和 H_2O。在膜生物反应器中，气相主体的 VOCs 通过中空纤维膜，向液相主体一侧扩散，由于中空纤维膜具有较大的气液界面和优良的传质性能，提高了 VOCs 的传质效果；中空纤维膜较大的比表面积可以作为生物降解的传质界面，有利于微生物的增长并提高单位体积的生物量，可提高对污染物的去除效率和容积负荷率，特别适用于难溶于水 VOCs 的处理。Henry 常数是衡量气液传质效果的指标，25℃甲苯的 Henry 常数为 6.73×10^{-4}[59]，属于难溶于水的物质，气液传质速率慢，传统生物过（滴）滤塔对甲苯的去除能力较小。叶杞宏等[60]采用中空纤维膜生物反应器处理含甲苯废气，停留时间仅为 6.4s 时，甲苯的去除率就可以达到 99%以上。

目前，膜生物反应器只停留在实验室研究阶段，还未在工程中得到应用。表 4-11 列举了一些有关膜生物反应器处理 VOCs 的研究。可以看出，这些 VOCs 大多是疏水性的 VOCs，且相应的去除性能均高于普通的生物反应器。在已有膜生物反应器的研究中，41%使用的是毛细管状膜，24%使用的是中空纤维膜，27%使用的是扁平膜，只有 5%和 3%使用的是管状膜和螺旋膜。由于不同类型的膜具有的比表面积差别较大，因此其决定目标污染物不同的去除率。以中空纤维膜和毛细管状膜为例，两者的比表面积分别为 $34890m^2/m^3$ 和 $368m^2/m^3$，单位体积对苯的去除率分别为 $3780g/(m^3·h)$和 $997g/(m^3·h)$[61]。

表 4-11　膜生物反应器在处理 VOCs 上的应用[61-64]

污染物	反应器类型及膜类型	去除率/%	单位体积反应器最大去除负荷/[g/（m^3·h）]	单位面积膜最大去除负荷/[g/（m^2·h）]
二氯乙烷	螺旋缠绕 PDMS	79～94	27.6	0.022
苯	管式乳胶膜	20～82	997	2.7
	中空纤维膜多孔 PP	75～99.8	3780	0.1
苯、甲苯、乙苯、邻二甲苯	管式 PDMS	71～99	1225	0.3
	PP 微孔纤维	61～90	3420	0.2

2. 两相分配生物反应器

通常，微生物生长需要一个较为稳定的环境，这就要求进气负荷不能频繁波动；此外，传统生物反应器只能有效净化低浓度废气，浓度过大或含有一些毒性较大组分时可能会抑制微生物的活性。在实际中，废气组分复杂多样，且进气负荷会随着工况的变化而频繁波动，因此，传统生物净化工艺就会稍显逊色。为了弥补这些缺陷，有研究者提出，筛选高效降解菌株，通过驯化提高它们对高浓度有机污染物的承受能力，强化它们的降解性能[65, 66]。虽然这个方法提高了微生物对污染物的降解速率，但却没有从本质上减轻污染物对微生物的毒性效应，仍未解决外界负荷波动对微生物活性影响等问题。要想实现环境中有毒有机污染物的快速转化降解，提高其生物可利用性以及减缓污染物对微生物生长的抑制效应是解决问题的关键。因此，Daugulis 于 1996 年首次提出了基于有机污染物在水相、有机相热力学平衡原理的两相分配生物反应器（two-phase partitioning bioreactor，TPPB）[67]。2001 年，Yeom[68]将 TPPB 技术首次应用在含苯废气的净化中，利用正十六烷与苯的良好亲和力有效捕获废气流中的苯，然后将此有机溶剂输送到两相反应器内，这时有机相中的苯就会通过两相界面不断地进入到水相之中，并被水相中微生物降解。结果表明，在稳定的操作条件下，该体系中苯的去除效率维持在 75%左右，去除负荷达到 291g/（$m^3 \cdot h$），高于相同运行条件下普通的生物滤塔。

TPPB 通常由两部分组成，即与水不混溶且生物不利用的非水相（non aqueous phase，NAP）和含微生物细胞的水相。根据 NAP 是液相还是固相，TPPB 又分为液-液 TPPB 和固-液 TPPB。前者为一些与水不互溶、不能够被微生物利用并且对微生物没有毒害作用的有机溶剂，这些有机溶剂对于疏水性 VOCs 有较大的吸收能力；后者为一些非水相为高分子聚合物，由于这些高分子聚合物具有疏水性、生物相容性等特点，对有机污染物有较大的吸附量。无论是液相 NAP 还是固相 NAP，它们对于疏水性 VOCs 的亲和力远远大于 VOCs 与水之间的亲和力，因此 NAP 就充当了污染物的临时储库，避免了高浓度污染物对水相中微生物的抑制作用。水相中污染物因微生物的利用浓度降低逐渐降低，有机污染物在两相间的分配平衡即被打破，两相间由于浓度差而引起的传质推动力增大，使得 NAP 中的污染物分子不断地向水相中转移，以维持该分配平衡状态，因此有机污染物从 NAP 到水相将是一个连续不断的过程，进而实现了污染物的去除（图 4-10）。NAP 的引入，不仅成为了高浓度污染物与微生物之间的缓冲地带，还可以持续稳定地向水相输送污染物，提高了这类反应器运行的稳定性。

在两相分配生物反应器中，NAP 的选择至关重要。通常，NAP 要具有以下的特点：对于污染物要有较高的分配性、物理化学性质稳定、不易被微生物降解和对微生物没有毒害效应。常见的液相 NAP 有十六烷、硅油等，固相 NAP 有聚乙烯材质的聚乙酸乙烯酯树脂（EVA）和苯乙烯-丁二烯共聚树脂（SB）、聚合物 hytrel 和 Tone™等（表 4-12）。由于固相 NAP 在反应结束后容易与水相分离，可以实现回收后重复利用，并且避免了液相 NAP 吸附到反应器

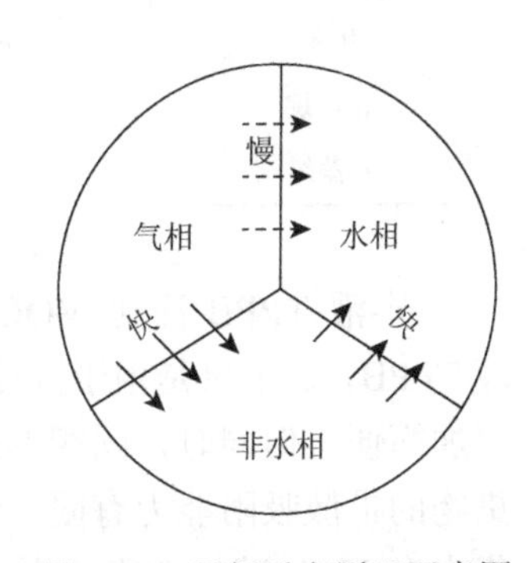

图 4-10　两相反应原理示意图

壁上难以清除，因此在实际应用中固相 NAP 比液相 NAP 更为广泛。陈东之等[69]采用了硅酮母粒 MB50-008 代替与之成分相似的硅油应用于 TPPB 反应器中净化含二氯甲烷的废气，抵抗瞬时冲击负荷的能力远远优于传统的单相生物反应器。现在，研究者更关注 NAP 的二次利用问题，开发了一些新型的 NAP，如离子液体、带有磁性的 NAP 颗粒等[70, 71]，这些材料不仅具备了 NAP 的基本特性，还更容易实现回收与再利用。

表 4-12　液相 NAP 和固相 NAP 在废气净化中的应用[72-75]

污染物	微生物	NAP
苯乙烯	混合菌群	硅油
BTX	*Pseudomonas* sp.	油醇
VOC	混合菌群	十六烷
苯	*Pseudomonas putida*	EVA
甲苯	*Achromobacterxylosoxidans*	SB

目前，液-液 TPPB 净化 VOCs 的研究较多，并以十六烷和硅油居多（表 4-13），反应器则采用搅拌式生物反应器，也有一些报道采用两相分配生物滴滤塔来处理 VOCs。通常的做法是在循环液中加入 NAP，构成具有两相的生物滴滤塔。研究发现，利用硅油作为 NAP 的生物滴滤塔在处理苯乙烯废气时，无论是稳定运行还是在外界瞬时波动状况下运行，去除性能均明显优于普通生物滴滤塔。两相分配生物滴滤塔使二氯甲烷的最大去除负荷能够提升 25%以上[160g/(m^3·h)提高 200g/(m^3·h)]，并能够较好地应对外界冲击负荷[76]。

表 4-13　搅拌式两相分配生物反应器在处理 VOCs 上的应用[77-80]

污染物	NAP	最大去除负荷/[g/（m^3·h）]	去除率/%
苯	*n*-十六烷	133	95
甲苯	*n*-十六烷	740	99
正己烷	硅油	135	75
α-蒎烯	硅油	608	100

固-液 TPPB 净化 VOCs 的研究虽然处以起步阶段，但其应用前景好于液-液 TPPB，这不仅是由于固相 NAP 的自身特性，而且还由于固-液 TPPB 运行维护更加简便。但同时，固相 NAP 也有一些缺陷，最主要的是现有的 NAP 对气态污染物的扩散吸附能力有限。无论是液-液 TPPB 还是固-液 TPPB，今后的研究都将集中在 NAP 特性改良方面。对于液相 NAP，如何实现回收与再利用、对处理过

程中可能引起的二次污染如何进行控制、如何尽量减少或消除二次污染，仍需开展大量的研究工作。对于固相 NAP，如何提高污染物在两相间的传质速率、如何改善比表面积等，将成为研究热点。此外，若要将 TPPB 进行工程应用，传统净化工艺流程与设计已无法适应 TPPB 技术，具体工艺流程、自动控制系统的设计将成为研究重点和需要解决的问题。

3. 转动床生物反应器

转动床生物反应器（rotating bioreactor）最初由生物转盘废水处理技术演变而来。该装置由密封外壳、内置生物填料转鼓和营养液槽三个部分构成（图 4-11），运行时马达带动转鼓转动，所有填料介质在转鼓转到最低点时均可浸入营养液。气态污染物从转鼓的外面透过填料层，进入内轴空间，由轴经排气管排出，完成一次气态污染物的净化。转鼓每转一圈，填料层经历一次与营养液充分接触的机会，附着于填料上的生物则经历着一次好氧-厌氧的交替过程，这种交替使微生物能够维持高效分解污染物的活性。它的主要优点如下：①系统不易堵塞，微生物不易过量生长；②耗电低，只需维持较低的转速；③对外界冲击负荷适应性好；④运行维护简便。

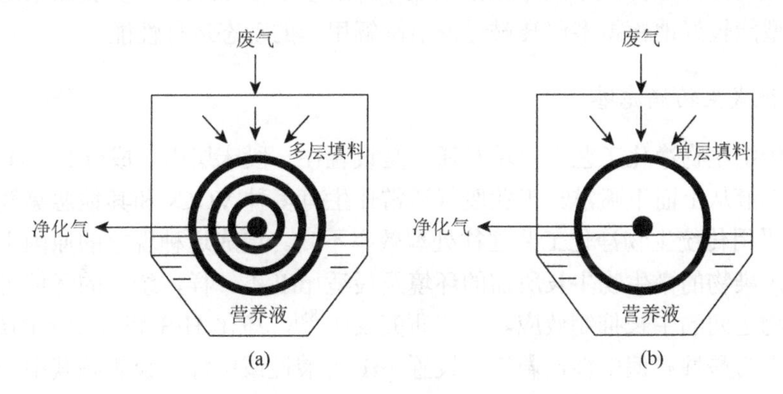

图 4-11　RDB 反应器示意图

（a）多层；（b）单层

转动床生物反应器内填料可以根据需要设置为单层或多层。多层和单层生物过滤器均能有效去除乙醚、甲苯等气态污染物，且多层转鼓生物反应器的处理效率要明显高于单层。Yang 等[81, 82]比较了单层和多层转动床生物反应器对乙醚和正己烷的处理效果。他们研究发现，对于同一类物质，多层的净化效果要优于单层；对于同一反应器来说，乙醚的净化效果要优于正己烷。多层转鼓生物反应器在有机负荷为 2.0kg/（m^3·d）、空床停留时间为 30s 时，能长期稳定运行且保持较高的甲苯去除率，微生物较均匀地分布在填料的最外层，不需要去除过量生物膜[83]。

转动床生物反应器集生物过滤和生物滴滤优点于一体，能够有效解决污染负荷、生物量、营养液等分布不均匀的问题，并且能够大大提高有效生物量。研究者比较了这三种反应器在相同运行条件下的运行特性。结果发现，转动床生物反应器内生物膜形成的时间最短，这主要是由于反应器内污染物负荷分布均匀、营养元素分布均匀、微生物流失少；运行后期，转动床生物反应器不易出现堵塞现象，而生物滴滤塔和生物过滤塔容易出现床层压实、单位压降急剧上升的现象；当污染负荷较低时［<35g/（m^3·h)］，三种反应器均表现出良好的处理性能，但当污染负荷增加时，转动床生物反应器表现出了较高的处理效率（40%～50%）[7]。

目前，转动床生物反应器主要应用在含 NO 废气的净化中，而 VOCs 的净化处理相对较少。研究也已从宏观去除性能深入到了数值模拟，并且所得的模拟结果与实验数据具有较好的一致性。陈宏等[84]根据生物过滤器中的物质传递特点，依据双膜理论、质量守恒定律和 Monod 动力学方程，选择甲苯为模型污染物，采用配置法、解析法、Runge-Kutta 法并结合 MATLAB 软件编程进行求解，模拟结果表明，转鼓生物反应器的甲苯去除率先升高，到第 4 天时达到最大值 97%，第 5 天后有明显降低并稳定在 90%，而且转鼓外层介质中的甲苯浓度高，甲苯降解量大于 70%；内层介质中的甲苯浓度低，降解量小于 10%。与实验结果的比较证明该模型能较好地模拟多层转鼓过滤器降解甲苯的动态运行性能。

4. 板式生物滴滤塔

在传统生物净化工艺中，填料通常是设置在一段床层内，成分和 pH 唯一的循环营养液从上而下喷淋。工业废气通常伴生有多种 VOCs 和其他恶臭气体（如 H_2S），采用传统生物净化工艺往往处理效率不高。造成这种现象的原因主要是降解不同污染物的微生物生长所需的环境及最适 pH 不一样，统一的环境可能会引起微生物之间的生长抑制效应。一些研究表明[85]，净化 H_2S 和 VOCs 的最适 pH 条件分别为酸性和偏中性，若统一设置 pH 为酸性或中性，会影响其中一种组分的高效去除。此外，填料层单层设置，往往废气进口处污染负荷较大，沿着床层方向污染负荷逐渐下降，引起了生物量分布不均的现象，特别是下段填料生物膜过量生长造成填料层堵塞、压降急剧上升，使得反应器出现不稳定的运行状态。

针对现有单层生物滤塔污染负荷和生物量分布不均、填料层易堵塞及污染物间降解互为抑制等问题，王家德等[86]基于多孔介质物质和能量传递理论，研发了填料层呈板式结构的生物滤塔（图 4-12）。通过填料分层设置和养分分层控制，实现了营养液均匀分布及微生物差异分布。此外，废气中不同组分能使“板式填料”中的微生物定向演变，形成群落结构迥异的生物膜，实现不同组分在不同填料层的高效净化。板式生物滤塔与普通单层生物滤塔相比，处理负荷提高 30%～40%，压降降低约 1/2，并能协同处理多种废气组分。

钱东升等[87]和房俊逸等[88]利用该板式生物滤塔处理硫化氢（H_2S）、四氢呋喃（tetrahydrofuran，THF）和二氯甲烷（dichloromethane，DCM）混合废气，将上、中、下三层的营养液pH分别设置为7.5、6.0和4.5，并以营养液pH 6.0的普通生物滴滤塔作为对照。第22天时，板式生物滤塔完成了挂膜启动，对H_2S、THF和DCM的去除率分别为98%、75%和95%，明显高于普通生物滴滤塔。扫描电镜表明（图4-13），在板式生物滤塔中，上层的微生物多为球型和短杆型，中层的微生物多为长杆型，而下层的微生物则多为长杆型和丝状型，而在普通生物滤塔中，微生物形态主要呈长杆型，球型和丝状型较少。因此，板式生物滤塔pH分层控制的设计，恰好为不同污染物特定降解菌的生长提供了条件，适宜处理多组分废气。

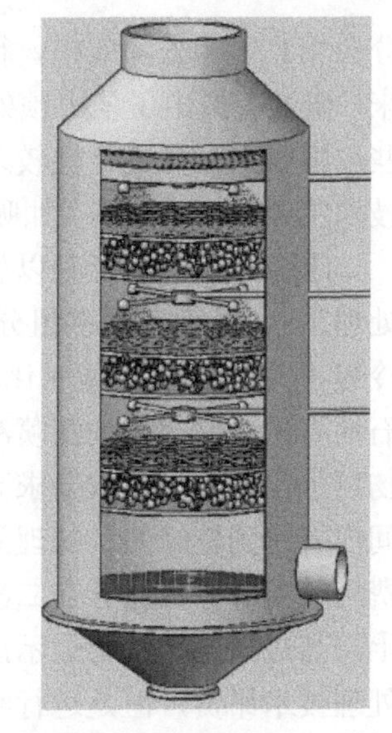

图4-12　板式生物滤塔示意图

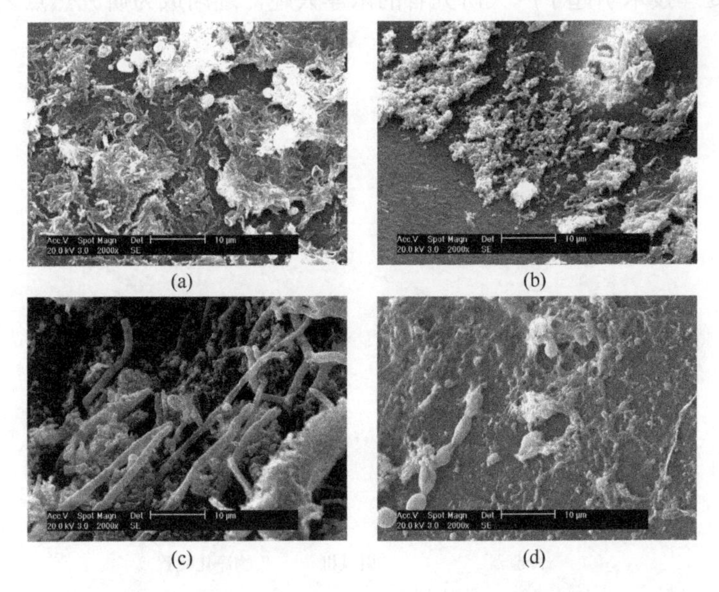

图4-13　挂膜后板式生物滤塔填料层生物膜和普通生物滤塔填料层生物电镜照片

（a）板式生物滤塔上层；（b）板式生物滤塔中层；（c）板式生物滤塔下层；（d）普通生物滤塔

5. 组合工艺

如前所述，传统的废气生物净化工艺对于一些浓度低、可生化性好的VOCs组分往往具有理想的处理效果。但实际中工业废气一般成分复杂，性质迥异的组分会相互影响去除效果，很大程度上制约了废气生物净化技术的推广应用。近年来，研究者提出了采用预处理-生物净化组合工艺来处理混合废气，特别是针对那些浓度较大且可生化性较差的组分时预处理技术就显得尤为重要。常见的预处理技术主要有物理技术（如吸附、吸收、冷凝等）和化学技术（如高级氧化技术等）。

组合工艺的特征是以生物净化工艺为主，根据不同废气的性质配以相应的预处理工艺，从而实现多组分废气的高效净化。典型的工艺流程包括吸收-生物净化、冷凝-生物净化和高级氧化-生物净化组合工艺等（图 4-14），它们适用于医药化工、石油石化、制革、油漆喷涂等行业生产过程经收集的高浓度、高沸点、部分污染物可生化性差、排放要求高的废气控制。虽然吸收、冷凝等传统处理工艺在短时间内能达到较好的预处理效果，但是存在吸附剂、冷凝剂等饱和再生问题，处理费用较大，并且还存在二次污染等。相对而言，无论在处理效果还是在运行费用上，高级氧化技术都显示出了自身的优点。虽然一次性投资费用有可能比传统预处理技术昂贵，但是运行维护费用会大大降低，不存在试剂更换等缺点，产生的部分氧化中间产物甚至会促进后续生物净化过程。因此，高级氧化技术作为生物净化的预处理技术引起了广大研究者的浓厚兴趣，逐渐成为研究热点之一。

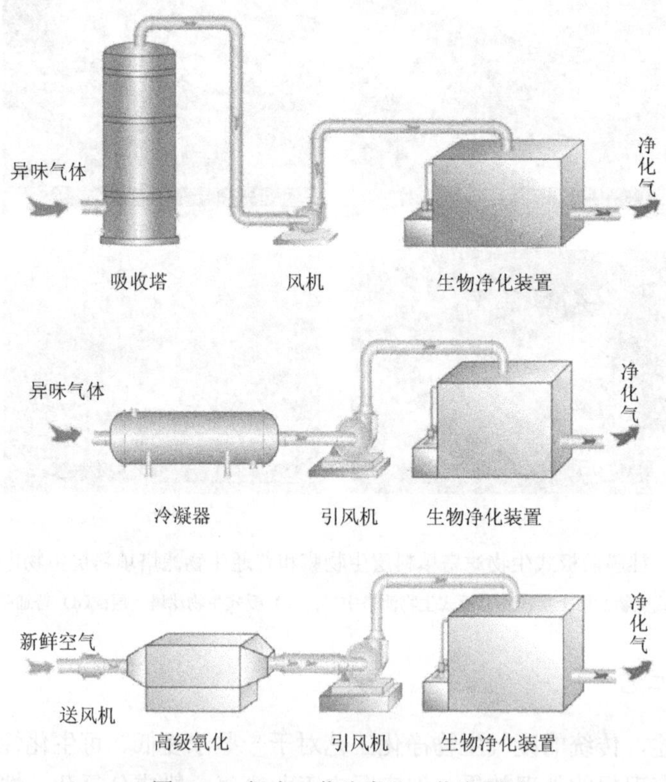

图 4-14　组合工艺分类及工艺流程图

在高级氧化技术中，以紫外光解、等离子体作为生物净化工艺预处理的研究较多。紫外光解、等离子体最显著的特点是以羟基自由基为主要氧化剂与有机物发生反应，产生一些可生化性好、水溶性好的小分子物质或无机物。对于单一的高级氧化技术而言，虽然已被证明可以去除多数的 VOCs[89]，但一些研究人员发现，单一的高级氧化技术难以彻底降解 VOCs，而是产生了更具生物毒性的产物，带来更高的环境风险[90]。同时，紫外光解工艺等产生的臭氧等活性物质若直接排放至周围环境，也会引起危害。Wang 等[91]研究表明，联合工艺中的生物净化单元能够明显降低紫外单元尾气的急性生物毒性和遗传毒性，同时还能够有效降低臭氧的浓度。之后的研究发现，高级氧化过程中产生的活性物质还能有效控制后续微生物的生长，解决因填料层中生物量过量积累而导致的填料层堵塞问题。

采用不同波长（185nm、254nm 和 365nm）的紫外光解都可以作为生物净化工艺的预处理工艺，相关的研究也得以证明[92, 93]。通过定向调控紫外光解过程（如反应介质的湿度、反应时间、进气浓度等），这些紫外光解工艺均能实现易水溶易生物降解产物的大量积累，解除了目标污染物对气液传质和生物降解的抑制效应，显著提升了这些物质的净化效果。陈建孟等[94]和成卓韦等[95]利用真空紫外光解-生物滴滤组合工艺实现了对难降解疏水性 α-蒎烯的有效去除，指出两种技术的组合有利于减小各反应单元的体积。Moussavi 和 Mohseni[96]对甲苯和二甲苯混合 VOCs 的研究表明，UV 生物过滤组合工艺具有良好的协同去除作用，在 70～650（mg·C）/m^3 负荷下，系统可去除 95%以上的污染物，比单一 UV 光氧化法和生物过滤法去除率之和还要高出 60%。

低温等离子体是一种非热平衡气体状态，通常可以通过对气体施加电场放电来产生。在高能电子轰击气体分子的过程中会产生具有强氧化性的活性物质，能够有效地分解和氧化污染物。利用低温等离子体的强氧化性，可以在较短的时间内实现难水溶难生物降解物质的定向转化，为后续生物净化奠定基础。Aerts 等[97]利用等离子体技术净化含乙烯废气，结果表明乙烯的产物种类与反应条件关系较大，可以通过控制反应介质实现乙烯的定向转化。这就为该技术作为生物净化的预处理工艺奠定了良好的理论基础。在低温等离子体的众多放电形式中，介质阻挡放电（DBD）应用最为广泛。DBD 放电均匀，绝缘层采用介电常数较大的绝缘材料，如石英、玻璃、陶瓷、聚合物等。Hakjoon 等[98]利用 DBD 与 BTF 耦合处理 VOCs 气体，效果显著。与紫外光解技术相比，低温等离子技术作为生物净化的预处理的研究还处于初期，还有许多研究工作需要开展。

目前，单一的生物净化工艺在国内外已经有较多的工程应用案例，而针对高浓度、难降解 VOCs 的高效处理，仍然是实际工程中亟待解决的问题。利用紫外、等离子体等与生物净化联合的处理工艺无疑是净化该类 VOCs 一条可行的途径。因此，以该技术为背景的市场应用前景非常广阔，市场需求量巨大，并能产生良好的经济和社会效益。

4.4　影响生物降解的因素

由于 VOCs 生物处理主要是利用微生物的新陈代谢作用使污染物转化为简单的无机物或细胞自身组成物质，因此微生物的活性决定了反应器的性能。VOCs 生物处理与废水生物处理技术的最大区别在于有机物首先必须由气相扩散进入液相，然后才能被微生物吸附降解（图 4-15），整个过程影响因素较多而且比较复杂，这些因素包括温度、湿度、pH、营养物质、废气成分、生物量等。

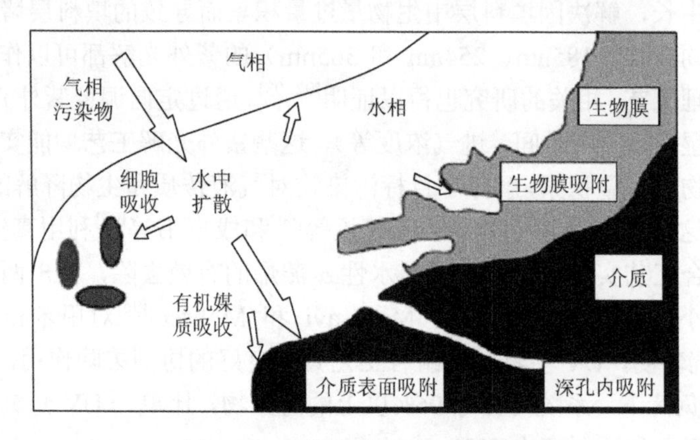

图 4-15　污染物传质过程示意图

4.4.1　温度

温度是影响微生物生长的重要环境因素。任何微生物只能在一定温度范围内生存，在此温度范围内，微生物能大量生长繁殖。根据微生物对温度的依赖性，可以将它们分为低温微生物（＜25℃）、中温微生物（25～40℃）和高温微生物（＞40℃）。在适宜的温度范围内随着温度的升高，微生物的生长速率和代谢速率均可相应提高，到达最高值后温度再提高对微生物将有致死作用。用于 VOCs 降解的微生物，其较适温度范围为 25～35℃。通常，工业排放的某些废气往往具有一定的温度，部分排放源的有机废气在某些时段温度甚至高于 100℃，因此近年来的一些研究开始逐步转向嗜热性微生物处理 VOCs。

目前，国内外已有部分研究者开展了嗜热菌处理高温气体的尝试性研究工作。从已有的研究来看，嗜热菌生物过滤塔运行的主要温度范围为 50～70℃，处理的污染物主要是硫化氢气体、芳香族 VOCs（如甲苯、苯等）和脂肪族 VOCs（如乙醇等）[99, 100]。王娟等[101]从某石化公司污水处理厂的曝气池中采集活性污泥，利用甲苯气体驯化 30d。将驯化后菌种接种至生物过滤塔中，挂膜 120～140h 后形成稳定的生物膜。在气体空塔停留时间为 2.5min 时，逐渐升高填料层温度，分别考察过滤塔在 30～60℃条件下的去除率。结果表明，过滤塔在 30℃、40℃、50℃、60℃条件下的甲苯平均去除率分别为 74.8%、82.7%、59.5%和 55.9%。40℃时去除率最高，随着温度上升，去除率逐渐降低，但 60℃时仍有去除能力。镜检的结果还发现，随着温度的升高，短杆菌减少的数量远高于球形菌，说明球形菌可能更适应高温环境。Cox 等[102]比较了生物过滤塔在常温（22℃）和高温（53℃）条件下对乙醇气体的处理性能。当进气中乙醇浓度为 5g/m^3，空塔停留时间为 57s 时，两个生物过滤塔的乙醇去除性能相当，最大去除速率均超过 220g/(m^3·h)。对微生物的分析结果表明，高温生物过滤塔中的优势菌包括嗜热菌和嗜温菌，多为杆型菌；高温生物过滤塔 10%左右的优势菌群可在常温下存活，而中温生物过滤塔中的菌种只有约 0.01%可在高温下存活，由此推断高温生物过滤塔的微生物群落的生物多样性较常温生物过滤塔更为丰富。二氧化碳的产生数据表明，乙醇在高温生物过滤塔中的二氧化碳的转化率（60%）明显高于常温生物过滤塔（46%）。与之相应，高温生物过滤塔中的生物累积量相对较低，其原因可能是湿热菌微生物生长速率较低，或是微生物在高温条件下发生了自溶。上述研究结果证明了嗜热菌生物过滤塔较传统的中温生物过滤塔具有更好的稳定性及耐受性。

温度除了改变微生物的代谢速度外，还能影响气态污染物的物理状态，进而影响废气的生物净化效果。例如，提高温度会降低部分 VOCs 在水中的溶解及在填料上的吸附，同时会使反应器内填料表面趋于干燥，这不仅影响了气液传质过程，还会影响部分微生物的活性。因此，温度对于 VOCs 净化效果的影响是非常复杂的。

4.4.2 湿度

在 VOCs 生物处理过程中，湿度也是一个重要的影响因素，因为微生物在代谢 VOCs 的过程中需要一定量的水分。反应器内湿含量较少，可能会引起床层干裂，填料收缩破裂而产生气流短流，进而引发微生物代谢活性下降，去除性能恶化；湿含量过多时，可能会抑制溶解氧和疏水性 VOCs 向生物膜的传质过程，引起部分区域出现厌氧情形，进而影响微生物的代谢活性；此外，水分过多还会引起包括产生恶臭气味、气流分布不均等现象。

反应器内最佳湿含量取决于填料的特性，如填料的比表面积、孔隙率等。一些研究表明，对于致密且排水困难的填料，最佳湿含量一般控制在 40%左右；对于密度较小且多孔性的填料，最佳湿含量一般在 60%以上。此外，进气的性质也会影响反应器内的最佳湿含量。对于亲水性的 VOCs，湿含量一般可以控制在

60%～80%；而对于一些疏水性 VOCs，最佳湿含量应控制在 40%以下甚至更低。由于真菌比细菌更耐干燥的环境，因此在以真菌为优势微生物的滤塔中，湿度通常可以控制在 40%左右，并能获得较好的净化性能。曹晓强等[103]研究了湿度对于真菌过滤塔净化苯类废气性能的影响，他们发现，湿度在 40%～50%内，真菌过滤塔均表现出较高的净化能力，但是湿度进一步升高时，对于苯系物的净化能力降低十分明显。

由于控制生物滤塔的湿度对稳定运行至关重要，可根据处理废气的物理条件、废气中污染物的浓度及管理水平，采用自动、半自动或手动控制。自动控制包括滤料含湿量的自动测定、自动喷洒控制和湿度过高、过低的报警及自动关闭系统。半自动控制是利用时间控制器进行控制并周期性进行测样、调整。手动控制是根据周期性的测样结果，采用手动阀控制喷水的大小。Van Lith 等[104]通过研究，获得了计算填料层干燥速率的方法，并且对不同的区域给出了防止填料层干燥的措施。当生物过滤塔填料层中水分的蒸发率低于 50g/（m^3·h）时，可以通过人工喷淋的方式补充水分，补充的水量可以通过定期测定填料层中的湿度来确定。如果蒸发率较高，喷淋系统则应由计时器来控制（自动定期向填料层中喷淋水分）。这种喷淋方式可以保证填料层得到及时均匀的水分补充，同时不会产生过多的渗滤液。

受微生物代谢活动、气流特性的影响，生物填料床的温度、湿度在时间和空间上的分布存在较大的变化，这种变化会影响污染物的去除效果，也是废气生物净化过程运行不稳定的主要原因。早期的研究主要以生物滤塔中局部、定性的研究为主，而对床层温、湿度场分布特性量化、系统的研究鲜有报道，因而工程应用中缺少设计和参数控制的依据。於建明等[105]通过在线测定 BF 系统净化模拟废气过程中填料层的温、湿度，模拟了填料层温、湿度场的分布，并耦合了两者之间的关系。相关的结果表明，下层填料的湿分迁移速率明显大于上层填料，最终形成上高下低的湿度梯度。填料层的湿度在无外加废气源时处于非饱和状态，湿分迁移主要受重力和毛细力引起的水分对流传质影响。通入模拟废气后，底部填料层自由水受气流影响通过扩散进入气流，气流快速达到饱和状态，对上层填料层的湿分影响较小；同时，受气流动压影响，部分自由水随气流向上“迁移”，出现中间局部填料层湿度增加现象。随着运行时间的延长，填料层湿度区域沿气流向上移动。主要原因是实验初期，底部填料层自由水比例大，且实验采用底部进气，下层填料的污染去除负荷大，相应的生物代谢产能高，再综合气流扩散效应，致使下层填料湿分迁移速率大于上层填料。运行 12 天后，下层填料自由水比例减少，生物代谢产能和气流扩散效应减弱，湿分迁移趋缓，上层填料湿度变化不明显。若进一步增加运行时间，上层填料湿度将逐渐下降，最终填料层被“干化”。这些研究结果可为生物过滤废气温度、湿度控制及与之对应的填料层喷淋强度设置提供依据，从而解决生物过滤系统实际参数控制模糊的问题，以确保系统长期、高效运行。

4.4.3 pH

微生物的生命活动、物质代谢都与 pH 有密切联系，每种微生物都有不同的 pH 要求，大多数细菌、藻类和原生动物对 pH 的适应范围为 4～10，最佳 pH 为 6.5～7.5。pH 过高或过低都对微生物的生长不利，主要表现为：①pH 的变化引起微生物表面的电荷改变，进而影响微生物对营养元素的吸收；②影响培养基中有机化合物的离子化作用，从而影响这些物质进入细胞；③酶的活性降低，影响微生物细胞内的生物化学过程；④降低微生物对高温的抵抗能力。

在 VOCs 的生物处理过程中，一些 VOCs 的降解会产生酸性物质，如含硫有机物会导致SO_4^{2-}的积累、含氮有机物会导致 NO_3^- 的积累、氯代有机物会导致 Cl^- 的积累，此外，VOCs 的不完全氧化也会导致甲酸、乙酸等小分子有机酸的积累。这些过程均会使生物反应器内 pH 环境发生变化，可能会影响微生物的代谢活性，进而影响后续生物反应器的净化性能。Steele 等[106]研究发现，在降解乙醇的初始阶段，过度的酸化会使生物反应器失效。为了避免这些情形的出现，通常的做法是在循环液中添加碱性物质或在填料中添加石灰、大理石、贝壳等来增加体系的缓冲能力，实现调节 pH 的效果。另外，有研究表明 pH 中性有利于亲水性化合物的降解，而 pH 呈弱酸或酸性则有利于疏水性化合物的降解。真菌除了能够耐干燥环境，还能承受较低的 pH，这为利用真菌降解疏水性 VOCs 提供了前提。Dorado 等[107]在研究中发现，在生物过滤器中接种以细菌为优势物种的活性污泥，经过长时间的低 pH 环境运行（55 天时 pH=6 左右逐步降低到 95 天时 pH=2），反应器内的优势微生物逐步演变为真菌，且对甲苯的去除率由 20%上升到了 80%。

4.4.4 营养物质、废气成分及浓度

微生物降解有机物一般利用有机物作为碳源和能源，但同时需要其他的营养物质，如氮源、无机盐和水。一般来说，为了达到完全降解的效果，适当地添加营养物质常常比接种特定微生物更为重要。在生物过滤塔中，由于采用的填料一般为天然物质，富含氮源和其他一些无机盐，因此不需要额外添加营养物质；而在生物滴滤塔或其他反应器中，采用的填料均为无机材质，这就需要定期供给必要的营养物质，以维持微生物的正常代谢过程。在添加营养物质前，必须确定营养盐的形式、合适的浓度及适当的比例，一般 BOD∶N∶P 的比例为 100∶5∶1[108]。

目前，对生物滤塔中营养物质的研究主要集中在对氮的研究。通常，有机形

式的氮存在于填料之中，无机形式的氮则存在于循环营养液中。Moe 等[109]的研究结果发现，在生物滤塔中，若氮源为有机氮，则其净化效率均较无机氮低，分析认为其原因可能是有机氮首先要转化为微生物所能利用的无机氮，然后才能参与生物降解过程。研究者指出，在生物滤塔净化甲醇废气时，在较低的氮源浓度范围内，甲醇的去除率随着氮源浓度的增加而增加；但当氮源浓度增加到一定值时，甲醇的去除率明显受到了抑制[110]。

此外，一些微量元素也需要考虑，特别是一些含氯、硫等 VOCs 的生物降解，需要特殊元素作为电子供体或电子受体参与微生物代谢过程。例如，在对含氯有机物的生物降解研究中发现，作为亲核剂的维生素 B_{12} 可催化脱氯反应，30℃分子脱氯率达 40%；相比之下，在缺乏维生素 B_{12} 的条件下，其脱氯率小于 10%。

废气中氧气的含量也是制约废气净化效果的一个重要因素。Elmrini 等[111]在实验中利用富含氧气的空气代替普通空气后，生物滤塔的净化性能得到改善，表明氧气是一个制约因素。在一般情况下，生物滤塔中都要避免厌氧环境的存在，因为在厌氧状态下产生的臭味物质及氧气的限制可能会降低反应器的运行性能。但是 Deshusses 等[112]研究发现，当进入反应器的氧气量增加时，甲基乙基酮和甲基异丙基酮的混合物、甲苯和乙酸乙酯的混合物的降解效率并没有明显增加。这两个迥然不同的实验现象表明氧气在废气生物净化过程中的限制作用是在一定条件下发生的，根据经验估计在去除负荷比较高或生物膜比较厚的反应器中，氧气是明显的生物限制因素。通常，生物反应器要避免厌氧环境的存在。Cox 等发现以添加 H_2O_2 的形式增加氧量可有效提高净化效率[106]。Baltzis 等[113]和 Baltzis 等[114]提出，O_2 在生物膜内的扩散是影响生物滤塔净化效果的重要因素，并在此基础上提出了氧含量限制下表征滤塔净化效率的数学模型。

VOCs 组分的水溶性及可生物降解性是影响生物净化工艺性能的主要因素。疏水性 VOCs 从气相到水相的传质速率较小，因而生物降解率较低。Deshusses 等[115]以 17 种常见的 VOCs 作为考察对象，建立评价不同性质 VOCs 降解能力的方法，认为污染物的去除能力与亨利系数及疏水性有关，并发现污染物的最大去除能力遵循以下排序规律：醇类＞酯类＞酮类＞芳香类＞芳香烃类＞烷烃类。此外，VOCs 的浓度也会影响生物净化的效果。对于一些难降解的 VOCs，浓度较低时可能就会出现抑制现象；即使是一些容易被生物降解的 VOCs，浓度过大或污染负荷过高时同样也会引起抑制效应。

目前，有关生物净化工艺的研究大多集中在单一废气，而在实际情况中废气的组分往往是多种多样的。因此，混合废气的生物净化研究今后将成为该领域的研究热点之一。通常，对于混合废气，生物反应器的挂膜启动时间要比处理单一组分的生物反应器长一些；各组分间竞争效应也将在气液传质和生物降解两个过程中扮演重要的角色，这些效应包括优先利用底物效应、毒性抑制浓度等。

混合废气的净化工艺研究多集中在工程现场。Rene 等[116]考察了接种真菌 *Sporothrix variecibatus* 的生物滤塔对于纤维塑料生产废气的处理效果，废气的主要成分为苯乙烯和丙酮。他们发现，当苯乙烯浓度小于 1g/m^3、丙酮浓度为 2g/m^3 左右时，丙酮的去除受到了较大的影响而苯乙烯的去除却不受影响；当两者进气浓度均大于 4.5g/m^3 时，依然是丙酮的去除受到了影响。然而在另外一项利用细菌生物滤塔净化含苯乙烯和丙酮混合废气的研究中，研究者发现，当苯乙烯浓度维持不变（50mg/m^3）而丙酮浓度从 47mg/m^3 增加到 57mg/m^3 时，两者的去除效果均未受到影响[117]。研究者指出，当一种容易被微生物降解的组分和一种不易被微生物降解的组分共存时，可能存在底物间抑制削弱效应。具体的机理机制还有待进一步深入研究。

4.4.5 生物量

在生物反应器的运行过程中，微生物逐渐聚集并黏附在填料层表面形成生物膜，VOCs 废气组分从气相传质到生物膜相，逐渐被其中的微生物分解和利用，从而实现 VOCs 废气的高效净化。同时，微生物也会不断繁殖并逐渐积累在床层填料层中。大量研究表明，生物膜内微生物的大量生长和非均匀性分布是导致反应体系填料层堵塞、发生短流和沟流、压降增加和运行性能恶化等的根本原因。因此，在生物反应器运行过程中，必须对生物量的生长实行有效地控制。

目前，生物量控制技术主要包括物理法、化学法及生物法（微型动物捕食）等。物理法主要是指利用机械和水力剪切力从填料层中去除额外的生物量，如 Kim 和 Soril[118]报道每周 1 小时的反冲洗能够有效地控制生物滴滤塔填料层的生物量；Delhomenie 等[119]利用床层搅动和反冲洗相结合的方式控制生物量，实现甲苯废气的持续高效生物净化。物理法虽然在短时间内能有效去除老化的生物膜，但其所导致的投资和运行费用增加制约了其在工业应用中的推广。化学法主要包括碳、氮等营养源的控制和采用含有化学试剂的水溶液反冲洗等。Deshusses 等[120]探讨了不同营养缺失阶段对微生物活性和生长量的影响，结果表明，7 天的营养缺失期会导致填料层 10%～50%的生物损失量；Kim 等[118]认为当 VOCs 负荷在 0.70～1.14kg/（m^3·d）时，通过设置一定时间的营养缺失可有效控制生物量生长。采用一定浓度的 NaOH 和 NaClO 溶液冲洗填料层可有效去除填料层多余的生物量[121]，但化学药剂的应用会降低微生物的代谢活性，反应体系降解性能的重新恢复需要一定的周期，进而影响其整体运行性能。

生物法则主要是基于食物链的生态规则，利用原生和后生微型动物的捕食控制生物量，因其高效和环境友好等特性而备受关注。目前，该方法主要被应用于污水处理厂污泥的减量化，但其应用于废气净化反应器控制填料层生物量尚处于探索阶段。同时，由于处理废气的生物反应器内微生物主要以生物膜的形态存在，而生物膜可有效抵制微型动物捕食，或者由于该类废气的环境条件不适宜微型动物生长，导致引入的微型动物随着反应器运行而消失。

最近，有学者提出可以采用添加微量化学氧化剂实现运行过程中的生物量控制。这个方法最初是用在控制活性污泥生长上，并获得了较为理想的效果。Wu 等[122]利用臭氧调控膜-生物反应器中活性污泥表面特性，结果表明，投加一定剂量的臭氧（≤0.7mg/g SS）可氧化污泥絮体表面的部分胞外多聚物（extracellular polymeric substances，EPS），使污泥絮体表面性质发生改变，引起絮体再絮凝，改善膜过滤性质，进而有效控制生物膜的生长。Komanapalli 等[123]也报道了控制臭氧化的剂量和接触时间可对微生物的代谢活性产生正面效应。结合这些研究，Moussavi 等[96]和 Wang 等[89]在利用紫外-生物联合工艺处理难降解 VOCs 的研究中，发现紫外光氧化预处理产生的低浓度 O_3（≤120mg/m^3）对生物滴滤降解 VOCs 具有显著的促进作用。Xi 等通过研究进一步指出，紫外光解反应后剩余的微量臭氧还能有效控制生物滤塔中微生物的生长，维持生物滤塔长期高效的运行。张超等[124]利用直接向生物滴滤塔中通入微量臭氧的方法调控生物膜相，实现了生物滤塔长期高效的运行。微量臭氧（＜40mg/m^3）不仅对 BTF 体系内微生物的代谢活性具有明显的强化效应，而且还能有效控制反应体系内的生物量，可减缓填料床层孔隙率减小趋势并能够减小生物量沿径向分布的变化幅度，使生物量沿 BTF 径向分布相对均匀，进而有效抑制填料层堵塞，延长反应体系长期稳定运行周期。

4.5 生物净化理论模型

用数学模型对废气生物净化过程进行模拟可以更好地认识其内在机理和不同因素对宏观性能的影响，从而为反应器的设计运行优化提供相应的理论指导。早期有关废气生物净化的实验研究，其目的主要是确定处理过程中各运行参数间的影响，从而为废气生物处理装置的设计提供依据。随着生物废气处理技术的快速发展，仅仅通过实验研究的方法已不能满足生物废气处理装置的工程应用，以及新工艺、新装置的开发需要。目前，运用数学模型来模拟废气生物净化过程，预测在给定条件下的净化处理效果，从而为设计和过程优化提供依据，已成为废气生物净化领域的一个重要研究方向。

最早的废气生物净化过程的模型是生物过滤模型，它源于 20 世纪 80 年代早期，是根据早期的浸没生物模型理论发展起来的。1983 年 Ottengraf 等最先发表了关于生物滤塔的数学模型，提出了“气-液-生物膜”模型，该模型是以 Jennings 在 1976 年提出的非吸附理论模型为基础并加以修正而完成的[125]。由于生物法废气净化涉及物理、化学及微生物等复杂过程，迄今尚无一个统一和完整的数学模型可以精确地描述废气生物净化过程。近年来，随着计算机科技的迅速发展，多参数、更复杂的数学模型也相继被提出，废气生物净化过程的模型始终处于不断修正和完善的过程中。

根据废气生物净化原理的不同，模型大致可以分为扩散-生物降解模型和吸附-生物降解模型两种。

4.5.1 扩散-生物降解模型

1983 年 Ottengraf 和 van den Oever[126]首次提出稳态条件下传统生物过滤法理论模型，该理论模型建立在 1976 年 Jennings 等[127]提出的基于浸没式生物滤塔处理无吸附作用的污染物理论模型基础之上。由于在浸没式生物滤塔中，填料生物膜表面存在一层液膜，所以 Jennings 等在推导模型的过程中假设了液膜表面存在液面传质阻力这一限制性前提。但在生物过滤塔中，Ottengraf 等指出由于不存在液相，其传质单元数远远高于液相滤塔即浸没式生物滤塔，所以在生物过滤塔中可以忽略气相中的传质阻力。

Ottengraf 模型提出，在生物过滤塔中废气生物净化涉及反应控制和扩散控制两个过程。反应控制是指整个生物膜厚度中的微生物都有活性，污染物降解速率只取决于生化反应速率；而扩散控制恰好相反，生物膜不全有活性，污染物在生物膜中渗透深度小于生物膜厚度，这样污染物降解速率就由扩散速率控制。针对这两种情形，Ottengraf 等分别建立了与之对应的模型。稳态生物滤塔数学模型的提出，为生物滤塔的发展和应用奠定了理论基础，后来很多数学模型都是在 Ottengraf 模型的基础上发展而来的，但是 Ottengraf 模型在生化反应动力学方面的假设以及其他方面一些严格的限制，使它在实际应用中存在一定的局限性[4]。

1993 年 Shareefdeen 等[128]采用与 Ottengraf 模型相似的假设，仅在动力学描述上作了修改，选用更合适的生化反应动力学模型（Monod 模型和 Andrews 模型）来研究生物过滤反应过程。这是因为生物过滤处理废气的过程是一个耗氧过程，需要考虑氧气对生物滤塔处理效率的影响；同时污染物存在自身抑制现象，也就是说污染物和氧二者其中一种在抵达生物膜-填料界面前，至少有一种被耗尽。Shareefdeen 等定义了有效生物膜厚度 λ，通过模型计算可以得到生物滤床中各个局部的有效生物膜厚度，从而修正了 Ottegraf 等提出的生物膜厚度均一的假设。

由于上述模型在推导过程中有两个假设：①假设吸附作用处于平衡状态；②假设生物膜厚度始终均一，因此 Ottengraf 模型和 Shareefdeen 模型只适用于稳态状态。但通常生物膜生长是一个动态过程，因此研究者在稳态模型的基础上又推导了非稳态模型。在 Shareefdeen 和 Baltzis 推导的非稳态模型中[129]，修正了第一条假设，即考虑了填料表面对污染物的吸附作用，并建立了生物膜中、气相中和填料中的污染物质量平衡方程。由于这个非稳态模型是一个三维（时间、生物膜方向及滤塔高度方向）耦合微分方程，求解十分困难。Shareefdeen 和 Baltzis 等引入了污染物和氧气的有效系数，建立了一个准稳态（quasi-steady-state）近似模型，顺利进行了求解。

“扩散-生物降解”的三种模型通过各种合理的简化假设，经分析和数值计算都可以得到污染物的浓度分布，这样就为工程设计和应用奠定了基础。生物滤塔是一种传统的生物废气处理工艺，关于生物滤塔的理论模型研究很多，其他的主要还有 Deshusses 模型、Ju-Sheng Huang 模型和 Shyh-Jye Hwang 模型等[130]。

4.5.2 吸附-生物降解模型

李章良等[131]、孙佩石等[132]提出了吸附-生物膜理论，认为 VOCs 在生物净化过程中并不存在一个稳定的液膜，目标污染物直接被吸附在润湿的生物膜表面进而被微生物捕获降解。他们利用该理论的动力学模式对甲苯和硫化氢等废气进行了模拟研究，结果表明实验值和模拟计算值具有很好的吻合性。

吸附-生物膜理论模型是将生物膜填料塔的传质吸附和生物降解过程作为两相处理，即气相主体和液/固相，有效地分离了 VOCs 在塔中的传质吸附效应和生物降解反应。按照吸附-生物膜理论，废气中 VOCs 在生物膜上的生化降解反应为瞬时快速化学反应，VOCs 一经扩散到生物膜表面便被直接吸附在润湿的生物膜上，并被其中的微生物迅速捕获进而生化降解。故可做出这样的判断，生物膜表面液体滞留量即液膜厚度将会对 VOCs 的生化降解产生影响。杨萍等[5]在降解甲苯废气的实验中证明了这一推断，液膜的厚度在 0.36mm 以内时能保持较高的降解能力，但当其厚度达到 0.45mm 或持续变厚则会导致净化效率下降，在此基础上建立相应的动力学模型与实际情况吻合性良好。

4.5.3 真菌滤塔降解模型

扩散-生物膜理论模型和吸附-生物膜理论模型中微生物以细菌为主，因此这些模型用于描述真菌生物反应器净化 VOCs 的过程是不合理的。因此，一些研究者对上述两个模型进行了修正，提出了适合以真菌作为优势微生物的生物滤塔净化 VOCs 的模型。

研究者在利用真菌降解乙硫醇废气的研究中，根据实验现象和数据，指出真菌与细菌摄取及降解 VOCs 的过程是不同的。真菌获取营养物质的菌丝直接暴露于气相中并呈丝网状结构生长，与气相污染物在三维的空间内接触，有效接触面积大大增加，基于此提出的 VOCs 废气在真菌生物滤池中的传质过程及真菌对

VOCs 降解模式与细菌均有差异。依据吸附-生物膜理论，他们认为真菌降解过程中不涉及液膜扩散等问题，可以用一个吸附净化模型来描述整个过程：①VOCs 从气相本体扩散通过气膜到达真菌菌丝表面；②VOCs 被直接吸附在真菌菌丝表面而被捕获；③进入真菌菌体内的 VOCs 在代谢过程中作为能源和营养物质被分解，经生化反应最终转化为 CO_2 和 H_2O 等。Vergara-Fernández 等[9]总结了实验数据和相关模型后，建立了生物滤塔内真菌降解动力学模型及菌丝生长模型，同时利用该真菌生长模型对填料层压降进行了修正，并通过实验验证了该模型。

4.6　生物净化法存在的问题与发展趋势

VOCs 生物净化过程涉及气、液、固三相，既有相间传质反应又有相内化学反应，影响净化性能的因素诸多，主要包括：①气相向液/固相的传质速率与污染物的理化性质和反应器的结构等因素有关；②能起降解作用的活性生物量与前期接种的微生物种类及数量有关；③生物降解速率与污染物的种类、生物生长环境、抑制作用等因素有关。随着工业生产过程中排放的气态污染物种类越来越多、污染排放标准越来越严格，传统的生物净化技术已无法满足日益增长的环保需求。基于此，有研究者提出了基于过程强化的废气生物净化技术。以传质和反应的过程强化为出发点，利用高效降解菌剂、优良生物填料和新型净化设备之间的优化匹配，突破污染物间降解互为抑制、难降解/低水溶性组分去除率低等瓶颈，实现性质迥异的气态污染物同步高效去除。今后，VOCs 的生物处理可从以下几方面进行。

4.6.1　降解菌的研究

（1）构建基因工程菌。针对难生物降解的污染物，微生物降解速率有限。应用分子生物学手段设计、组装高效生物降解途径，通过基因工程手段改造现有菌株，构建具有高降解性能的基因工程菌，实现难生物降解污染物的快速彻底净化。

（2）丰富气态污染物菌源。目前，气态污染物的高效降解菌多为细菌。真菌作为一类特殊的微生物，适合在干燥弱酸性的环境中生存，因此在处理疏水性气态污染物方面具有独特的优势。形成真菌筛选、培养与降解技术，成功实现疏水性气态污染物的高效净化。

（3）协同菌群代谢功能。建立降解典型 VOCs 的菌种库，基于菌株代谢特性与增抑机制，形成具有生态协同效应的高效菌群代谢网络，研发标准化“靶标”制备技术，构建结构合理、环境安全的复合强化功能菌剂，实现多组分废气的协同净化。

4.6.2 生物填料

（1）新型填料。利用计算机辅助设计，结合流体力学特性、微生物生长模型、表面更新理论等，优化设计填料构型，研发出阻力小、微生物易附着、表面更新速率快的生物填料。

（2）混合填料。混合填料的净化性能取决于填料类型、组成比例、装填方式等。通过混合方式的优化，获得适用不同净化工艺的混合填料，弥补单一填料存在的缺陷。

（3）填料再生。填料的使用寿命直接关系到运行成本，应着重开展填料再生性能研究，在保证其性能的基础上，提高循环利用次数。

4.6.3 新型生物净化工艺与设备

（1）在实现单元过程强化的基础上，通过净化单元的优化匹配，研发新型净化工艺，同步实现多组分复杂废气的高效去除，拓宽传统废气生物净化技术的应用领域。

（2）针对现有的净化设备，结合经典气液传质理论、生化反应动力学理论等，从微观上剖析传质强化和反应强化的内在机制，优化设备结构；研发新型一体化净化装置，在同一设备中协同物化处理与生物净化的效果。

（3）解析污染物传质与反应过程，建立反应器数学模型，指导新型净化工艺与设备的研发，丰富废气生物净化理论。

参 考 文 献

[1] Leson G，Winer A M. Biofiltration：An innovative air pollution control technology for VOC emissions. Journal of the Air & Waste Management Association，1991，41（8）：1045-1053.

[2] Ottengraf S P P，van den Oever A H C. Kinetics of organic compound removal from waste gases with a biological filter. Biotechnology and Bioengineering，1983，25：3089-3102.

[3] Ottengraf S P P. Biological systems for waste gas elimination. Trends in Biotechnology，1987，5：132.

[4] 孙佩石，黄兵，黄岩华，等. 生物法净化挥发性有机废气的吸附-生物膜理论模型与模拟研究. 环境科学，2002，3：14-17.

[5] 杨萍. 生物法净化挥发性有机废气动力学及过程模拟研究. 昆明：昆明理工大学，2001.

[6] Shareefdeen Z，Singh A. Biotechnology for odor and air pollution control. Springer-Verlag Berlin and Heidelberg GmbH & Co. K，2005.

[7] Kennes C，Veiga M C. Air pollution prevention and control：Bioreactors and Bioenergy. New Jersey：Wiley，2013.

[8] Estrada J M，Hernandez S，Munoz R，et al. A comparative study of fungal and bacterial biofiltration treating a VOC mixture. Journal of Hazardous Materials，2013，（250-251）：190-197.

[9] Vergara-Fernandez A，Hernandez S，Revah S. Phenomenological model of fungal biofilters for the abatement of hydrophobic VOCs. Biotechnology and Bioengineering，2008，101（6）：1182-1192.

[10] 陆李超，贾青，成卓韦，等. 真菌降解挥发性有机化合物的研究进展. 环境污染与防治，2014，36（8）：78-83.

[11] Wu S J，Zhang L L，Wang J D，et al. Bacillus circulans WZ-12—a newly discovered aerobic dichloromethane-degrading methylotrophic bacterium. Applied Microbiology and Biotechnoiogy，2007，76（6）：1289-1296.

[12] Wu S J，Hu Z H，Zhang L L，et al. A novel dichloromethane-degrading Lysinibacillus sphaericus strain wh22 and its degradative plasmid. Applied Microbiology and Biotechnology，2009，82（6）：731-740.

[13] 郑耀通，林国徐，胡开辉，等. 一种复合微生物发酵菌剂、制备方法及其用途：中国，CN1511940A. 2004.

[14] 汪梦萍，杨竹青，郭万英，等. 微生物禽畜粪便无害化菌剂及制备方法：中国，CN1465550A. 2004.

[15] 陈建孟，张丽丽，吴石金，等. 降解“三苯”VOCs废气的复合微生物菌剂的制备方法：中国，ZL200810063737. 2. 2008.

[16] Chen J M，Zhu R Y，Yang W B，et al. Treatment of a BTo-X-contaminatedgas stream with a biotrickling filter inoculated with microbes bound to a wheatbran/red wood powder/diatomaceous earth carrier. Bioresource Technology，2010，101：8067-8073.

[17] Andres Y，Dumont E，Le Cloirec P. Wood bark as packing material in a biofilter used for air treatment. Environmental Technology，2006，27（12）：1297-1301.

[18] Dumont E，Andres Y，Le Cloirec P，et al. Evaluation of a new packing material for H_2S removed by biofiltration. Biochemical Engineering Journal，2008，42（2）：120-127.

[19] Ding Y，Shi J Y，Wu W X，et al. Trimethylamine（TMA）biofiltration and transformation in biofilters. Journal of Hazardous Materials，2007，143（1-2）：341-348.

[20] Alvarez-Hornos F J，Gabaldon C，Martinez-Soria V，et al. Biofiltration of ethylbenzene vapours：influence of the packing material. Bioresource Technology，2008，99（2）：269-276.

[21] 孙佩石，黄若华，杨海燕. 生物膜填料塔净化低浓度有机废气的动力学模型研究. 云南化工，1996，（3）：23-27.

[22] 周卫列，王家德，郑荣勤，等. 塔填料生物成膜工艺及其特性参数研究. 浙江工业大学学报，1999，27（4）：300-305.

[23] Joanna E B，Simon A P，Richard M S. Developments in odor control and waste gas treatment biotechnology. Biotechnol Advan，2001，19（1）：35-63.

[24] Prado O J，Veiga M C，Kennes C. Effect of key parameters on the removal of formaldehyde and methanol in gas-phase biotrickling filters. Journal of Hazardous Materials，2006，138（3）：543-548.

[25] Elias A，Barona A，Arreguy A，et al. Evaluation of a packing material for the biodegradation of H_2S and product analysis. Process Biochemistry，2002，37（8）：813-820.

[26] Zarook S M，Shaikh A A. Axial dispersion in biofilters. Biochemical Engineering Journal，1998，1（1）：77-84.

[27] 陈建孟，王家德，王毓仁，等. 一种废气处理用生物填料：中国，ZL 200610053479. 0.2006.

[28] Chan W C，Lu M C. A new type synthetic filter material for biofilter：poly（vinylalcohol）/peat composite bead. Journal of Applied Polymer Science，2003，88（14）：3248-3255.

[29] 何坚，季学李. 生物滴滤池法处理有机废气甲苯工艺填料的选择. 环境技术，2003，（1）：36-40.

[30] 王家德，金顺利，陈建孟，等. 一种缓释复合生物填料性能评价. 中国科学：化学，2010，40（12）：1874-1879.

[31] Shaviv A，Raban S，Zaidel E. Modeling controlled nutrient release from polymer coated fertilizers：Diffusion release from single granules. Environmental Science & Technology，2003，37（10）：2251-2256.

[32] Du C W，Zhou J M，Shaviv A. Release characteristics of nutrients from polymer-coated compound controlled

release fertilizers. Journal of Polymers and the Environment，2006，14（3）：223-230.
[33] 梅瑜，成卓韦，王家德. 活泼新型生物滴滤填料性能评价. 环境科学，2013，34（12）：4661-4668.
[34] 王丽燕，王爱杰，任南琪，等. 有机废气（VOC）生物处理研究现状与发展趋势. 哈尔滨工业大学学报，2004，36（6）：732-735.
[35] Kennes C，Rene E R，Veiga M C. Bioprocess for air pollution control. Journal of Chemical Technology and Biotechnology，2009，84：1419-1436.
[36] Bikshapathi M，Singh S，Bhaduri B，et al. Fe-nanoparticles dispersed carbon micro and nanofibers：surfactant-mediated preparation and application to the removal of gaseous VOCs. Colloids and Surfaces A-Physucochemical and Engineering Aspects，2012，399：46-55.
[37] Koutinasa M，Baptista I I R，Meniconib A，et al. The use of an oil-absorber-bioscrubber system during biodegradation of sequentially alternating loadings of 1，2-dichloroethane and fluorobenzene in a waste gas. Chemical Engineering Science，2007，62（21）：5989-6001.
[38] 陶佳，朱润晔，王家德，等. 棕纤维复合生物填料床净化三甲胺和臭气的研究. 中国环境科学，2008，28（2）：111-115.
[39] Zilli M，Kennes C，Veiga M C，et al. Biofilters：air purification. In：Flickinger M C（Ed.）. Encyclopedia of Industrial Biotechnology：Bioprocesses，Bioseparation and Cell Technology. New York：John Wiley & Sons，2010.
[40] Moe W M，Li C. A design methodology for activated carbon load equalizationsystems applied to biofilters treating intermittent toluene loading. Chemical Engineering Journal，2005，113（2-3）：175-185.
[41] Yang H，Allen D G. Potential improvement in biofilter design through the use of heterogeneous packing and a conical biofilter geometry. Journal of Environmental Engineering，2005，131（1）：504-511.
[42] Wright W F. Transient response of vapor-phase biofilters. Chemical Engineering Journal，2005，113（7）：161-173.
[43] Prado O J，Veiga M C，Kennes C. Treatment of gas-phase methanol in conventional biofilters packed with lava rock. Water research，2005，39：2385-2393.
[44] Prado O J，Veiga M C，Kennes C. Effect of key parameters on the removal of formaldehyde and methanol in gas-phase biotrickling filters. Journal of Hazardous Materials，2006，138（3）：543-548.
[45] Rene E R，Veiga M C，Kennes C. Biodegradation of gas-phase styrene using the fungus Sporothrix variecibatus：Impact of pollutant load and transient operation. Chemosphere，2010，79：221-227.
[46] Rene E R，Montes M，Veiga M C，et al. Styrene removal from polluted air in one and two-liquid phase biotrickling filter：Steady and transient-state performance and pressure drop control. Bioresource Technology，2011，102：6791-6800.
[47] Hartmans S，Tramper J. Dichloromethane removal from waste gases with a trickle—bed bioreactor. Bioprocess Engineering，1991，（6）：83-92.
[48] Ferranti M M. Formaldehyde biological removal from exhaust air in the composite panel board industry from pilot tests to industrial plant，in Proceedings of the 35th International Particle Board/Composite Materials Symposium，Pullman，WA，2001.
[49] Jin Y M，Veiga M C，Kennes C. Co-treatment of hydrogen sulfide and methanol in a single-stage biotrickling filter under acidic conditions. Chemosphere，2007，68（6）：1186-1193.
[50] Montes M，Veiga M C，Kennes C. Two-liquid-phase mesophilic and thermophilic biotrickling filters for the biodegradation of α-pinene. Bioresource Technology，2010，101（24）：9493-9499.
[51] 刘丽. 生物滴滤塔处理甲醛废气的效果研究及动力学模型验证. 泰安：山东农业大学，2011.
[52] 李蕊. 生物滴滤塔处理混合模拟制革恶臭气体的研究. 西安：陕西科技大学，2012.

[53] Kumar A，Dewulf J，Van Langenhove H. Membrane-based biological waste gas treatment. Chemical Engineering Journal，2008，136（2-3）：82-91.

[54] Muñoz R，Villaverde S，Guieysse B，et al. Two phase partitioning bioreactors for the treatment of volatile organic compounds. Biotechnology Advances，2007，25（4）：410-422.

[55] Kennes C，Veiga M C. Bioreactors for waste gas treatment. Kluwer Academic Dordrecht，2011.

[56] Kumar A，Dewulf J，Vercruyssen A，et al. Performance of a composite membrane bioreactor treating toluene vapors：inocula selection，reactor performance and behavior under transient conditions. Bioresource Technology，2009，100（8）：2381-2387.

[57] Jacobs P，De Bo I，Demeestere K. Toluene removal from waste water air using a flat composite membrane bioreactor，Biotechnology and Bioengineering，2004，851：68-77.

[58] Estrada J M，Kraakman N J R B，Munoz R，et al. A comparative analysis of odour treatment technologies in wastewater treatment plants. Environmental Science & Technology，2011，45（3）：1100-1106.

[59] Zhao Y，Liu Z J，Liu F X，et al. Cometabolic degradation of trichloroethylene in a hollow fiber membrane reactor with toluene as a substrate. Journal of Membrane Science，2011，372（1-2）：322-330.

[60] 叶杞宏，魏在山，肖盼，等. 膜生物反应器处理甲苯性能及机制. 环境科学，2012，8：2558-2562.

[61] Fitch M，Neeman J，England E. Mass transfer and benzene removal from air using latex rubber tubing and a hollow-fiber membrane module. Applied Biochemistry and Biotechnology，2003，104（3）：199-214.

[62] Dos Santos L M F，Hommerich U，Livingston A G. Dichloroethane removal from gas streams by an extractive membrane bioreactor. Biotechnology Progress，1995，11（2）：194-201.

[63] Attaway H，Gooding C H，Schmidt M G. Biodegradation of BTEX vapors in a silicone membrane bioreactor system. Journal of Industrial Microbiology and Biotechnology，2001，26（5）：316-325.

[64] Attaway H，Gooding C H，Schmidt M G. Comparison of microporous and nonporous membrane bioreactor systems for the treatment of BTEX in vapor streams. Journal of Industrial Microbiology and Biotechnology，2002，28（5）：245-251.

[65] Dong B，Wang F H，Lin A J，et al. Isolation and degradation characteristics of acetochlor-degrading strain A-3. Chinese Journal of Environmental Science，2011，32（2）：542-547.

[66] Wu H J，Tan Z L，Liu Q H，et al. Isolation and characterization of an aniline-degrading and phenol degrading bacterium. Chinese Journal of Applied & Environmental Biology，2010，16（2）：252-255.

[67] Munro D R，Daugulis A J. The use of an organic solvent and integrated fermentation for improved xenobiotic degradation. Resource Environmental Biotechnology，1997，1：207-225.

[68] Yeom S H，Daugulis A J. Development of a novel bioreactor system for the treatment of gaseous benzene. Biotechnology and Bioengineering，2001，72：156-165.

[69] 陈东之，陈建孟，刘洪霞. 一种应用硅酮母粒处理降解二氯甲烷废气的方法：中国，ZL 201210376854. 0.2012.

[70] Yeom S H，Daugulis A J，Lee S H. Bioremed iat ion of phenol contaminated water and soil using magnetic polymer beads. Process Biochemistry，2010，45：1582-1586.

[71] Quijano G，Couvert A，Amrane A. Ionic liquids：Applications and future trends in bioreactor technology. Bioresource Technology，2010，101：8923-8930.

[72] Munoz R，Villaverde S，Guieysse B，et al. Two phase partitioning bioreactors for treatment of volatile organic compounds. Biotechnology Advances，2007，25（4）：410-422.

[73] Collins L D，Daugulis A J. Benzene/toluene/*p*-xylene degradation part Ⅱ：effect of substrate interactions and feeding strategies in toluene/benzene and toluene/*p*-xylene fermentations in a partitioning bioreactor. Applied

Microbiology and Biotechnology，1999，52：360-365.

[74] Boudreau N G，Daugulis A J. Transient performance of two-phase partitioning bioreactors treating a toluene contaminated gas stream. Biotechnology and Bioengineering，2006，94（3）：448-457.

[75] Amsden B G，Bochanysz J，Daugulis A J. Degradation of xenobiotics in a partitioning bioreactor in which the partitioning phase is a polymer. Biotechnology and Bioengineering，2003，84（4）：99-405.

[76] 刘红霞. 两相分配生物反应器净化二氯甲烷废气的研究. 杭州：浙江工业大学，2013.

[77] Daugulis A J，Boudreau N G. Removal and destruction of high concentrations of gaseous toluene in a two-phase partitioning bioreactor by *Alcaligenes xylosoxidans*. Biotechnology Letters，2003，25（17）：1421-1424.

[78] Munoz R，Arriaga S，Hernandez S，et al. Enhanced hexane biodegradation in a two phase partitioning bioreactor：overcoming pollutant transport limitation. Process Biochemistry，2006，41（7）：614-1619.

[79] Montes M，Veiga M C，Kennes C. Effect of oil concentrations and residence time on the biodegradation of alpha-pinene vapours in two-liquid phase suspended-growth bioreactors. Journal of Biotechnology，2012，157(4)：554-563.

[80] Davidson C T，Daugulis A J. The treatment of gaseous benzene by two-phase partitioning bioreactors：A high performance alternative to the use of biofilters. Applied Microbiology and Biotechnology，2003，62(2-3)：297-301.

[81] Yang C P，Suidan M T，Zhu X Q. Comparison of single layer and multilayer rotating drum biofilters for VOC removal. Environmental Progress，2003，22（2）：87-94.

[82] Yang C P，Suidan M T，Zhu X Q，et a1. Removal of VOC in a hybrid rotating drum biofilter. Journal of Environmental Engineering，2004，130（3）：282-291.

[83] Yang C P. Rotating drum biofiltration. Ph. D. Dissertation. Cincinnati：University of Cincinnati. 2004，14-159.

[84] 陈宏，杨春平，曾光明，等. 转鼓生物过滤器去除挥发性有机物的数值模拟. 科学通报，2007，15：1743-1747.

[85] Cox H H J，Deshusses M A，Converse B M，et al. Odor and volatile organic compound treatment by biotrickling filters：Pilot-scale studies at hyperion treatment plant. Water Environmental Research，2002，74（6）：557-563.

[86] 王家德，高增梁，陈建孟，等. 一种板式生物过滤塔及其废气处理工艺：中国，ZL 200610050347. 2. 2006.

[87] 钱东升，房俊逸，陈东之，等. 板式生物滴滤塔高效净化硫化氢废气的研究. 环境科学，2011，09：2786-2793.

[88] 房俊逸. 基于pH分层控制的生物滴滤塔净化多组分废气的研究. 杭州：浙江工业大学，2013.

[89] Wang C，Xi J Y，Hu H Y. A novel integrated UV-biofilter system to treat high concentration of gaseous chlorobenzene. Chinese Science Bulletin，2008，53（17）：2712-2716.

[90] Wang C，Xi J Y，Hu H Y. Chemical identification and acute biotoxicity assessment of gaseous chlorobenzene photodegradation products. Chemosphere，2008，73（8）：1167-1171.

[91] Wang C，Xi J Y，Hu H Y. Reduction of toxic products and bioaerosol emission of a combined ultraviolet-biofilter process for chlorobenzene treatment. Journal of the Air & Waste Management Association，2009，59(4)：405-410.

[92] Cheng Z W，Feng L，Chen J M，et al. Photocatalytic conversion of gaseous ethylbenzeneon lanthanum-doped titanium dioxide nanotubes. Journal of Hazardous Materials，2013，（254-255）：354-363.

[93] Cheng Z W，Sun P F，Jiang Y F，et al. Ozone-assisted UV254 nm photodegradation of gaseous ethylbenzene and chlorobenzene：Effects of process parameters，degradation pathways，and kinetic analysis. Chemical Engineering Journal，2013，228：1003-1010.

[94] Chen J M，Cheng Z W，Jiang Y F，et al. Direct VUV-photodegradation of gaseous alpha-pinene in a spiral quartz reactor：Intermediates，mechanism，and toxicity/biodegradability assessment. Chemosphere，2010，81（9）：1053-1060.

[95] Cheng Z W，Zhang L L，Chen J M，et al. Treatment of gaseous alpha-pinene by a combined system containing

photooxidation and aerobic biotrickling filtration，Journal of Hazardous Materials，2011，192（3）：1650-1658.

[96] Moussavi G，Mohseni M. Using UV pretreatment to enhance biofiltration of mixtures of aromatic VOCs. Journal of Hazardous Material，2007，14（1-2）：59-66.

[97] Aerts R，Tu X，Van Gaens W，et al. Gas purification by nonthermal plasma：a case study of ethylene. Environmental Science &Technology，2013，47：6478-6485.

[98] Kim H，Han B，Hong W，et al. A new combination system using biotrickling filtration and nonthermal plasma for the treatment of VOCs. Environmental Engineering Science，2009，26：1289-1297.

[99] Luvsanjamba M，Sercu B，Van Peteghem J，et al. Long-term operation of a thermophilic biotrickling filter for removal of dimethyl sulfide. Chemical Engineering Journal，2008，142（3）：248-255.

[100] Spolaore P，Joulian C，Gouin J，et al. Bioleaching of an organic-rich polymetallic concentrate using stirred-tank technology. Hydrometallurgy，2009，99（3-4）：137-143.

[101] 王娟，钟秦，李建林. 生物滴滤器处理高温甲苯废气的探讨. 环境工程，2006，(4)：34-35.

[102] Cox H H J，Sexton T，Shareefdeen Z M，et al. Thermophilic biotrickling filtration of ethanol vapors. Environmental Science and Technology，2001，(35)：2612-2619.

[103] 曹晓强. 真菌过滤塔净化挥发性有机废气的实验研究. 西安：西安建筑科技大学，2006.

[104] Van Lith C，Leson C，Michelsen R. Evaluating design options for biofilters. Journal of the Air and Waste Management Association，1997，47（1）：37-39.

[105] 於建明，褚淑祎，王家德. 生物过滤填料层的温湿度场分布. 环境科学学报，2008，04：688-694.

[106] Steele J A，Ozis F，Fuhrman J A，et al. Structure of microbial communities in ethanol biofilters. Chemical Engineering Journal，2005，113（2-3）：135-143.

[107] Dorado A D，Baquerizo G，Maestre J P，et al. Modeling of a bacterial and fungal biofilter applied to toluene abatement：Kinetic parameters estimation and model validation. Chemical Engineering Journal，2008，140：52-61.

[108] Kinney J，Cooke K A. Biodegradation of Paint VOC Mixtures in Biofilters . Austin：University of Texas，2004.

[109] Moe W M，Irvine R L. Effect of nitrogen limitation on performance of toluene degrading biofilters. Water Research，2001，35（6）：1407-1414.

[110] 张书景，李坚，李依丽，等. 恶臭假单胞菌生物滴滤塔净化甲苯废气的研究. 环境科学，2007，08：1866-1872.

[111] Elmrini H，Bredin N，Shareefdeen Z，et al. Biofiltration of xylene emissions：bioreactor response to variations in the pollutant inlet concentration and gas flow rate. Chemical Engineering Journal，2004，100（1-3）：149-158.

[112] Deshusses M A，Hamer G，Dunn I J. Behavior of biofilters for waste air biotreatment. Environmental Science & Technology，1995，29：1048-1058.

[113] Baltzis B C，Wojdyla S M，Zarook S M. Modeling biofiltration of VOC mixtures under steady state conditions. Journal of Environmental Engineering，1997，123（6）：599-605.

[114] Bielefeldt A R，Stensel H D. Modeling competitive inhibition effects during biodegradation of BTEX mixtures. Water Research，1999，33（3）：707-714.

[115] Deshusse M A. Development and validatiom of a simple protocol to rapidly determine the performance of biofilters for VOC treatment. Environment Science & Technology，2002，34（4）：461-467.

[116] Rene E R，Spackova R，Veiga M C，et al. Biofiltration of mixtures of gas-phase styrene and acetone with the fungus Sporothrix variecibatus. Journal of Hazardous Materials，2010，184（1-3）：204-214.

[117] Gerrard A M，Misiaczek O，Hajkova D，et al. Steady state models for the biofiltration of styrene/air mixtures. Chemical and Biochemical Engineering Quarterly，2005，19（2）：185-190.

[118] Kim D，Sorial G A. Nitrogen utilization and biomass yield in trickle bed air biofilters. Journal of Hazardous

Material，2010，182（1-3）：358-362.

[119] Delhomenie M C, Bibeau L, Bredin N, et al. Biofiltration of air contaminated with toluene on a compost-based bed. Advances in Environmental Research，2002，6（3）：239-254.

[120] Deshusses M A，Webster T S. Construction and economics of a pilot/full-scale biological trickling filter reactor for the removal of volatile organic compounds from polluted air. Journal of the Air and Waste Management Association，2000，50（11）：1947-1956.

[121] 席劲瑛，胡洪营，漳县，等. 化学洗脱法去除生物过滤塔中菌体的研究. 环境科学，2007，28（2）：300-303.

[122] Wu J L，Huang X. Use of ozonization to mitigate fouling in a long-term membrane bioreactor. Bioresource Technology，2009，101（15）：6019-6027.

[123] Komanapalli I R，Mudd J B，Lau B H S. Effect of ozone on metabolic activities of *Escherichia coli* K-12. Toxicology Letters，1997，90（1）：61-66.

[124] 张超，赵梦升，张丽丽，等. 微量臭氧强化生物滴滤降解甲苯性能研究. 环境科学，2013，12：4669-4674.

[125] Zarook S M，Shaikh A A. Analysis and comparison of biofilter models. The Chemical Engineering Journal，1997，65（1）：55-61.

[126] Ottengraf S P P. Theoretical model for a submerged biological filter. Biotechnology and Bioengineering，1977，19：1411-1417.

[127] Jennings P A，Snoeyink J S，Chian E S K. Theoretical model for a submerged biological filter. Biotechnology and Bioengineering，1976，18：1249-1273.

[128] Shareefdeen Z，Baltzis BC，Oh Y S，et al. Biofiltration of Methanol Vapor. Biotechnology and Bioengineering，1993，41：512-524.

[129] Shareefdeen Z，Baltzis B C，Baltzis. Biofiltration of toluene vapor under steady-state and transient conditions：Theory and experimental results. Chemical Engineering Science，1994，49（24A）：4347-4360.

[130] 田鑫. 净化低浓度有机废气生物膜滴滤塔传输及降解特性. 重庆：重庆大学，2006.

[131] 李章良，孙珮石，徐静. 高流量负荷下甲苯废气生物净化过程的动力学模拟研究. 环境技术，2004，02（8-10）：34.

[132] 孙珮石，黄兵，黄若华，等. 生物法净化挥发性有机废气的吸附-生物膜理论模型与模拟研究. 环境科学，2002，03：14-17.

第5章 挥发性有机污染物等离子体降解过程与技术

等离子体技术应用于污染物净化成为等离子体技术应用研究的新方向。国内外科研工作者利用等离子体技术在有机废气、氮氧化物、硫氧化物、颗粒物、微生物污染和水中污染物的控制等方面开展了广泛研究。等离子体过程被认为是少数的可实现复合污染物同时控制的工艺之一。等离子体对气体污染物的适应性强，降解效果好，易于与其他工艺相结合。等离子体 VOCs 降解技术过程的研究已取得丰富的结果，但仍存在不少研究空间与挑战。近年来，国内外针对等离子体降解 VOCs 的研究工作主要集中在进一步开发等离子体发生和处理工艺上，以提高能量效率及控制反应过程中二次污染物的产生为主要目的。

5.1 等离子体及其降解 VOCs 的反应过程

5.1.1 等离子体简介

等离子体不同于物质的三态（固态、液态、气态），是物质存在的第四种形态，它是由带电的正粒子、负粒子（其中包括正离子、负离子、电子、自由基和各种活性物质等）组成的集合体，因其中正电荷和负电荷电量相等，故称为等离子体，它们在宏观上是呈电中性的电离态气体。和已有的三态相比，等离子体无论在组成上还是在性质上均有本质的差别，主要表现如下：①它是一种导电流体，而又能在与气体体积相比拟的宏观尺度内维持电中性；②气体分子间并不存在净电磁力，而电离气体中的带电粒子间存在库仑力，由此导致带电粒子群的种种集体运动；③作为一个带电粒子系统，其运动行为会受到磁场的影响和支配。因此，这种电离气体是有别于普通气体的一种新的物质聚集态[1, 2]。

按等离子体的热力学平衡状态的不同，等离子体可分为平衡态等离子体（equilibrium plasma）与非平衡态等离子体（non-thermal equilibrium plasma，NTP）。所谓平衡态等离子体，其电子温度 T_e 和离子温度 T_i 相等时，等离子体在宏观上处于热力学平衡状态，因体系温度可达到上万度，故又称为高温等离子体（thermal plasma）。所谓非平衡态等离子体，当电子温度 T_e 远大于离子温度 T_i 时，其电子温度可达 10^4K 以上，而离子和中性粒子的温度只有 300～500K，因此，整个体系的表观温度还是很低，又称为低温等离子体。非平衡等离子体较平衡等离子体更易在常温常压下产生，因此在工业应用中有着广阔的前景。

5.1.2 放电等离子体的重要基元反应过程

采用气体放电法来产生等离子体，以高能电子与气体分子碰撞反应为基础。在空气气氛中，高能电子与气体分子碰撞主要发生以下基元反应[3]。

1. 电子与氧气分子的作用

$$e^{-}+O_2 \longrightarrow O_2^{+}\ (X^2\pi_g)\ +2e^{-} \tag{5-1}$$

$$e^{-}+O_2 \longrightarrow O_2^{+}\ (A^4\pi_g)\ +2e^{-} \tag{5-2}$$

$$e^{-}+O_2 \longrightarrow O\ (^3P)\ +O\ (^2D)\ +e^{-} \tag{5-3}$$

$$e^{-}+O_2 \longrightarrow O\ (^3P)\ +O\ (^1D)\ +e^{-} \tag{5-4}$$

$$e^{-}+O_2 \longrightarrow O_2^{-} \tag{5-5}$$

上述各式中，括号内描述的是各物种的能级状态，其中$O_2^{+}(X^2\pi_g)$、$O_2^{+}(A^4\pi_g)$表示被电离的氧分子，这两种分子都不稳定，还会继续离解为O（^3P）、O（^2D）及其他氧离子。反应生成的O（^3P）、O（^2D）为活性氧原子，其中O（^3P）就是氧自由基O·。式（5-1）和式（5-2）是氧分子的电离过程，所需要的电离能分别为12.1eV、16.3eV，通过这类反应使电子在与气体碰撞过程中产生大量的次级电子，电子数量迅速增加。式（5-3）和式（5-4）是氧分子受电子作用的离解反应，可生成大量的活性粒子，如激发态氧分子和活性氧分子。由于氧分子的电负性大，也易与电子发生附着反应，如式（5-5）所示，该反应对等离子体的发展有限制作用。

2. 电子与氮气分子的作用

式（5-6）和式（5-7）表示氮气分子的电离过程，也是产生次级电子的主要反应，式（5-8）和式（5-9）是氮气分子的离解过程，并生成相应的自由基原子。

$$e^{-}+N_2 \longrightarrow N_2^{+}\ (X^2\Sigma_g^{+})\ +2e^{-} \tag{5-6}$$

$$e^{-}+N_2 \longrightarrow N_2^{+}\ (B^2\Sigma_u^{+})\ +2e^{-} \tag{5-7}$$

$$e^{-}+N_2 \longrightarrow N\ (^4S)\ +N\ (^4D)\ +e^{-} \tag{5-8}$$

$$e^{-}+N_2 \longrightarrow N\ (^4S)\ +N\ (^2D)\ +e^{-} \tag{5-9}$$

上述列出的反应式是当空气中发生放电作用时，次级电子的生成及主要自由基的生成反应。事实上，放电作用下的等离子体化学反应远不止这些反应，尤其是放电作用下伴随着大量激发态物种之间的反应，是个相当复杂的过程。

5.1.3　电子所得的能量及臭氧的形成

在电晕放电过程中，气体中出现的一个自由电子从外加电场获得能量并与某个气体分子发生碰撞，使该气体分子的外层电子脱离核的束缚，从而产生更多的自由电子和带正电的气体离子。要发生这样的过程，起碰撞作用的电子就必须具有一定的最小能量，一般称此能量为电离能。

电子在电场中的能量增加不是一次完成的，而是经过多次弹性碰撞后才能达到一定的能量水平。电子在一个平均自由程内获得能量后，与其他粒子碰撞，如果发生非弹性碰撞，电子将失去大部分能量；如果发生弹性碰撞，电子将在下一个自由程内继续获得能量。电子增加的能量与它所处的电场强度有很大关系，电场强度越高，电子获得的能量越多，达到一定能量水平的电子容易发生非弹性碰撞。因此提高电场强度是电子获得高能量极为重要的手段。图 5-1 反映了空气中脉冲电晕电子的能量分布情况[4]，从图中可以看出，电子的平均能量分布在 2～20eV。

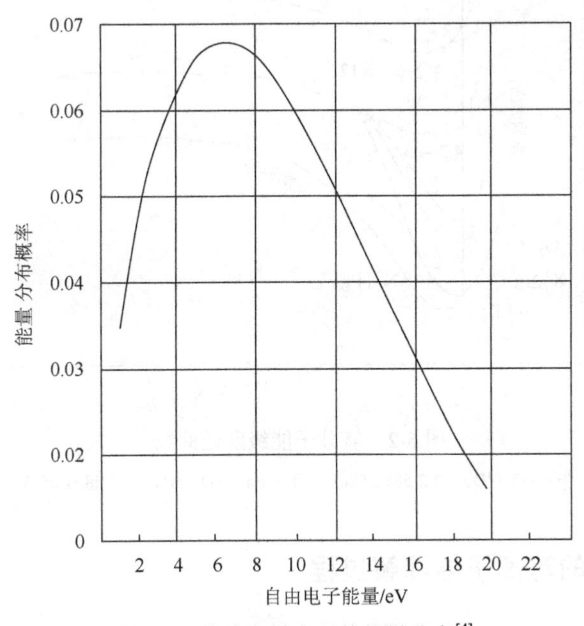

图 5-1　脉冲电晕电子的能量分布[4]

低温等离子体去除 VOCs 的过程中，除了电子与污染物分子发生非弹性碰撞使其分解之外，等离子体中的氧原子、臭氧等活性基团也起到了一定的作用。式（5-10）～式（5-14）反映了氧分子、臭氧分子的分解、分解电离过程[5]。

$$O_2(X^3\Sigma_g^-)+e \longrightarrow O_2(X^3\Sigma_u^+)+e \rightarrow O(^3p)+O(^3p)+e \quad (5\text{-}10)$$

$$O_2(X^3\Sigma_g^-)+e \longrightarrow O_2(B^3\Sigma_u^-)+e \rightarrow O(^3p)+O(^1D)+e \quad (5\text{-}11)$$

$$O_2(X^3\Sigma_g^-)+e \longrightarrow O_2(A^2\Pi_u)+e \rightarrow O(^3p)+O^+(^4S^0)+2e \quad (5\text{-}12)$$

$$O+O_2+M \longrightarrow O_3^*+M \rightarrow O_3+M \quad (5\text{-}13)$$

$$O_3(^3A_2+^1A_2)+e \longrightarrow O_2(a)+O(^1D) \quad (5\text{-}14)$$

氧分子被电子激发后发生跃迁，其能级跃迁曲线如图 5-2 所示。加速电子与氧原子碰撞的激发过程极短，几乎是垂直激发过程。从 $O_2(X^3\Sigma_g^-)$ 基态激发到 $O_2(A^3\Sigma_u^+)$、$O_2(C^3\Delta u)$、$O_2(C^1\Sigma_u^-)$ 状态。它的垂直激发能量为 6.1eV，是禁阻跃迁。当激发能量达到 8.4eV 以上时，跃迁到 $O_2(B^3\Sigma_u^-)$ 状态。只有电子从放电电场取得的能量大于 8.4eV 时，才有可能使氧分子分解、分解电离、分解附着成 $O(^3p)$、$O(^1D)$、$O^-(^2P^0)$、$O^+(^4S^0)$、$O^+(^1S^0)$ 等。电子从外加电场取得能量的大小决定氧分子的分解、分解电离、分解附着的强度，也决定了臭氧产生浓度的大小。

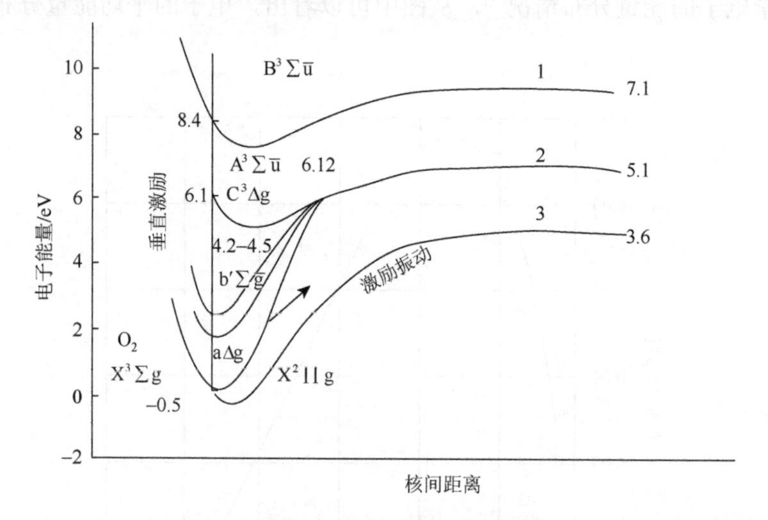

图 5-2 氧分子能级跃迁曲线[5]

1-2.85+4.55eV $O(^3p)+O(^1D)$；2-2.58+2.58eV $O(^2P\pi)+O(^3P)$；3-2.58+1.05eV $O(^2P)+O^-(^2P)$

5.1.4 VOCs 的等离子体降解过程

低温等离子体去除 VOCs 的反应是一个相当复杂的过程。总的来说，当电极间加上电压时，电极空间里的电子从电场中获得能量开始加速运动。电子在运动过程中和气体分子发生碰撞，结果使得气体分子电离、激发或吸附电子成负离子。电子在碰撞过程中，产生三种可能的结果，第一种是电离中性气体分子产生离子和衍生电子，衍生电子又加入到电离电子的行列维持放电的继续；第二种是与电子亲和力高的分子（如 O_2、H_2O 等）碰撞，被这些分子吸收形成负离子；第三种是和一些气体分子碰撞使其激发，激发态的分子极不稳定，很快回到基态辐射出光子，具有足够能量的光子照射到电晕极上有可能导致光电离而产生光电子，光电子对放电维持有贡献。经电子碰撞过后的气体分子，形成了具有高活性的粒子，然后这些活性粒子对 VOCs 分子进行氧化、降解反应，从而最终将污染物转化为无害物。

一般认为低温等离子体降解 VOCs 可以通过以下两种途径：①高能电子直接撞击。当高能电子在电场作用下所获能量大于等于污染物分子中 C—H、C═C、C—C 键的键能时，这些化学键就会断裂，从而破坏有机物的结构[6]。电子最大的能量分布概率在 2～12ev 之间，VOCs 分子合成和分解所需要的能量均在自由电子能量分布概率最大的区域内，表 5-1 列举了 VOCs 分子中主要化学键的能量[7, 8]。②自由基氧化。低温等离子体中具有强氧化性的自由基（如 OH·和 H·）可与有机废气发生一系列反应并将其分解，最终生成 CO_2、H_2O 和其他的降解产物[9, 10]。在低温等离子体技术净化有机废气的过程中，上述两种途径共同起作用。

表 5-1　VOCs 分子中化学键的键能（eV）

化学键	键能	化学键	键能
C—C	3.6	C—O	3.7
C═C	6.3	C═O	7.4
C═C（环中）	5.5	C═O（CO_2 中）	8.3
C≡C	8.4	C—Cl	3.5
C—H	4.3	C—N	3.1
O—O	1.4	C—S	2.7
C—F	4.4	O—H	4.8
C═N	9.3		

5.2　单纯等离子体的 VOCs 降解技术

5.2.1　等离子体反应器

在大气污染控制领域，等离子体反应器的形式多种多样，按放电形式可分为（直流或脉冲）电晕放电、介质阻挡放电、铁电体填充床放电等；按电源类型可分为交流、直流、脉冲、微波、射频等。

直流电晕放电是在大气压或高于大气压条件下，使用曲率半径很小的电极，如针状电极或细线状电极，并在电极上加高压，由于电极的曲率半径很小，放电空间内电场不均匀，靠近电极区域的电场特别强，发生非均匀的局部稳定放电[11]。由于电场的不均匀性，使主要的电离过程局限于局部电场很高的电极附近，特别是发生在电极附近曲率半径很小的或大或小的薄层中，并伴随明显的光亮，这个区域称为电离区域，或称为电晕层或起晕层。在电晕层外，电场强度很低，不发生或很少发生电离。电流的传导依靠正离子和负离子或电子的迁移运动，通常称为迁移区或外围区。当尖端电极接电源的正极时产生直流正电晕。电子崩是从场强小的区域向场强大的区域发展，这对电子崩的发展有利；此外，由于电子立即进入阳极（正尖端），在尖极前方空间留下正离子，这就加强了前方（向板极方向）的电场，造成发展正流注的有利条件。二次崩和初次崩汇合，使通道充满混合质，而通道的头部仍留下正空间电荷，加强了通道头部前方的电场，使流注进一步向阴极扩展。因正流注所造成的空间电荷总是加强流注通道头部前方的电场，所以正流注的发展是连续的，速度很快。与负尖极相比，击穿同一间隙所需的电压要小得多。

脉冲电晕放电采用脉冲电源，电压上升迅速（几十纳秒内），以确保电晕电压和功率的增加不形成火花，因为电火花可能会破坏反应器并降低反应效率。放电所需的电压取决于两电极间距、脉冲持续时间和气体组成。为了防止火花形成且降低能量损耗，脉冲电压的持续时间通常是在100～200ns之间。脉冲电晕放电反应器可以是管线式或针板式。

介质阻挡放电（dielectric barrier discharges，DBD）又称无声放电，是有绝缘介质（如玻璃、石英或陶瓷）插入放电空间的一种气体放电[12]。介质可以覆盖在电极上或悬挂在放电空间中（图5-3）。当在电极上施加足够高的交流电压，电极之间的气体发生电离，即形成所谓的介质阻挡放电。当对两极板施加高电压，就能在气体间隙中产生足够强的电场强度，电子从外加电场中获得能量，通过与周围分子原子碰撞，将能量传递给其他分子，使之激发电离，从而生成更多的电子，引起电子雪崩。气体的击穿会形成大量的电流细丝通道，而每一个通道相当于一个单个击穿或是流光击穿，这就是形成了所谓的微放电。单个微放电是在放电气体间隙里某一个位置上发生的，同时在其他位置上也会产生另外的微放电。正是由于介质的绝缘性质，这种微放电能够彼此独立地发生在很多位置上。由于电极间介质层的存在，介质阻挡放电的工作电压一定要是交变的。当微放电两端的电压稍小于气体击穿电压时，电流就会截止。在同一位置上只有当电压重新升高到击穿电压数值时才会发生再击穿和在原地产生第二个微放电。微放电是介质阻挡放电的核心。气体放电保持在均匀、散漫、稳定的多个微电流细丝的状态。

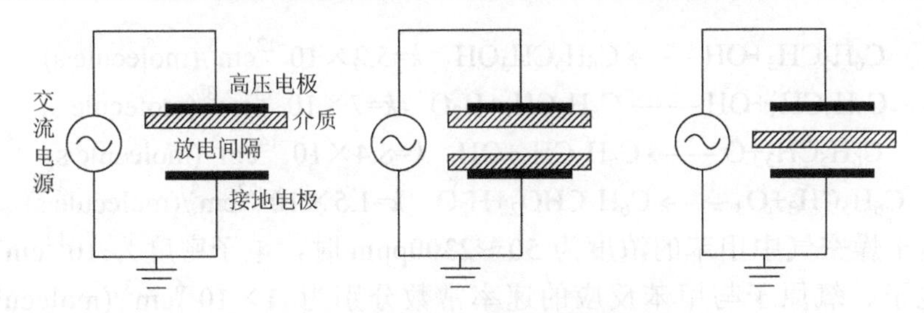

图 5-3　介质阻挡放电装置示意图

铁电体填充床反应器是一种填满铁电体颗粒的填充床反应器，可以是板线式或同轴管线式结构。钛酸钡（$BaTiO_3$）具有高介电常数（$2000<\varepsilon<10000$），是环境保护领域使用最广泛的铁电体材料。其他常用的铁电材料有 $NaNO_2$[13]、$MgTiO_4$、$CaTiO_3$、$SrTiO_3$、$PbTiO_3$[14]和 $PbZrO_3$-$PbTiO_3$[15]等。施加电压会使铁电体材料极化，在颗粒之间、颗粒与电极之间的接触点诱导产生较强的局部电场，并产生局部放电。放电区域中的铁电体颗粒有利于气体的均匀分布和放电，但会增加反应器长度方向上的压力降。铁电体填充床反应器具有较高的能量效率，因为电场的增加导致较高的平均电子能量。这些高能电子更倾向于通过离解和电离形成活性物质，而不是通过转动和振动激发形成用处不大的物种。这会提高能量的利用率，因为电子碰撞在等离子体降解环境污染物的化学反应中起主要作用。

5.2.2　典型 VOCs 的等离子体降解过程

挥发性有机污染物 VOCs 的种类繁多，被深入研究的只有一些代表性的污染物，如甲苯、三氯乙烯、苯、正丁醇、丙酮和乙酸乙酯等，这里主要概述研究最多的甲苯和三氯乙烯的等离子体降解过程。

1. 甲苯

甲苯是在实验室条件下研究最多的降解 VOCs 的目标污染物。NTP 降解甲苯可通过电子碰撞、离子碰撞和活性自由基（如 O·、OH·）的攻击来实现。Kohno 等[16]应用毛细管微反应器研究了气体流量、甲苯初始浓度和操作条件对等离子体降解甲苯的影响，根据研究结果，低温等离子体降解甲苯的主要反应包括：

$$C_6H_5CH_3+e^- \longrightarrow Products \quad k=10^{-6}cm^3/(molecule\cdot s) \tag{5-15}$$

$$C_6H_5CH_3+O^+, O^{2+}, N, N_2^+ \longrightarrow C_6H_5CH_3^+ +O, O_3, N, N_2 \quad k=10^{-10}cm^3/(molecule\cdot s) \tag{5-16}$$

$$C_6H_5CH_3^+ +e^- \longrightarrow C_6H_5+CH_3 \quad k=10^{-7}cm^3/(molecule\cdot s) \tag{5-17}$$

$$C_6H_5CH_3+OH \longrightarrow C_6H_5CH_3OH \quad k=5.2\times10^{-12}cm^3/(molecule\cdot s) \qquad (5\text{-}18)$$

$$C_6H_5CH_3+OH \longrightarrow C_6H_5CH_2+H_2O \quad k=7\times10^{-13}cm^3/(molecule\cdot s) \qquad (5\text{-}19)$$

$$C_6H_5CH_3+O \longrightarrow C_6H_5CH_2+OH \quad k=8.4\times10^{-14}cm^3/(molecule\cdot s) \qquad (5\text{-}20)$$

$$C_6H_5CH_3+O_3 \longrightarrow C_6H_5CHO_2+H_2O \quad k=1.5\times10^{-22}cm^3/(molecule\cdot s) \qquad (5\text{-}21)$$

当干燥空气中甲苯的浓度为50～2300ppm时，电子密度为$10^{12}cm^{-3}$时，高能电子、氧原子与甲苯反应的速率常数分别为$1\times10^{-6}cm^3/(molecule\cdot s)$和$8.4\times10^{-14}cm^3/(molecule\cdot s)$[16]。综合考虑到速率常数、高能电子及氧原子的密度，在放电阶段电子碰撞是最主要的反应，也是甲苯降解的初始反应。接着是芳香环的开环反应，气相中的O原子和OH·起着非常重要的作用[17]。换句话说，直接离子碰撞在降解甲苯过程中的作用并不十分重要[16, 18]。

NTP降解甲苯的过程中，红外光谱检测到CO_2、CO、NO_2和H_2O的气态副产物，并在反应器出口发现大量棕色颗粒沉积，表明部分副产物又转化成气溶胶粒子和焦油。Mista和Kacprzyk[19]研究发现CO_2和H_2O是等离子体降解甲苯的主要反应产物，但在放电电极和电介质层上还发现棕色残留物，提高能量密度可以将残留物氧化为CO_2。Machala等[20]认为甲苯降解过程中产生的气溶胶含过氧乙酰基硝酸酯（PAN），反应机制类似于大气中形成光化学烟雾。通过分析聚合反应历程就可以了解等离子体反应器中沉积颗粒的形成过程。在纯氮气氛下，GC-MS分析表明N_2可形成C—N═C和C—（NH）—键，并在聚合反应中起到非常重要的作用。

2. 三氯乙烯

三氯乙烯（trichloroethylene，TCE）是一种常用的化学溶剂，NTP技术可以将其容易地降解掉。这是因为气体放电产生的活性自由基会很容易地将C═C双键破坏而引发氧化反应。Evans等[21]采用介质阻挡放电分别在有无水蒸气的Ar/O_2中研究了TCE的降解情况。研究发现ClO·是氧化TCE的重要中间体，在有水蒸气存在的条件下，OH·消耗部分的ClO而导致TCE降解率降低。他们提出了在干燥的Ar/O_2中NTP处理TCE的主要反应途径（图5-4）：

$$C_2HCl_3+O\cdot \longrightarrow CHOCl+CCl_2 \qquad (5\text{-}22)$$

$$CCl_2+O_2 \longrightarrow ClO\cdot+COCl \qquad (5\text{-}23)$$

$$CHOCl+O\cdot \longrightarrow COCl+OH\cdot \qquad (5\text{-}24)$$

$$CHOCl+Cl\cdot \longrightarrow COCl+HCl \qquad (5\text{-}25)$$

$$COCl+O\cdot \longrightarrow CO+ClO\cdot \qquad (5\text{-}26)$$

$$COCl+Cl\cdot \longrightarrow CO+Cl_2 \qquad (5\text{-}27)$$

$$COCl+O_2 \longrightarrow CO_2+ClO\cdot \qquad (5\text{-}28)$$

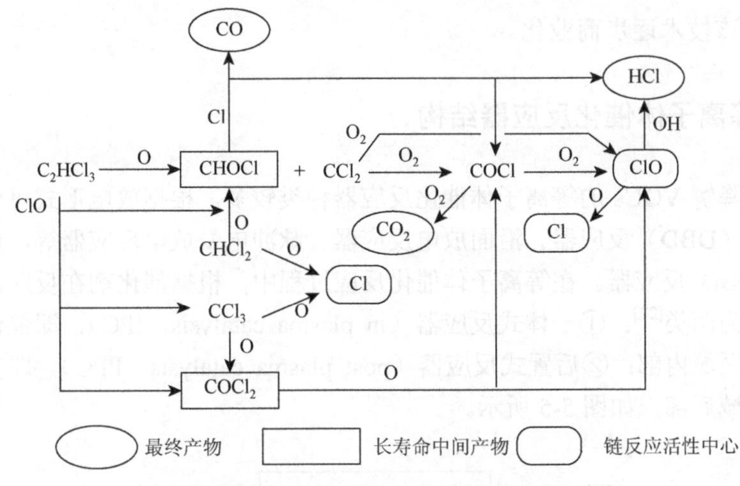

图 5-4　等离子体降解 TCE 的主要反应途径[21]

作为重要的一个中间产物，ClO·迅速与 TCE 反应导致碳酰氯和氯甲烷的生成。

$$C_2HCl_3+ClO\cdot \longrightarrow COCl_2+CHCl_2 \tag{5-29}$$

氯甲烷随后迅速与氧自由基发生反应：

$$CHCl_2+O\cdot \longrightarrow CHOCl+Cl \tag{5-30}$$

在有水蒸气存在的条件下，水分子会经电子碰撞离解形成 OH·，则等离子体降解 TCE 反应途径如下：

$$C_2HCl_3+OH\cdot \longrightarrow C_2Cl_3+H_2O \tag{5-31}$$

$$ClO+OH\cdot \longrightarrow HCl+O_2 \tag{5-32}$$

$$COCl_2+OH\cdot \longrightarrow COCl+HOCl \tag{5-33}$$

5.3　等离子体联合催化 VOCs 的降解技术

单纯利用低温等离子体降解 VOCs 时，系统的降解效率和能量利用率并不高，而且在降解过程中可能会产生某些有害副产物，造成二次污染。如何降低成本、提高处理效率及抑制副产物产生已成为该技术研究的热点。等离子体与催化剂联合使用在降低能耗和减少副产物产生方面具有潜在优势，日益受到人们的关注。欧美和日本等国对低温等离子体催化技术的研究开展得比较早，主要把该技术应用于脱硫脱硝、消除挥发性有机污染物、净化汽车尾气、治理有毒有害化合物等方面，获得了许多低温等离子体催化方面的专利。低温等离子体联合催化技术是目前世界上公认的处理低浓度废气的重要技术。近年来，美国、日本、韩国及欧洲许多国家的政府、学术界和工业界相继对低温等离子体催化气体净化技术增加资金投入和研究力度。已有不少学者研究两者的协同效应，且将该技术逐步商业化。

5.3.1　等离子体催化反应器结构

用于降解 VOCs 的等离子体催化反应器种类较多，根据放电形式可分为介质阻挡放电（DBD）反应器、沿面放电反应器、脉冲电晕放电反应器等，目前常用的则是 DBD 反应器。在等离子体催化反应过程中，根据催化剂在反应器中的位置，可分为两类[22]：①一体式反应器（in plasma catalysis，IPC），即催化剂直接置于放电区域内部；②后置式反应器（post plasma catalysis，PPC），即催化剂置于放电区域后部，如图 5-5 所示。

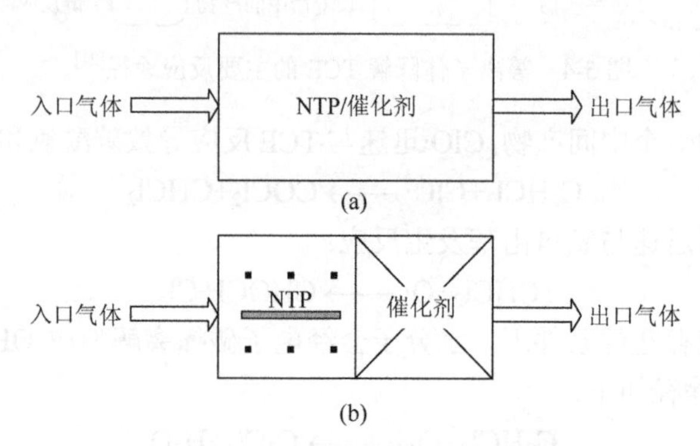

图 5-5　IPC 和 PPC 的基本结构示意图[22]

（a）IPC；（b）PPC

在 IPC 中，NTP 和催化剂在反应过程中可表现出良好的协同作用，能大大改善对 VOCs 的降解反应性能。一方面，催化剂置于放电区域会促进放电过程的发展，有助于短寿命活性物质的产生；另一方面，放电过程会强化催化剂内部活性成分的分布和产生。IPC 中催化剂的存在方式包括：①以涂层纤维催化剂涂于 IPC 器壁或电极；②以颗粒状或涂层纤维催化剂作为填充床；③以颗粒状或涂层纤维催化剂作为堆层置于电极的一端[23]，如图 5-6 所示。在 PPC 系统中，NTP 具有两个重要的作用，即对 VOCs 进行活化、部分转化和产生 O_3。前者是通过高能高活性物质直接破坏 VOCs 的化学结构，将其转化为小分子物质；当这些小分子物质进入反应器后部的催化剂区域后，能较容易地被催化氧化成 CO_2、H_2O 等无害物质。另外，在催化剂反应器中，放电反应过程产生的 O_3 等活性物质能在催化剂表面分解生成具有高氧化性的 O·，有助于小分子物质的深度氧化。在 NTP 协同催化降解 VOCs 的应用中，能耗和副产物是关键影响因素。在能耗方面，由于 IPC 中 NTP 与催化剂的协同效应较 PPC 更加显著，所以 IPC 的能量利用率较 PPC 高。

而在副产物控制方面，由于NTP放电产生的副产物（如NO_x和O_3）可在PPC的下游经催化剂催化后被有效分解去除，所以PPC的反应过程可以尽可能地减少二次污染。总体来说，由于IPC在VOCs脱除方面表现出了良好的脱除率、能量利用率和CO_2选择性，目前关于NTP协同催化脱除VOCs研究主要集中在该方向。

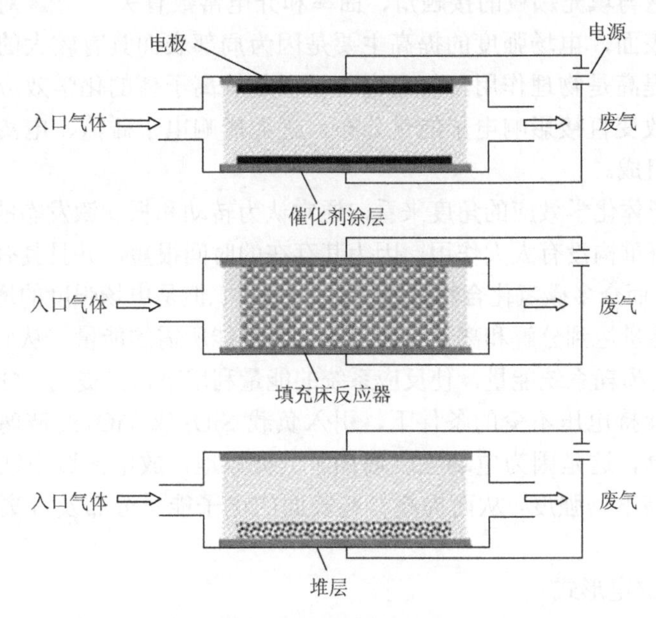

图5-6　IPC中催化剂的存在形式[23]

5.3.2　等离子体催化过程中的物理化学作用

研究表明，等离子体联合催化在能量效率和产物选择性等方面体现出优于单纯等离子体和催化简单加和，即等离子体与催化之间存在协同效应。NTP协同催化能够产生有利于VOCs脱除的物理化学变化，并产生一些协同作用，如放电过程中电子密度的改变、放电形式的改变、催化剂性能的改善等。因此，深入探讨NTP协同催化反应过程中的物理化学作用，对明确VOCs降解反应性能得以改善的本质与机制具有重要意义。

1. 催化剂对等离子体的影响

放电区域中引入催化剂会改变放电特性，具体影响如下：

1）提高电场强度

放电区域置入的异相催化剂颗粒能极大地提高电场强度，尤其是在颗粒与颗粒或颗粒与电极接触的位置。在放电区域放置球形、纤维状或颗粒状的催化剂（如填充床），由于催化剂表面粗糙或具有多孔结构都会使电场强度增强。这种填充床效应通常被看作物理作用，不直接参与催化反应。催化床中的填充物除了催化剂本身还可以是简单的电介质（如玻璃微珠、铁电体等），或是电介质与催化剂联合。填充床中电场强度的提高归因于电介质的极化作用及其表面放电的富集，这与填充颗粒的接触角、曲率和介电常数有关[24, 25]。对于具有孔结构的催化剂表面，电场强度的提高主要是因为局部表面具有较大的曲率。虽然电场强度的提高是物理作用，但它也可以引起等离子体的化学效应。实际上，电场强度的改变直接影响电子能量分布，进而影响电子碰撞、电离速率和等离子体的化学组成。

从等离子体化学效应的角度来看，通常认为转动和振动激发态的物质对碳氢化合物的离解重构没有太大作用，因为其存在的时间很短，并且具有的能量也较低（＜2eV），而众多碳氢化合物的键能在3～6eV。但是电场强度的增加将会使激发态物质的能量达到分解和离子化碳氢化合物键能所需的能量，从而减少了因无效碰撞作用而损耗系统能量，使反应系统的能量利用率得到提高。Guaitella等[26]研究发现在保持电压不变的条件下，引入负载SiO_2或TiO_2的玻璃纤维时输入功率明显提高，这是因为电场强度增加了。类似地，放电区域中铁电材料和沸石也可以提高电场强度，从而提高材料表面的电子能量分布及等离子体的氧化能力[27-30]。

2）改变放电形式

放电区域中引入催化剂会改变放电形式，在催化剂孔隙内部产生微放电，是电场强度提高的一种体现。孔隙内的电场强度非常强，其放电特性与孔隙外的放电特性差别很大，能产生不同的等离子体物种并改变等离子体的化学组成。Hensel等[31, 32]研究了多孔陶瓷的孔径与微放电的关系，当孔径比较小时（0.8μm）只形成表面放电，孔道内部没有微放电，当孔径比较大时（≥15μm），表面放电延伸到孔道内部形成稳定的微放电，有效提高了废气的降解能力。

3）产生新的活性物质

放电区域中置入催化剂可生成新的活性物质并改变等离子体的化学活性。Roland等[33, 34]采用无孔和有孔的氧化硅和氧化铝催化剂联合等离子体降解VOCs，发现材料孔道内的微放电会产生短寿命的活性物质。Chavadej[35]和Blakova等[36]的研究发现放电区域中引入TiO_2引会加速生成超氧阴离子自由基（O_2^{-}），提高系统的催化活性。

4）在催化剂表面吸附污染物分子

在等离子体催化系统中，催化剂表面对气体分子的吸附对等离子体放电过程也有一定的影响。催化剂对VOCs分子的吸附能延长其在等离子体放电区域的停留时间及增加等离子体放电区域内VOCs的浓度，可大大提高VOCs分子与活性物质的碰撞概率，从而提高 VOCs 的脱除效率[37]。然而，当污染物的浓度非常低时，吸附对等离子体化学组成和特性的影响并不大。催化剂表面对污染物分子和活性物质的吸附量与催化剂的孔隙率成正相关关系[38]。相对于热催化系统，等离子体催化系统中的催化剂具有更高的吸附能力，这一点对等离子体催化降解 VOCs 极为重要，研究证实它符合零级动力学过程，即 VOCs 的降解过程主要由吸附过程控制，而非放电特性[37]。

2. 等离子体对催化剂的影响

换而言之，等离子体催化系统中的等离子体也会通过各种途径影响催化剂的性质，具体如下：

1）改变催化剂表面的物理化学性质

（1）提高催化剂表面的吸附性能。如前所述，相对于热催化系统，等离子体催化系统中的催化剂表面具有更高的吸附能力。Blin-Simiand 等发现放电对微孔材料的吸脱附平衡的影响比较大。究其原因，放电可能会改变催化剂的表面性质，影响取向力（keesom force）、诱导力（debye force）和色散力（London dispersion force），从而影响吸脱附平衡[39]。催化剂的高吸附能力会影响污染物分子在等离子体区域中的浓度和去除效率。从等离子体催化机理的角度上看，催化剂的吸附能力与其表面反应机制密切相关，即 Langmuir-Hinshelwood（LH）、Eley-Rideal（ER）或 Mars-vanKrevelen（MvK）机制。

（2）提高催化剂的比表面积。催化剂表面吸附能力不只与吸脱附平衡有关，还与催化剂的比表面积有关。放电可以促使催化剂表面的粒度尺寸变小，形成纳米粒子，分布更加统一，从而提高比表面积[40, 41]。经等离子体处理后，催化剂表面金属活性物质组分分布更加均匀，具有更好的催化活性和稳定性。通常这种纳米粒子表面结构的有序度有所降低，在原子配位点、晶体边沿出现晶格缺陷和空缺，从而增加催化活性[42-45]。一般地说，放电会引起催化剂整体形貌的改变，并因此改变其比表面积。例如，Guo 等[46]通过扫描电镜发现等离子体处理后的氧化锰的形貌发生了明显变化，化学组成由 Mn_2O_3 变成了 Mn_3O_4。

（3）改变催化剂中金属的价态。等离子体对催化剂中金属的价态也能产生一定的影响。例如，将 Mn_2O_3 催化剂置于 NTP 中后，检测到了强氧化性的 Mn_3O_4[40]，MnO_x/Al_2O_3 与 NTP 协同作用后，锰的氧化态由 Mn（Ⅳ）变为 Mn（Ⅴ）[47]。他们认为，催化剂中金属价态的改变一方面是因为高电压的影响，另一方面是通过与活性氧物种（臭氧、氧原子、氧自由基）之间的相互作用，促进了 Mn 活性位中的电子向这些氧物种转移。此外，等离子体也可以还原催化剂中的氧化态金属至金属态。Ni、Fe 通常在其金属态时具有最高的催化活性。研究发现，在 NTP 中，NiO 可被还原为金属 Ni，还原后的催化剂具有更高的活性[48, 49]。

（4）减少催化剂表面的积碳。等离子体可以减少催化剂表面积碳的形成，防止催化剂钝化，这可能是由于等离子体使催化剂表面的金属活性相分布得更加均匀。例如，等离子体处理后催化剂表面 Ni 的分散性提高，当其尺寸足够小（小于 10nm）时就会有效地控制积碳的形成[50, 51]。研究还发现，添加氩气后的等离子体能够防止含碳化合物沉积于催化剂的表面，使催化剂的催化稳定性得以提高。可见，经等离子体法处理之后，催化剂表面的积碳现象能够得到有效控制。还有研究指出，经 NTP 协同催化处理后，催化剂表面的碳沉积率较未经处理的能够下降 15%～55%，从而保证了长期有效的催化活性。

（5）改变催化剂的逸出功。催化剂的逸出功是指将一个电子从催化剂中移到外界（通常在真空环境中）所需做的最小功。对于金属催化剂来说，逸出功等同于电离能。因此，催化剂逸出功与催化剂的表面性质密切相关。催化剂表面吸附微量的气体分子（少于单分子或原子层），或者发生表面反应都会影响逸出功。在等离子体催化系统中，由于气体放电，催化剂表面会产生一定的电压和电流（或是累积电荷），从而改变催化剂的逸出功[52, 53]。这种逸出功的变化是由于等离子体诱导极化改变了催化剂的电子逸出势能引起的。较高的逸出功反过来会强化活性金属组分的还原特性，并因此影响表面催化活性[54]。

2）形成热点

低温等离子体的操作温度稍高于环境温度，在这种温度条件下，热催化活性是可以忽略的。等离子体催化系统中催化活性的提高可能是因为催化剂表面形成了热点[38]。在催化剂中曲率较大的地方（如催化剂颗粒或孔道中）形成较强的微放电，使该区域的局部温度升高，形成热点。这些热点会影响局部等离子体的化学反应，甚至可能会热激活局部的催化剂[55]，采用 Pt/Al_2O_3 催化剂联合等离子体降解甲苯的过程证明了这一点[56]。当然，热点会提高催化剂活性这一观点还存在争议，也有学者认为热点会使催化剂失活并降低对目标产物的选择性，因为等离子体会引起催化剂的破坏[57, 58]。

3）通过光子激活催化剂

等离子体通常包含光子，原则上光子是可以活化催化剂的。通过光子而使催化剂具有催化活性的过程称为光催化。最常用的光催化剂是 TiO_2，活性相是锐钛矿，禁带宽为 3.2eV，当它受到波长小于或等于 387nm 的光（紫外光）照射时，价带的电子就会获得光子的能量而跃迁至导带，使催化剂具有氧化还原能力。这一反应机制在富含光子的等离子体中具有非常重要的作用。对于这个理论也存在一定的争议，虽然很多研究证实光子可以强化催化剂的活性[59, 60]，但也有研究表明不存在这样的强化作用[61, 62]。研究显示，紫外光并不一定是激发（光）催化剂活性的因素，吸附高能物种（如 N_2^*，6.17eV）也可以传递光催化剂活化所需要的能量[63]。

4）降低活化能

等离子体中含有大量振动激发态的活性物质，相对于基态它们具有更高的活性。因为反应物的能态提高了，所以会降低反应的活化能，但这种情况只发生在当激发态活性物种具有足够长的寿命使其能够在回到基态前到达催化剂表面时。降低活化能除了通过提高反应物能态还可以通过非绝热的越障作用实现，当反应物种处于振动激发态时，反应系统可以穿过基态无法达到的一个相空间而实现活化能的进一步降低。通常认为转动和振动激发态的物质对碳氢化合物的离解没有太大作用，因为其存在的时间很短，并且具有的能量也较低。最近有研究表明在典型的 $F+CHD_3$ 反应中 C—H 键的断裂受振动激发的控制[64]。除了振动激发会降低反应的活化能，经等离子体处理后的催化剂也会进一步降低活化能。对于不同的催化剂等离子体的活化机制也不同。Demidyuk 和 Whitehead 通过绘制阿伦尼乌斯曲线来推导 γ-Al_2O_3、MnO_2-Al_2O_3 和 Ag_2O-Al_2O_3 降解甲苯的等离子体活化机制[65]。研究发现置于放电区域中催化剂确实可以得到活化，对于 Ag_2O-Al_2O_3，等离子体处理后活化能降低但表面的活性中心数量并没有增加，而对于 MnO_2-Al_2O_3，等离子体没有改变活化能但形成了更多的活性中心。

5）改变反应途径

如前所述，等离子体除了离子、电子和光子外，还含有分子、原子、自由基以及电子激发态和振动激发态的物种等。这种复杂的组成使等离子体催化系统中的气相反应物与热催化过程中的气相反应物存在很大差异，所以催化剂上由反应物到生成物的反应途径也会有差别。通常认为在等离子体催化系统中只需考虑自由基和振动激发态的物种，因为离子和电子激发态的物种在到达催化剂表面之前就已经去激或参与了其他反应[66]。也有学者认为等离子体催化系统中要兼顾离子和电子激发态物种的作用，因为催化剂表面不仅受到离子、电子的连续攻击，也受到与放电形式和放电条件密切相关的光子的连续攻击，表面吸附的分子会在这些活性物质的作用下产生新的离子和电子激发态的物种[67]。此外，一些电子激发态物种具有比较长的寿命，例如，高活性的单线态氧 $^1\Delta_g$ 在气相中的辐射寿命是72min[68]，在 293K、0.4Torr 条件下的碰撞寿命是 0.4s[69]。因此，这些活性物质对 VOCs 的降解也可能起着重要作用。

5.3.3 典型 VOCs 的等离子体催化降解过程

1. 甲苯

与单纯等离子体降解甲苯相比，在等离子体催化系统中甲苯的降解包含更多的反应过程。图 5-7 列出了甲苯在等离子体催化系统中可能的降解途径[70]。在常温常压下，等离子体联合铁电体 $BaTiO_3$ 降解甲苯的研究表明，甲苯的降解主要由高能电子的碰撞开始，并由自由基（O·、H·、OH·等）引发的降解反应，通常包括两种机制：①电子轰击甲苯分子生成苯基和苯甲基自由基，它们的结构非常不稳定，苯环随即打开生成多种脂肪族羰基化合物，然后经 O·、H·和 OH·等自由基氧化成 CO_2 和 H_2O[71]。②甲苯分子直接与气相中的 O·、H·、HO_2·、OH·自由基反应，通过两种路径，即芳香环接受一个 OH·形成甲酚和 OH·夺取苯环上甲基的氢生成苯甲醇，苯甲醇进一步氧化成苯甲醛、苯甲酸，随后发生开环反应生成羟基化的中间产物，并被进一步矿化为 CO_2 和 H_2O[70]。

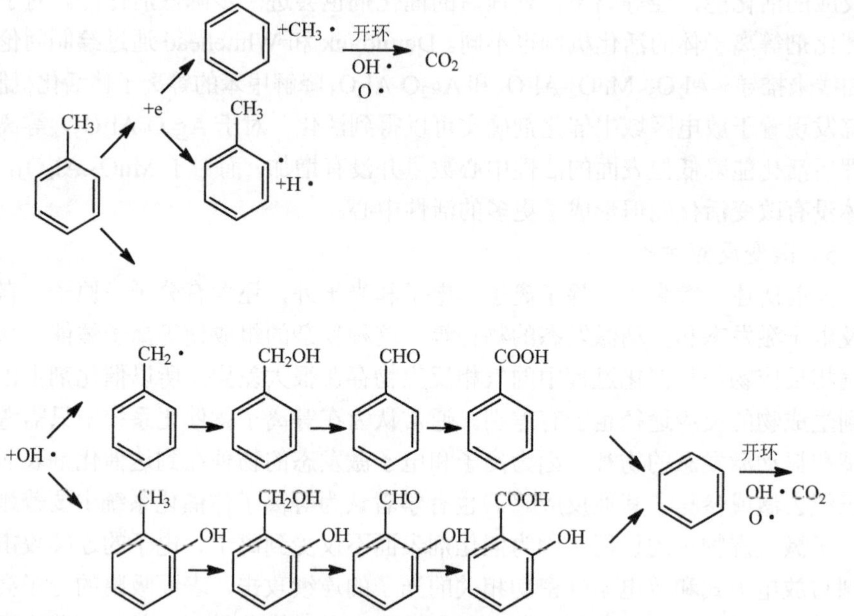

图 5-7　等离子体催化降解甲苯的反应路径[70]

研究表明，在不同的催化剂中，MnO_x/Al_2O_3/泡沫镍对甲苯的去除是最有效的[71]，MnO_x 催化剂相比单独等离子体系统，大大提高了能量产率。通过羟基自由基与甲苯在催化剂表面上的高效反应或催化剂上活性位和其他活性物种的高效反应，该催化剂可以提高甲苯的去除效率。等离子体催化体系中甲苯的去除率随湿度增加而降低，这表明水分子附着在催化剂表面会降低反应活性[72]。Huang 等[73]采用 NTP 联合放电区域后部的光催化剂降解甲苯，表明催化臭氧氧化在甲苯的降解中起着至关重要的作用。在等离子体光催化剂系统中起主导作用的活性物种是臭氧催化分解形成的活性氧物种。在 IPC 中采用 TiO_2/Al_2O_3/泡沫镍降解甲苯时检测到的副产物有苯、苯甲醛、甲酸、少量乙酸和 2-甲基戊烯[74]。

2. 三氯乙烯

Vandenbroucke 等研究了多针对板式电晕/辉光放电联合 MnO_2 降解干燥空气中的 TCE，其降解途径如图 5-8 所示[75]。首先，空气中的 N_2 和 O_2 分子通过电子碰撞转化成离子、自由基、激发态和亚稳态的物种，这些活性物种与 TCE 反应生成中间产物和最终的氧化产物。然后，气体放电产生的臭氧在催化剂表面发生分解反应生成过氧化物和分子氧，这些催化剂表面上的活性物种会促使 TCE 完全氧化为 CO、CO_2、HCl 和 Cl_2，如果含氧的分子（如碳酰氯和二氯乙酰氯）能到达催化剂表面会进一步促进这些氧化反应。

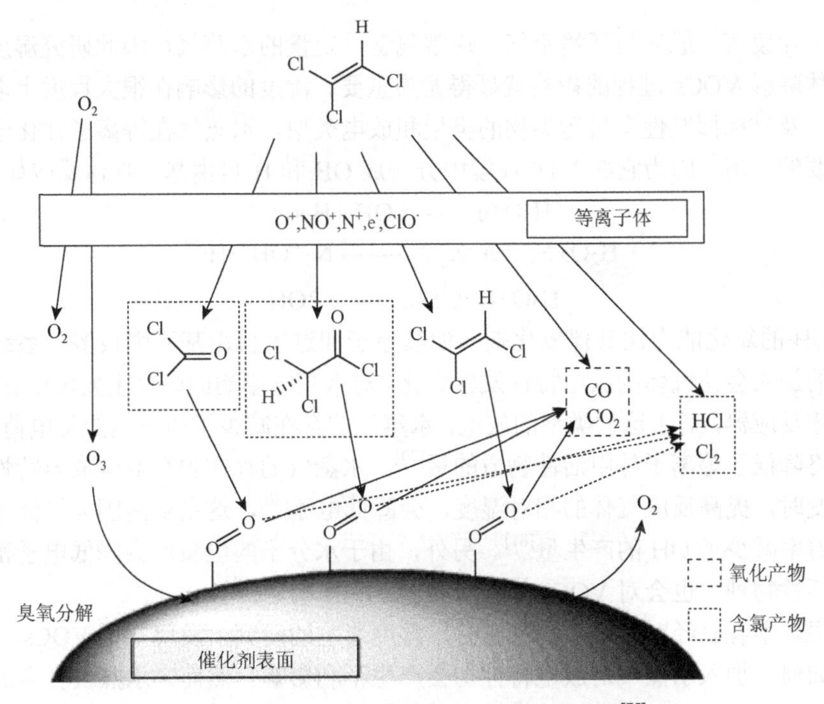

图 5-8　等离子体催化降解 TCE 的反应途径[75]

采用 MnO_2 催化剂，在 PPC 反应器中用直接法（等离子体直接处理污染的空气）和间接法（等离子体处理后的洁净空气与污染空气混合）处理 TCE，研究表明 MnO_2 能有效地分解臭氧产生氧自由基，可有效地提高这两种方法的处理效率[76]。进一步的研究发现，对于直接法，主要是激发态物种（或电子）与 O_2 碰撞产生的氧物种将 TCE 氧化为二氯乙酰氯（dichloroacetylchloride，DCAC）。直接法的分解效率的增加归因于残余的 TCE 被 MnO_2 表面臭氧分解产生的氧物种氧化成了三氯乙醛（trichloracetic aldehyde，TCAA）。在 120J/L 的能量密度下，MnO_2

将 CO_x 的产率由 15%增加到 35%，当能量密度提高到 400J/L 时，CO_x 产率高达 98%。对于间接法，虽然 CO_x 产率没有直接法高，但结果相似[77]。

5.4 等离子体降解 VOCs 的关键工艺参数

工艺参数对单独等离子体和等离子体催化降解 VOCs 系统的有效运行是非常重要的，它们会影响到系统的降解效率。

5.4.1 湿度

工业废气一般来自环境空气，通常包含一定量的水蒸气，因此研究湿度对等离子体降解 VOCs 过程的影响就显得尤为重要。湿度的影响在很大程度上取决于其浓度及目标挥发性有机污染物的类型和放电类型。水蒸气在等离子体化学中起着重要的作用，因为它在 NTP 环境中分解成 OH·和 H·自由基，具体反应如下[78]：

$$H_2O+e^- \longrightarrow OH\cdot+H\cdot+e^- \tag{5-34}$$

$$H_2O+N_2（A^3\Sigma_u^+） \longrightarrow N_2+OH\cdot+H\cdot \tag{5-35}$$

$$H_2O+O（^1D） \longrightarrow 2OH\cdot \tag{5-36}$$

OH·的氧化能力比其他氧化剂（如氧原子和过氧自由基）强很多。系统中水蒸气的加入会使气体的放电特性发生变化。对水蒸气影响的研究主要集中在 DBD 填充床反应器，对于这种类型的放电，水蒸气的存在减少了微放电的总电荷转移，并最终降低了等离子体中活性物质的量[79]。水蒸气的存在也会影响放电特性。电压不变时，提高反应气体的相对湿度，会降低电流[80]，这主要是因为等离子体的高附着率减少了 OH·的产生量[81]。另外，由于水分子的电负性会降低电子密度并抑制活性物种，也会对 VOCs 的去除产生不利影响。

很多学者已经对多种 VOCs 进行了湿度影响的研究，发现不论 VOCs 的化学结构如何，加入水蒸气对放电特性均会产生不利影响。然而，水蒸气含量的升高会增加 OH·、H·的产量，最终如何影响污染物的降解过程取决于 VOCs 的化学结构[82]。不同种类的 VOCs，湿度对等离子体降解的影响可能为强化、抑制或中性。一些研究表明，存在实现 VOCs 最大去除效率的最佳水蒸气含量，如 TCE[83]和甲苯[84, 85]的最佳相对湿度为 20%。此外，由于对形成臭氧的最重要来源 O（^{1}D）的消耗，水的加入可以抑制臭氧的形成[86]。研究还表明水蒸气会减少 CO 的形成并提高 CO_2 的选择性[87-89]。Einaga 等[90]采用等离子体联合 MnO_2 去除空气中的苯，研究发现随着空气中水蒸气含量的增加，苯的转化率降低，反应产物仅有 CO_2 和 CO。在干空气中 CO_2 和 CO 的选择性分别为 70%和 30%，而在湿空气中 CO_2 的选择性得以提高，可达 90%。Ayrault 等[91]采用介质阻挡放电联合 Pt 催化剂降解 2-庚酮，发现水蒸气的加入使 2-庚酮的去除效率稍微下降，但使 CO_2 的选择性加强。Ogata 等[92]考察了填充床反应器中在无水蒸气条件下不同目标物的转化率排序为苯＜甲苯＜二甲苯。水蒸气加入后抑制了这三种目标物的转化，其中对苯的抑制最强，顺序为苯＞甲苯＞二甲苯。Wu 等[93]研究了水蒸气对不同载体上氧化镍催化剂（NiO/Al_2O_3、NiO/SBA-15 和 NiO/TiO_2）联合等离子体降解甲苯的影响。对于这三种催化剂，水蒸气的加入对甲苯的降解具有明显的抑制作用。Mark 等[94]考察了湿度对低温等离子体降解 CFC-113 和三氯乙烯的影响。对于 CFC-113 的降解来说，水蒸气的加入稍微降低了其转化率，但 TCE 的降解几乎不受水蒸气的影响。Zhang 等[95]采用套管 DBD 反应器降解苯乙烯的研究表明，一定量水蒸气的存在会强化苯乙烯的脱除，继续增加湿度会抑制苯乙烯的降解，最佳相对湿度为 55%。

首先，在 PPC 系统中，由于湿度对臭氧形成的抑制作用，催化臭氧氧化的作用会减弱。其次，催化剂表面覆盖的 H_2O 分子层会阻止对臭氧和 VOCs 的吸附，从而消弱催化剂与 VOCs 分子间的相互作用[96-99]，这种情况与催化剂的形态和化学组成密切相关，可以选取疏水性较好的催化剂来减弱水蒸气的不利影响。最后，增加湿度可以使催化剂的活性位中毒并降低催化活性[98, 99]。

5.4.2　温度

在大多数情况下，升高温度会使 NTP 更有效地降解挥发性有机污染物，因为降解反应的吸热行为加快了 O·和 OH·与 VOCs 之间的反应速率[100-104]。这只是针对 VOCs 主要通过自由基反应而分解的情况，此时反应速率常数随着温度的升高而增大。例如，Atkinson[105]的研究指出，OH·与对二甲苯的反应速率常数为 $1.74\times10^{-17}T^2e^{-(99/T)}$ cm^3/s，其中 T 为温度。然而，在等离子体催化系统中，过高的温度会导致产生的自由基寿命太短以至于来不及与催化剂表面吸附的 VOCs 反应，同时，高温又会促进自由基与催化剂表面 VOCs 分子之间的反应。当催化剂置于放电区域后部时，NTP 产生的臭氧可与分子氧在气相中反应而分解：

$$O_3+O_2 \longrightarrow O+O_2+O_2 \tag{5-37}$$

该反应的速率常数随温度升高而升高（在 573K 时比 373K 时高 5 倍）。然而，在气相中所产生的氧原子寿命过短以至于不能与吸附在催化剂表面的 VOCs 反应。同时，吸附的氧原子和 VOCs 在催化剂表面的反应也随温度的升高而加速。这两个竞争性的影响体现出来的最终结果就是温度升高带来不同的实验结果，随着温度的升高，VOCs 降解效率可保持不变[106]，也可提高[107-109]或降低[110]。

当电子碰撞控制主要反应时，VOCs（如四氯化碳）的降解对温度没有依赖性，因为电子密度不是以此方式来影响反应的[111, 112]。升高温度会提高等离子体降解

VOCs 的去除率和能量效率的另一个原因是折合电场的强度增强了。折合电场是指电场强度（E）与气体密度（n）的比值，它是决定等离子体中电子能量的一个重要因素。当压力恒定时，气体密度随着温度的增加而减小，而 NTP 系统的折合电场升高[101, 113]。

5.4.3 VOCs 的初始浓度

一般来说，实际工业废气中 VOCs 浓度变化很大。因此，很多研究学者针对 VOCs 初始浓度如何影响降解过程进行了大量的研究工作。一般认为，气体初始浓度增加，VOCs 的去除率降低，能量效率增加。当输入的能量密度一定时，产生的高能电子和活性粒子的数目不变，初始浓度的增大意味着单位时间、单位反应器体积内相应的 VOCs 分子数增多，则平均到每个 VOCs 分子上的电子和活性等离子体物种就会变少。通常，较高的 VOCs 初始浓度对单独等离子体和等离子体催化系统的降解效率有消极影响[114]。Byeon 等[115]研究发现，随着甲苯初始浓度的升高，DBD 降解甲苯的效率降低。当甲苯的初始浓度为 50ppm 时，CO_2 的选择性为 66%，当甲苯浓度升至 200ppm 时，CO_2 的选择性降至 43%。Du 等[116]的研究得到了相似的结论，当甲苯的初始浓度由 120ppm 增加到 2920ppm 后，滑动弧放电等离子反应器中甲苯的降解效率由 99.9%降至 78%。

也有一些研究表明，特征能量[117-120]（即分解 63%初始浓度的 VOCs 所需的能量密度）和能量产率[121-123]随着 VOCs 初始浓度的增加而增加。但对于卤代烃化合物，初始浓度几乎不影响其降解效率，如 HFC-134a[124]、CFC-12[125]、HCFC-22[126]和 TCE[127]，这在一定程度上归因于初始分解阶段产生的碎片离子和自由基诱发的二次分解[127]，另一个原因可能是与初始反应物浓度无关的初始反应阶段控制整个反应过程[126]。

5.4.4 氧含量

与水蒸气相似，反应气体中的氧含量也会影响气体的放电特性并在发生的化学反应中起着非常重要的作用。氧浓度稍有增加就会大大提高活性氧自由基的生成量，并得到较高的去除效率。但是，由于氧具有较强的电负性，高浓度的氧气往往会吸附大量电子，从而降低电子密度，改变电子能量分布[128, 129]；同时，氧和氧自由基能够消耗降解 VOCs 的活性物种、激发态的氮分子与氮原子[130-132]。因此，采用 NTP 去除 VOCs 时存在最佳的氧气含量，范围为 0.2%～5%。Chiper 等[133]的研究表明氮气中加入少量的氧气（2%～3%）后，2-庚酮的降解效率提高了 30%，但当氧气含量超过 3%时，2-庚酮的去除率开始降低。Mok 等[130, 134]在研究中发现氧气含量超过 0.5%就会抑制 HFC-134a、三氯甲烷的降解，因为具有较强电子亲和性的氧物种降低了电子密度。然而处理实际工业废气时，往往很难控制氧的含量，因为气体处理过程取决于其工业环境，在很多情况下它是由环境空气组成的。

在 IPC 系统中具有类似的氧含量影响。此外，加入 O_2 会促进吸附在催化剂表面上的氧自由基和 VOCs 分子之间的反应[135]。采用吸附-氧等离子体催化系统，在不同的氧含量下研究 TiO_2、γ-Al_2O_3 和沸石降解甲苯和苯的实验结果表明，去除率随氧含量的增加（从 0%增加至 100%）而提高，高氧含量还可以减少 N_2O 和 NO_2 的生成[136]。而在 PPC 系统中，氧含量对放电特性及 VOCs 降解过程影响的研究报道还相当有限。

5.4.5　气体流速

实验研究采用的气体流速一般在 0.1～10L/min 范围内变化。气体流速降低意味着 VOCs 在系统中的停留时间增加，从而提高电子碰撞反应及 VOCs 分子与等离子体活性物质的碰撞概率，同时也会有更多的能量输入到 VOCs 气体中，即生成更多的高能电子，提高 VOCs 的降解效率。当 NTP 系统与催化剂结合时，流速降低会促进催化剂表面的反应，有利于去除过程。Byeon 等[120]研究发现，在甲苯初始浓度为 100ppm、施加电压为 8.5kV、频率为 1000Hz 的条件下，当气体流速由 1L/min 增加到 5L/min 时，甲苯的降解效率由 50%降至 30%。增加气体流速（即减少停留时间）会导致在相同时间内通过等离子体区域的甲苯分子数量增加，所以活性物种与甲苯分子之间的碰撞概率也会降低，从而降低了甲苯的去除效率。Chavadej 等[137]通过等离子体联合催化降解苯，研究表明，提高气体流速（60～380cm^3/min）会降低苯的去除效率。同时，气体流速还会影响 CO 和 CO_2 的选择性：CO 的选择性随着气体流速的升高而升高，而 CO_2 的选择性则随着气体流速的升高而降低。这是因为气体流速高致使电子和氧分子之间的碰撞概率降低，减弱了 CO 的氧化作用而导致 CO_2 的选择性降低。考虑到实际操作条件，一些研究团队在不降低气体流速的条件下，研究了多级 NTP 反应器以延长停留时间[137-141]。但随着停留时间的延长，能耗也将有所提高，因此从经济性的角度上来讲，停留时间不宜过长。

参 考 文 献

[1]　许根惠，姜恩永，盛京. 等离子体技术与应用. 北京：化学工业出版，2006：1-104.

[2]　赵华侨. 等离子体化学与工艺. 北京：中国科技大学出版社，1993：1-73.

[3]　李天成，王军民，朱慎林. 环境工程中的化学反应技术及应用. 北京：化学工业出版社，2005：25-156.

[4]　Dinelli G，Civitano L，Rea M. Industrial experiments on pulse corona simultaneous removal of NO_x and SO_2 from

flue gas. IEEE IAS Annual Meeting，1988，2：1620-1627.

[5] 储金宇，吴春笃，陈万金，等. 臭氧技术及应用. 北京：化学工业出版社，2002：28-75.

[6] Van Durme J，Dewulf J，Leys C，et al. Combining non-thermal plasma with heterogeneous catalysis in waste gas treatment：A review. Appl Catal B：Environ，2008，78（3-4）：324-333.

[7] 巫松桢，谢大荣，陈寿田，等. 电气绝缘材料科学与工程. 西安：西安交通大学出版社，1996，1-19.

[8] Kohno H，Berezin A A，Chang J S，et al. Destruction of volatile organic compounds used in a semiconductor industry by a capillary tube discharge reactor. IEEE Trans Ind Appl，1998，34（5）：953-966.

[9] Atkinson R，Arey J. Gas-phase tropospheric chemistry of biogenic volatile organic compounds：A review. Atmos Environ，2003，37：197-219.

[10] Kim H H，Ogata A，Futamura S. Atmospheric plasma-driven catalysis for the low temperature decomposition of dilute aromatic compounds. J Phys D Appl Phys，2005，38（8）：1292-1300.

[11] 胡志强，甄汉生，施迎难. 气体电子学. 北京：电子工业出版社，1985：124-129.

[12] 徐学基，诸定昌. 气体放电物理. 上海：复旦大学出版社，1996：309-336.

[13] Liang W J，Li J，Jin Y Q，et al. Abatement of toluene from gas streams via ferroelectric packed bed dielectric barrier discharge plasma. J Hazard Mater，2009，170：633-638.

[14] Ogata A，Shintani N，Mizuno K，et al. Decomposition of benzene using a nonthermal plasma reactor packed with ferroelectric pellets. IEEE Trans Ind Appl，1999，35：753-759.

[15] Roland U，Holzer F，Kopinke F D. Improved oxidation of air pollutants in a non-thermal plasma. Catal Today，2002，73：315-32.

[16] Kohno H，Berezin A A，Chang J S，et al. Destruction of volatile organic compounds used in a semiconductor industry by a capillary tube discharge reactor. IEEE Trans Ind Appl，1998，34：953-966.

[17] Huang H B，Ye D Q，Leung D Y C，et al. Byproducts and pathways of toluene destruction via plasma-catalysis. J Mol Catal A-Chem，2011，336（1-2）：87-93.

[18] Lee H M，Chang M B. Abatement of gas-phase *p*-xylene via dielectric barrier discharges. Plasma Chem Plasma Process，2003，23（3）：541-558.

[19] Mista W，Kacprzyk R. Decomposition of toluene using non-thermal plasma reactor at room temperature. Catal Today，2008，137：345-349.

[20] Machala Z，Marode E，Morvova M，et al. Glow discharge in atmospheric air as a source for volatile organic compounds abatement. Plasma Process Polym，2005，2：152-161.

[21] Evans D，Rosocha L A，Anderson G K，et al. Plasma remediation of trichloroethylene in silent discharge plasmas. J Appl Phys，1993，74：5378-5386.

[22] Van Durme J，Dewulf J，Leys C，et al. Combining non-thermal plasma with heterogeneous catalysis in waste gas treatment：A review. Appl Catal B：Environ，2008，78（3-4）：324-323.

[23] Chen H L，Lee H M，Chen S H，et al. Removal of volatile organic compounds by single-stage and two-stage plasma catalysis systems：A Review of the performance enhancement mechanisms，current status，and suitable applications. Environ Sci Technol，2009，43（7）：2216-2227.

[24] Kang W S，Park J M，Kim Y，et al. Numerical study on influences of barrier arrangements on dielectric barrier discharge characteristics. IEEE Trans Plasma Sci，2003，31（4）：504-510.

[25] Chang J S，Kostov K G，Urashima K，et al. Removal of NF3 from semiconductor-process flue gases by tandem packed-bed plasma and adsorbent hybrid systems. IEEE Trans Industy Appl，2000，36（5）：1251-1259.

[26] Guaitella O，Thevenet F，Puzenat E，et al. C_2H_2 oxidation by plasma/TiO_2 combination：influence of the porosity，

and photocatalytic mechanisms under plasma exposure. Appl Catal B：Environ，2008，80（3-4）：296-305.

[27] Holzer F，Kopinke F D，Roland U. Influence of ferroelectric materials and catalysts on the performance of non-thermal plasma（NTP）for the removal of air pollutants. Plasma Chem Plasma Process，2005，25（6）：595-611.

[28] Liu C，Wang J，Yu K，et al. Floating double probe characteristics of non-thermal plasmas in the presence of zeolite. J Electrostat，2002，54（2）：149-158.

[29] Ogata A，Yamanouchi K，Mizuno K，et al. Decomposition of benzene using alumina-hybrid and catalyst-hybrid plasma reactors. IEEE Trans Industry Appl，1999，35（6）：1289-1295.

[30] Roland U，Holzer F，Kopinke F D. Improved oxidation of air pollutants in a non-thermal plasma. Catal Today，2002，73（3）：315-323.

[31] Hensel K，Katsura S，Mizuno A. DC microdischarges inside porous ceramics. IEEE Trans Plasma Sci，2005，33（2）：574-575.

[32] Hensel K. Microdischarges in ceramic foams and honeycombs. Eur Phys J D，2009，54（2）：141-148.

[33] Roland U，Holzer F，Kopinke F D. Combination of non-thermal plasma and heterogeneous catalysis for oxidation of volatile organic compounds：Part 2. Ozone decomposition and deactivation of γ-Al_2O_3. Appl Catal B：Environ，2005，58（3）：217-226.

[34] Holzer F，Roland U，Kopinke F D. Combination of non-thermal plasma and heterogeneous catalysis for oxidation of volatile organic compounds：Part 1. Accessibility of the intra-particle volume. Appl Catal B：Environ，2002，38（3）：163-181.

[35] Dorai R，Kushner M J. Repetitively pulsed plasma remediation of NO_x in soot laden exhaust using dielectric barrier discharges. J Phy D：Appl Phys，2002，35（22）：2954.

[36] Teodoru S，Kusano Y，Bogaerts A. The effect of O_2 in a humid $O_2/N_2/NO_x$ gas mixture on NO_x and N_2O remediation by an atmospheric pressure dielectric barrier discharge. Plasma Proc Polym，2012，9（7）：652-689.

[37] Van Durme J，Dewulf J，Leys C，et al. Combining non-thermal plasma with heterogeneous catalysis in waste gas treatment：A review. Appl Catal B-Environ，2008，78（3-4）：324-333.

[38] Rousseau A，Guaitella O，Röpcke J，et al. Combination of a pulsed microwave plasma with a catalyst for acetylene oxidation. Appl Phys Lett，2004，85（12）：2199-2201.

[39] E C Neyts，A Bogaerts. Understanding plasma catalysis through modelling and simulation：A review. J Phys D：Appl Phys，2014，47：1-18.

[40] Liu C，Zou J，Yu K，et al. Plasma application for more environmentally friendly catalyst preparation. Pure Appl Chem，2006，78（6）：1227-1238.

[41] Hong J，Chu W，Chernavskii P A，et al. Cobalt species and cobalt-support interaction in glow discharge plasma-assisted Fischer-Tropschcatalysts. J Catal，2010，273（1）：9-17.

[42] Ostrikov K，Neyts E C，Meyyappan M. Plasma nanoscience：from nano-solids in plasmas to nano-plasmas in solids. Adv Phys，2013，62（2）：113-224.

[43] Janssens T V W，Clausen B S，Hvolbæk B，et al. Insights into the reactivity of supported Au nanoparticles：Combining theory and experiments. Top Catal，2007，44（1-2）：15-26.

[44] Yudanov I V，Matveev A V，Neyman K M，et al. How the C–O bond breaks during methanol decomposition on nanocrystallites of palladium catalysts. J Am Chem Soc，2008，130（29）：9342-9352.

[45] Rabatic B M，Dimitrijevic N M，Cook R E，et al. Spatially confined corner defects induce chemical functionality of TiO_2 nanorods. Adv Mater，2006，18（8）：1033-1037.

[46] Guo Y F，Ye D Q，Chen K F，et al. Toluene decomposition using a wire-plate dielectric barrier discharge reactor

with manganese oxide catalyst in situ. J Mol Catal A，2006，245（1）：93-100.

[47] Demidyuk V，Whitehead J C. Influence of temperature on gas-phase toluene decomposition in plasma-catalytic system. Plasma Chem Plasma Process，2007，27（1）：85-94.

[48] Mahammadunnisa S，Reddy E L，Ray D，et al. CO_2 reduction to syngas and carbon nanofibres by plasma-assisted in situ decomposition of water. Int J Greenhouse Gas Control，2013，16：361-363.

[49] Tu X，Gallon H J，Twigg M V，et al. Dry reforming of methane over a Ni/Al_2O_3 catalyst in a coaxial dielectric barrier discharge reactor. J Phys D：Appl Phys，2011，44（27）：274007.

[50] Shang S，Liu G，Chai X，et al. Research on Ni/γ-Al_2O_3 catalyst for CO_2 reforming of CH_4 prepared by atmospheric pressure glow discharge plasma jet. Catal Today，2009，148（3-4）：268-274.

[51] Martınez R，Romero E，Guimon C，et al. CO_2 reforming of methane over coprecipitated Ni-Al catalysts modified with lanthanum. Appl Catal A：General，2004，274（1）：139-149.

[52] Liu C，Mallinson R，Lobban L. Nonoxidative methane conversion to acetylene over zeolite in a low temperature plasma J Cata，1998，179（1）：326-334.

[53] Wu C C，Wu C I，Sturm J C，et al. Surface modification of indium tin oxide by plasma treatment：An effective method to improve the efficiency，brightness，and reliability of organic light emitting devices. Appl Phys Lett，1997，70（11）：1348-1350.

[54] Poppe J，Völkening S，Schaak A，et al. Electrochemical promotion of catalytic CO oxidation on Pt/YSZ catalysts under low pressure conditions. Phys Chem Chem Phys，1999，1（22）：5241-5249.

[55] Holzer F，Kopinke F D，Roland U. Influence of ferroelectric materials and catalysts on the performance of non-thermal plasma（NTP）for the removal of air pollutants. Plasma Chem Plasma Process，2005，25（6）：595-611.

[56] Kim H H，Ogata A，Futamura S. Effect of different catalysts on the decomposition of VOCs using flow-type plasma-driven catalysis. IEEE Trans Plasma Sci，2006，34（3）：984-995.

[57] Löfberg A，Essakhi A，Paul S，et al. Use of catalytic oxidation and dehydrogenation of hydrocarbons reactions to highlight improvement of heat transfer in catalytic metallic foams. Chem Eng J，2011，176：49-56.

[58] Essakhi A，Mutel B，Supiot P，et al. Coating of structured catalytic reactors by plasma assisted polymerization of tetramethyldisiloxane. Polym Eng Sci，2011，51（5）：940-947.

[59] Guaitella O，Thevenet F，Puzenat E，et al. C_2H_2 oxidation by plasma/TiO_2 combination：Influence of the porosity，and photocatalytic mechanisms under plasma exposure. Appl Catal B：Environ，2008，80（3）：296-305.

[60] Rousseau A，Guaitella O，Gatilova L，et al. Photocatalyst activation in a pulsed lowpressure discharge. Appl Phys Lett，2005，87（22）：221501-221503.

[61] Kim H H，Ogata A，Futamura S. Oxygen partial pressure-dependent behavior of various catalysts for the total oxidation of VOCs using cycled system of adsorption and oxygen plasma. Appl Catal B：Environ，2008，79（4）：356-367.

[62] Kim H H，Oh S M，Ogata A，et al. Decomposition of gas-phase benzene using plasma-driven catalyst（PDC）reactor packed with Ag/TiO_2 catalyst. Appl Catal B：Environ，2005，56（3）：213-220.

[63] Van Durme J，Dewulf J，Sysmans W，et al. Efficient toluene abatement in indoor air by a plasma catalytic hybrid system. Appl Catal B：Environ，2007，74（1）：161-169.

[64] Zhang W，Kawamata H，Liu K. CH stretching excitation in the early barrier F+CHD3 reaction inhibits CH bond cleavage. Science，2009，325：303-306.

[65] Demidyuk V，Whitehead J C. Influence of temperature on gas-phase toluene decomposition in plasma-catalytic system. Plasma Chem Plasma Process，2007，27（1）：85-94.

[66] Chen H L，Lee H M，Chen S H，et al. Review of plasma catalysis on hydrocarbon reforming for hydrogen production-interaction，integration，and prospects. Appl Catal B：Environ，2008，85（1）：1-9.

[67] Neyts E C，Bogaerts A. Understanding plasma catalysis through modelling and simulation：A review. J Phys D：Appl Phys，2014，47：1-18.

[68] Schweitzer C，Schmidt R. Physical mechanisms of generation and deactivation of singlet oxygen. Chem Rev，2003，103（5）：1685-1758.

[69] Ruzzi M，Sartori E，Moscatelli A，et al. Time-resolved EPR study of singlet oxygen in the gas phase. J Phys Chem A，2013，117（25）：5232-5240.

[70] Liang W J，Ma L，Liu H，et al. Toluene degradation by non-thermal plasma combined with a ferroelectric catalyst. Chemosphere，2013，92（10）：1390-1395.

[71] Guo Y F，Ye D Q，Chen K F，et al. Toluene removal by a DBD-type plasma combined with metal oxides catalysts supported by nickel foam. Catal Today，2007，126：328-337.

[72] Liao X B，Guo Y F，He J H，et al. Hydroxyl radicals formation in dielectric barrier discharge during decomposition of toluene. Plasma Chem Plasma Process，2010，30：841-853.

[73] Huang H B，Ye D Q，Leung D Y C. Removal of toluene using UV-irradiated and nonthermal plasma-driven photocatalyst system. J Environ Eng ASCE，2010，136：1231-1236.

[74] Huang H，Ye D Q，Leung D Y C，et al. Byproducts and pathways of toluene destruction via plasma-catalysis. J Mol Catal A：Chem，2011，336：87-93.

[75] Vandenbroucke A，Mora M，Jime′nez-Sanchidria′n C，et al. TCE abatement with a plasma-catalytic combined system using MnO_2 as catalyst. Appl Catal B：Environ，2014，156：94-100.

[76] Oda T，Takahashi T，Yamaji K. TCE decomposition by the non-thermal plasma process concerning ozone effect. IEEE Trans Ind Appl，2004，40：1249-1256.

[77] Han S B，Oda T，Ono R. Improvement of the energy efficiency in the decomposition of dilute trichloroethylene by the barrier discharge plasma process. IEEE Trans Ind Appl，2005，41：1343-1349.

[78] Vandenbroucke A M，Morent R，Geyter N D，et al. Non-thermal plasmas for non-catalytic and catalytic VOC abatement. J Hazard Mater，2011，195：30-54.

[79] Falkenstein Z，Coogan J J. Microdischarge behaviour in the silent discharge of nitrogen-oxygen and water-air mixtures. J Phys D：Appl Phys，1997，30：817-825.

[80] Van Durme J，Dewulf J，Sysmans W，et al. Abatement and degradation pathways of toluene in indoor air by positive corona discharge. Chemosphere，2007，68：1821-1829.

[81] Fouad L，Elhazek S. Effect of humidity on positive corona discharge in a 3-electrode system. J Electrostat，1995，35（1）：21-30.

[82] Sugasawa M，Terasawa T，Futamura S. Additive effect of water on the decomposition of VOCs in nonthermal plasma. IEEE Trans Ind Appl，2010，46：1692-1698.

[83] Nakagawa Y，Fujisawa H，Ono R，et al. Dilute trichloroethylene decomposition by using high pressure non-thermal plasma-humidity effects. IEEE IAS Annual Meeting，2010：1-4.

[84] Guo Y F，Ye D Q，Chen K F，et al. Humidity effect on toluene decomposition in a wire-plate dielectric barrier discharge reactor. Plasma Chem Plasma Process，2006，26：237-249.

[85] Van Durme J，Dewulf J，Sysmans W，et al. Abatement and degradation pathways of toluene in indoor air by positive corona discharge. Chemosphere，2007，68：1821-1829.

[86] Zhu T，Li J，Jin Y，et al. Decomposition of benzene by non-thermal plasma processing：photocatalyst and ozone

effect. Int J Environ Sci Tech，2008，5：375-384.

[87] Thevenet F，Guaitella O，Puzenat E，et al. Influence of water vapour on plasma/photocatalytic oxidation efficiency of acetylene. Appl Catal B：Environ，2008，84：813-820.

[88] Ogata A，Ito D，Mizuno K，et al. Effect of coexisting components on aromatic decomposition in a packed-bed plasma reactor. Appl Catal A：General，2002，236：9-15.

[89] Futamura S，Zhang A H，Yamamoto T，The dependence of nonthermal plasma behavior of VOCs on their chemical structures. J Electrostat，1997，42：51-62.

[90] Einaga H，Ibusuki T，Futamura S. Performance evaluation of a hybrid system comprising silent discharge plasma and manganese oxide catalysts for benzene decomposition. IEEE Transactions on Industry Application，2001，37（5）：1476-1482.

[91] Ayrault C，Barrault J，Blin-Simiand N，et al. Oxidation of 2-heptanone in air by a DBD-typeplasma generated within ahoney comb monolith supported Pt-based catalyst. Catalysis Today，2004（89）：75-81.

[92] Ogata A，Ito D，Mizuno K，et al. Effect of coexisting components on aromatic decomposition in a packed-bed plasma reactor. Applied Catalysis A：General，2002（236）：9-15.

[93] Wu J，Xia Q，Wang H，et al. Catalytic performance of plasma catalysis system with nickeloxide catalysts on different supports for toluene removal：Effect of water vapor. Appl Catal B：Environ，2014，156-157：265-272.

[94] Mark P C，Martin Schluep. Destruction of benzene with non-thermal plasma in dielectric barier discharge reactors. Environmental Progress，2001，20（3）：151-156.

[95] Zhang H，Li K，Shu C，et al. Enhancement of styrene removal using a novel double-tube dielectric barrier discharge（DDBD）reactor. Chem Eng J，2013，256：107-118.

[96] Van Durme J，Dewulf J，Demeestere K，et al. Postplasma catalytic technology for the removal of toluene from indoor air：Effect of humidity. Appl Catal B：Environ，2009，87：78-83.

[97] Van Durme J，Dewulf J，Sysmans W，et al. Efficient toluene abatement in indoor air by a plasma catalytic hybrid system. Appl Catal B：Environ，2007，74：161-169.

[98] Huang H B，Ye D Q. Combination of photocatalysis downstream the nonthermal plasma reactor for oxidation of gas-phase toluene. J Hazard Mater，2009，171：535-541.

[99] Einaga H，Ibusuki T，Futamura S. Performance evaluation of a hybrid system comprising silent discharge plasma and manganese oxide catalysts for benzene decomposition. IEEE Trans Ind Appl，2001，37：1476-1482.

[100] Penetrante B M，Hsiao M C，Bardsley J N，et al. Decomposition of methylene chloride by electron beam and pulsed corona processing. Phys Lett A，1997，235：76-82.

[101] Demidyuk V，Hill S L，Whitehead J C. Enhancement of the destruction of propane in a low-temperature plasma by the addition of unsaturated hydrocarbons：Experiment and modeling. J Phys Chem A，2008，112：7862-7867.

[102] Lee H M，Chang M B. Abatement of gas-phase *p*-xylene via dielectric barrier discharges. Plasma Chem Plasma Process，2003，23：541-558.

[103] Aubry O，Cormier J M. Improvement of the diluted propane efficiency treatment using a non-thermal plasma. Plasma Chem Plasma Process，2009，29：13-25.

[104] Li J，Bai S P，Shi X C，et al. Effects of temperature on benzene oxidation in dielectric barrier discharges. Plasma Chem Plasma Process，2008，28：39-48.

[105] Atkinson R，Carter W P. Kinetics and mechanisms of the gas-phase reactions of ozone with organic compounds under atmospheric conditions. Chem Rev，1984，84（5）：437-470.

[106] Magureanu M，Mandache N B，Eloy P，et al. Plasma-assisted catalysis for volatile organic compounds abatement.

Appl Catal B：Environ，2005，61：12-20.

[107] Blackbeard T，Demidyuk V，Hill S L，et al. The effect of temperature on the plasma-catalytic destruction of propane and propene：A comparison with thermal catalysis. Plasma Chem Plasma Process，2009，29：411-419.

[108] Demidyuk V，Whitehead J C. Influence of temperature on gas-phase toluene decomposition in plasma-catalytic system. Plasma Chem Plasma Process，2007，27：85-94.

[109] Harling A M，Demidyuk V，Fischer S J，et al. Plasma-catalysis destruction of aromatics for environmental clean-up：effect of temperature and configuration. Appl Catal B：Environ，2008，82：180-189.

[110] Hayashi K，Yasui H，Tanaka M，et al. Temperature dependence of toluene decomposition behavior in the discharge-catalyst hybrid reactor. IEEE Trans Ind Appl，2009，45：1553-1558.

[111] Penetrante B M，Hsiao M C，Bardsley J N，et al. Electron beam and pulsed corona processing of volatile organic compounds in gas streams. Pure Appl Chem，1996，68：1083-1087.

[112] Harling A M，Kim H H，Futamura S，et al. Temperature dependenceof plasma-catalysis using a nonthermal，atmospheric pressure packed bed；the destruction of benzene and toluene. J Phys Chem C，2007，111：5090-5095.

[113] Du C M，Yan J H，Cheron B. Decomposition of toluene in a gliding arc discharge plasma reactor. Plasma Sources Sci Tech，2007，16：791-797.

[114] Xiao G，Xu W，Wu R，et al. Non-thermal plasmas for VOCs abatement. Plasma Chem Plasma Process，2014，34（5）：1033-1065.

[115] Byeon J H，Park J H，Jo Y S，et al.，Removal of gaseous toluene and submicron aerosol particles using a dielectric barrier discharge reactor. J Hazard Mater，2010，175（1-3）：417-422.

[116] Du C M，Yan J H，Cheron B. Decomposition of toluene in a gliding arc discharge plasma reactor. Plasma Sources Sci Tech，2007，16（4）：791-797.

[117] Chiper A S，Blin-Simiand N，Heninger M，et al. Detailed characterization of 2-heptanone conversion by dielectric barrier discharge in N_2 and N_2/O_2 mixtures. J Phys Chem A，2010，114：397-407.

[118] Blin-Simiand N，Jorand F，Magne L，et al. Plasma reactivity and plasma-surface interactions during treatment of toluene by a dielectric barrier discharge. Plasma Chem Plasma Process，2008，28：429-466.

[119] Delagrange S，Pinard L，Tatibouet J M. Combination of a non-thermal plasma and a catalyst for toluene removal from air：Manganese based oxide catalysts. Appl Catal B：Environ，2006，68：92-98.

[120] Byeon J H，Park J H，Jo Y S，et al. Removal of gaseous toluene and submicron aerosol particles using a dielectric barrier discharge reactor. J Hazard Mater，2010，175：417-422.

[121] Vertriest R，Morent R，Dewulf J，et al. Multi-pinto-plate atmospheric glow discharge for the removal of volatile organic compounds in waste air. Plasma Sources Sci Tech，2003，12：412-416.

[122] Du C M，Yan J H，Cheron B. Decomposition of toluene in a gliding arc discharge plasma reactor. Plasma Sources Sci Tech，2007，16：791-797.

[123] Futamura S，Sugasawa M. Additive effect on energy efficiency and byproduct distribution in VOC decomposition with nonthermal plasma. IEEE Trans Ind Appl，2008，44：40-45.

[124] Mok Y S，Demidyuk，Whitehead J C. Decomposition of hydrofluoro carbons in a dielectric-packed plasma reactor. J Phys Chem A，2008，112：6586-6591.

[125] Kang H C. Decomposition of chlorofluorocarbon by non-thermal plasma. J Ind Eng Chem，2002，8：488-492.

[126] Oh J H，Mok Y S，Lee S B. Destruction of HCFC-22 and distribution of byproducts in a nonthermal plasma reactor packed with dielectric pellets. J Korean Phys Soc，2009，54：1539-1546.

[127] Futamura S，Yamamoto T. Byproduct identification and mechanism determination in plasma chemical

decomposition of trichloroethylene. IEEE Trans Ind Appl，1997，33：447-453.

[128] Lee H M，Chang M B. Gas-phase removal of acetaldehyde via packed-bed dielectric barrier discharge reactor. Plasma Chem Plasma Process，2001，21：329-343.

[129] Tonkyn R G，Barlow S E，Orlando T M. Destruction of carbon tetrachloride in a dielectric barrier/packed-bed corona reactor. J Appl Phys，1996，80：4877-4886.

[130] Mok Y S，Lee S B，Oh J H，et al. Abatement of trichloromethane by using nonthermal plasma reactors. Plasma Chem Plasma Process，2008，28：663-676.

[131] Ogata A，Mizuno K，Kushiyama S，et al. Methane decomposition in a barium titanate packed-bed nonthermal plasma reactor. Plasma Chem Plasma Process，1998，18：363-373.

[132] Pringle K J，Whitehead J C，Wilman J J，et al. The chemistry of methane remediation by a non-thermal atmospheric pressure plasma. Plasma Chem Plasma Process，2004，24：421-434.

[133] Chiper A S，Blin-Simiand N，Heninger M，et al.，Detailed characterization of 2-heptanone conversion by dielectric barrier discharge in N_2 and N_2/O_2 mixtures. J Phys Chem A，2010，114（1）：397-407.

[134] Mok Y S，Demidyuk V，Whitehead J C. Decomposition of hydrofluorocarbons in a dielectricpacked plasma reactor. J Phys Chem A，2008，112（29）：6586-6591.

[135] Ding H X，Zhu A M，Lu F G，et al. Low-temperature plasma-catalytic oxidation of formaldehyde in atmospheric pressure gas streams，J Phys D：Appl Phys，2006，39：3603-3608.

[136] Kim H H，Ogata A，Futamura S. Oxygen partial pressure-dependent behavior of various catalysts for the total oxidation of VOCs using cycled system of adsorption and oxygen plasma. Appl Catal B：Environ，2008，79：356-367.

[137] Chavadej S，Kiatubolpaiboon W，Rangsunvigit P，et al. A combined multistage corona discharge and catalytic system for gaseous benzene removal. J Mol Catal A：Chem，2007，263：128-136.

[138] Chavadej S，Saktrakool K，Rangsunvigit P，et al. Oxidation of ethylene by a multistage corona discharge system in the absence and presence of Pt/TiO_2. Chem Eng J，2007，132：345-353.

[139] Harling A M，Glover D J，Whitehead J C，et al. Industrial scale destruction of environmental pollutants using a novel plasma reactor. Ind Eng Chem Res，2008，47：5856-5860.

[140] Shi Y，Ruan J J，Wang X，et al. Evaluation of multiple corona reactor modes and the application in odor removal. Plasma Chem Plasma Process，2006，26：187-196.

[141] Harling A M，Glover D J，Whitehead J C，et al. Novel method for enhancing the destruction of environmental pollutants by the combination of multiple plasma discharges. Environ Sci Tech，2008，42：4546-4550.

第6章　其他挥发性有机污染物净化过程与协同控制技术

本书第2至5章的内容中主要阐述了挥发性有机污染物（VOCs）多种主要治理技术的原理及发展状况，本章主要介绍其他几种VOCs的治理过程方法及协同控制技术。

6.1　挥发性有机污染物的回收过程与技术

挥发性有机污染物回收技术的主要特点是利用相关的过程与技术将VOCs成分浓缩并收集，且可以实现VOCs组分的再利用。常见的VOCs回收技术主要包括吸收技术、冷凝技术、膜分离技术等。下面对这些方法与技术作具体介绍。

6.1.1　吸收技术

吸收法的原理是采用低挥发或不挥发液体作为吸收剂，通过吸收装置利用废气中各有机组分在吸收剂中溶解度或化学反应特性的差异，使废气中的有机组分与吸收剂接触，被吸收剂溶解、吸收，从而达到净化废气的目的[1]。吸收过程按其机理可分为物理吸收和化学吸收，前者主要是指吸收过程中进行的是纯物理溶解过程，即溶解的气体与吸收剂不发生任何化学反应，而后者在吸收过程中常伴有明显的化学反应[2-4]。

吸收效果的好坏，与多种因素密切相关。其中，吸收剂性能的优劣，是决定吸收操作（图6-1）效果好坏的关键因素之一，选择吸收剂要考虑以下因素：①溶解度大，这样吸收操作所需的吸收剂量少，吸收剂的使用周期长且吸收效率较高；②选择性好，吸收剂对被吸收组分吸收能力大而对其他组分的吸收能力小或不吸收；③饱和蒸气压较低，这样液体吸收剂的挥发损失小，且不易造成二次污染；④吸收剂对设备无腐蚀；⑤价格便宜，易再生；⑥黏度低，吸收剂

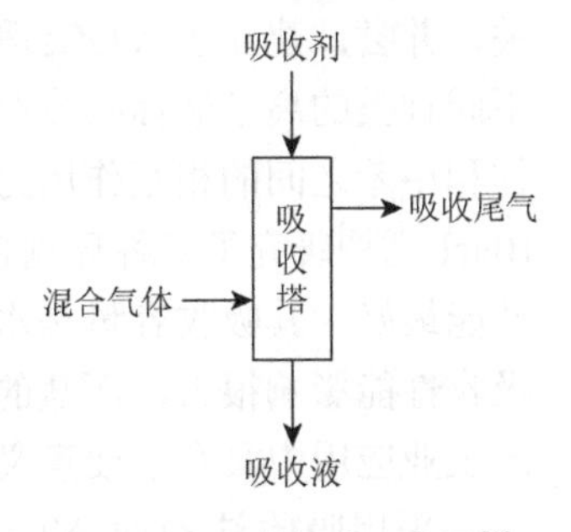

图6-1　吸收操作示意图[2]

与吸收质可充分接触；⑦无毒、无害、不易燃[1-4]。

吸收法在废气治理领域应用广泛，含有 VOCs 的有机废气也可通过吸收法进行治理。由于 VOCs 中的组分均为含碳有机物，因此可根据有机化合物能与大部分油类物质互溶的特点，采用一些沸点较高、蒸气压较低的柴油、煤油等作为吸收剂，使 VOCs 从气相转移到液相中，然后对吸收液进行解吸处理，回收其中的有机化合物，同时使吸收剂得以再生。对一些水溶性较高的化合物，也可以使用水作为吸收剂，吸收液可通过精馏回收有机溶剂得到再生。从原理上来讲，挥发性有机物 VOCs 的吸收均为物理吸收。

水是最廉价、最易获得且安全的液体，是最理想的吸收剂，但是 VOCs 在水中的溶解度很小，所以需要加入有增强表面活性作用的助剂，以增加污染物的分散性、乳化性、溶解性，并改善泡沫性能。为了增加 VOCs 在水中的溶解度，常加入强碱弱酸盐和表面活性剂。表面活性剂可起到增溶作用，强碱弱酸盐与表面活性物质在一起时，具有良好的助洗作用，可以提高吸收效率。Cotte 等[5]采用 PEG-400 的水溶液作为吸收剂，研究了不同体积分数的 PEG-400 吸收剂对六种 VOCs 气体的吸收效果，研究结果表明吸收剂的吸收效率与吸收质的分子性质密切相关。Tian 等[6]研究了 Tween 系列表面活性剂与甲苯、水组成的微乳液对废气中甲苯的吸收性能，结果表明采用 Tween-60 合成的微乳液对甲苯的吸收效果最好，且吸收效果最佳的微乳液 HLB 值为 15；但微乳液的制备过程较为复杂，限制了其进一步的应用。陈定盛等[7]以柠檬酸钠溶液为吸收剂，研究了柠檬酸、无机盐助剂和聚乙二醇（PEG-200）作为添加剂时对甲苯吸收效果的影响，结果表明三种添加剂的组合及用量存在一个最佳值，此时对甲苯的净化效率及吸收容量最高，且三种添加剂组合时效果更佳。

除了水溶液之外，还有一些其他的新型吸收剂，如离子液体、环糊精等，在吸收处理挥发性有机物时也具有良好的处理效果和应用前景[8]。Maria 等[9]采用实验和 COSMO-RS 方法计算相结合的方法研究了不同组合的离子液体对气相中 VOCs 的吸收性能，结果表明吸收质本身与离子液体中阴、阳离子的种类密切相关，并尝试建立了 VOCs 种类与离子液体吸收性能之间的关系。Bedia 等[10]采用不同种类的离子液体吸收废气中的甲苯，并采用 COSMO-RS 方法分析了离子液体和甲苯之间的相互作用力，在此基础上选择出对甲苯吸收性能较好的离子液体。Blach 等[8]研究了多种环糊精对甲苯的吸收性能，结果表明 β-环糊精对甲苯的吸收性能最好，其吸收容量是水的 250 倍。同时，甲苯在 β-环糊精中的扩散速率对其吸收性能影响很大，而盐的浓度和 pH 对甲苯去除率的影响较小，这一点在实际的工业应用中具有重要意义。

采用吸收法治理 VOCs 时，吸收性能的高低还与所选的吸收设备密切相关，工业中常用的吸收设备包含填料塔、鼓泡式吸收器及喷雾式吸收器等。这些吸收设备均具有各自的特点，在工业中的应用也比较广泛。为了进一步提高吸收设备的效率，研究人员也尝试研发新型的吸收设备，其中比较典型的有超重力旋转填料床等。超重力技术也是一种用于气体净化的新方法，其原理是利用高速旋转的填料转子产生强大的离心力，使通入的吸收剂溶液被高速切割为液丝、液滴或液膜等形式，从而使VOCs气体可以迅速溶于吸收液中而被吸收[11]。由于其具有较高的传质效率，从而可以缩小设备尺寸、简化工艺线路流程。Chiang 等[12]采用甘油/水溶液为吸收剂，研究了传统填料床和旋转填料床对气态乙醇的吸收性能，结果表明，超重力技术可以显著提高气体在介质中的传质速率，传质效果比传统填料床高 193 倍。Hsu 等[13]以水为吸收剂，研究了甲醇和正丁醇在超重力场中的吸收效果，结果表明，气相流速对吸收效率的影响最为显著，可通过调节气相 VOCs 的流速进而获得一个较高的 VOCs 吸收效果。

吸收法治理气态污染物具有工艺成熟、设备简单、投资较低等优点，适用于气体污染物浓度范围较宽的污染源治理。同时也存在着一些缺点，如必须对吸收液进行适当处理以回用，否则容易造成二次污染或导致资源浪费。在实际应用中，可根据实际情况合理选择工艺，以达到最佳治理效果。

6.1.2　冷凝技术

冷凝法也是一类应用较为广泛的VOCs治理方法，冷凝法的实质是利用VOCs在不同温度下具有不同饱和蒸气压的性质，采用降低温度、增加压力或两者组合的方法，使处于气态的高浓度的 VOCs 冷凝并与废气分离、进而被收集的一种方法[14-16]。

冷凝法的冷凝效率与废气中 VOCs 组分的浓度和性质及所选用的制冷剂密切相关。此法比较适合于高浓度有机废气的处理，一般废气中 VOCs 组分的浓度大于 1%[17]；而当浓度较低时，往往需要采取进一步的冷却降温措施，这使得运行成本大大增加[18]。同时，相对于沸点较低的有机废气，高沸点的组分，其冷凝效果更好。冷凝法中采用的制冷剂主要是冷却水和液氮。由于水的来源广泛、安全性较高，且比热较大，因此当废气中含有高沸点的有机物组分时，冷却水即可达到较高的冷凝效果。当需要更低的冷凝温度时，则可选用具有更低温度的液氮作为制冷剂[17]。

上述因素对 VOCs 的冷凝效率具有显著影响，同时，冷凝装置的结构及相关参数也对冷凝效率至关重要。Cong 等[19]采用 HYSYS 软件对冷凝法回收 VOCs 过程中的压力和温度参数进行了优化研究，结果表明，温度对冷凝效果的影响要大于压力，当温度降低约 20℃时，冷凝效率通常会提高约 20%；而当压力从

1.5MPa 增加至 4.0MPa 时，冷凝效率基本不变，耗电量为原来的 2.5 倍，热量消耗也增长了 10.4%。Dunn 等[20]也对冷凝过程中的装置集成系统进行了研究，并提出了最佳方案以达到降低操作成本的目的。Davis 等[16]对 VOCs 的冷凝技术进行了研究并指出，对于一些工厂或者设备已经大量使用液氮的情况下，冷凝法对 VOCs 的去除将会具有巨大的优势，在整个生命周期内，处理 VOCs 的成本将大大低于其他方法。

总的来说，冷凝法工艺流程较为简单，能够有效回收有机溶剂，但也存在一些缺点，需要制冷设备、能耗较高；且往往经过一次冷凝，废气仍不能达到排放标准，需要进一步处理[21, 22]。在实际应用中，通常选择吸附等方法和冷凝技术相互结合，以取得更好的 VOCs 去除效果。

6.1.3　膜分离技术

膜分离技术是一种高效的分离方法，最早应用于油气回收方面，并在应用过程中延伸至气体污染物控制领域。1985 年，Zhang 等[23]首先采用膜材料对酸性气体进行处理，实现了膜材料在废气净化领域的应用。随后，研究人员又尝试将膜材料及膜分离技术应用于 VOCs 净化领域，证实了膜气体分离技术在 VOCs 废气治理领域具有较大的发展前景[24, 25]。

膜分离法的原理是根据 VOCs 的蒸气和空气在膜材料上的渗透能力不同，而将两者分开的[26]。它通常包含两个步骤：首先，压缩和冷凝有机废气；而后，进行膜蒸气分离。压缩后的混合物进入冷凝器中冷却，冷凝下来的液态 VOCs 即可回收，而未冷凝的部分通过亲疏有机物膜的表面分成两股物流。渗透气中含大量 VOCs，返回压缩机进口；未透过膜的气体只含极少量 VOCs，可视具体情况排放或作进一步处理，其大概的流程如图 6-2 所示。

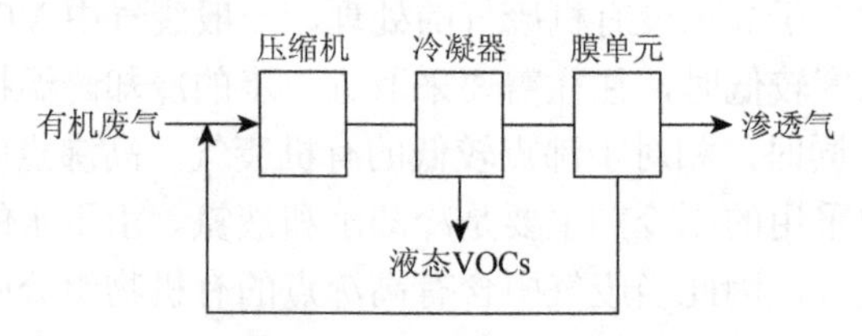

图 6-2　膜分离法分离 VOCs 工艺流程图

在气体的膜分离过程中，常用一些特征参数来描述膜分离的性能，在这里简单介绍如下[2]。

1）扩散系数 D

气体通过膜的扩散过程可以用 Fick 扩散定律来表示：

$$J = -D\left(\frac{dc}{dx}\right) \tag{6-1}$$

式中，J 为气体通过膜的渗透速率；D 为扩散系数；dc/dx 为气体通过膜的浓度梯度。在稳态条件下，J 和 D 均可看作常数。

2）溶解度系数 S

气体的溶解度系数 S 主要代表了膜收集气体的能力。通常情况下，气体通过膜时，膜表面吸着的气体浓度均比较低，此种状态类似于理想气体溶于液体的亨利定律，因此可用亨利公式表示：

$$c = SP \tag{6-2}$$

式中，c 为气体在膜表面上的气体浓度；S 为气体的溶解度系数；P 为与膜接触的气体分压。

3）渗透系数 K

渗透系数表示的含义是膜对气体的渗透能力，在一定温度下，对每种膜-气体体系来说为一常数。

溶解度系数 S 与扩散系数 D 及渗透系数 K 之间有如下关系：

$$K = DS \tag{6-3}$$

4）分离系数 α

分离系数用来表征聚合物膜对两种气体的分离能力，用公式表示为两种气体的渗透系数之比：

$$\alpha_{A/B} = \frac{K_A}{K_B} = \left(\frac{D_A}{D_B}\right)\left(\frac{S_A}{S_B}\right) \tag{6-4}$$

式中，K_A、D_A、S_A 分别对应于气体 A 组分的渗透系数、扩散系数及溶解度系数；K_B、D_B、S_B 分别对应于气体 B 组分的渗透系数、扩散系数及溶解度系数。

膜分离技术的核心组件是膜元件。膜元件中的膜材料决定了膜分离技术的透过率和分离因子。典型的有机蒸气分离膜使用平板型复合膜，分 3 层结构，底面是无纺布支撑层，用于涂布多孔支撑膜；中间层的多孔支撑膜主要为上层选择分离膜起机械支撑作用；最上层为致密膜，复合膜的渗透阻力大小主要取决于这层致密膜[27]。

复合膜中的支撑结构选择的材料主要有两类，一种是有机材料，如聚酰亚胺、聚丙烯腈、无纺布等；另一种是多孔且有较高机械强度的无机材料，如陶瓷、分子筛等。两种材料均需要对有机溶剂具有较好的耐腐蚀性。Sadrzadeh 等[28]以微孔的乙酸纤维素为基底合成了聚二甲基硅氧烷渗透膜，并研究了其对丙烷的渗透性能，结果表明，合成的渗透膜对丙烷具有良好的渗透性能，且随着压力的增大，对丙烷的溶解度系数、扩散系数及选择性系数均会增加。Li 等[29]以聚砜类微孔聚合物为基底、以聚醚酰胺嵌段共聚物为原料合成了渗透膜，并研究了正戊烷、正己烷和环己烷等几种 VOCs 在单组分、多组分条件下的膜渗透分离性能，结果表明，所合成的膜材料对 VOCs 的选择性随着 VOCs 浓度的增加而增大；且醇类 VOCs 在膜上的渗透性能要高于烷烃类 VOCs。

复合膜中的致密分离层，一般选择硅橡胶膜，主要是由于其可以优先渗透有机物，对 VOCs 的选择透过量比空气大，其中聚二甲基硅氧烷为应用最为广泛的膜材料。Lin 等[30]以聚二甲基硅氧烷为材料合成了聚合膜材料，并研究了正戊烷、正己烷和正庚烷三种 VOCs 在膜材料上的渗透分离性能，结果表明，对于含长碳链的 VOCs，溶解度系数要比扩散系数对膜材料的渗透性能影响更大一些。Zhen 等[31]采用以二乙烯基为端基的聚二甲基硅氧烷低聚物为原料合成分离膜，研究了苯、三氯甲烷和丙酮在合成的新型膜材料上的吸着性能，结果表明所合成的新型膜材料对 VOCs 具有良好的吸着性能。除了聚二甲基硅氧烷，还有一些其他材料也被广泛地用来合成膜材料，如聚甲基辛基硅氧烷、聚六甲基二硅醚等。Liu 等[32]以聚甲基辛基硅氧烷为原料，合成了具有二维平面和螺旋状结构的膜组件，研究了在不同真空度、不同流速、不同浓度的条件下对甲苯的分离效果，结果表明，螺旋状膜组件对甲苯的去除效果要高于平面膜组件，可有效控制废气中甲苯的浓度。Sohn 等[33]采用等离子体接枝法在聚丙烯支撑层上接枝六甲基二硅醚形成新型膜材料，研究了对 VOCs 的分离性能，红外表征及渗透实验证明了此类膜的性能优于聚二甲基硅氧烷膜。

为了进一步提高膜材料对 VOCs 的渗透分离性能，除了以上一些膜材料，还有一些新型的膜材料被合成及应用于 VOCs 治理领域。Dahi 等[34]采用将 $[C_4C_1im][BF_4]$、$[C_4C_1im][PF_6]$和$[C_6C_1im][PF_6]$三种离子液体膜固化在商业膜材料上的方法，制得了离子液体复合膜，并研究了复合膜对 VOCs 和水蒸气的渗透性能，研究结果表明，$[C_4C_1im][BF_4]$对 VOCs 和水蒸气具有最好的选择渗透性，且具有良好的溶剂稳定性。

膜分离技术可回收常见的一些 VOCs，包含烷烃类和芳烃类的碳氢化合物及一些含卤 VOCs、醛类和酮类[35]，为不同行业有机废气中 VOCs 的回收提供了一种切实有效的方法，具有广阔的应用前景。膜分离法最适合处理浓度较高的 VOCs 气体，但同时由于膜分离组件的工作原理限制了膜组件在大流量气体处理中的运用，因此不如催化燃烧、吸附等其他方法的处理流量大[36]。随着膜分离技术进一步的发展与完善，其在 VOCs 治理领域也将发挥更大的作用。

6.2 挥发性有机污染物的销毁过程与技术

挥发性有机污染物销毁技术的主要特点是利用一系列化学反应与过程，在光、热、催化剂等的作用下将 VOCs 成分转化为水和二氧化碳等小分子物质。常见的 VOCs 销毁技术主要包括热力燃烧技术、光催化降解技术、臭氧氧化技术等，下面对各种方法作具体的介绍。

6.2.1　热力燃烧技术

当不需要对废气中的 VOCs 成分进行回收利用时，通常采用燃烧法进行治理。VOCs 的热力燃烧技术主要包括催化燃烧法和热力焚烧法。前者在第 2 章内容中已有详细的阐述，本节主要介绍热力燃烧技术。

典型的热力燃烧技术原理如图 6-3 所示。含有 VOCs 的气体和空气一同进入燃烧炉中，燃烧炉中的燃料进行燃烧，温度达到预设温度后 VOCs 开始被焚烧，在热力作用下，VOCs 分子被氧化为 CO_2 和 H_2O，经过燃烧的尾气具有较高的温度，在热交换器的作用下，余热得以置换并二次利用，净化的尾气直接排放。

热力焚烧法中温度是一个关键因素，其燃烧温度通常控制在 700℃以上，在此温度下，大部分的有机物都可以被氧化为 CO_2 和 H_2O，去除效率可达 95%以上[1]。

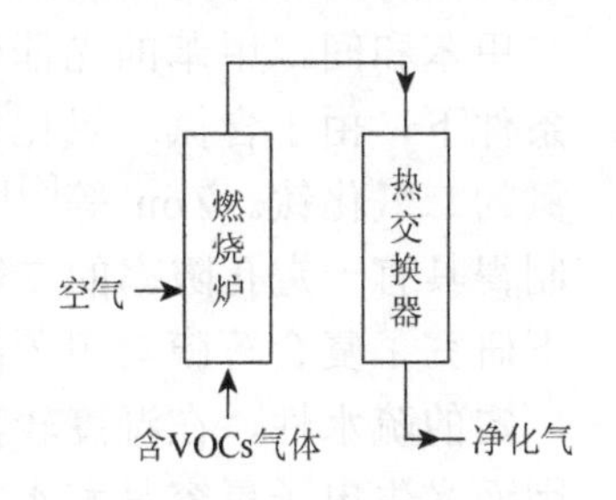

图 6-3　热力燃烧技术处理 VOCs 工艺流程图

热力焚烧技术的特点是可以将碳氢化合物彻底氧化降解，一般不存在二次污染，操作简便。然而热力焚烧技术也存在一定的局限性，在应用热力焚烧技术时，需要首先将废气加热到需要的温度，如果废气中有机物的浓度较高，废气燃烧后所产生的热量可以维持有机物氧化所需要的反应温度时，采用燃烧法是一种可行的治理方法；但当废气中有机物的浓度较低时，则需要使用大量的燃料或电耗来对废气进行加热，运行费用高，不宜采用燃烧法。

6.2.2　光催化降解技术

光催化降解技术是利用光催化剂催化氧化 VOCs 的一种方法，其原理是光催化剂在特定波长的光照下产生大量 HO·和 O_2^-·等自由基，这些自由基和 VOCs 分子进一步发生氧化反应而将 VOCs 分子降解为 CO_2 和 H_2O 去除[21]。具体的过程如下所示[37]：

$$TiO_2 + h\nu \longrightarrow h^+ + e^- \tag{6-5}$$

$$h^+ + OH^- \longrightarrow HO\cdot \tag{6-6}$$

$$Ti^{4+} + e^- \longrightarrow Ti^{3+} \quad (6\text{-}7)$$

$$Ti^{3+} + O_{2ads} \longrightarrow Ti^{4+} + O_{2ads}^- \quad (6\text{-}8)$$

$$HO\cdot + VOCs \longrightarrow CO_2 + H_2O \quad (6\text{-}9)$$

光催化剂材料是光催化技术中非常重要的组成部分，一个好的光催化剂需要有较高的光致活性和稳定性，同时对化学、生物等物质具有一定的惰性，并且成本较低。常见的光催化剂主要是一些半导体材料，如二氧化钛、氧化锌、硫化铬等，其中二氧化钛的应用最为广泛[38]。研究人员合成了不同结构、不同元素组成的二氧化钛，并将其用于 VOCs 的光催化氧化过程中，研究了不同结构、不同元素组成二氧化钛的光催化性能。

Coronado 等[39]合成了具有一维纳米结构的二氧化钛光催化剂，并研究了其对三氯乙烯的光催化性能，结果表明所合成的催化剂具有较高的光催化性能和二氧化碳选择性。Wan-Kuen 等[40]以尿素为氮源合成了氮掺杂的二氧化钛光催化剂，并对比研究了未掺杂和掺杂后二氧化钛对乙苯、邻二甲苯、对二甲苯和间二甲苯的光催化性能，结果表明，掺杂氮元素后，在可见光照射条件下，由于含氮二氧化钛对光的吸收能力加强，其光催化活性也优于不含氮的二氧化钛。Zou 等[41]采用具有一定疏水性的碳化硅和二氧化钛进行混合制得具有一定孔隙率的二氧化钛/碳化硅纳米复合薄膜，并在干、湿两种条件下研究了复合薄膜对甲苯的催化消除性能，研究结果表明，由于碳化硅具有一定的疏水性，在湿度较高的情况下，水分子更易吸附在二氧化钛的表面，因而光生电子更容易和水分子发生反应生成羟基自由基，因此大大提高了对甲苯的光催化效率（图 6-4）。

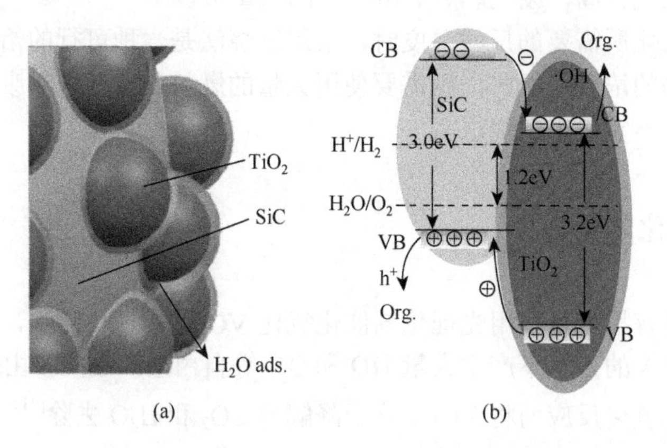

图 6-4　二氧化钛/碳化硅光催化材料协同作用原理示意图[41]

除了二氧化钛，一些其他材料也具有良好的光催化性能，并被尝试应用于光催化过程中。Pan 等[42]通过微波辅助水热的方法合成了银的钒酸盐，并将其用于 VOCs 的光催化降解过程中，结果表明，在可见光照射下，α-Ag_3VO_4 具有最高的催化活性，其对异丙醇和苯蒸气的反应速率是商业二氧化钛 P25 的 8 倍；同时由于具有更大的比表面积和更多的羟基官能团，它的活性比普通水热合成的钒酸银更高。Nath 等[43]以 $LiNbO_3$ 作为新型光催化剂，将其涂覆在混凝土的表面，研究了其在不同条件下对乙苯和甲苯的光催化降解性能，结果表明，$LiNbO_3$ 新型光催化剂对乙苯和甲苯的光催化降解性能比 TiO_2 还要好，是一类很有前景的降解室内 VOCs 的光催化剂。

传统的光催化剂和光催化反应器存在一些缺点，例如，由于吸收或散射作用的限制，光的利用率较低；又如，由于传质作用的限制，光催化剂的效率较低[44]。为了进一步提高光催化剂和光催化反应器的效率，许多研究人员利用纤维类材料作为光催化媒介，研究了其光催化性能。Luo 等[45]采用甲苯作为目标污染物，研究了碳纤维对甲苯的光催化性能，结果发现，由于碳纤维表面存在一定数量的氧物种及缺陷，因此具有较好的光催化性能，甚至超过了负载有二氧化钛的碳纤维。Bourgeois 等[46]采用聚酯纤维和发光纤维作为原料，将其混合制成织物形态，并在表面浸渍涂覆上二氧化钛作为光催化材料，研究了室内条件下对甲醛的消除性能，结果表明，由于织物组织具有较高的孔隙率，光线能够以足够的强度照射到织物组织的内外表面，因此光催化效率较高，可有效消除室内空气中的甲醛，是一种非常有前景的光催化消除技术。

在光催化过程中，光催化技术的净化速率取决于多方面因素，除了催化剂本身的性能之外，催化剂所处的条件，如光源的性能及温度、湿度等条件均会影响光催化的效率。

光源对光催化效率的影响十分显著，光的波长及光照的强度会直接影响光催化剂产生光生电子及空穴的数量。在光催化氧化过程中，应用最为普遍的是黑光紫外灯，波长主要在 350nm 左右[47]。但由于这种光源体积较大，难以在光催化装置中使用，因此近些年人们尝试寻找新型的光源，以提高光催化效率及适用性。Sharmin 等[48]采用紫外发光二极管作为光源，研究了在其照射下五种不同光催化剂对甲苯和二甲苯的光催化性能，结果表明，发光二极管更加安全和节能，且对甲苯、二甲苯具有非常好的催化去除效果。目前在光催化技术的光源选择方面，较大的一个挑战是在可见光范围内实现光催化技术。由于可见光可由太阳光中获得，因此若能实现可见光条件下的光催化技术，将大大扩展光催化技术的应用范围。研究人员在此方面也进行了大量的尝试。Wan-Kuen 等[49]尝试将掺氮二氧化钛负载在玻璃纤维上，并研究了其在可见光条件下对芳香族 VOCs 分子的光催化性能，结果表明，氮/钛元素的比例对光催化剂的催化性能具有较大的影响且存在一个最佳值，当氮/钛元素比、VOCs 气体浓度达到特定值时，光催化剂在可见光条件下对芳香族 VOCs 具有较高的去除效率。Han 等[50]通过喷雾的方法将二氧化钛均匀地分散在聚酯纤维的表面制得光催化材料，并研究了在可见光照射下对甲醛的光催化剂降解性能，结果表明当甲醛气体的浓度和流速增加时，其光催化降解率降低。同时，增加相对湿度并没有引起光催化效率的增加，表明光催化作用的产生主要是由于光催化剂产生的空穴 $h^+_{(VIS)}$ 和过氧自由基（$O_2^-\cdot$），而不是羟基自由基（HO·）对甲醛光致降解，其机理见图 6-5。总的来说，可见光催化剂的合成及应用仍存在着较多的问题，如光催化剂的可见光催化效率较低、稳定性也有待提高等，相关的研究还需要进一步深入和扩展。

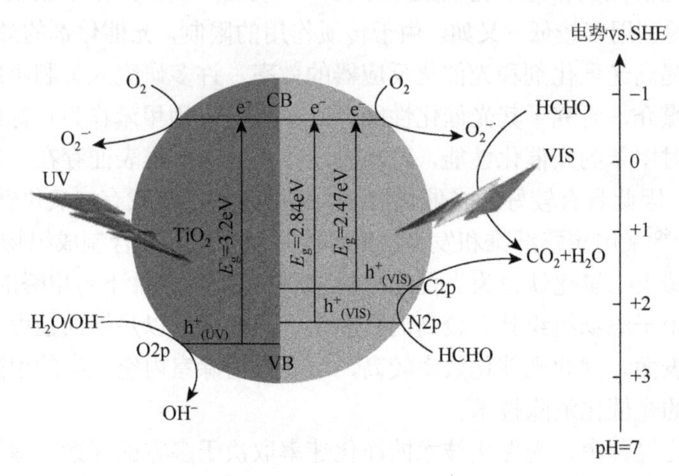

图 6-5　二氧化钛/聚酯纤维光催化材料在可见光下的催化机理示意图[50]

外部条件对光催化剂催化性能的影响是十分显著的，相关研究内容报道得也比较多。Abbas 等[51]系统研究了温度、湿度等条件对二氧化钛光催化性能的影响，结果表明在较低的温度、中等的湿度条件下，二氧化钛的光催化性能最好，主要是由于较低的温度更有利于 VOCs 分子首先吸附并扩散进入到二氧化钛的孔道内部，中等的湿度更有利于光催化剂表面 HO·自由基的生成；同时，光催化过程中会生成较多的副产物，反应生成的副产物附着在二氧化钛的表面，会造成光催化剂的失活。Hussain 等[52]通过调节煅烧温度及时间等因素，合成了不同结构组成的二氧化钛光催化剂，并研究了其在不同速率、不同浓度、不同反应温度、不同光催化剂用量条件下对乙烯、丙烯和甲苯的光催化性能。结果表明，当增加 VOCs 流速和反应温度时，会使 VOCs 分子在光催化剂反应器中的停留时间变短而造成光催化性能下降；当增加 VOCs 分子的浓度时，会生成一些副产物而引起光催化反应转化率的下降；而增加光催化剂用量时，会引起光催化剂床层传质阻力的增加及光利用率的下降，最终使转化率下降。Yu 等[53]采用正己烷、异丁醇、甲苯、对二甲苯、间二甲苯和 1, 3, 5-三甲基苯六种 VOCs 分子作为污染物，研究了不同 VOCs 分子的物理化学性质对光催化性能的影响，结果表明不同 VOCs 分子的物化性能对光催化反应的影响较大，光催化反应的速率常数与 VOCs 分子和羟基自由基之间的反应速率成正比。

总体而言，光催化降解 VOCs 的技术目前还处于实验室研究阶段，但其在 VOCs 降解方面具有独特的优势和显著的效果[48, 54-57]。同时，由于其在使用过程中存在着反应速率慢、光子效率低等问题，限制了在实际中的应用。另外，在 VOCs 催化降解的过程中，也会生成一些中间产物，易造成催化剂的失活等。因此，光催化降解 VOCs 技术的研究还需要进一步加强和深入。

6.3　挥发性有机污染物的多技术联合控制过程与技术

VOCs 的治理技术种类繁多，适用条件及范围等各不相同。而在实际情况中，VOCs 的排放与生产环节中各流程的工艺密切相关，从而具有一定的波动性。在很多情形下，由于工业 VOCs 废气成分及性质的复杂性和单一治理技术的局限性，采用单一技术往往难以达到治理要求，且成本较高。因此，为了能够实现多种 VOCs 在较大范围内的高效去除，通常将两种或多种 VOCs 治理技术联用，发挥各种技术的优点，进而实现 VOCs 治理的高效去除。同时，多种技术的联用也可大大降低 VOCs 治理的成本。因此，近年来在有机废气治理中，采用两种或多种净化技术的组合工艺受到极大的重视，并得到迅速发展。

6.3.1　吸附浓缩-催化氧化技术

在目前的VOCs联用技术中，吸附浓缩-催化氧化技术是应用比较广泛的一种。在工业生产过程中，通常遇到的是低浓度、大风量 VOCs 的排放（此种情况占到了工业 VOCs 排放的大部分）。当 VOCs 回收价值较低而没必要进行回收时，一般选择催化燃烧或高温焚烧的方式进行销毁治理。而工业排放的低浓度的 VOCs 分子直接进行催化燃烧或高温焚烧需要消耗大量的能量，设备的运行成本非常高。为了解决这个问题，研究人员将吸附浓缩和催化燃烧或高温焚烧技术进行联合，得到吸附浓缩-催化氧化联用技术，其工艺如图 6-6 所示。

吸附浓缩-催化燃烧技术将吸附技术和催化燃烧技术有机地结合起来，适合于大风量、低浓度或浓度不稳定的废气治理。国内研制了固定床式的有机废气浓缩装置，并得到了推广应用，成为目前我国喷涂、印刷等行业大风量、低浓度有机废气治理的主流技术。

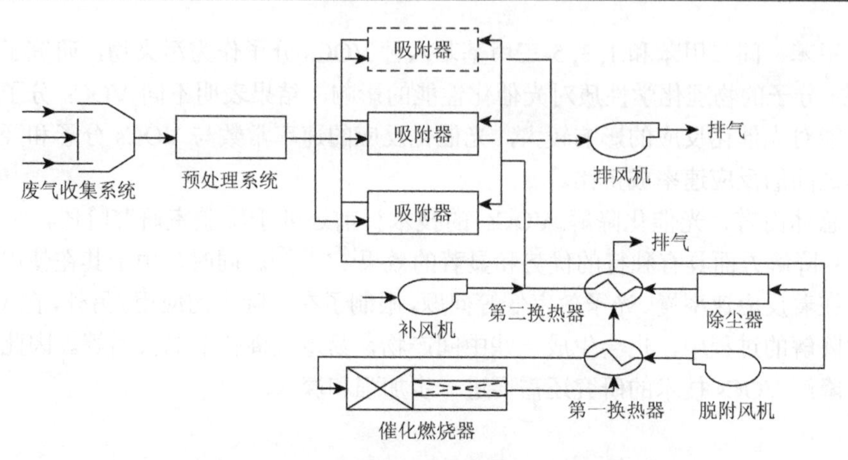

图 6-6 固定床吸附-催化燃烧工艺示意图

吸附浓缩-催化氧化联用技术的实质是将大风量、低浓度的 VOCs 转化为小风量、高浓度的 VOCs，然后再进行催化燃烧净化。具体的工艺步骤如下：首先，废气中的 VOCs 组分通过预处理系统处理后，进入到含有吸附剂的吸附床层进行吸附；其次，对于吸附 VOCs 已达到饱和的床层，可采用小气量的热空气等作为脱附介质对吸附饱和的吸附剂床层进行脱附操作，脱附后含有高浓度 VOCs 的气流进入含有催化剂的催化反应器；最后，在催化剂的作用下，VOCs 分子被氧化分解成为二氧化碳和水。整个工艺流程中通常含有两个或多个固定吸附床交替进行吸附和脱附（吸附剂的再生），在生产过程中可进行切换，从而保证系统的高效性和连续性。

吸附浓缩-催化燃烧技术通常采用蜂窝状活性炭作为吸附剂。蜂窝状活性炭具有床层阻力低、动力学性能好等优点，尤其适用于低浓度 VOCs 的净化。目前有些企业也采用薄床层的颗粒活性炭和活性炭纤维毡作为吸附剂，采取频繁吸附/脱附的方式对吸附剂进行再生。

经过吸附浓缩之后的 VOCs 废气具有较高的浓度，在催化反应器中可以维持氧化燃烧状态，在平稳运行的条件下催化反应器不需要进行外加热。催化燃烧后产生的高温烟气经过调温后可用于加热空气、吸附床的再生。可充分利用废气中有机物的热值，显著降低了处理设备的运行费用。

该组合技术在工业 VOCs 净化中发挥了重要作用。但经过多年来的运行实践，发现该工艺也存在一些明显的缺陷：①采用活性炭材料作为吸附剂的安全性非常差。由于活性炭中含有一些金属成分（灰分），如铁、镁等，会对吸附在活性炭表面上的有机物的氧化产生催化作用。当再生热气流的温度达到 100℃以上时，由于催化氧化作用的增强而造成热量蓄积，吸附床容易着火。②采用热气流吹扫再生活性炭，因为再生温度低，当脱附周期完成后部分高沸点化合物不能彻底脱附，会在活性炭床层中积累而使其吸附能力下降。由于存在安全性问题，通常的再生温度不能超过120℃。因此对于沸点高于 120℃的有机物，如三甲苯等则不能利用该工艺进行净化。③通常活性炭具有一定的吸水能力，当废气湿度较高时（超过 60%），对有机物的净化能力将会迅速下降。因此，在处理高湿度的废气时床层的净化效率较低。

鉴于活性炭材料（蜂窝活性炭、颗粒活性炭和活性炭纤维）存在以上问题，日本在 20 世纪 90 年代开始研究利用改性硅铝分子筛（俗称沸石）代替活性炭。由于一般的分子筛材料是有极性的，具有较强的吸水能力，对有机化合物的吸附能力较低，因此需要对分子筛进行疏水改性。20 世纪 90 年代日本采用了改性沸石分子筛，应用于低浓度 VOCs 的净化。改性分子筛吸附剂的特点是安全性好，可以在高温下进行脱附再生（最高可以达到 220℃，称为不可燃吸附剂），对于大部分的有机化合物都可以进行处理，因此近年来在日本、中国台湾等地区得到了应用。

分子筛的吸附能力通常低于活性炭，当采用固定床时其吸附效率要低于活性炭床层。为此日本于 20 世纪 90 年代开发了旋转式的吸附浓缩装置，此装置中既包含有吸附部分，也包含脱附部分，可以实现边吸附、边脱附，其吸附效率要高于固定床吸附装置，成为目前国外低浓度 VOCs 治理的主流技术，近年来也开始在我国有一些应用。国内的企业公司和科研院所也开始有关疏水分子筛和转轮式吸附浓缩装置的研究与开发。

需要注意的是，大多数情况下需要在吸附浓缩-催化燃烧技术中添加预处理系统。预处理系统在 VOCs 的吸附浓缩-催化燃烧技术中占有重要的地位，当废气中含有颗粒物、重金属及含硫、卤素和氮等杂原子化合物时，容易引起催化剂的中毒而失活。因此，在废气进入催化剂床层之前，应首先通过预处理将颗粒物去除。目前发展了一些抗硫、卤素和氮中毒的催化剂，在实际过程中已获得应用。当采用催化燃烧法处理含杂原子废气时会产生二次污染物，反应尾气需要进行再处理后排放。

总的来说，吸附浓缩-催化燃烧技术适用范围广、去除效率高，在目前及可预见的期间内，该技术都将占据着非常重要的地位。同时，针对存在的一些问题，研究开发新型的高效疏水性吸附剂及高性能的抗中毒催化剂，将是未来研究工作的重点。相信随着吸附材料及催化剂的进一步研究开发，吸附浓缩-催化燃烧技术一定能够发挥更重要的作用。

6.3.2　吸附浓缩-冷凝技术

吸附浓缩-冷凝技术也是一种应用广泛的联用技术，与吸附浓缩-催化燃烧技术不同的是，此种方法针对的是低浓度的 VOCs 废气，同时需要对有机物进行回收。吸附浓缩部分与吸附浓缩-催化燃烧技术相同，首先采用吸附剂将低浓度的 VOCs 吸附浓缩，然后采用热气流对吸附床进行再生，再生后的高浓度废气通过冷凝器将其中的有机物冷凝回收，冷凝后的尾气再返回吸附器进行吸附净化。

吸附浓缩-冷凝技术中的吸附装置可以是固定床、转轮，也可以是流化床。图 6-7 为典型的固定床吸附器，图 6-8 为沸石转轮分子筛吸附器。在实际工程中，使用固定床吸附器还是分子筛转轮，主要取决于 VOCs 污染物的种类及性质。当有机物沸点较低，可以在较低温度下对吸附剂进行再生时，可使用蜂窝活性炭、颗粒活性炭和活性炭纤维作为吸附剂，采用固定床吸附。而对于混合废气或高沸点的废气，通常应使用蜂窝分子筛作为吸附剂，采用转轮吸附装置；此时若继续使用活性炭吸附床层，极易造成活性炭的燃烧等安全隐患。

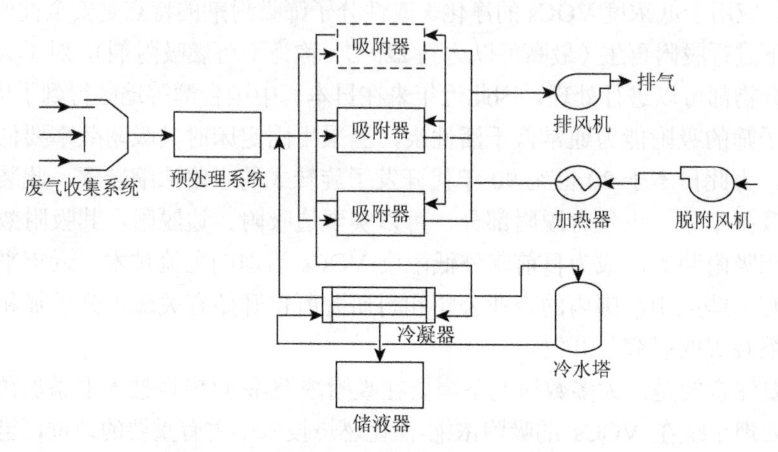

图 6-7　固定床吸附-冷凝回收工艺示意图

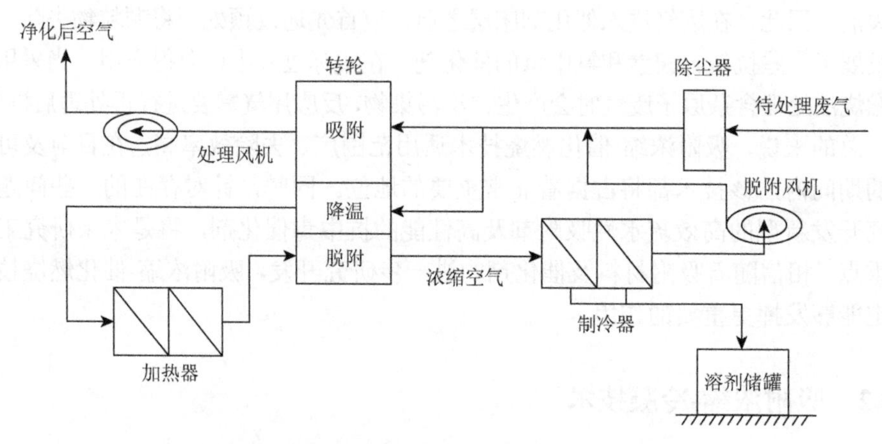

图 6-8　沸石转轮吸附浓缩-冷凝回收工艺示意图

吸附浓缩-冷凝技术将吸附和冷凝两种技术进行高效联合，对 VOCs 的去除效率大大增加且高于单一方法的 VOCs 去除率。Rotkegel[58]研究了吸附浓缩-冷凝联用技术对 2-丙醇的去除效率，结果表明联用技术对 2-丙醇的去除效率比单独用冷凝或单独吸附技术更高效，尤其是当 2-丙醇的浓度较高时，效果更为显著。Gupta 等[22]则首先采用冷凝技术对高浓度的 VOCs 进行回收，而剩余的未能被冷凝的且浓度较低的 VOCs 则可以用吸附技术去除，结果表明冷凝回收-吸附技术同样可对 VOCs 保持一个较高的去除率。Lordgooei 等[59]以活性炭纤维作为吸附剂吸附废气中的 VOCs，采用电加热的方法对吸附饱和后的活性炭纤维进行脱附，并利用液氮作为制冷剂对脱附后的 VOCs 进行冷凝回收，结果表明吸附浓缩-冷凝回收技术对 VOCs 具有非常高的去除效率。同时，在电加热脱附阶段，可通过调节脱附温度等参数来获得不同浓度的 VOCs 脱附气流，可达到节约制冷剂液氮用量的目的。

6.3.3 吸附-光催化技术

吸附法是目前 VOCs 治理过程中应用较为普遍的一种方法，具有成本低、适用范围广等优点；而光催化法在气相污染物去除方面取得了较大进展，可降解大多数气态有机物，还兼有杀菌的作用，因此将吸附法与光催化技术结合起来，将对 VOCs 的去除起到较好的作用。首先，吸附剂具有较高的比表面积和较大的孔体积，通过吸附过程，VOCs 组分被浓缩，可以为光催化技术提供较高浓度的 VOCs 及较长的 VOCs 停留时间，从而提高光催化效率，有利于光催化的进行；其次，光催化技术可降解消除吸附剂材料内的 VOCs 组分，从而增强吸附剂的多次净化能力，延长吸附剂的寿命。研究人员对吸附-光催化联用技术进行了广泛的研究。

炭类吸附材料是目前应用最为广泛的吸附剂，将光催化剂负载在炭材料上，可具有较好的 VOCs 去除能力。Ouzzine 等[60]将二氧化钛负载在木质颗粒活性炭及活性炭球两种炭材料上，通过改变温度及氧化条件制得不同的光催化剂，并研究了低浓度条件下丙烯在催化剂上的光催化性能，研究结果表明，采用活性炭球作为载体时，二氧化钛具有更好的分散性且更易形成锐钛矿晶型，因而对丙烯的光催化性能优于颗粒活性炭载体。

分子筛材料也是一类良好的吸附剂，可用于与光催化技术的联用使用。Biomorgi 等[40]将二氧化钛沉积在 DAY 分子筛表面上制成 TiO_2/DAY 复合分子筛，以丁醇和甲苯为特征污染物，采用吸附与光催化相结合的方法研究了组合技术对丁醇和甲苯的去除性能，结果表明，采用 DAY 分子筛吸附与二氧化钛光催化的组合方法对丁醇和甲苯具有良好的去除效果，且在二氧化钛存在的情况下，DAY 分子筛表面上的 VOCs 组分会被二氧化钛光催化降解，因而在具有良好 VOCs 去除能力的同时，也具有良好的 DAY 分子筛再生能力。Cao 等[61]以二氧化钛作为光催化剂，将其负载在分子筛 ZSM-5 上，合成吸附/光催化复合材料，并研究了复合材料对甲苯的去除性能，结果表明，在 ZSM-5 上负载二氧化钛，甲苯的去除效率得到大大提高。Tangale 等[62]将二氧化钛负载在介孔分子筛 MCM-41 上，并通过共沉淀法制得了掺杂不同金含量的 TiO_2/MCM-41 复合材料，采用丙酮作为污染物分子研究了 TiO_2/MCM-41 及 Au-TiO_2/MCM-41 复合材料对丙酮的催化氧化效率，结果表明，尽管 TiO_2/MCM-41 具有较高的比表面积和较大的孔体积，但是当有活性相存在时，Au-TiO_2/MCM-41 对丙酮具有更高的去除效率，且所需的时间也更短。

此外，其他一些吸附材料也可用于和光催化剂的联合使用，如硅胶、碳纳米管、黏土等。Zou 等[63]通过溶胶-凝胶的方法合成了负载有二氧化钛的纳米二氧化钛/二氧化硅复合材料，并研究了对甲苯的光催化性能。相对于其他光催化剂，纳米二氧化钛/二氧化硅复合材料具有较高的比表面积和孔体积，因此对甲苯具有较高的吸附量和光催化转化率，且能够在长时间条件下保持较高的转化率。Kibanova 等[64]采用黏土类矿物作为吸附材料，将其与二氧化钛进行复合制得吸附/光催化复合纳米材料，并研究了复合材料对甲苯的消除性能，研究结果表明，合成的复合纳米材料对甲苯具有良好的去除效果，且去除效果与光源的种类、辐射强度等密切相关。同时，当相对湿度逐渐增高时，甲苯的去除率降低，吸附材料对水的吸附量越高，对甲苯去除效果的影响也就越大。

吸附-光催化技术是一种非常有实用前景的技术方法，目前受到的较大阻碍主要在于光催化剂的成本较高，且对 VOCs 的净化反应性能不如催化氧化的效率高，而随着新型光催化剂的研发及对 VOCs 催化性能的提高，吸附-光催化技术一定会得到更广泛的应用。

6.3.4　吸附-吸收技术

吸附-吸收技术是将吸附技术和吸收技术联用的一种方法，与前面几种联用技术相比，使用范围较小。通常在高浓度的有机废气回收中，如在汽油和溶剂转运过程中从油库和溶剂储罐中所排出的低风量、高浓度的气体的净化，采用溶剂回收专用活性炭进行吸附，然后采用抽真空降压对吸附剂进行再生[65]。被真空泵所抽出的极高浓度的废气通常采用低挥发性的有机溶剂进行吸收回收，其装置如图 6-9 所示。

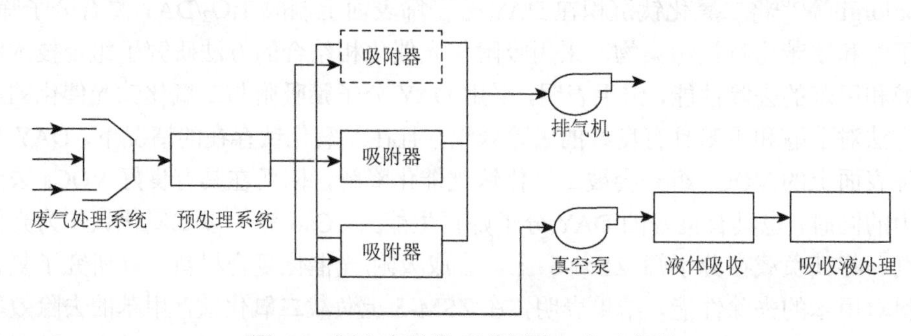

图 6-9　固定床吸附-吸收回收工艺示意图

在该工艺中，通常采用中孔发达的颗粒活性炭作为吸附剂。该类活性炭具有发达的中孔，吸附和脱附速度快，对高浓度的有机物具有很高的吸附容量，适合对废气中高浓度的有机物进行回收。也可以将大孔硅胶与颗粒活性炭一起使用，在吸附床的前端使用大孔硅胶可以降低吸附床层的吸附热，再利用活性炭吸附经硅胶吸附后的较低浓度有机物。分子筛也是一种有效的吸附剂，用于吸附-吸收过程，具有良好的效果。Ludgen 等[66]采用有机液体作为吸收剂、分子筛作为吸附剂，将吸收-吸附技术联用以消除废气中的 VOCs 组分，结果表明，这种方法对 VOCs 具有良好的去除效果，当乙酸乙酯的初始浓度为 800mg/m^3 时，采用联用的方法可以将乙酸乙酯的浓度恒定在 75mg/m^3 长达 60 小时；且当气体流速较高时，也具有良好的去除效果。

需要注意的是，采用吸附-吸收技术时，由于有机物的浓度高，有些情况下可能已经超过其爆炸极限的下限范围，对该工艺的操作安全需要进行严格控制。整套系统严格密封，所有真空泵和电器都需要使用最高的防爆等级。

6.3.5 等离子体-光催化技术

等离子体-光催化复合净化技术是近年来出现的一种先进的组合式空气净化技术。等离子体场产生高能量的活性粒子，促进催化反应，减少能耗；光催化剂则进一步促进等离子体产生的副产物发生氧化反应，且主导反应方向，提高反应的选择性，减少副产物，将两者进行有机结合，将大大增加 VOCs 的去除效率。等离子体-光催化复合净化技术主要有两类：一是将光催化剂直接附着在等离子体发生装置上；二是以等离子体产生的电磁波作为光催化剂的激发光源[67]。

欧美和日本对低温等离子体催化技术的研究开展得比较早，主要把该技术应用于脱硫脱硝、消除挥发性有机化合物、净化汽车尾气、治理有毒有害化合物等方面[68]。国内外大量研究表明，等离子体-催化协同作用相比单个作用时能大大增强有机化合物的净化效果。Assadi 等[69]将等离子体装置和光催化反应体系进行耦合，形成了平面的反应器，并研究了其对 3-甲基丁醛和三甲胺的去除性能，结果表明，等离子体装置本身产生的紫外光对光催化反应的效果可以忽略，而当施加一定强度的外部紫外光源时，VOCs 分子的去除率大大增加，且等离子体和光催化剂之间具有明显的协同作用。Thevenet 等[70]单独采用光催化反应和等离子体法对乙炔进行降解，然后将两者联用，研究了不同方法在对乙炔净化过程中的协同作用，结果表明，在等离子体环境下，光催化剂的光催化性能得到较大的提升。Misook 等[71]在常压下用等离子体/TiO_2 催化体系去除有机污染物苯，研究发现，在仅有 O_2 等离子体没有 TiO_2 催化剂时，仅有 40%的苯发生分解；在 TiO_2/O_2 等离子体下，脱除率低于 70%；在 O_2 等离子体中，TiO_2 负载于 γ-Al_2O_3 上时苯的转化率达到80%以上，二者协同作用效果非常明显。

等离子体-光催化复合净化技术在处理VOCs、氮氧化物方面都有着广阔的发展前景，但目前在实际应用中还不成熟，需要解决的问题还比较多，如等离子体与光催化剂的结合、等离子体致光效率等。随着相关研究的进一步深入，其应用也必将越来越广泛。

6.4 VOCs治理技术的综合评估

本书前面的部分对挥发性有机物VOCs治理的常用技术、近年来发展的一些新技术和组合技术进行了总结。采用组合净化技术可以充分利用各种单元净化技术的优势，降低废气治理成本，实现废气的达标排放，因此成为近年来VOCs治理技术发展的重点，必将在今后的VOCs废气治理中发挥重要的作用。不同的治理技术都有其特定的适用范围和使用条件，只有在其特定的范围和条件下使用才能够达到理想的治理效果，在经济上也是最为合理可行的。在进行治理方案选择时，应从技术和经济上进行综合考虑，选择适宜的治理技术。在技术上应考虑如下的一些因素，包括废气性质（废气中有机物的组成、VOCs含量、废气流量、温度、压力、湿度等）；VOCs的去除效率；设备运行安全；可用建设面积；必要的附属设施（如水、电、蒸汽的供给等）；与生产工艺（排污工艺）的协同性等。在经济上主要考虑设备与工程投资、运行费用和技术经济使用期等。

在进行治理技术选择时，首先要考虑的是废气中VOCs浓度的高低，不同治理技术的适用浓度范围如图6-10所示。

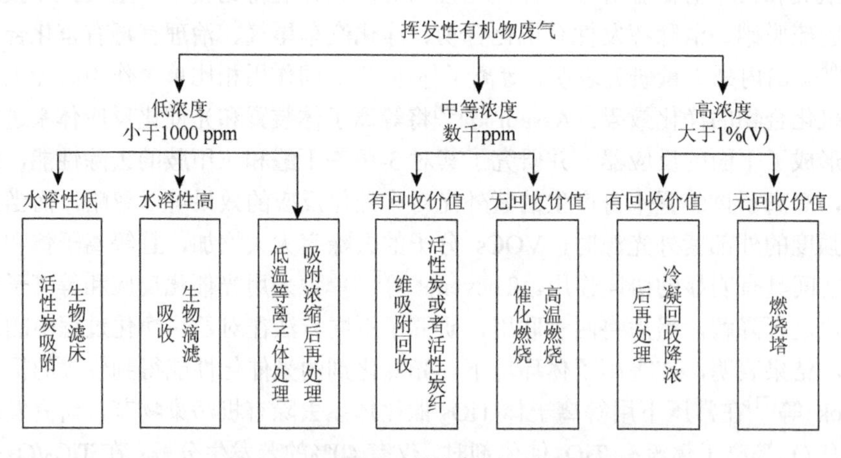

图6-10 不同治理技术的适用浓度范围

对于高浓度的 VOCs（通常高于 1%，即 10000ppm），一般需要进行有机物的回收。通常首先采用冷凝技术将废气中大部分的有机物进行回收，降浓后的有机物再采用其他技术进行处理。如化纤生产中 CS_2 废气的治理，采用深冷水冷凝可以将 CS_2 浓度降低到 1000ppm 以下，然后再采用活性炭纤维吸附工艺对剩余的 CS_2 进行吸附回收。在有些情况下，虽然废气中 VOCs 的浓度很高，但并无回收价值或回收成本太高，通常采用直接燃烧法处理，如炼油厂尾气的处理等。

对于低浓度的 VOCs（通常为 500～1000ppm），通常情况下没有很大回收价值或者回收这种 VOCs 不经济。目前有很多的治理技术可供选择，如吸附浓缩后处理技术、生物技术、低温等离子体技术、吸收技术等。吸附浓缩技术（固定床或沸石转轮吸附）近年来在低浓度 VOCs 的治理中得到了广泛应用，视情况既可以对废气中价值较高的有机物进行回收，也可以采用催化燃烧或高温焚烧工艺进行净化。生物技术（生物滴滤、生物过滤和生物洗涤）近年来也得到了较快的发展，主要用于低浓度含异味 VOCs 的治理，对于水溶性高的有机物采用生物滴滤技术处理，对于水溶性低的有机物采用生物过滤和生物洗涤技术处理。随着生物技术的不断发展和完善，近年来在三苯废气治理中得到了一定的应用。低温等离子体破坏技术由于运行费用较低，虽然净化效率较低，但对于低浓度废气也可以达到一定的治理效果，因此近年来也获得了较多的应用。在吸收技术中，由于存在安全性差和吸收液处理困难等缺点，采用有机溶剂为吸收剂的治理工艺目前已较少使用。采用水洗涤吸收目前主要用于废气的前处理，如去除漆雾和大分子高沸点的有机物；有时也用于废气的后处理，如采用低温等离子体处理后有机物的水溶性提高，再采用水洗涤进行吸收。

对于中等浓度的 VOCs（数千 ppm 范围），当无回收价值时，一般采用催化燃烧和高温燃烧技术进行治理。在该浓度范围内，催化燃烧和高温燃烧技术的安全性和经济性是最为合理的，因此是目前应用最为广泛的治理技术。蓄热式催化燃烧（RCO）和蓄热式高温燃烧技术（RTO）近年来得到了广泛的应用，提高了催化燃烧和高温燃烧技术的经济性，使得催化燃烧和高温燃烧技术可以在更低的浓度下使用。当废气中的有机物具有回收价值时，通常选用活性炭和活性炭纤维吸附工艺对废气中的有机物进行回收。从技术经济上进行综合考虑，如果废气中有机物的价值较高，回收具有效益，吸附回收技术也常被用于废气中较低浓度有机物的回收。

在进行治理技术的选择时，除了废气中有机物的浓度以外，对废气的流量、温度和湿度等参数也必须进行综合考虑。对于高温废气，当接近或达到催化剂的起燃温度时，由于不再需要对废气进行加热，即使有机物浓度较低，采用催化燃烧技术也是最为经济的（当废气温度达到或超过催化剂的起燃温度时，可以采用直接催化燃烧技术进行治理，如漆包线生产尾气的治理等）。对于通常所碰到的较高温度的废气（如 60～200℃），则需要首先进行降温后再采用吸附、生物等技术处理。废气的湿度对某些治理技术的治理效果的影响非常大，如吸附回收技术，活性炭和活性炭纤维在高湿度条件下（如高于 70%）对有机物的吸附效果会明显降低，因此应该首先对废气进行除湿处理。图 6-11 直观地给出了不同单元治理技术所适用的有机物浓度和废气流量的大致范围。对于废气的流量，图中所给出是单套处理设备目前的最大处理能力和比较经济的流量范围。当废气流量较大时，可以采用多套设备分开进行处理。

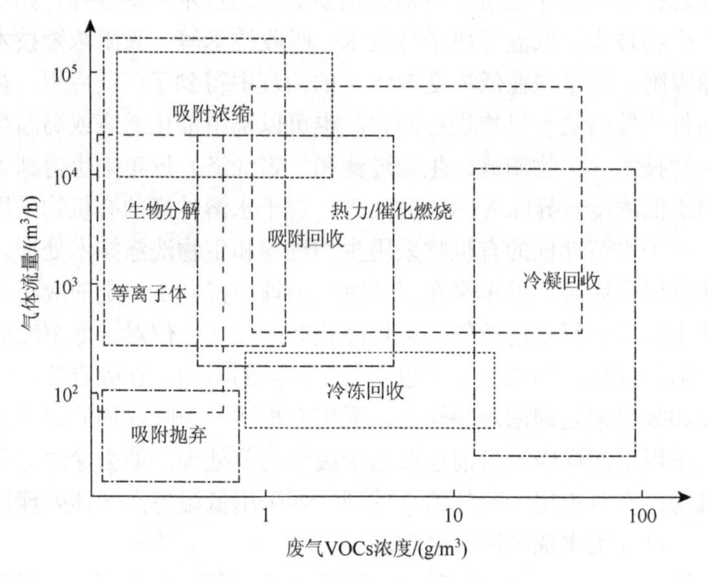

图 6-11　不同单元治理技术的适用范围

在实际工程运行过程中，除了需要对 VOCs 废气的性质和条件了解清楚之外，通常还需要对所选择的各种 VOCs 治理技术的成本进行合理的估算。各种方法和技术对成本的要求各不相同，且有的方法如吸附回收技术和冷凝回收技术虽然具有较高的运行成本，但由于可以回收有机物，二者相抵，可以产生一定的经济效益。吸附浓缩技术、蓄热式催化燃烧技术（RCO）和蓄热式热力燃烧技术（RTO）的治理成本较高，但运行费用较低。蓄热式和预热式氧化技术相比，由于提高了热能的利用效率，虽然设备投资增加，但其运行费用明显降低。对于低浓度的废气治理，生物技术和等离子体技术具有最低的运行费用，但只有在很低的废气浓度下使用才能做到稳定达标排放，并且其应用范围受到较大的限制，目前只是在臭味气体处理方面具有较高的净化效率。

综合来看，治理方案选择的前提是能否达标排放和治理费用（设备投资和运行费用）的高低。考虑到以上两方面的因素和单一治理技术的局限性，在很多情况下采用组合治理技术可以达到最佳的治理效果。在本章前面几节中所述的常用几种组合治理技术，对于各种浓度范围的含 VOCs 废气的治理都是可以选择采用的。如低浓度的废气可以采用吸附浓缩+燃烧技术、吸附浓缩+冷凝回收技术和等离子体+光催化复合净化技术等，对于较高浓度的废气可以采用活性炭纤维吸附回收+沸石转轮吸附浓缩技术，而对于高浓度的废气则可以采用冷凝回收+活性炭纤维吸附回收技术等。组合治理技术可以利用各个单元治理技术的优势，形成优势互补，在保证达标排放的基础上实现治理费用最小化。

由于 VOCs 的种类繁多，性质各异，排放条件多样，目前已经形成了一系列的 VOCs 废气实用治理技术。首先需要充分了解不同治理技术的特点及其有效的使用范围，对于特定的含 VOCs 废气的治理，从技术和经济上进行综合评估，以实现最佳的治理效果。

参考文献

[1] 栾志强，郝郑平，王喜芹. 工业固定源 VOCs 治理技术分析评估. 环境科学，2011，32（12）：3476-3486.

[2] 童志权，陈焕钦. 工业废气污染控制与利用. 北京：化学工业出版社，1989.

[3] 刘景良. 大气污染控制工程. 北京：中国轻工业出版社，2002.

[4] 沈恒根，苏仕军，钟秦. 大气污染控制原理与技术. 北京：清华大学出版社，2009.

[5] Cotte F，Fanlo J L，Lecloirec P，et al. Absorption of odorous molecules in aqueous-solutions of polyethylene-glycol. Environ Technol，1995，16（2）：127-136.

[6] Tian S L，Liu L，Ning P. Phase behavior of tweens/toluene/water microemulsion systems for the solubilization absorption of toluene. J Solution Chem，2010，39（4）：457-472.

[7] 陈定盛，岑超平，曾环木. 提高柠檬酸钠净化甲苯废气效率的实验研究. 环境科学与技术，2009，32（2）：28-31.

[8] Blach P，Fourmentin S，Landy D，et al. Cyclodextrins：A new efficient absorbent to treat waste gas streams. Chemosphere，2008，70（3）：374-380.

[9] Gonzalez-Miquel M，Palomar J，Rodriguez F. Selection of ionic liquids for enhancing the gas solubility of volatile organic compounds. J Phys Chem B，2013，117（1）：296-306.

[10] Bedia J，Ruiz E，de Riva J，et al. Optimized ionic liquids for toluene absorption. AlChE J，2013，59(5)：1648-1656.

[11] 渠丽丽，刘有智，楚素珍，等. 超重力技术在气体净化中的应用. 天然气化工，2011，36（2）：55-59.

[12] Chiang C Y，Chen Y S，Liang M S，et al. Absorption of ethanol into water and glycerol/water solution in a rotating packed bed. J. Taiwan Inst Chem Eng，2009，40（4）：418-423.

[13] Hsu L J，Lin C C. Binary VOCs absorption in a rotating packed bed with blade packings. J Environ Manage，2012，98：175-182.

[14] Parthasarath Y G，El-Halwagi M M. Optimum mass integration strategies for condensation and allocation of multicomponent VOCs. Chem Eng Sci，2000，55（5）：881-895.

[15] Hamad A，Fayed M E. Simulation-aided optimization of volatile organic compounds recovery using condensation. Chemical Engineering Research & Design，2004，82（A7）：895-906.

[16] Davis R J，Zeiss R F. Cryogenic condensation：a cost-effective technology for controlling VOC emissions. Environ Prog，2002，21（2）：111-115.

[17] Dwivedi P，Gaur V，Sharma A，et al. Comparative study of removal of volatile organic compounds by cryogenic condensation and adsorption by activated carbon fiber. Sep Purif Technol，2004，39（1-2）：23-37.

[18] 刘媛，王鸳鸳，杨威. 浅析挥发性有机废气治理技术. 中国环保产业，2012，(11)：40-43.

[19] Cong X C，Yang Q M，Cao D H，et al. Simulation analysis on condensation parameters in condensation VOCs recovery. Cryogenics and Refrigeration，Proceedings，2008，466-470.

[20] Dunn R F，El-Halwagi M M. Selection of optimal voc-condensation systems. waste manage. Oxford，1994，14（2）：103-113.

[21] Parmar G R，Rao N N. Emerging control technologies for volatile organic compounds. Crit Rev Env Sci Tec，2009，39（1）：41-78.

[22] Gupta V K，Verma N. Removal of volatile organic compounds by cryogenic condensation followed by adsorption. Chem Eng Sci，2002，57（14）：2679-2696.

[23] Zhang Q，Cussler E L. Microporous hollow fibers for gas-absorption. 1. mass-transfer in the liquid. J Membr Sci，1985，23（3）：321-332.

[24] Poddar T K，Majumdar S，Sirkar K K. Removal of VOCs from air by membrane-based absorption and stripping. J Membr Sci，1996，120（2）：221-237.

[25] Poddar T K，Majumdar S，Sirkar K K. Membrane-based absorption of VOCs from a gas stream. AlChE J，1996，42（11）：3267-3282.

[26] 徐仁贤. 气体分离膜应用的现状和未来. 膜科学与技术，2003，23（4）：123-128.

[27] 曹义鸣，左莉，介兴明，等. 有机蒸气膜分离过程. 化工进展，2005，24（5）：464-470.

[28] Sadrzadeh M，Saljoughi E，Shahidi K，et al. Preparation and characterization of a composite PDMS membrane on CA support. Polym Adv Technol，2010，21：568-577.

[29] Liu L，Chakma A，Feng X，et al. Separation of VOCs from N_2 using poly（ether block amide）membranes. The Canadian Journal of Chemical Engineering，2009，87（3）：456-465.

[30] Lin D J，Ding Z W，Liu L Y，et al. Experimental study of vapor permeation of C_5-C_7 alkane through PDMS membrane. Chemical Engineering Research & Design，2012，90（11）：2023-2033.

[31] Zhen H F，Jang S，Teo W K. Sorption studies of volatile organic compounds in a divinyl-terminated poly（dimethylsiloxane）-oligo polymer. J Appl Polym Sci，2004，92（2）：920-927.

[32] Liu L F，Huang D L，Yang F L. Toluene recovery from simulated gas effluent using POMS membrane separation technique. Sep Purif Technol，2009，66（2）：411-416.

[33] Sohn W I，Ryu D H，Oh S J，et al. A study on the development of composite membranes for the separation of organic vapors. J Membr Sci，2000，175（2）：163-170.

[34] Dahi A，Fatyeyeva K，Langevin D，et al. Supported ionic liquid membranes for water and volatile organic compounds separation：Sorption and permeation properties. J Membr Sci，2014，458：164-178.

[35] 王志伟，耿春香，安慧. 膜法回收有机蒸汽进展. 环境科学与管理，2009，34（3）：100-105.

[36] 席劲瑛，武俊良，胡洪营，等. 工业 VOCs 气体处理技术应用状况调查分析. 中国环境科学，2012，32（11）：1955-1960.

[37] Wang S B，Ang H M，Tade M O. Volatile organic compounds in indoor environment and photocatalytic oxidation：State of the art. Environ Int，2007，33（5）：694-705.

[38] Thompson T L，Yates J T. Surface science studies of the photoactivation of TiO_2-new photochemical processes. Chem Rev，2006，106（10）：4428-4453.

[39] Hernandez-Alonso M D，Garcia-Rodriguez S，Suarez S，et al. Highly selective one-dimensional TiO_2-based

nanostructures for air treatment applications. Appl Catal B-Environ，2011，110：251-259.

[40] Biomorgi J, Haddou M, Oliveros E, et al. Coupling of adsorption on zeolite and V-UV irradiation for the treatment of VOC containing air streams：Effect of TiO_2 on the VOC degradation efficiency. J Adv Oxid Technol，2010，13（1）：107-115.

[41] Zou T，Xie C，Liu Y，et al. Full mineralization of toluene by photocatalytic degradation with porous TiO_2/SiC nanocomposite film. J Alloys Compd，2013，552：504-510.

[42] Pan G T，Lai M H，Juang R C，et al. Preparation of visible-light-driven silver vanadates by a microwave-assisted hydrothermal method for the photodegradation of volatile organic vapors. Ind Eng Chem Res，2011，50（5）：2807-2814.

[43] Nath R K，Zain M F M，Kadhum A A H，et al. An investigation of $LiNbO_3$ photocatalyst coating on concrete surface for improving indoor air quality. Constr Build Mater，2014，54：348-353.

[44] Adjimi S，Roux J C，Sergent N，et al. Photocatalytic oxidation of ethanol using paper-based nano-TiO_2 immobilized on porous silica：a modelling study. Chem Eng J，2014，251：381-391.

[45] Luo Y，Kim K D，Seo H O，et al. Photocatalytic decomposition of toluene vapor by bare and TiO_2-coated carbon fibers. Bull. Korean Chem Soc，2010，31（6）：1661-1664.

[46] Bourgeois P A，Puzenat E，Peruchon L，et al. Characterization of a new photocatalytic textile for formaldehyde removal from indoor air. Appl Catal B，2012，128：171-178.

[47] Fujishima A，Zhang X T. Titanium dioxide photocatalysis：present situation and future approaches. C R Chim，2006，9（5-6）：750-760.

[48] Sharmin R，Ray M B. Application of ultraviolet light-emitting diode photocatalysis to remove volatile organic compounds from indoor air. Journal of the Air & Waste Management Association，2012，62（9）：1032-1039.

[49] Jo W K，Shin S H，Chun H H. Application of glass fiber-based N-doped titania under visible-light exposure for photocatalytic degradation of aromatic pollutants. Int J Photoenergy，2014.

[50] Han Z N，Chang V W，Wang X P，et al. Experimental study on visible-light induced photocatalytic oxidation of gaseous formaldehyde by polyester fiber supported photocatalysts. Chem Eng J，2013，218，9-18.

[51] Abbas N，Hussain M，Russo N，et al. Studies on the activity and deactivation of novel optimized TiO_2 nanoparticles for the abatement of VOCs. Chem Eng J，2011，175：330-340.

[52] Hussain M，Russo N，Saracco G. Photocatalytic abatement of VOCs by novel optimized TiO_2 nanoparticles. Chem Eng J，2011，166（1）：138-149.

[53] Yu K P，Lee G W M，Huang W M，et al. The correlation between photocatalytic oxidation performance and chemical/physical properties of indoor volatile organic compounds. Atmos Environ，2006，40（2）：375-385.

[54] Vildozo D，Portela R，Ferronato C，et al. Photocatalytic oxidation of 2-propanol/toluene binary mixtures at indoor air concentration levels. Appl Catal B-Environ，2011，107（3-4）：347-354.

[55] Xu G F，Gao Y，Shiue A，et al. Vapor photocatalytic degradation characteristics of acetone and dichloromethane using TiO_2 nanotube in indoor environment. Nanosci Nanotech Let，2011，3（6）：778-783.

[56] Tasbihi M，Kete M，Raichur A M，et al. Photocatalytic degradation of gaseous toluene by using immobilized titania/silica on aluminum sheets. Environ Sci Pollut，2012，19（9）：3735-3742.

[57] Sivachandiran L，Thevenet F，Gravejat P，et al. Isopropanol saturated TiO_2 surface regeneration by non-thermal plasma：Influence of air relative humidity. Chem Eng J，2013，214：17-26.

[58] Rotkegel A. Experimental study of low-temperature condensation coupled with adsorption. Chem Process Eng-Inz，2008，29（3）：639-650.

[59] Lordgooei M，Carmichael K R，Kelly T W，et al. Activated carbon cloth adsorption-cryogenic system to recover toxic volatile organic compounds. Gas Separation & Purification，1996，10（2）：123-130.

[60] Ouzzine M，Romero-Anaya A J，Lillo-Ródenas M A，et al. Spherical activated carbon as an enhanced support for TiO_2/AC photocatalysts. Carbon，2014，67：104-118.

[61] Cao Y F，Wang J G，Qiao J Q，et al. Adsorption-photocatalytic synergistic removal of toluene vapor in air on ZSM-5-TiO_2 composites. Acta Chim Sinica，2013，71（4）：567-572.

[62] Tangale N P，Belhekar A A，Kale K B，et al. Enhanced mineralization of gaseous organic pollutant by photo-oxidation using Au-doped TiO_2/MCM-41. Water Air Soil Poll，2014，225（2）.

[63] Zou L，Luo Y G，Hooper M，et al. Removal of VOCs by photocatalysis process using adsorption enhanced TiO_2-SiO_2 catalyst. Chemical Engineering and Processing，2006，45（11）：959-964.

[64] Kibanova D，Cervini-Silva J，Destaillats H. Efficiency of clay-TiO_2 nanocomposites on the photocatalytic elimination of a model hydrophobic air pollutant. Environ Sci Technol，2009，43（5）：1500-1506.

[65] 张湘平，刘洁波. 吸收法和吸附法油气回收技术的联合应用. 石油化工环境保护，2006，39（3）：57-62.

[66] Ludgen D，Wichmann H，Bahadir M. A novel concept for the removal of solvent vapors from exhaust air. Clean-Soil Air Water，2013，41（8）：743-750.

[67] 许太明，陈刚，牛炳晔. 新型等离子体与光催化复合空气净化技术研究. 环境与健康杂志，2006，23（6）：535-536.

[68] 张晓明，黄碧纯，叶代启. 低温等离子体光催化净化空气污染物技术研究进展. 化工进展，2005，24（9）：964-967.

[69] Assadi A A，Palau J，Bouzaza A，et al. Abatement of 3-methylbutanal and trimethylamine with combined plasma and photocatalysis in a continuous planar reactor. J Photoch Photobio A，2014，282：1-8.

[70] Thevenet F，Guaitella O，Puzenat E，et al. Oxidation of acetylene by photocatalysis coupled with dielectric barrier discharge. Catal Today，2007，122（1-2）：186-194.

[71] Kang M，Kim B J，Cho S M，et al. Decomposition of tolucne using an atmospheric pressure plasma/TiO_2 catalytic system. J Mol Catal A：Chem，2002，180（1-2）：125-132.